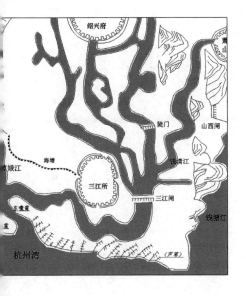

形塑地景与人文
SHAPING THE LANDSCAPE AND HUMANITIES

9~20 世纪浙江宁绍平原水利研究
Study on Water Conservancy of Ningshao Plain in Zhejiang Province
from 9th to 20th Century

—————————————— 耿 金 著

社会科学文献出版社
SOCIAL SCIENCES ACADEMIC PRESS (CHINA)

序

王建革

  这是作者在博士论文基础上不断修改后形成的一本关于浙江宁绍平原水利史研究的著作，同时也是一本关于水利与农田、乡村与社会的现象分析和描述的景观环境史著作。耿金自 2013 年入复旦大学攻读博士学位以来，逐步形成对宁绍平原水文与水利互动研究的独特视角，博士毕业后仍在持续关注此问题，前后历时七年之久，其中的艰辛，我作为导师，甚有同感。他的成长为许多学术界的同仁所认同。本书所体现的学术视角与研究深度，不仅会继续得到旧日师友的赞赏，也将会进入许多相关领域学者的视野中，吸引更多学者的关注。

  本书研究的以山会平原为核心区的宁绍平原，位于现代江南的南部，承载了吴越文化的重要组成部分、越文化的主体。在中国最近一千年的发展过程中，有四个地区的水环境的变迁影响至大，几乎改变了整个中华文明进程。其中三个是长江中游的两湖平原、长江下游的太湖流域，以及黄淮运交汇的苏北、河南与安徽交界地区。当然，拥有海塘、湖泊和河网的宁绍平原，也与这几个重要的地区相当。这几个地区的水环境变迁，对整个中国古代历史的变迁有着重大的影响，对现代中国的经济和生态建设也有巨大影响。20 世纪以来中国最为重大的水利工程三峡枢纽与长江中游的水利、水环境相关，传统的黄淮运区域现在正与南水北调、大运河等重要的文化遗产建设相关联，而长江三角洲经济区在 21 世纪的崛起，正与宁绍平原和太湖以东三角洲的水环境密切相关。这几个区域的水环境与水利发展，不仅对本地经济社会发展至关重要，甚至对近现代中国的发展起着重要的作用。耿金博士在水环境史研究中有了显著成绩，特别是他对宁绍平原这样一个重要区域水环境变迁史的研究，推动当前该问题的学术研究向纵深发展。与北方地区、南方山区水利不同，江浙地区由于河湖密集，水环境的改变可以从根本上改变一个区域的整体生态与经济面貌。

宁绍平原的水利系统，介于山区、平原与沿海之间，这样的区域有着天然的扩张能力。在早期水利推动下，这里曾形成影响一时的良渚文化。吴越文化时期，这里的小规模山地、平原水利与吴文化的早期大圩在文化上成为一体，形成向北有扩张能力的吴越文化体系。东汉时期，这里形成了山区与平原一体的鉴湖水利网络。而太湖流域的塘浦圩田体系，直到唐末才完全成熟。越地的水利系统，在很大程度上支持了唐代以前江南的发展。唐代以后，当江南水利重心转向太湖平原时，越地的山会平原也在不断地形成自己的新特色。江南地区是水环境丰富的稻作农业区，随着水利对水环境的改变，整个地区的生产能力和文明程度也随之一变。早期江南是落后之地，火耕水耨下的水利往往以山区水利和灌溉水利为主。唐宋以后，水利转向低地，江南才逐步发展成中国经济中心。低地的河网—圩田体系与早期的河流—灌溉体系的稻作生产能力差异极大。宁绍平原进入春秋战国时期，水利与经济尚未出现重大变化。汉修鉴湖，河网—圩田体系与以前完全不一样了，此变引起了社会经济的重大变化。早期的河网—圩田体系又与后期的河网—圩田体系存在着巨大的差异，这种差异使一个地区的整体生态与经济产生质的变化。从鉴湖体系分解，到明代三江闸的修建以及相关的海塘、河道变化，最终形成新的河网—圩田体系，该体系同时兼具强大的生产能力和文明支持力，水环境优美是该区域秀美山川之底色。鉴湖体系崩溃以后，新形成的海塘、闸坝和运河体系重构了水利网络，此网络下的河道与圩田，对支持南宋政权的生存与乡村建设仍起重要作用。宋代地方乡绅社会的构建，也与这一地区的水利兴修有着密切的关系,此地成为南宋政治经济的核心区。

长期以来,江南水利史和景观环境史的学术研究多专注于太湖流域,关注山会平原的学者较少。自斯波义信的《宋代江南经济史研究》和20世纪80年代国内的一些水利史学者结集出版的《鉴湖与绍兴水利》问世以来,这一地区的水利史和农业史的进展一直较慢,耿金博士的著作,可以说在上述两本著作基础上取得了很好的进步。除在水利史和环境史的研究上有推进外,本书的一个重要贡献在于,利用水文学的自然规律,对中国传统的水利史料进行深入解读。中国古代水利史料多直接描述水流动态,古人对水流的淤积和冲淤的观察直观且有详细的经验式理解。而这种观察和理解,往往只会在少数人那里一代又一代传承。对于这种史料,需要水环境史的研究者一方面认真考订、征用,一方面用现代水文学机理进行理解与分析。耿金博士经历了许多艰辛,对宁绍平原水环境的学术理解基本上达到了这个境界。他对这个地区钱塘江潮水及三江闸修建所引起的水文动态变化,都有史料、史实和水文学的基本理解。就宁绍平原的水利史研究而言,由于这一地区水利工程多,要开展相关研究,除具备良好的历史地理学和水利学研究素质外,还需要对各个历史时期的工程与水环境的互动有深刻的理解。无论是鉴湖工程与当时的丰水环境,还是海塘工程、三江闸工程与其面对的复杂海潮与河网水环境,都是十分复杂的。这就要求作者不断学习和理解水利工程原理。通过多年的努力,耿金对多学科进行学习,终于将这一区域学术问题的重点和难点理解弄通,并做了出色的探索,非常值得肯定。

一个区域的水环境是在动态的水文过程中形成的,而水环境的形成又对景观的塑造起到了决定性的作用。在传统农业时代,人类的活动往往是通过渐渐地影响水环境而塑造景观的。人对水流的改变,即人的水利措施,必然引起水流的冲淤变化和沉积变化,影响河网圩田、植被与乡村景观的变化。在江南地区,河网与圩田体系极大影响了田野景观，改变了一个地区文明的面貌。作者在写作过程中，突出了这一主题，以景观的塑造过程表现宁绍平原的历史地理、水利史和农业环境的演进，并将其与社会的变迁相结合。地理、水利、农田景观的塑造过程，有其自然过程的一面，也有其社会层面的影响。宁绍平原的景观塑造过程，内容丰富。如海塘就是一种持续到现代的重要文化遗产景观，其修建时规模宏大的社会动员，影响了地方社会，而这种水利设施的维修也长期影响地方社会。本书谈到的明代皂李湖的水利，也是一种水利圩田体系与社会运行的互动研究。另外，景观塑造过程还涉及农业和土壤等知识体系，作者在这里大量利用地方土壤调查的资料，丰富了历史研究的材料。

作为一名青年学者的第一部专著，耿金博士的这本书当然还有一定的进步空间。我们读老一代学者写的历史地理、农业史和水利史著作时，莫不感叹他们能用一两句话突出重点的能力、在纷杂史料中探索真实的能力。他们提出的意见也格外地发人深省。我们这一代学人和下一代学人，都需要在这方面努力，这不但需要大量的文献阅读和多学科学习，还需要真正地来到田野，对现实有进一步的理解。所幸的是，耿金接触了更多的技术与知识体系，也有大量的田野实践的机会，有能力将环境史和景观史向更深更高的层次推进。作者是环境史和景观史学科前沿的探索者，应当不断地向老一辈学者看齐，在不断的成长中形成具有自己特点的学术思想与学术特色。

2020 年 4 月 14 日

于复旦大学光华楼

绪 论

一 缘起

我出生在云南山区，读博前从未见过真正的大海，也未曾想过自己的研究主题会是历史上的江河湖海。小时候离家几公里外有一条"大河"（本地人的称呼），在我的意识中，那就是世界上最宽广的河流，虽然它最宽处也不超过 20 米。读初中时，学校实行寄宿制，每周回家一次，周五下午回家，周日回校。有一次在与同伴去学校的路上，鼓足勇气下河游泳，结果一个小伙伴差点被河水卷走，吓得我以后很久不敢下水。上大学后，到了省城昆明，记得第一次见滇池时的震撼感，那种感觉此后再没有过，哪怕后来见到了真正的大海。在攻读博士学位期间，在导师引导下开始留意江南研究，才真正关注构成江南最核心的自然要素——水。刚入门，只觉得江南"水"（自然之水与学术研究成果）太深，而我对大江大河并没有什么体验感，贸然进入深水区，顿时不知所措。所以，自选题开始便一直在"水"的外围徘徊。

从历史地理学视角开展水研究，《水经注》是一部绕不过去的名著，许多问题要从《水经注》讲起。复旦大学历史地理研究中心有研读《水经注》的学术传统，老一辈先生们或多或少都有对《水经注》的研究，或以《水经注》为基础开展实证研究。入学时，李晓杰教授正在进行《水经注》"渭水"诸篇相关问题研究，已带领学生开展了多年的文献释读、地图绘制工作。导师王建革教授建议我选修李老师的《水经注》研读课程，跟着李老师的研读小组阅读《水经注》。研读课程每个人都有任务，任选一条《水经注》中记载的"水"进行释读，内容包括对每个有异议的字、词进行注释，还包括对历史事件、历史人物等史料的考订，而且特别重视地名考证与定位，并在现代影像航拍图中定点，最后落到绘制的地图上。归纳而言，即在梳理文本基础上，复原地理环境。

在选"水"问题上，业师建议我从文献出发，用地理学知识重新把钱塘江重要支流浦阳江流路演变历史进行整理。所以，研读过程中就选择了《水经注》卷四十"渐江水"段中的浦阳江段。在文献梳理的开始阶段，我就被《水经注》中记载浦阳江走向问题绊住了脚。今天浦阳江发源于金华地区，中游经诸暨向北，经萧山西北临浦汇入钱塘江。但在北魏郦道元笔下，浦阳江在诸暨地区，经过县城后转向东南，经嵊州再向北，走的是今天曹娥江的河道，其在上虞县西入杭州湾。从今天的地形图上看，诸暨与嵊州之间隔着东北—西南走向系列山脉，河流不可能翻山越岭，转到东边夺曹娥江河道而入杭州湾。面对这一困惑，我首先思考文献记载是否有合理性，如果不合理，会是什么原因导致的。在课堂研读中，大家也觉得奇怪，都认为文献记载有问题。那么是郦道元自己记错了，还是版本流传中出现的文本错误呢？为解疑惑，尝试从文献入手写了一篇小文章，并提交给李晓杰教授。李老师对文本逻辑结构、遣词造句等进行了详细批改，并提议多参照老先生文章，学习前辈们如何组织史料、剥离史料、解析史料的功夫。修改后，我又得到中心里对浦阳江有过系统研究的朱海滨教授的指点。朱老师对文章史料解读提出诸多建议，但也给我是否继续研究带来了新困惑。我还是没有弄清楚为何郦道元记载的东、西河道皆名浦阳江，且对西水（今浦阳江上游）东走的记载深感疑惑，小文章由此搁置起来。以上问题的出现，有多种可能：一是《水经注》记载浦阳江段时文本有问题，这可能是郦道元在引用史料过程中形成的，也有可能是《水经注》流传过程中出现的文本嫁接问题。二是可能当时曹娥江（上虞江）与西边的浦阳江在下游时都称浦阳江，浦阳江下游从西向东横贯萧绍平原，所以导致郦道元在中游的流向记载上出问题。因考订浦阳江，我踏上了研究浙东水利史之路。

进入浙东水利史领域后，如何在这块已被诸多前辈学者耕耘多年的土地上找到自己的一亩三分地，实在是个难题。宁绍水利史研究成果太过丰富，在阅读消化前人研究成果过程中我几近迷失，很久没有找到十分有价值的问题，甚至连吸引自己的学术兴奋点都未曾出现。才开始即陷入困境，这让我十分沮丧。大体上说，开展宁绍水利史研究，目前有两座大山，一是以陈桥驿先生为代表的历史地理学研究成果极为深厚；二是以斯波义信等为代表的一批日本学者的研究颇丰。前者在20世纪60年代就对山会平原水利系统有细致研究，也奠定了浙东水利史研究基础。后者如早期的佐藤武敏，后来的斯波义信、本田治、上田信等人，对宁绍重要的水利问题多有关注。因此，想要进入渐东水利史研究，就必须先找到其门径所在，而当地历史上最重要的水利工程鉴湖，就成为打开这扇大门之关键，于是我便从了解鉴湖开始，去一点点认识那片早已远去了的水域。

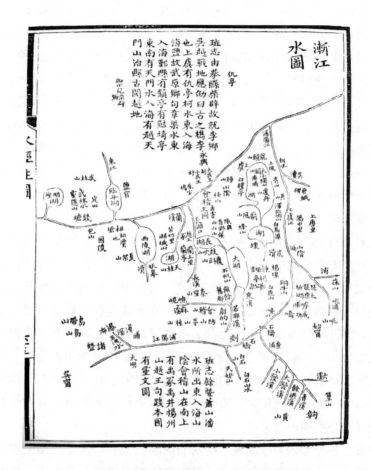

图 0-1 《水经注图》中的"渐江水"

说明：其中主干水系为"渐江"（钱塘江），南部支流为"浦阳江"。

资料来源：杨守敬等编绘《水经注图（外二种）》，中华书局，2009，第 787 页。

绍兴距上海很近，一有时间我就找机会去当地转转，而到了绍兴却见不到文献中记载的具有广阔水域的鉴湖了。历史文献中经常说鉴湖八百里，南宋嘉泰《会稽志》有较为准确的数字，称周三百七十里，来源于南朝孔灵符的《会稽志》。那八百里之说从何而来？绍兴当地学人许钦文在《鉴湖八百里》一文中开头就说："在古文中读到'鉴湖八百里'的句子就暗自疑问，外婆家所在的鉴湖只有十里，'十里湖塘七尺庙'，说得明明白白的，怎么会有八百里呢？以为即使把整个绍兴都计算在内，也没有这许多里可计的。"许钦文的解答或许能部分呈现古代鉴湖水域与水环境之面貌，他说："登高而望，绍兴田园的所在，只是浮在水中的几片土，可见水面的广了。原来越中是叫作泽国的，有七十二个溇。行路时刻要过桥，出门总是坐船，乌篷船、白篷船、摇摇船、踏桨船，船的种类很多，原是泽国水乡的特征。弯弯曲曲地纵横交叉着，把所有绍兴的水合称起来，八百里确是有的罢。"① 这或许才是古人心中的鉴湖意象，而这也打开了我对山会平原水环境认知的新局面，即基于史料对古代鉴湖水域及周边水利环境进行大胆想象，在想象的基础上逐步丰富自己的研究对象。此后，我对山会平原水利与水环境的研究也是在这种"想象"基础上，才有了相对清晰的框架。对于历史地理学，乃至环境史研究，合理的空间想象是十分重要的。

在此基础上，我必然要追问那旧时的鉴湖风景是怎样的，又是如何消失的？后来人们看到的所谓"浮在水中的几片土"又是如何被改变为如今这样的地貌景观的？于是，景观与当地河流治理、水利工程修筑等关键词就萦绕在我的脑海中，挥之不去。业师一直在思考古代环境变迁与景观变化问题，刚开始时我未曾将自己的思考与景观进行关联，但好像在潜移默化中就接受了"景观"概念，此后思考问题过程中景观不断出现，虽然那时对景观的内涵并没有太深入的理解，而且景观本是一个相对空泛的专业名词，研究中需要以具体的要素来呈现头脑中的景观画面，而我那时对选哪些要素仍是模糊的。

在真正逐步深入对宁绍地区的水利问题研究后，我发现即使在宁绍这块并不算太大的平原内部，其水系结构与水利系统的类型也存在着明显不同，所呈现出来的景观格局也有较大差异。如在浦阳江中游地区，当地在湖田开发与河道治理过程中形成了具有河谷低地特色的景观演变历史，湖水、农田与江流在不同历史时期因为人的活动而呈现出了丰富而精彩的互动画面。此外，在查阅上虞、余姚、慈溪地区文献时，又发现该区域北部在古地图上呈现出十分有规律的景观格局，横向的海塘贯穿北部滨海平

① 许钦文：《鉴湖八百里》，《东南日报》1932年2月22日。见陈九英主编《桥乡醉乡：绍兴》，上海画报出版社，2002，第118～119页。

原；纵向的河道与海塘呈垂直状并向北延伸，有的河道直通入海，有的河道为断头河；沿海塘还挖有横塘河，与南北向的河浦沟通。纵横河浦隔成的地块，又被众多的沟渠所切割，形成大大小小的棋盘地块，这些地块多垦为棉地，更靠海边的则为盐田。在海塘内部靠近群山的山脚地带，分布着大小不一的湖泊，这些湖泊与北部的河网相连，形成海塘、横河、纵浦以及湖泊体系，塑造了独具特色的滨海平原景观。对我而言，思考探索这种平原内部的景观是如何被塑造而成的，为何呈现出极大的差异性，推动各自景观要素形成的背后核心动力是什么，就成为我最想开展的研究，也是我博士论文的中心内容。带着对这些问题的思考与探索，我逐步分解平原内部水环境与水利系统的内在关系，又发现水利不仅塑造了当地的景观，也影响了当地的文化。平原内部不仅在景观呈现上有差别，在文化表现上也各有特点。

水利系统塑造景观，也影响当地文化与习俗。比如在绍兴地区，山阴、会稽民风较"阴柔"，诸暨长期以来有着勤劳吃苦之民风，但好讼、喜械斗。民国时期的调查报告称："诸暨民风与绍兴适相及，居民勤简耐劳，勇于进取，民性强悍，不畏强暴，又尊重教育，父母多以血汗所得，资其子弟入学，但该县人民缺点有二：一为喜讼争，居民每以细故有致缠讼不休者，法院收状，每日不下数十纸；其次为械斗，诸暨民性强悍，一遇激动公愤，即时则生械斗，斗争之时，必强召一族或数村壮丁，用土枪、抬枪及其他器械相峙，有斗争至数日不休者。"[①] 当地重教育却又喜讼好斗，民风呈现出迥然对立之反差。而追寻根源却与当地历史时期水患频繁、民生维艰有关。当地人一方面希望通过科举功名之路脱离农作环境，另一方面又极度在意得失利弊。诸暨与山阴、会稽紧连，却在文化、经济上与之差距极大。当地湖区开发未能像山阴、会稽那样有系统的水利设施提供保障，只能以筑埤等方式应对，湖区低洼的地形又决定有雨即成涝的现实，而丘陵山区却因缺少灌溉水源时常遭受旱灾之苦，丘陵与湖区呈现出两种水旱景象；明清时期对湖区的集中开发，也伴随着水患及寄生虫病的双重伤害。这些都显示出地理环境、水文生态对当地风俗、人际关系等方面的影响。

绍兴的山阴、会稽地区，在历史上以盛产师爷出名。若从水利、水环

---

① 赵福基、谢源和、陈板名：《绍兴诸暨史地社会民政概况》，《二十世纪三十年代国情调查报告》第 193 册，凤凰出版社，2012，第 464~465 页。

境角度解析，也能看出当地文化兴盛背后的环境影响。绍兴水利系统的演变具有十分明晰的轨迹，即由早期的湖泊水利系统到堰坝水利系统，再到三江闸水利系统的转变。传统上，水利发展为农业的发展创造条件，当水利系统逐渐完善并处于稳定后，内部的农业开发程度也将出现瓶颈。明代以后绍兴通过水闸调蓄内河水文，形成稳定的水流环境。稳定的水环境促使稳定的农业规模与农作方式的形成，土地所能承载之农业人口规模也成恒定，在没有先进技术介入的背景下，内部农业承载力也必将达到顶点。随着人口的不断繁衍，必然要有大量人员从农田中走出来，如明代王士性言："山阴、会稽、余姚，生齿繁多，本处室庐田土，半不足供，其儇巧敏捷者入都为胥办，自九卿至闲曹细局，无非越人。"① 而当地稳定的水流环境为农业生产提供了充足的灌溉水源，农业产量又相对较高，因而可以支撑这部分人走读书科考之路。于是，绍兴地区出现了文人兴盛局面。而我们要问的是，这种水利格局又是在怎样的水环境背景下构建起来的？诸暨地区的水患格局是如何演变而来的？上虞、余姚、慈溪地区历史上为何多分水纠纷，其背后的水环境又是怎样的？解决这些问题的关键在水利工程，水利工程的作用不仅体现在对当地地表景观的改变上，也体现在文化影响的内化上。因此，我希望从水利工程出发，思考水利在本地景观塑造与区域文化建构中的作用与影响。而在文化探索过程中，越来越多的文化构成要素出现在我的观察视野中，诸如神话与水利之间的关系等。

二　区域与时段

钱塘江以东地区称浙东，就范围而言，主要包括宁波、绍兴、台州、金华、衢州、温州、严州、处州八府。② 而本书集中关注浙东的宁绍北部平原（部分河谷盆地也纳入平原范围内）。宁绍地区傍海临江，地处浙东丘陵与长江三角洲接触地带。地貌上，两地南部皆为丘陵地，以会稽山脉和四明山脉为分界，一般高度在 200~700 米；北部则属浙北平原的一部分，"地势低平，仅有掩埋在沉积层中的零星孤立残丘，在连接丘陵地区

---

① 王士性撰《广志绎》，周振鹤点校，中华书局，2006，第 266~267 页。
② 浙江省习惯上以钱塘江为界划分为浙东、浙西。关于历史时期的两浙界定，本文姑且以雍正《浙江通志》为准："省会曰杭州，次嘉兴、湖州，凡三府，在大江之右，是为浙西；次宁波，次绍兴、台州、金华、衢州、严州、温州、处州凡八府，皆在大江之左，是为浙东。"（雍正《浙江通志》卷一《图说》，清文渊阁四库全书本）

的平原内围，河流自丘陵下注平原，形成大片淤积而成的河漫滩沃野（按：以姚江流域为主），河漫滩的外侧为湖沼淤积平原，北部滨海地带则是直接为潮汐和波浪作用堆积而形成的滨海平原"。① 无论是地貌，还是水流环境，宁绍都有极大相似性，因此学界习惯将其视为一个整体。斯波义信在《宋代江南经济史研究》中也强调空间差异性，但其关注的空间尺度更大，集中在长江下游地区。就江南地域范围而言，其将"南部杭州湾沿岸"称为"宁绍亚地域"，认为宁波、绍兴这两个地区无论是在历史沿革上还是在地理单元上都有较好的延续性。② 即便如此，其内部在水系环境、水利设施等方面仍有不小差异，地理学研究目的即在探求地域之间的差异性③，已有的研究成果多将该区域统而论之，未能反映该区域内部独特性及其对区域自身发展的影响。具体到该区域水利史研究，要探求区域水利格局之差异，就必须进一步推动宁绍内部水环境差异的研究。

张家炎在对江汉平原水利的环境史考察中，也强调同是平原，其内部也存在差别，这种差别直接反映在当地农民的生产、生活中。他说："即使在平原内部也存在旱作区、水田区、湖区、低山丘陵区等等的各种差别，这些差别也在当年民众不同的农业生产方式与水平、生活标准，及社会组织上反映出来。"④ 宁绍平原内部由于地势、水流环境、潮汐关系不同而呈现出完全不同的人水关系，对该区域的研究，需要对其内部亚地貌之间的差异因子进行细致考察，以全面反映区域内部的环境变迁与人类活动之内在联系。吴俊范在对太湖以东地区的水环境与聚落形成、演变机制关系的研究中，也以亚地貌区的差异解析为研究视角，他说："对于任何一自然地理单元来说，其地理环境首先具有地域一致性，并长期制约着其中人类

---

① 杨章宏：《历史时期宁绍地区的土地开发及利用》，《历史地理》第三辑，上海人民出版社，1983，第131页。
② 〔日〕斯波义信著《宋代江南经济史研究》，方健、何忠礼译，江苏人民出版社，2012，第442页。
③ 对于地理学研究目的的探讨，德国地理学者赫特纳在1898年即指出："从最古到现在，地理学的明确主题是认识地理区域之相互差异。"20世纪50年代美国学者詹姆士进一步阐述为地理学探讨现象（包括气候、地形、土壤、植被、人口、土地利用、工业，或国家等因子）的组合，以及地方之间的相似性和差异性。而相似性与差异性并非对立。对此问题的详细阐述，请参阅〔美〕R.哈特向《地理学性质的透视》第二章"'地理学是地区差异的研究'意味着什么？"（商务印书馆，2012，第12~20页）。
④ 张家炎：《克服灾难：华中地区的环境变迁与农民反应：1736-1949》，法律出版社，2016，第7页。

活动的方式甚至地域文化的形态，而对于地域一致性的归纳，比较好的方法是建立在对其内部不同微地貌区的人地关系分别进行研究的基础上。"①
作者将其称为"异中求同、同中求异"的研究方法。太湖以东的平原分为低乡、高乡、滨海三个亚地貌，其分别考察各种地貌环境下聚落的发生机制。对这种一致性特征明显的地域内部差异化进行研究，是解析区域人类活动演进的基础。宁绍平原滨江邻海，在大的地理环境上具有很强的一致性，但其内部的差异性也极大，深入研究宁绍平原内部水环境演变与人地关系演进，必须细微解剖平原内部的微地貌差异以及由此导致的区域社会经济与文化差异。

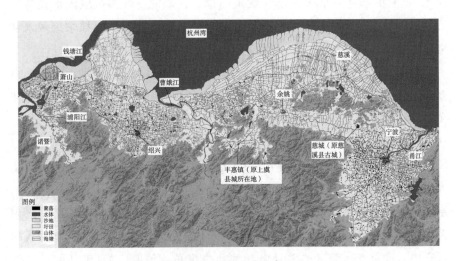

图 0-2　宁绍平原水系

注：底图由北京林业大学郭巍教授提供。

　　本书研究区域即为宁绍平原区，还包括中部河谷盆地，涉及绍兴府（以清代为界定下限）山阴县、会稽县、萧山县、诸暨县、余姚县，以及宁波府鄞县、慈溪县与镇海县部分区域。该区域西邻钱塘江，北濒杭州湾，境内自西向东分布有浦阳江、曹娥江、余姚江三条主干水系。本书以滨江临海的平原区为主，具体而言，可分为水乡平原、河谷盆地、滨海平原、河口三角洲等地貌类型。区域选择主要基于以下考虑。

---

① 吴俊范：《水乡聚落：太湖以东家园生态史研究》，上海古籍出版社，2016，第1~2页。

首先，关于绍兴部分，本书以山阴、会稽、上虞、诸暨为重点，萧山部分只在研究过程中有涉及，而不单独进行研究。首先，萧山虽与山阴、会稽相连，但地貌与水文环境有相当差异。其次，就灌溉水源而言，萧山县农田灌溉中以湘湖及内部河道为主要水源，而对湘湖等问题之研究，目前已有不少成果，且湘湖从水系环境上看较为简单，基本属于水库型湖泊，自然环境在其演变中的作用并不明显，更为重要的是由分水而形成的地域社会关系，目前这方面的研究已被剖析得较为清楚，在没有更新观点或是材料之前，没有进一步开展研究的必要。最后，萧山地区可以穿插在浦阳江中游诸暨地区、下游山会地区（明代中叶改道以前）进行分析。

其次为宁波部分。平原主体为三江（奉化江、余姚江、甬江）平原，本书涉及的问题集中在大平原内的鄞县部分，也称鄞县平原。北部滨海区平原，与余姚、上虞合为三北平原，是本书研究滨海平原的代表。唐代后期宁波水利系统即已完成由广德湖向它山堰之转变。鄞县为核心的水利系统在两宋时期即已构建完成。"大抵南渡后，水田之利，富于中原，故水利大兴。"① 此后以维持既有水利格局为主，元明以后才逐步向滨海的高地推进。而当地在水利维修中形成的文化现象，仍可深入研究。而在绍兴府上虞县、余姚县（今属宁波市）与宁波府慈溪县北部滨海区（以及镇海县北部区域）的历史地理与环境变迁系统研究，其深度仍有待推进。更为重要的是，对余姚、慈溪北部滨海平原开发过程进行研究，可以揭示北部滨海区环境与水利工程演变轨迹，这是极为典型且有价值的。

本书以长时段为时间尺度。长时段研究可以从整体上理解与把握区域环境演变与社会发展轨迹，但长时段并非线条式的从前往后一概论之，而是在长时段内强调引起区域突变的重要时段。此外，区域史并非王朝国家史之附属，在某种程度上，区域往往比国家有更长的历史，因此区域史研究时段也不能完全依照王朝时段划分。当然，区域演变也不能完全脱离王朝史的叙述框架。具体而言，唐宋特别是南宋，乃当地近千年社会经济变革的关键时期，从水利演进角度而言，明清以后该区域许多水环境问题的形成与演变皆源于此，所以本书以唐宋以降作为本书的时间叙述起点。宋代的质变是此前已开始发端的一系列量变之结果，如对山会水网的研究，就需要从唐代东江塘修筑对内部水流环境的影响开始。山会河网形成后，

---

① 《宋史纪事本末》卷九十八《公田之置》，中华书局，2015，第1087页。

平原之水利问题则集中到三江闸维修与海塘维护上，而三江闸的维修又以清代以后闸外水流、泥沙环境变化为重点，故时段又从清代开始直至民国年间。对浦阳江中游河谷区的研究则以明代大规模推进湖田开发为时间起点，兼及宋代，而浦阳江在明代中叶改道后对中游影响到明后期表现得极为明显，又需要集中分析明代中后期当地的水患与水利应对举措。对三北平原滨海区的水网研究则以宋元大古塘构建为起点，明清海塘推进加快，时段以宋至清代为主。上虞皂李湖水利纠纷主要集中在明代，故只以明代为主。而宁绍梅梁传说的生成时代则以宋代为主。时段的选取由具体问题决定，各章之间并不完全符合时间的先后叙事模式，而以具体问题来界定时间，在此基础上探讨整个长时段视野下的区域整体史。

三　学术史

虽然中国水利史研究涉及的区域、时段乃至主题千姿百态，但主流问题可依据研究对象及角度的差异归纳为三种模式，即以水利工程为核心的水利技术史、以"人"为核心的水利政治史、社会史和以"环境"为核心的水利生态史（环境史）研究。由于路径选择不同，导致水利史问题的具体研究关注重点有所差异，但共同在水利史主题下深化各自研究。而随着研究不断细化，已有路径也面临着范式固化的瓶颈，存在诸多细节问题研究有在既有研究范式中找到逻辑归属的困境，制约着水利史研究自身的细化发展。① 在这种背景下，已有路径虽仍是推进当前中国水利史研究的重要方法，但也需要介入新视角，拓展研究路径，凸显具体问题研究的自身价值。

1. 宁绍平原水利技术史

宁绍地区的水利技术史研究集中关注海塘与湖泊灌溉及内河的闸堰坝体系等问题。对海塘修筑的研究，一直也是水利史研究中的一个重点，如20 世纪 30 年代郑肇经就已专对"浙东堤塘"有过详细论述。② 20 世纪 50年代，朱偰的《江浙海塘建筑史》出版，专论江苏、浙江两省海塘，详列宋元明清的浙东海塘修筑情况。③ 此后，到 20 世纪 80 年代，汪家伦的

---

① 针对中国水利史研究路径选择与发展困境问题，详见本书第一章。
② 郑肇经：《中国水利史》，商务印书馆，1993，第 316~317 页。
③ 朱偰：《江浙海塘建筑史》，学习生活出版社，1955。

《古代海塘工程》，对海塘修筑的工程技术、材料等有详细讨论，其中钱塘江海塘是重点内容之一。① 张文彩编著的《中国海塘工程简史》则相当于一部海塘通史，内容几乎囊括了古代沿海的所有海塘，对工程技术的演变与发展以及历代塘政的演变过程等皆有阐述。② 陈吉余先生长期从事河口动力研究，其中涉及海塘的成果汇集成《海塘——中国海岸变迁和海塘工程》一书，其海塘史的研究，是建立在对河口海岸带的自然条件与发育过程研究的基础上展开的。在小区域尺度上，陶存焕、周潮生的《明清钱塘江海塘》，专论明清时期钱塘江的海塘史；日本学者本田治在20世纪70年代末，对宋元时期浙东的海塘有过研究；③ 近几年出现几篇专门研究杭州湾海塘的硕士论文，刘丹对杭州湾南岸的宁绍海塘修筑中的经费演变与海塘修筑形成的地域社会关系进行分析；④ 田戈对明清时期海塘修筑与移民的动态关系进行时空分析；⑤ 胡仲恺则论述了清代南沙滩地开发与海塘修筑的内在关系。⑥ 不过总体上看，宁绍地区的海塘研究深度仍可进一步推进。

　　姚汉源先生对浙东运河所经过的主要的堰、坝、闸、斗门、水门等有详细考述。⑦ 邱志荣、陈鹏儿也对浙东运河进行专门系统的梳理，有一定的参考价值。⑧ 周魁一先生讨论了宋代鄞县水则的科学成就及其在古代水位测量中的地位。⑨ 西冈弘晃探讨了唐宋时期鄞县的城市水利构建过程与它山堰关系。⑩ 陆敏珍认为宁波地区的开发在唐宋时期逐渐从陂湖为水源

① 汪家伦：《古代海塘工程》，中国水利电力出版社，1988。
② 张文彩编著《中国海塘工程简史》，科学出版社，1990。
③ 〔日〕本田治：『宋・元时代浙东の海塘について』，『中国水利史研究』1979年第9号，第1~13页。
④ 刘丹：《杭州湾南岸宁绍海塘研究——以清代为考察中心》，宁波大学2011年硕士学位论文。
⑤ 田戈：《明清时期今慈溪市域的海塘、聚落和移民》，复旦大学2012年硕士学位论文。
⑥ 胡仲恺：《清代钱塘江海塘的修筑与低地开发——以海宁、萧山二县为考察中心》，暨南大学2013年硕士学位论文。
⑦ 姚汉源：《浙东运河史考略》，载盛鸿郎主编《鉴湖与绍兴水利》，中国书店，1991，第146~175页。
⑧ 邱志荣、陈鹏儿：《浙东运河史》上卷，中国文史出版社，2014。
⑨ 周魁一：《鄞县宋代水则的科学成就及其在古代水位量测中的地位》，中国水利学会水利史研究会、浙江省鄞县人民政府编《它山堰暨浙东水利史学术讨论会论文集》，中国科学技术出版社，1997，第16~22页。
⑩ 〔日〕西冈弘晃：『唐宋期における浙东鄞县の都市化と它山堰』，『中村学园研究纪要』1998年第30期，第73~79页。

的坡地向滨江沿海低湿地移动，水利工程数量在唐宋时期大幅增加，并奠定了明清及以后宁波地区的水利格局。①

萧绍平原的水利工程中以三江闸的研究成果较多，60 年代佐藤武敏即对三江闸水利有过研究，但只是交代三江闸建闸背景及水闸管理等内容；此后汪家伦等人又有概述性质的介绍文章；李云鹏、谭徐明等人则分析了三江闸建成后对浙东运河及内河水位之影响。② 对三江闸在明代以后的闸内、闸外水环境、泥沙演变的研究仍有极大空间。

2. 水利社会史

宁绍地区的水利社会史研究以国外学者关注较早。日本学者较早就关注浙东地区的湖水灌溉及湖田化问题。20 世纪 50 年代佐藤武敏即开始研究萧山湘湖的水权分配问题。③ 小野寺郁夫 60 年代就集中探讨了宋代宁绍以及杭州地区的陂湖水利，分析了影响湖泊水利的湖田化与水草葑田及从湖泊中获利的人群。④ 寺地遵梳理了北宋末至南宋时期浙东四湖（鉴湖、湘湖、夏盖湖、广德湖）的盗湖与反盗湖运动，其核心在回应“地域与国家”关系问题，认为地域社会不是国家行政机构末端的地方或地域，它也没有排除与王权的关系，它既不是作为国家权力基础的村落联合体，也不是与国家权力相对抗的以团体形式出现的村落联合体。⑤ 好并隆司梳理了慈溪大古塘南部的杜湖、白洋湖盗湖过程以及由此而导致的地域纠纷。⑥本田治对宋元时期的夏盖湖水利演变过程也有详细论述，探讨了夏盖湖的取水设施、配水设施以及海塘作用，并指出了湖泊水利中存在的诸如湖田、水利纠纷等问题。⑦ 此外，本田治还就明代余姚、慈溪北部的移民与

---

① 陆敏珍：《唐宋时期宁波地区水利事业述论》，《中国社会经济史研究》2004 年第 2 期。
② 〔日〕佐藤武敏：『明清时代浙东におげる水利事业——三江闸を中心に一』，『集刊东洋学』1968 年 10 月；汪家伦、蒋锡良：《古代绍兴三江闸述略》，《中国水利》1983 年第 3期，第 49~51 页；李云鹏、谭徐明等：《三江闸及其在浙东运河工程体系中的地位》，《中国水利水电科学研究院学报》2011 年第 2 期。
③ 〔日〕佐藤武敏：《宋代湖水的分配——以浙江省萧山县湘湖为中心》，《人文研究》1956年第 78 期。
④ 〔日〕小野寺郁夫：『宋代における陂湖の利：越州・明州・杭州』，『金沢大学法文学部論集・哲学史学篇』，金沢大学法文学部，1964，第 205~231 页。
⑤ 〔日〕寺地遵：《南宋时期浙东的盗湖问题》，《浙江学刊》1990 年第 5 期。
⑥ 〔日〕好并隆司：『浙江慈溪縣杜白二湖の盗湖问题』，森田明编『中国水利史の研究』，國書刊行會，1995，第 329~361 页。
⑦ 〔日〕本田治：『宋元时代の夏盖湖について』，『佐藤博士还历纪念中国水利史论集』，國書刊行會，1981。

滨海开发有过探讨。① 森田明与上田信在 80 年代集中考察了诸暨浦阳江流域的水利与地域社会问题。②

　　美国学者萧邦奇则于 1989 年出版了专门研究湘湖的著作《湘湖——九个世纪的中国世事》，该书从湘湖筑成，一直写到 20 世纪 80 年代，内容主要围绕湘湖的人、事展开，是一部以湘湖为中心的萧山区域社会变迁史著作。③ 斯波义信的《宋代江南经济史研究》以长江下游流域为空间范围，选取包括人口密度、村落分布、农作物种植、城市发展水平、技术要素（交通、水利、农耕法、手工业等）及社会流动性等要素作为考察地域发展的指标，集中探讨了宁绍地区的发展进程，其中水利是考量的重点。作者还集中关注了萧山湘湖水利问题，以及明代浦阳江改道后因萧山建麻溪坝而导致此后数百年的水利纠纷始末。其中也涉及三江闸问题，但基本没有深入展开。④ 此后钱杭再对湘湖水利社会史进行详细解构，其以湘湖为研究对象，在国内水利社会史研究中产生极大影响；提出"库域型"水利社会概念，并认为该水利社会以"均包湖米"为制度基础，形成用水的权利与义务关系。沈萌博士论文《水利治理与宋元明清绍兴社会》以水利为主线，大致指出绍兴水利发展的"基本规律"，即由两宋时期"与湖争田"，自元末明初开始向"由湖向海"过渡，到明中后期发展为"与海争利"。论文以水利为核心，却并非"水环境"之"内史"研究，一定程度上说，该文对水利演变背景的水环境等内容研究并没有超越既有成果。文章之亮点其实在对国家与区域社会互动关系的探讨上，将绍兴区域史纳入王朝国家史的叙述中，在研究区域的过程中解析了国家经济、制度、文化等层面的转变过程，对水利问题的探讨也更多关注诸如经费筹集、派费等。⑤ 这种研究虽有宏观价值，但也因缺少对基础问题的深入挖掘而略显苍白。诸如：如何完成由湖向海的水文与水利转变的细致解读，与海争地

---

① 〔日〕本田治：『明代寧波沿海部における開発と移住』，立命館大学人文学会，2008 年第 12 期，第 169~205 页。

② 〔日〕森田明：『明末浙東の一考察：諸暨地方を中心として』，『史学研究』，（通号165）1984.09，第 22~42 页；〔日〕上田信：『明清期・浙東における州縣行政と地域エリート』，『東洋史研究』1987，46（3），第 533~558 页。

③ 〔美〕萧邦奇：《湘湖——九个世纪的中国世事》，杭州出版社，2005。

④ 〔日〕斯波义信著《宋代江南经济史研究》，方健、何忠礼译，江苏人民出版社，2012，第 551~589 页。

⑤ 沈萌：《水利治理与宋元明清绍兴社会》，北京师范大学 2009 年博士学位论文。

中的技术应对与环境变化等问题，都没有给出细致、深入的解答。

3. 历史地理与环境史研究

在从环境史视角研究宁绍水利之前，地貌学、河口动力学、历史地理学等相关学科的研究已有较为深厚、扎实的科学成果，可资参照。这些成果集中关注杭州湾河口形成与演变以及萧绍内部水系演变过程。以前者而言，早在1946年，朱庭祐、盛莘夫、何立贤三位先生就对钱塘江下游的地质展开深入研究。此时还是研究生的陈吉余先生也参与了这项地质调查的资料收集工作，为之后从事河口变迁研究打下基础。朱、盛、何三位先生的调查结果为《钱塘江下游地质之研究》，重点研究了钱塘江两岸之地文演进与江流变迁。考察报告分前、后两篇，前篇为《钱塘江两岸之地质》，后篇为《钱塘江之发育及其变迁》，分别从地层、地质构造、地文角度阐述钱塘江两岸地质形成过程。文章认为钱塘江河道发育完成后，造山运动中岩层隆起而成的小山脉，成为影响钱塘江下游河道走向的关键，形成钱塘江三亹（门），即南大亹（门）、北大亹（门）与中小亹（门）。在清代以前，钱塘江下游河道几乎贴近萧绍北部几座山脉而行。南大门淤为沙地似开始于明初，而成于清初。钱塘江走中小门则对江两岸平原皆为有利，为此在乾隆十二年（1747），政府组织拓宽中小门，保证了两岸平原安定十几年，乾隆二十四年（1759）钱塘江徙走北大门，南大门也逐渐淤沙，萧山的南沙滩地逐渐发育完成。考察报告论述了浦阳江在15世纪中叶改道导致钱塘江北折之势人为增强，而改道后的浦阳江与钱塘江、富春江汇合于萧山西，使萧山西部江潮压力增大，于是从明代中叶后，西江塘成为萧绍地区的重要屏障，而江水也频繁溃决江塘。[①] 1957年，地理学家严钦尚先生发表《浙江省钱塘江及太湖流域地貌发展过程》一文，指出杭州湾北岸滨湾宽阔地带是古海岸区，其开发与唐宋时代海塘的建筑有密切关系。杭州湾南岸的变化较少，滨湾一带处于加积过程中。两岸平原的蚀积，与长江三角洲向外伸展、潮汐进退的主流活动途径有着紧密联系。[②] 陈吉余先生等人1959年在对杭州湾地貌调查资料分析的基础上，完成《杭州湾的动力地貌》一文，指出在杭州湾的形成过程中，上游钱塘江河口段在历史上

---

① 朱庭祐、盛莘夫、何立贤：《钱塘江下游地质之研究》，《建设（上海1946）》1948年第2卷第2期。

② 该文最早发表于《华东师范大学学报》（自然科学版）1957年第3期，第36~53页。后收入《严钦尚地学论文选》，上海科学技术出版社，1995，第231页。

有着三门的变迁，三门位置的差异影响着潮水的流动方向，而方向一旦发生改变，也必然对杭州湾的蚀积作用发生显著影响。13 世纪 30 年代在三门附近，海岸发生很大的变化，北岸受严重侵蚀，此后南岸也发生内坍；18 世纪，江势趋北，由南大门向着北大门过渡，加强了河口的弯道，从而改变了潮水流路，慈北平原外涨迅速。① 这些研究基本上奠定了宁绍自然地理研究的基础，成为此后从事区域水土环境研究的重要参照。

钱塘江河口管理局在钱塘江河口变迁与治理方面也做了大量工作，韩曾萃等人所著《钱塘江河口治理开发》一书，系统梳理了钱塘江河口段的历史演变过程及治理规划，具体涉及河口的形成与历史变迁、河口概貌、潮汐水文、泥沙输移、河床冲淤变化、治理规划与实施进程、整治建筑物的施工、人类活动对海口的影响，以及数值模拟和实物模型试验技术等方面，是钱塘江河口研究最系统之成果。②

历史地理学的研究以陈桥驿先生为代表，其 20 世纪 60 年代即从事宁绍地区的农田水利研究，1962 年发表《古代鉴湖兴废与山会平原农田水利》一文，提出对鉴湖的研究需要关注三个重要节点：一是会稽山脉的复杂形势和鉴湖源流的关系；二是浦阳、曹娥两江与鉴湖的关系；三是钱塘江下游江道与鉴湖的关系。③ 这三方面也是理解萧绍平原内部水网形成、发展、演变及农田水利建设之关键。特别是钱塘江对曹娥、浦阳两江的强烈影响，两江又将这种影响转嫁于它们的支流及鉴湖水系诸河上，这也是长期以来平原地区水环境的症结所在。他的《古代绍兴地区天然森林的破坏及其对农业的影响》一文则主要探讨平原南部山区的森林破坏过程及其对农业的影响，认为古代绍兴地区的森林滥伐，一方面影响了农业结构，另一方面也造成严重的水土流失，加速了古代鉴湖的湮废，造成了南宋一代频繁的水患灾害。他特别指出，到明代以后，平原内部的河湖网虽越来越完备，但内部江河、湖泊的淤浅也逐渐加重；到明末清初，由于河道淤浅，接连出现严重的旱灾及山洪灾害；到清末，河湖淤浅已经影响到了淡

---

① 陈吉余、恽才兴、虞志英：《杭州湾的动力地貌》，载陈吉余、王宝灿等著《中国海岸发育过程和演变规律》，上海科学技术出版社，1989，第 84 页。
② 韩曾萃、戴泽蘅、李光炳等著《钱塘江河口治理开发》，中国水利水电出版社，2003。
③ 陈桥驿：《古代鉴湖兴废与山会平原农田水利》，《地理学报》1962 年第 3 期。

水渔业。① 这些研究勾勒出了萧绍平原农田水利演变之基本轨迹。"文革"以后，陈先生又开始研究宁绍地区的聚落、湖泊演变过程，80 年代先后发表《历史时期绍兴地区聚落的形成与发展》《论历史时期宁绍平原的湖泊演变》两篇文章，分别探讨了宁绍平原地区的聚落由山区向平原及海滨推进的历史过程，以及山会地区狭小密集聚落形成的原因。文章勾勒出宁绍平原湖泊经过由山区向平原演变，及平原湖泊湮废再向山区转移的过程。②

　　正如陈先生 20 世纪 60 年代即已经指出的，研究萧绍水系必须研究境内两条河道：曹娥江与浦阳江，特别是明代改道的浦阳江。笔者以为，浦阳江在明代中期的改道甚至影响了整个萧绍地区的社会发展进程，在此有必要做详细交代。浦阳江是钱塘江下游的重要支流，虽然径流量与流域面积都不算很大，但对萧绍地区的水环境与社会经济发展都有极大影响。在明清时期的方志中，基本皆记载浦阳江下游在明代中叶前于山会平原北部的三江口入海，包括上文朱庭祜等先生也是如此认为。1981 年，陈桥驿先生发表《论历史时期浦阳江下游的河道变迁》一文，质疑明代中叶改道以前一直由钱清于三江口入海的观点，认为在南宋以前，浦阳江的下游地区存在两个大湖，即"渔浦湖"与"临浦湖"，浦阳江下游在临浦附近进入"临浦湖"后分两支向北入"渔浦湖"，并最终进入钱塘江，今浦阳江向北必经的碛堰在南宋前就已开凿，此后处于凿、堵之间，浦阳江下游河道也在向东与向北之间变道。所谓明代中叶改道，不过是回归故道。③ 此观点影响极大，此后关于浦阳江下游河道走向，几乎皆采用陈先生之观点。而在此观点影响下，学者们又在材料解读基础上，形成三种主要观点：（1）在唐代晚期以前，主要分为两路：一路由临浦湖经碛堰山北和木根山南的峡口注入渔浦湖，西北出钱塘江；另一路由临浦湖顺地势经山、会、萧平原沼泽地，又东折钱清江入海；④（2）浦阳江经渔浦湖西入钱塘江为主要出水道，为下游干道；在入临浦后又东北分向出一支江道，在牛头山

---

① 陈桥驿：《古代绍兴地区天然森林的破坏及其对农业的影响》，《地理学报》1965 年第 2 期。

② 陈桥驿：《历史时期绍兴地区聚落的形成与发展》，《地理学报》1980 年第 1 期；陈桥驿、吕以春、乐祖谋：《论历史时期宁绍平原的湖泊演变》，《地理研究》1984 年第 3 期。

③ 陈桥驿：《论历史时期浦阳江下游的河道变迁》，《历史地理》创刊号，上海人民出版社，1981，第 65~79 页。

④ 孔子贤、陈志根：《浦阳江下游河道变迁考略》，《杭州师范学院学报》1991 年第 1 期，第 65 页。

附近东会西干山脉之夏履江，北流萧山平原，在航坞山与固陵（西陵，今西兴）之间北入钱塘江；（3）春秋末期至五代北宋初，浦阳江漫流经萧山中部平原的陆屿之间，五代至明中叶借道钱清江，明中期以后，北过碛堰山，直至渔浦入钱塘江。① 浦阳江下游河道在南宋以前的走向又出现三个版本。2013 年，朱海滨发表《浦阳江下游河道改道新考》，认为所谓南宋以前就已经开凿碛堰以通浙江（钱塘江）的说法不能成立，而浦阳江下游经"临浦湖"入"渔浦湖"中的两湖不存在，其从文献、地理角度进行详细考订，将浦阳江下游河道的走向又回归到明代中叶以前一直由三江口入海的传统观点。②

除江河之外，20 世纪八九十年代以后，学界曾有一段研究鉴湖热潮。1981 年，杭州大学地理系参加《鉴湖底质泥煤层分布特征调查及其对水质影响的实验》的研究，完成《绍兴鉴湖流域的自然环境》的报告。除了专题报告以外，还发表了相关的多篇论文。这些文章分析了鉴湖湖水氧化程度③、鉴湖底泥与水环境关系④、鉴湖区域环境土壤要素⑤等。此后有关鉴湖研究又涌现出大批成果，被编入盛鸿郎主编之《鉴湖与绍兴水利》⑥ 一书，该书成为目前研究鉴湖的代表性成果之一，涉及鉴湖形成、演变、湮废及绍兴水网演变过程。此后，国内对鉴湖水利问题的研究趋冷。

以上研究成果基本廓清了该区域大的自然环境背景。此后较长时间内缺少更深入、扎实的研究成果出现，直到 20 世纪 90 年代中期环境史视角介入区域水利研究，才进一步推进了该区域的环境变迁研究。

明确以环境史视角开展宁绍水利研究，开始于 20 世纪 90 年代。刘翠溶于 1993 年 12 月与当时还在澳大利亚国立大学的伊懋可，在香港共同举办了中国生态环境历史国际学术讨论会。两年后出版了中英文两个版本的

① 杨钧：《明代中叶浦阳江河口地区水利建设与水道变迁》，见盛鸿郎主编《鉴湖与绍兴水利》，中国书店，1991，第 183 页。其关于浦阳江河道变迁之更详细考辨详见《浦阳江源流考辨》［中国水利学会水利史研究会编《水利史研究论文集（第一辑）》，河海大学出版社，1994］一文。
② 朱海滨：《浦阳江下游河道改道新考》，《历史地理》第二十七辑，上海人民出版社，2013，第 106~122 页。
③ 吴林祖等：《绍兴水环境特征与湖水氧化状况变化的分析》，《水资源保护》1987 年 12 月。
④ 陈琼闻、洪紫萍：《鉴湖底泥及其在环境中的作用》，《杭州大学学报》1989 年第 1 期。
⑤ 刘经雨：《鉴湖区域环境土壤要素初步研究》，《杭州大学学报》1989 年第 4 期。
⑥ 盛鸿郎主编《鉴湖与绍兴水利》，中国书店，1991。

论文集，中文版名为《积渐所至：中国环境史论文集》，认为中国环境变迁乃人与自然相互作用并逐渐演变之结果。[1] 论文集收录了二十余位学者的研究成果，其中就有三位学者的两篇文章是关于杭州湾南岸地区的，分别是日本江南经济史研究专家斯波义信的《环境与水利之相互关系：由唐至清的杭州湾地区》以及伊懋可、苏宁浒的《遥相感应：西元一千年以后黄河对杭州湾的影响》。

斯波义信与伊懋可都是长期从事经济史研究的著名学者，特别是前者长期关注中国江南地区的经济史研究，而其界定的江南区域也包括杭州湾南部地区。[2] 在《环境与水利之相互关系》这篇文章中，斯波义信将整个长三角（包括杭州湾）沿海区的地貌划为两种：低湿地与沙状微高地。这两种地貌其实与沿海潮水有极大关系，早期海进时期，江南沿海大片区域沉入水下，更新世海退后，江南地势较低的区域形成湖泊，并逐步发育出低乡的水网结构；随着潮水携带的泥沙不断淤积，形成一道道冈身沙地，这片区域地形略高于水网区。这种地貌上的差异以太湖以东地区最具代表性，当地称高乡与低乡。[3] 这种高低乡格局不仅存在于太湖以东的江南地区，也存在于杭州湾南部区域。斯波义信认为中国人有选择低地居住的倾向，自 8 世纪以后，三角洲低湿地之排水开拓与定居，是应用先前在临近微高地区发展出来的技术和组织方式；8 世纪以后三角洲的低地开发之初期，是国家介入修筑塘路和海塘等大役之结果，政府的热心在两宋时达到顶点。在基本设施完成后，明代以后的水利组织在水利维修方面的努力却表现出长期的衰退。[4] 很明显，斯波义信的研究集中关注杭州湾南部区域的低地开发，诸如对鉴湖区的湖田化推进、宁波甬江流域的低湿地干拓化过程。实际上，低湿地的开发在宋代水利设施的推进过程中，必然会出现饱和现象，这又必然反过来制约水利工程的推进，所以表现为明代以后低

---

[1] 刘翠溶、〔英〕伊懋可主编《积渐所至：中国环境史论文集》，中研院经济研究所，1995。

[2] 〔日〕斯波义信著《宋代江南经济史研究》，方健、何忠礼译，江苏人民出版社，2012。

[3] 关于江南地区由于冈身淤积形成的高地与河网区的低地研究，可参阅王建革《水乡生态与江南社会（9-20世纪）》（北京大学出版社，2013）以及谢湜《高乡与低乡：11-16世纪太湖以东的区域结构变迁》（生活·读书·新知三联书店，2015）。谢湜对此两种微地貌差异而导致的区域水利治理差异以及行政区划演变的影响有深入研究。

[4] 〔日〕斯波义信：《环境与水利之相互关系：由唐至清的杭州湾地区》，载刘翠溶、〔英〕伊懋可主编《积渐所至：中国环境史论文集》，中研院经济研究所，1995，第271~294页。

湿地区域的水利"衰退"现象。不过，斯波义信并没有进一步关注高地（沿海沙地）开发的推进过程与水利设施的关系问题。总体来说，斯波义信对宁绍平原内的水利演变做了较为深入的分析，但偏重水利开发过程的阐述，缺少更进一步分析导致内部水利转变的水文与环境背景的分析。

伊懋可、苏宁浒的文章则主要探讨杭州湾南岸余姚、慈溪扇形滩地的形成与黄河河道变迁、治理的关系。其梳理了余姚北部扇形滩向北伸长从14世纪后期开始，与黄河下游河道部分转移到南方河道的时间相差没多久；而扇形滩地在16世纪晚期加速，正是潘季驯将黄河下游部分水道加以合一汇流之时。两人引用了黄河泥沙以及杭州湾泥沙关系的大量自然科学研究成果，以论证杭州湾南部滩涂淤涨与黄河河道变迁有极大关系。[①] 两人的研究，是将黄河与杭州湾泥沙各自分析后，在其中找时间切合点，却缺乏支持杭州湾泥沙淤涨与黄河河道变迁关系的直接链条。对此，王大学在其博士论文中有比较中肯的评价："伊懋可和苏宁浒论文的最大特点是希望通过现在自然地理学原理和统计数据与历史文献的有机结合，来论证杜充决黄河以抵御金兵南下而引起黄河改道之后黄河三角洲的泥沙在塑造杭州湾地貌方面的作用。整个文章也的确说明两位作者在资料搜集以及自然地理学原理的运用方面花费了很大工夫，但是现代自然地理学原理、统计数字与历史文献的结合并非容易的事情，如果不充分考虑各种条件的变化，很容易出现以今律古的情况，尤其是在自然地理学方面就更应该注意影响三角洲变化的诸多因素。"并指出："伊懋可与苏宁浒的文章如想站稳脚跟，还需解决一个至为关键的问题，从黄河三角洲南下的泥沙先经长江三角洲才能到达杭州湾，这些泥沙对长江三角洲的形成有何影响、是否有部分泥沙在这里沉积。如果有的话沉积比例是多少，剩余泥沙又以什么方式到达杭州湾？这些问题如不解决，整个逻辑论证过程缺一中间环节，遗憾的是该文缺少了该环节。"[②] 此外，伊懋可等人在研究中对史料的判读也有不少问题。抛开这些问题不论，伊氏在杭州湾南部泥沙淤积中的论述虽观点鲜明，但在自然科学论述与史料解读结合上有不少问题，这也影响了

---

① 〔英〕伊懋可、苏宁浒：《遥相感应：西元一千年以后黄河对杭州湾的影响》，载刘翠溶、〔英〕伊懋可主编《积渐所至：中国环境史论文集》，中研院经济研究所，1995，第507～578页。

② 王大学：《明清江南海塘的建设与环境》，复旦大学2007年博士学位论文（修订出版中有稍许改动，此处以博士论文版为准）。

其研究成果的精确度。不过，即便如此，伊懋可、苏宁浒之研究仍极有参考价值，作者意图去论证"人类干预黄河水文在促成及加速杭州湾余姚扇形地之成长上扮演了重要角色，而且也许还在南沙半岛（萧山以北）的泥沙扩张来阻塞钱塘江在海湾内的南、中两个海口的过程里，也扮演了重要角色"①。这正是环境史研究所期望达到或实现之目的，即通过对自然环境变迁的"复原"，探讨人类在其中的作用，以及环境变迁再作用于人类的过程。这样的大视野，也是目前区域环境史研究中所缺乏的。而实际上，杭州湾南部区域人为改变河道所引起的水文环境、区域民生环境变化的案例并不少见。浦阳江在明代改道入钱塘江即为此问题提供了极好的观察视角。

在同一年（1995），伊懋可与苏宁浒还在美国环境史期刊《环境和历史》（*Environment and History*）上发表专文，论述 1000~1800 年影响杭州湾形态变化的自然与人为因素。② 作者基于历史地图及史料对此前该区域的水文与水力学分析，"初步重建该区域地理变迁模式"，认为在某些情况下，地貌变化——部分人为原因——可以影响人类社会和经济生活，而在长时段的经济史研究中没有环境史的考量也是不行的。在这篇文章中，最引人瞩目的是作者提出一个概念"技术锁定"（technological lock-in），即次好技术居于支配地位后，为了维持这种次好技术的水利工程需要付出极大的金钱、劳力、物资、技术、政治及组织能力等。此文的观点被吸纳进其专著《大象的退却：一部中国环境史》（The retreat of the elephants: an environmental history of China）第六章"水与水利系统维持的代价"。③

陈桥驿、斯波义信、伊懋可等人的研究将本区域水利研究门槛定得不低，其后从环境史视角进行宁绍地区水利史研究的成果就相对少了。直到 2011 年李玉尚才对该区域内三江闸修筑后带来的生态影响进行再研究，认为绍兴三江闸修筑改变萧绍平原内河水位与水流速度，进而影响农作物种

---

① 〔英〕伊懋可、苏宁浒：《遥相感应：西元一千年以后黄河对杭州湾的影响》，载刘翠溶、〔英〕伊懋可主编《积渐所至：中国环境史论文集》，中研院经济研究所，1995，第 572 页。

② Mark Elvin, and Su Ninghu. "Man Against the Sea: Natural and Anthropogenic Factors in the Changing Morphology of Harngzhou Bay, circa 1000 – 1800. " *Environment and History* 1.1 (1995): 3-54.

③ 〔英〕伊懋可等著《大象的退却：一部中国环境史》，梅雪芹、毛利霞、王玉山译，江苏人民出版社，2014，第 126~178 页。

植区域与结构，以及由此而导致地方疾病。① 这是对水利工程改变区域小生境后影响农作物种植与微生物生存环境的典型个案研究。此外，宁绍地区的其他湖泊演变过程也一直有学者持续关注研究：尹玲玲、王卫对涉及上虞夏盖湖演变的史料进行了详细梳理，将以夏盖湖为中心的史料归纳为基础史料与方志史料两类，并以此为基础，系统还原历史上夏盖湖的垦废演变过程及其原因，认为夏盖湖宋元与明清时期演变特点不同，前后两个阶段控制性因子不同，前者主要为自然因素，后者则主要为人文因素。②

总体上看，宁绍地区水利史研究在水利技术史、历史地理学、环境史领域都有关注，但缺乏从景观视角进行的系统梳理。环境史研究关注人的活动过程对景观的影响，虽然在很长一段时期内这个工作是由景观史、历史地理学研究者在开展，但环境史本身的特点给了观察景观变化不一样的视角。英国景观史开拓者霍斯金斯在对景观史的意义与价值的阐述中，一直希望去探索当下景观是如何在人类作用下形成的、什么时候形成的。与历史地理、自然地理等学科的研究不同，景观史的研究关注景观在历史中的演变过程，霍斯金斯在对英格兰景观形成与演变过程的研究中力图"呈现英格兰景观，竭尽所能解释它到底是如何呈现出当前的模样，那些细节是如何添加、什么时候添加的"③。关注一切改变自然景观的东西，并极力回溯其背后的历史，为英格兰景观框架的形成过程添加鲜活的内容和细节，这与环境史研究所追求的还原历史生态过程的目的相吻合。总体而言，宁绍地区水利社会史的研究已有一些成果，但仍有极大空间，特别是需要转换视角，将研究深入推进。从景观史角度开展宁绍地区水利史研究，仍有不少问题可以深入讨论。近几年北京林业大学郭巍团队开展过一些乡土景观、农田景观等研究，④ 但因研究方法与路径的差异，与历史学视角下的景观形成研究侧重点和关注问题都有所差别。水利在宁绍平原景

① 李玉尚：《三江闸与1537年以来萧绍平原的姜片虫病》，《中国农史》2011年第4期。
② 尹玲玲、王卫：《浙江上虞夏盖湖演变研究的史料序列评介》，《古今农业》2016年第2期；《明清时期夏盖湖的垦废及其原因分析》，《中国农史》2016年第1期。
③ 〔英〕W. G. 霍斯金斯著《英格兰景观的形成》，梅雪芹、刘梦霏译，商务印书馆，2018，第3页。
④ 谭敏洁、郭巍、蒋鑫：《浦阳江中上游河谷盆地乡土景观研究》，《风景园林》2020年第1期；郭巍、侯晓蕾：《宁绍平原圩田景观解析》，《风景园林》2018年第9期；郭巍、侯晓蕾：《筑塘、围垦和定居——萧绍圩区圩田景观分析》，《中国园林》2016年第7期。

观与文化形成中的作用，仍有深入研究之必要，这也是本书需要解决的问题和以后努力之方向。

四　资料与方法

（一）资料

本书史料涉及正史、实录、上谕档、地方志、文集、家谱、近代档案等，以及专门的水利史料，其中地方史料居多。就地方志而言，宁绍二府从宋代开始即有府志。绍兴南宋时期有嘉泰《会稽志》、宝庆《会稽续志》。宁波宋元时有乾道《四明图经》、宝庆《四明志》、开庆《四明志》、延祐《四明志》、至正《四明续志》、大德《昌国州图志》，清咸丰年间徐时栋烟屿楼重刻合称《四明六志》。明清时期，两地除有多部府志外，下辖各县也多次修志，在此不一一列举。因此，地方志乃本书主干资料之一。除地方志以外，还着重利用了部分专门类的核心水利文献，由于正文中不断使用以下水利文献资料，在此略做总体介绍，以免正文中再做交代。

刘光复治水形成的文献汇编《经野规略》。刘光复，字贞一，号见初。明万历二十六年（1598）任绍兴府诸暨县县令，在任期间正值浦阳江水患频繁，其亲赴沿江两岸走访后主持治水，在此过程中将所领治水政令条款等内容汇编成《经野规略》一书[①]。此书成书于万历三十一年（1603），到清雍正九年（1731）县令崔龙云为重刻该书写序时，已称部分遗失，"越数日，竟田畦、争埂界者纷纷投牒，半引《规略》为据，诘之，又无全书。始疑故匿，以便侵占，询之绅士，知为兵燹所毁，板亦无存"。不过虽有遗失，主体内容皆在，"再访之，得其散帙，而湖势之高下，田亩之多寡，埂坝之修短阔狭，与夫筑理之方，禁制之条，以及置买义田存放仓谷之法，无不井井，虽残篇断简而全貌已窥"。故崔龙云叹之曰："益叹公治行彰彰，光昭史册。而《规略》一书，尤其精神所贯注，经济之始基也。然终以不得完本为憾。"[②] 今国家图书馆藏有清同治五年（1866）重刻

---

① 刘光复：《经野规略》，清同治五年刻本。收入冯建荣主编《绍兴水利文献丛集》下册，广陵书社，2014，第498~650页。

② 崔龙云：《雍正重刊〈规略〉序》，载《经野规略》，《绍兴水利文献丛集》下册，广陵书社，2014，第499页。

本，即今所能见之版本。2014年绍兴市组织将各个历史时期的水利文献进行搜集整理，该书被收入《绍兴水利文献丛集》下册，为使用以及查阅方便，即引用《丛集》本，并参照使用国家图书馆藏本。

《经野规略》分上卷、正卷、下卷，十余万字。上卷包括《疏通水利条陈》《善后事宜》以及多篇湖民呈文及官府下发之申文，共29篇，内容涉及治水的具体规章制度及湖民所请与官府批示。正卷则主要为"记文""祝文"，主要为刘光复治水过程中办理的水利纠纷案件处理文书，以及水利工程修筑始末碑记，共26篇。下卷则为"丈量湖埂分段数"，以及所购买之在浚江、筑埂中所占田亩数等多文。下卷卷首附有《浣水源流图》，图中详载浦阳江沿江两岸湖田亩数、治水重点区域等内容，江流上承义乌、浦江，下抵钱塘江，图署"池阳刘见初勘定"，是当时对浦阳江流域河道流路最详细的示意图。《浣水源流图》绘制的目的是为了治水，所以对沿河的湖泊、湖埂、旧河道等信息皆有十分详细的记载。

清代康熙、咸丰年间编《三江闸务全书》《闸务全书续刻》。《三江闸务全书》纂者乃当地士人程鸣九，其生平缺载，清康熙年间人。《三江闸务全书》称，鸣九先生，讳鹤翥，"三江布衣耳，伏处户庭，殷忧饥溺"。此书的编纂与姚启圣有关。姚启圣为官在任乃至离官以后，皆关心家乡水利修建，如捐钱修萧山西江塘，为民称颂，康熙二十一年（1682），主持维修三江闸，程得参与其事，并追溯建闸历史，其广搜资料，写下了这部《三江闸务全书》。李元坤在序言中称其"家世三江，躬在闸所，非得之于目见，即得之于耳闻，因而述所见证所闻"，具有极高的史料价值。道光十五年（1835），邑人平衡先生续刻《三江闸务全书》四卷，言"程子之风，山高水长"，其名不见经传，但因《三江闸务全书》而得永传。《三江闸务全书》内容翔实，详载三江闸修筑与历次维修过程。全书共分上、下两卷。上卷前有形势图两张，以下则收录自汤绍恩以后历次修筑情况之碑记；下卷则主要记载了历次修筑中工程人工、物料等有关制度安排等。

《闸务全书续刻》则为清道咸年间山阴人平衡辑著，目前所见版本为咸丰（1851~1861）年间介眉堂刊本。平衡，字舜班，山阴人，终身未得入仕途，长期在外地官场作幕宾，晚年回故里，担任道光十三年（1833）大修三江闸的主要负责人，因其修闸之功，故去后，牌位列入当地治水"先贤祠"中。其在道光年间的修闸竣工后，将乾隆六十年（1795）和道光十三年（1833）两次大修、浚港等碑记、图说和修闸便览、修闸补遗、修闸事宜以及《三江闸务全书》所漏辑的旧有碑记合纂为续刻。这是绍兴三江应宿闸的工程续志。《闸务全书续刻》共四卷，内容如下。

第一卷为图说碑记，只有文字而无图。如《三江闸水利图说》《双济祠图说》等。

第二卷为修闸便览，包含"泄水""筑坝""分修""灌锡""物料""器具""夫匠"等内容。

第三卷为修闸补遗，包括"奏疏""碑记""闸洞闸墙层数尺寸""闸洞板额"等。

第四卷为修闸事宜，包括筑坝丈尺、筑坝先后、用人、工价等相关事宜。

《闸务全书续刻》与《三江闸务全书》相得益彰，各具特色，组成一部出色的三江闸工程专志。

目前所见《三江闸务全书》与《闸务全书续刻》皆为咸丰年间介眉堂刊本。笔者手中所藏为此本之复印本，也收入《绍兴水利文献丛集》。①

民国年间汇编的《塘闸汇记》。民国年间为编绍兴县志，当地组织人员搜集了大量文献资料，这批资料后来被汇总刊刻为《绍兴县志资料》，共分两辑先后刊出。第一辑汇编了清至民国年间治理萧绍塘闸工程之大量文献，名《塘闸汇记》②，基本囊括当时所能见到的有关萧绍海塘（包括江塘）、水闸等方面的所有资料。《塘闸汇记》按收录文献种类分为"记塘工""记闸务""记闸港疏浚""记塘闸经费""记塘闸机关""杂记"，近百余文。除此之外，第二辑收录的"地理类"也多涉及塘闸工程。③

2014年冯建荣主编的《绍兴水利文献丛集》下册还收录了《麻溪改坝为桥始末记》（四卷）、《上虞塘工纪略》（四卷）、《上虞五乡水利本末》（不分卷）、《上虞五乡水利纪实》（不分卷）、《上虞塘工纪要》（不分卷）等文献，基本囊括了绍兴地区除了地方志以外的、最为核心的水利文献资

---

① 程鹤翥辑著《闸务全书》，咸丰介眉堂本；平衡辑著《三江闸务全书续刻》，咸丰介眉堂本。见冯建荣主编《绍兴水利文献丛集》上册，广陵书社，2014，第1~136页。

② 王世裕编《塘闸汇记》，《绍兴县志资料》第一辑，《中国方志丛书·华中地方》第583号，据民国铅印本影印，成文出版社，1983。收入冯建荣主编《绍兴水利文献丛集》上册，广陵书社，2014，第138~395页。

③ 收入冯建荣主编《绍兴水利文献丛集》上册，广陵书社，2014，第398~496页。

料，也为本书的研究提供了极大便利。

清乾隆年间辑录汇刻的上虞《皂李湖水利事实》。浙东地区以湖泊分水而形成大量的湖泊水利文献，这其中以萧山湘湖文献最为丰富。[①] 除湘湖以外，诸如上虞夏盖湖、皂李湖也都形成了一批系统的湖水文献，当地将这些湖水文献称为《湖经》。而本书所涉及的皂李湖《湖经》即其中之代表。皂李湖《湖经》本名为《皂李湖水利事实》，从文献学角度看，乃明清不断汇编累积而成的，最早于明正统年间编著。明正统七年（1442）当地乡士罗朋（字友睦）辑录湖水文献，成《皂李湖水利事实》[②] 一书，请致仕在家的郭南写序；清乾隆年间，曹氏后人曹云庆再次编纂重刻，增加了明正统至清康熙年间的史料。《皂李湖水利事实》内容大致可分为六部分：第一部分为序文、湖泊沿革。正文前有小引"湖说"一文、"序"文四篇，湖水灌溉范围图一张，序文后为湖泊"沿革"，详载湖泊由来以及明代历次湖水纠纷事件。第二部分收录"水利碑记"三篇，分别为洪武十五年（1382）翰林院待制致仕赵俶、永乐五年（1407）翰林学士王景章、正统六年（1441）工部左侍郎周忱所写《记文》。第三部分是绍兴府处理纠纷时下发之告示、康熙十年（1671）知府张三异所立"禁碑"，以及湖民之呈文、官府判案批文数篇。第四部分是明清时期绍兴府知府朱芹、张三异"生祠"碑记，皂李湖斗门、闸坝、堤塘以及湖水灌溉田亩"古号"，明洪武三十二年（1399）"争讼事迹"中告状人之"原呈"（明代呈文）以及浙江按察司"施行"情况。第五部分为"古今歌谣""跋文""皂李湖八景诗"等。第六部分为《皂李湖四闸齐修实迹》《朱公（芹）祠改建实迹》《议捐置产给种酬劳实迹》《重定派堡巡闸规制》《永泽庵住僧瑞云承修湖闸实迹》五篇文章。总之，《皂李湖水利事实》搜录了明正统至清乾隆年间围绕湖水纠纷的各种文献，重点围绕明万历三十四年（1606）的湖水纠纷展开，虽然它基本表达的是湖区得利湖民的意愿，但其中保留的官府判案以及纠纷中湖民所上呈文，仍是解析湖水纠纷的最核心材料。

笔者重点介绍以上核心资料，目的在于说明：对宁绍地域内部某些问题的挖掘越深入，所能依据的核心史料就变得越单一。需要指出的是，史

---

① 钱杭对有关湘湖的水利文献做过系统梳理，请参阅钱杭《库域型水利社会研究——萧山湘湖水利集团的兴与衰》，上海人民出版社，2009，第13~37页。

② 罗朋辑录，曹云庆编《皂李湖水利事实·沿革》，《中华山水志丛刊·水志卷》第36册，线装书局，2004年影印本。

料单一并不是说史料内容的同质化，相反，这些核心材料内容丰富，在参照其他相关辅助资料后，可以就某一方面的问题进行深入研究。比如明代中后期对浦阳江治理问题的研究，目前所能依据最核心之材料即《经野规略》：一方面，明清时期诸暨县的地方志保存较少，目前可见只有乾隆《县志》及光绪《县志》，历代府志对诸暨地区的河流、治水记载都极为简略；另一方面，在保存下来的地方志中，对区域河道、湖田的记载也照抄《经野规略》。因此，《经野规略》无疑为最佳史料来源。此外，本书还对上虞县梁湖镇皂李湖的湖水分配问题进行个案解析，而在史料利用上，主要依据《皂李湖水利事实》（《湖经》），并结合地方志撰修与湖水利益群体关系，对文献本身进行考辨、分析，在使用文献的同时也解构文献的形成背景、代表利益群体以及文献背后所反映出的地域社会问题。其他问题的研究也基本如此，如三江闸问题的研究自然以《三江闸务全书》《闸务全书续刻》以及民国年间汇编的塘闸资料为主。

除此核心文献之外，绍兴地区所保存的大量文人文集也很重要。这些文集是研究当时细微历史问题最好的佐证材料之一。笔者还查阅了晚清民国年间《申报》及其他报刊中有关宁绍水利的大量文献。书中还涉及大量基层水利纠纷问题，笔者又查阅了上海市图书馆、绍兴市图书馆所藏的家谱。家谱所记载之水利文献翔实而具体，是解读区域水利问题的极好材料。此外，笔者还多次前往浙江省档案馆、绍兴诸暨市档案馆查阅档案数百卷，获得大量第一手档案资料，为本书的研究奠定了坚实基础。在查找资料的过程中，笔者还到当地河口所、水利局等相关单位拜访，获得不少水文、水利等方面的专业文献。

除文字资料外，本书写作还参照、使用了大量古地图及民国年间的实测地形图，如王自强主编的《中国古地图辑录·浙江省辑》，明清时期宁波、绍兴两府府图及其下辖县域图近百幅，[①] 以及清代地图集汇编《浙江全省舆图》[②]、《浙江全省舆图并水陆道里记》[③] 等，特别是民国初年实测的 1:50000 大比例尺的《民国浙江地形图》，成为研究、复原民国以前水系、河道的最重要参考资料。

---

① 王自强主编《中国古地图辑录·浙江省辑》，星球出版社，2005。
② 清代地图集委会编《浙江全省舆图》，西安地图出版社，2005。
③ 宗源瀚等纂修《浙江全省舆图并水陆道里记》，成文出版社，1970。

（二）方法

1. 历史文献分析法

以水利文献作为基层史料，解析水利与水环境变化、人类作用之间的互动关系，本质上只是对水利文献进行环境史的解读。但与江南核心区相比，该区域缺乏水利史料之外的农作生产图景等方面的材料，以及构成生态系统最核心的动植物方面的史料。这一方面与当地的文献丰富度有关，另一方面则是宁绍地区与江南核心的水网区在形成机理上有本质区别，水网与动植物之间的丰富度、复杂性也不如太湖流域。

2. 田野调查法

笔者对宁绍平原的认知，除了地理空间上的认知外，其余所有认知几乎都来自对史料文献的阅读。但要理解并且感知当地环境，则要走入田野，深入田间地头。通过几年的田野调查，笔者对宁绍地区的农田环境、水系结构、民众生活场景等有所了解，这对帮助自己深入思考宁绍诸多水利深层次问题很有帮助。

3. 地理空间分析法

地理学研究的是空间问题，对于历史时期的水利问题研究，也需要有很强的空间感。从水体上看，除江、河、海外，宁绍地区广泛分布大量湖泊，按照水土环境的不同可以分为多种类型，而这种差异其实也是地理空间差异的呈现。浦阳江中游地区的河谷型湖泊、下游山会平原内的水乡型湖泊、滨海区山麓地带的蓄水灌溉型湖泊，以及处于内地山麓、平原交界带的灌溉型湖泊等，不同湖泊所处的小区域地理环境差异，也使各区域的湖泊呈现出不一样的"性格"，围绕这些湖泊而形成的地域社会关系也各有不同。就区域内部来看，相比于曹娥江以西的山会平原，及浦阳江中游的河谷平原，曹娥江以东滨海平原整体上相对"缺水"，余姚、慈溪、上虞北部平原区乃至运河沿岸的农田区，主要依赖于境内的湖泊灌溉，产生大量的分水纠纷文献，可以通过对这些文献的解读开展深入研究。总体上说，对江河湖泊的整体水利研究，构成了当地水利系统演变的完整历史面貌。

第一章　中国水利史研究路径选择与景观视角

从地理学角度而言，景观包括地表上的自然覆被和人工建筑，即自然景观和人文景观；从生态学角度看，景观则可视为生态系统，但凡生态要素的物质组成部分都可视为景观内容。从此两学科的景观概念出发，从景观视角重新审视中国水利史研究，不仅能丰富当前中国水利史研究的路径和方法，还能充实、深化传统的水利问题研究。历史地理学一直关注景观，注重各个历史时期景观空间差异及各时期各区域景观差异的时空演变。[1] 由于景观概念涵盖人与自然互动关系，近些年也成为环境史研究的重要选题。目前史学界与水相关的景观史研究，或以历史水域景观为研究对象，[2] 或以农田景观的形成与演变为研究对象。[3] 这种景观呈现的水利的作用与地位不太突出。笔者希望能从水利角度重新思考区域景观，包括自然景观与人文景观的叠加、融合过程，从水利视角看区域环境、社会、文化变迁之内在动力。在系统梳理水利史研究的路径选择及其发展过程基础上，思考水利对区域景观的塑造功能，探讨水利在景观形成中的作用与意义。

第一节　中国水利史研究的路径选择与范式困境

水利史内涵如何界定？在不同时期内涵有所不同，而且随着研究不断

---

[1]　李良、蓝勇：《中国历史景观地理研究回顾与前瞻》，《光明日报》2013年2月20日，第11版。

[2]　如安介生对湖州地区水域景观的形成与演变过程的分析与探讨，见安介生《历史时期江南地区水域景观体系的构成与变迁——基于嘉兴地区史志资料的探讨》，《中国历史地理论丛》2006年第4期。

[3]　如王建革对江南地区农田景观演变背后折射的农田耕作制度、水文环境变化等相关问题的研究。见王建革《宋元时期吴淞江圩田区的耕作制与农田景观》，《古今农业》2008年第4期；《唐末江南农田景观的形成》，《史林》2010年第4期；《水文、稻作、景观与江南生态文明的历史经验》，《思想战线》2017年第1期；《19-20世纪江南田野景观变迁与文化生态》，《民俗研究》2018年第2期。

深入，水利史的外延也在扩大。郑肇经是近代中国水利史研究的重要奠基人，其在 1939 年出版的《中国水利史》中将各个历史时期治理大江大河、修筑人工河渠、农业灌溉、抵御灾害的水利工程建设，以及围绕水利而形成的国家制度设计（专指水利职官）等视为水利史研究对象。[①] 姚汉源的《中国水利史纲要》是中国水利史研究的扛鼎之作，也没有直接定义"水利史"概念，只指出水利史研究关注的主要内容："应包括水利各部门的历史，如防洪治河、农田水利、航运工程、城市水利、水能利用、水力机具以及有关文献、人物等等。各部门发展阶段不尽相同，综合分期应当有主次，古代水利以防洪治河、农田水利、航运工程三者为主。"[②] 即他主要关注历史上的防洪治洪、农田水利与航运工程，当然也涉及其他人类水利行为，以及围绕此行为而形成的技术、思想乃至文献以及人物等内容。基于此，凡从事各个历史时期与水利活动、水利事业相关的史学研究，皆可视为水利史研究。在研究水利本体基础上又可延伸出诸多外延问题，如在区域水利治理与分水中形成的社会问题、水利治理中的国家制度与政策问题、水利治理中的生态与环境问题等。

中国水利史研究成果极为丰富，相关的学术史梳理也有多篇文章。[③] 而由于关注视野与角度的不同，目前对中国水利史研究的综述性文章以水利社会史成果为多。[④] 为全面把握当前中国水利史研究基本状况，有必要对已有水利史研究路径及其成就、问题进行爬梳与总结。

一　以"水利工程"为核心的水利技术史研究

水利技术史的核心在于技术，但对"技术"的理解与定义因人而异。总体上可以将技术理解为人所创造的控制自然和改造自然的过程的总和。[⑤] 进一步说，学术界关注的"技术"其实包含两层含义，即技术本体与技术

[①] 郑肇经：《中国水利史》，商务印书馆，1939 年首印，1993 年重印。

[②] 姚汉源：《中国水利史纲要》，水利电力出版社，1987，第 15 页。

[③] 晏雪平：《二十世纪八十年代以来中国水利史研究综述》，《农业考古》2009 年第 1 期；森田明：《中国水利史研究的近况及新动向》，孙登洲、张俊峰译，《山西大学学报》（哲学社会科学版）2011 年第 3 期。

[④] 张爱华：《进村找庙之外：水利社会史的勃兴》，《史林》2008 年第 5 期；廖艳彬：《20 年来国内明清水利社会史研究回顾》，《华北水利水电学院学报》2009 年第 1 期。

[⑤] 远德玉：《技术是一个过程——略谈技术与技术史的研究》，《东北大学学报》（社会科学版）2008 年第 3 期。

知识。中国水利史研究中的"技术"主要是指各个历史时期以人力施工为主，材料上未采用混凝土等现代材料、未引入现代工程科学作为指导的农业时代的技术体系。[①] 而中国传统水利技术史研究不仅包括对水利工程建筑技术史的复原，还应该包括古人对水资源转换、利用及管理而形成的知识体系的总结。

可以说中国水利史研究是以水利技术史为起始的，早年的研究群体也主要来自水利科学研究单位或部门，如中国水利水电研究院水利研究室（现为水利研究所），其中以姚汉源、周魁一为代表。20 世纪 50 年代，姚汉源开始整理《中国水利技术史讲义》纲要；晚年仍强调要以"历史上水利工程技术作为研究的重点"[②] 来开展自己的水利史研究。周魁一先后著有《农田水利史略》《中国科学技术史·水利卷》等[③]，后者分"基础学科篇"与"工程技术篇"，详细论述了各个历史时期治水过程中工程技术的具体环节。此后，谭徐明也在水利技术史领域有著作出版。[④] 这些水利史专著虽然也涉及社会、制度等相关问题，但多以水利工程技术为核心。此外，郑肇经 80 年代主编的《太湖水利技术史》[⑤]，集中论述太湖地区的水利技术发展。其中负责撰写太湖水系、塘浦圩田、溇港圩田演变部分的缪启愉在此前还专门撰写了《太湖塘浦圩田史研究》[⑥]，虽以农田演变为中心，但太湖流域的圩田演变与水利活动关系密切，仍是一部农田水利技术史著作。

总体而言，以治理黄河、长江、大运河等重要水利工程为中心展开的工程技术史研究，奠定了中国水利技术史的基本框架，但传统水利技术史仍有诸多问题可以深究，如水利工程修筑中的技术知识是如何逐步形成的，水利知识的革新、传播过程是怎样的等问题。熊达成、郭涛编著《中国水利科学技术史概论》就将水利技术史囊括范围扩大至水利工程之外，包括中国古代水利认知中的各种基础知识（水流、泥沙运动规律，水文测

---

① 张景平：《丝绸之路东段传统水利技术初探——以近世河西走廊讨赖河流域为中心的研究》，《中国农史》2017 年第 2 期。
② 友仁：《水利史研究的开拓者——访姚汉源教授》，《中国水利》1986 年第 4 期，第 43 页。
③ 周魁一：《农田水利史略》，中国水利电力出版社，1986；《中国科学技术史·水利卷》，科学出版社，2002。
④ 谭徐明：《都江堰史》，中国水利水电出版社，2009。
⑤ 郑肇经主编《太湖水利技术史》，中国农业出版社，1987。
⑥ 缪启愉：《太湖塘浦圩田史研究》，中国农业出版社，1985。

验等）、水利规划思想及在历史上形成的水利名家与名著等内容。① 关注技术知识本身的形成、演变过程，有助于理解中国古代水利工程的修筑、维护或废弃、新建背后的深层次原因。

水利知识形成是古人观察水文经验与技术长期积累的结果。古代水利官员或水工通过对区域水文的多次考察获取经验总结，并经过数代之传承，形成了系统的知识体系，这种水利技术知识体系也被称为水学，是水利事业推动下理论发展的结晶。宋代是江南水学体系形成与完善的关键时期。苏轼言："当今莫若访之海滨之老民，而兴天下之水学。古者，将有决塞之事，必使通知经术之臣，计其利害，又使水工视地势，不得其工，不可以济也。"② 王建革在江南水利史研究中指出，古代江南治水中形成一套完善的科学知识体系，这种治水知识在五代十国的吴越国时期就达到了一定水平，吴越继唐之后，发展巩固了江南的圩田水利技术，宋以后水学实践继续得以传承。③ 谢湜也指出 11 世纪是唐代以后江南水学真正兴起的一个时代，形成以郏亶为代表的"治田水学"与以单锷为代表的"治水水学"之争。④

二　以"人"为核心的水利社会史与水利政治史研究

张俊峰对明清时期国内外中国水利社会史研究的阶段性特征进行分析，指出中国水利社会史推进的基本路径：经历了早期对魏特夫治水国家理论的批判，以及借用国家与社会关系理论分析水利与社会、水利与国家，再到之后借用宗族等人类学研究方法，探讨宗族社区向水利社区的转变，并最后通过对日本水利共同体理论的回应与质疑，完成中国水利社会史的自我超越。⑤ 近年，张俊峰又提出要发掘新史料、运用多学科方法、以水为切入点进行新的综合性和整体性研究。⑥ 虽然水利社会史研究一直

① 熊达成、郭涛编著《中国水利科学技术史概论》，成都科技大学出版社，1989。
② 苏轼：《禹之所以通水之法》，《苏轼文集》卷七"杂策"，孔繁礼点校，中华书局，2011，第 220 页。
③ 王建革：《宋代以来江南水灾防御中的科学与景观认知》，《云南社会科学》2017 年第 2 期。
④ 谢湜：《十一世纪太湖地区的水利与水学》，《清华大学学报》2011 年第 3 期。
⑤ 张俊峰：《明清中国水利社会史研究的理论视野》，《史学理论研究》2012 年第 2 期，第 97~107 页。
⑥ 张俊峰：《当前中国水利社会史研究的新视角与新问题》，《史林》2019 年第 4 期。

在资料搜集（向下）和理论构建（向上）上不断创新与尝试，但都难免因研究范式固化而受阻。

水利史研究的发展在以"人"为核心的这个层面有两种趋向：一个是向下的，也就是水利社会史；一个是向上的，即水利政治史。20 世纪 80 年代以后，随着中国社会史研究的突起，很自然地就有了水利与社会史的结合，水利社会史不断"从边缘日渐走向中心"①。此前，中国水利史著作中较少有涉及地域社会问题的探讨。中国水利社会史研究受日本学界影响较大。大致来说，日本中国水利史研究经历三个阶段：第二次世界大战前后的"停滞论"、20 世纪六七十年代的共同体理论和 20 世纪 80 年代以来的"地域社会论"。② 后两种理论在中国水利史学界有较大影响，特别是共同体理论在 20 世纪 90 年代以后成为国内水利社会史讨论的热点。对于共同体理论的形成、演变与发展过程，钞晓鸿已有较为系统的阐述，并质疑以森田明为代表的水利共同体理论中的共同体解体与地权关系等内容。③ 钱杭以浙江萧山湘湖为例再论水利共同体问题，归纳出了"库域型"水利社会概念，④ 其水利共同体研究建立在解构湘湖水利文献形成背后的文化与地域社会关系上，具有十分鲜明的区域特点。

循着日本学者的水利史研究路径看，可以发现国内水利史研究除水利共同体理论探讨之外，也在走水利地域社会史的路子，不过将水利地域社会研究的深度、广度向前推进了。行龙的水利社会史研究更重视"自下而上"的田野考察，认为"作为一种学术追求与实践，走向田野与社会也是区域社会史研究的必然逻辑"。⑤ 他指出水利史研究应该从治水为主转向水利社会为主，本质上强调从水利本体研究转向以水利为中心的社会研究。⑥ 张俊峰在大量田野调查、搜集大量碑刻文献基础上讨论地域分水纠纷问

---

① 赵世瑜：《小历史与大历史：区域社会史的理念、方法与实践》，生活·读书·新知三联书店，2006，第 52 页。

② 张俊峰：《水利社会的类型：明清以来洪洞水利与乡村社会变迁》，北京大学出版社，2012，第 10 页。

③ 钞晓鸿：《灌溉、环境与水利共同体——基于关中中部的分析》，《中国社会科学》2006年第 4 期。

④ 钱杭：《库域型水利社会研究——萧山湘湖水利集团的兴与衰》，上海人民出版社，2009。

⑤ 行龙：《走向田野与社会——中国社会史研究的追求与实践》，《读书》2012 年第 9 期，第 43 页。

⑥ 行龙：《从"治水社会"到"水利社会"》，载行龙、杨念群主编《区域社会史比较研究》，社会科学文献出版社，2006，第 103~104 页。

题，以山西泉水开发利用中形成的地方社会为案例，提出泉域型水利社会。① 董晓萍等又提出"不灌而治"节水型水利社会。② 围绕水资源的开发与利用形成复杂的地域社会关系，而解构社会关系就成为北方水利社会史研究的重点。总体而言，北方水利社会史研究，更多基于水资源短缺而形成的地方权力运行，以水权的争夺为核心，这种权力还包括对神灵信仰的请入及国家干预。③

相比于北方对水资源的激烈争夺，南方对水的态度稍有不同，这主要与南方水资源相对丰富有关，很多地方形成协同一致对抗水患的社会关系，如长江中游地区的垸田社会，这种共同体以"护堤"为中心，形成的主要动因是防洪需求，与灌溉需求的水利共同体有很大不同。灌溉农业下的水利共同体表现为以"用水权"为核心，垸水利共同体表现为以"修防责任"为核心。④ 除了江汉地区，涉及共同修堤以防御洪水的区域大多存在这样的问题，如笔者研究的杭州湾南岸地区在修筑江塘抵御钱塘江潮水中，即以得利田田亩多少确定派费多寡以及兴工数量，形成特定范围的"水害防御共同体"。

水利史需要关注底层社会，也要关注围绕治水而形成的上层政治史问题。本质上，政治史也是以"人"为核心的。从政治史角度研究水利，其实开展得比较早。20 世纪 30 年代，冀朝鼎就从水利区的划分与中国政治经济中心变迁关系出发，提出"基本经济区"概念，将水利与历史上统一与分裂等问题间的关系进行理论阐释，成为水利政治史研究的经典论著。⑤ 西方学者魏特夫在对中国等东方国家的水利史研究中，提出了"治水—专制主义社会"理论分析范式。⑥ 由于水利与政治之间的关系复杂，长期以来对此问题的关注也渐趋冷淡，学界对水利政治史研究较少。近些年，和

① 张俊峰：《泉域社会：对明清山西环境史的一种解读》，商务印书馆，2018。
② 董晓萍、蓝克利：《不灌而治理——山西四社五村水利文献与民俗》，中华书局，2003。
③ 张景平、王忠静：《从龙王庙到水管所——明清以来河西走廊灌溉活动中的国家与信仰》，《近代史研究》2016 年第 3 期。
④ 张建民、鲁西奇主编《历史时期长江中游地区人类活动与环境变迁专题研究》，武汉大学出版社，2011，第 436~437 页。鲁西奇：《"水利社会"的形成——以明清时期江汉平原的围垸为中心》，《中国经济史研究》2013 年第 2 期。
⑤ 冀朝鼎：《中国历史上的基本经济区与水利事业的发展》，朱诗鳌译，中国社会科学出版社，1998。
⑥ 魏特夫：《东方专制主义：对于极权力量的比较研究》，徐式谷等译，中国社会科学出版社，1989。

卫国以清政府对海塘水利工程的政策与行为为主线，通过水利工程透视政治史问题，以政治史视角考察水利工程的修筑；① 贾国静对清王朝治理黄河的研究也同样有政治史关照，② 表现出以治水为核心的政治史研究仍具有极大活力与空间。

三 以"环境"要素为核心的水利生态史（环境史）研究

水是水利史研究的关键对象，而水的载体可以是江、河、湖泊、水库、塘坝等，河道、湖泊等历史自然环境演变一直是历史自然地理研究的重要内容。如谭其骧、张修桂先生，在大量史料考订基础上，最大限度复原各个历史时期河道、湖泊、海岸线等演变过程，③ 为后期水利生态史研究奠定基础。生态史（环境史）视角研究水利史有两种路径：其一，在水利史研究中介入环境因素，目的仍在解释社会变迁；其二，更注重对自然因子与人之间的互动关系探讨。水利社会史本质上也属于社会史范畴，而社会史在自身发展中也在介入其他相关领域的研究方法，生态史是较早被倡导要进入社会史研究的。④ 越来越多的学者认识到，社会史研究不仅需要考虑各种社会因素的相互作用，而且需要考虑生态环境因素在社会发展变迁中的"角色"和"地位"；不能仅仅将生态环境视为社会发展的一种"背景"，而是要将生态因素视为社会运动的重要参与变量。⑤ 生态史（环境史）研究介入水利社会史研究很快就成为一种新的研究取向。胡英泽以山西、陕西交界的黄河小北干流段为空间，分析明清以来黄河河道变迁与滩地淤涨变迁对区域社会变迁的影响。⑥ 钞晓鸿就汉水上游的汉中

① 和卫国：《治水政治：清代国家与钱塘江海塘工程研究》，中国社会科学出版社，2015，第11页。
② 贾国静：《水之政治：清代黄河治理的制度史考察》，中国社会科学出版社，2019；《黄河铜瓦厢决口改道与晚清政局》，社会科学文献出版社，2019。
③ 张修桂：《云梦泽的演变与下荆江河曲的形成》，《复旦学报》（社会科学版）1980年第2期；《洞庭湖演变的历史过程》，《历史地理》创刊号，上海人民出版社，1981，第99~116页；谭其骧、张修桂：《鄱阳湖演变的历史过程》，《复旦学报》（社会科学版）1982年第2期；《汉水河口段历史演变及其对长江口段的影响》，《复旦学报》（社会科学版）1984年第3期；《荆江百里洲河段河床的历史演变》，《历史地理》第8辑，上海人民出版社，1990，第198~203页。
④ 王利华：《社会生态史：一个新的研究框架》，《社会史研究通讯》2000年第3期。
⑤ 王先明：《环境史研究的社会史取向——关于"社会环境史"的思考》，《历史研究》2010年第1期。
⑥ 胡英泽：《流动的土地：明清以来黄河小北干流区域社会研究》，北京大学出版社，2012。

地区的水资源变化与水利关系探讨国家权力与地域社会之间的整合关系。[①] 佳宏伟分析了清代汉中府以水利为中心的国家与地方社会关系。[②] 整体上看，北方水利史研究中介入环境变迁因素，目的仍是希望为历史上的社会关系、权力结构提供生态（环境）解释，仍然属于水利社会史研究的大范畴。

　　以上两种生态史研究路径在江南地区也都有呈现。冯贤亮对江南太湖、浙西地区的水利史研究，也基本延续环境史视角看地区社会变化的路径。[③] 真正以生态构成要素展开水利史研究者则以王建革为代表，其学术研究转型过程则在某种程度上代表了目前史学界水利史研究的转型。他早年对华北地区的水利史研究还关注水利社会史，[④] 近些年专注于江南地区的水环境与水利系统演变关系研究，力图通过具体的水环境变迁逐步揭示江南水利系统演变的背后驱动因素，以解析环境与技术之间的互动关系。[⑤] 在其带动下，团队成员不断推出水利生态史成果。王大学在对江南海塘研究中，较早引入动植物研究视角；[⑥] 孙景超对吴淞江流域的潮水灌溉问题进行研究；[⑦] 周晴对嘉湖（嘉兴、湖州）平原水网形成过程的探讨；[⑧] 笔者对浙东山会平原水利系统演变与水文生态变化关系的研究；[⑨] 吴俊范从太湖以东地区低乡、高乡与滨海区的水环境差异出发，探讨河道与聚落形成的发生机制等[⑩]。

　　长江中游地区的水利生态史与江南地区有相同之处，诸如水系环境、农田制度等，但也有其区域特点。张家炎对江汉平原区的水利与环境问题

① 钞晓鸿：《清代汉水上游的水资源环境与社会变迁》，《清史研究》2005 年第 2 期。
② 佳宏伟：《水资源环境变迁与乡村社会控制——以清代汉中府的渠堰水利为中心》，《史学月刊》2005 年第 4 期。
③ 冯贤亮：《明清江南地区的环境变动与社会控制》，上海人民出版社，2002。
④ 王建革：《河北平原水利与社会分析（1368-1949）》，《中国农史》2000 年第 2 期。
⑤ 王建革：《水乡生态与江南社会（9-20 世纪）》，北京大学出版社，2013；《江南环境史研究》，科学出版社，2016。
⑥ 王大学：《动植物群落与清代江南海塘的防护》，《中国历史地理论丛》2003 年第 4 期。
⑦ 孙景超：《潮汐灌溉与江南的水利生态（10-15 世纪）》，《中国历史地理论丛》2009 年第 2 期。
⑧ 周晴：《河网、湿地与蚕桑——杭嘉湖平原生态史研究（9-17 世纪）》，复旦大学 2011 年博士学位论文。
⑨ 详见本书第二章。
⑩ 吴俊范：《水乡聚落：太湖以东家园生态史研究》，上海古籍出版社，2016，第 75、82 页。

研究，更强调农民对环境的感知与应对过程，关注农民的行为如何引起了环境变化，他们如何应对变化了的及变化中的环境，以及这些变化如何反过来影响他们的行为。① 在环境史研究中，环境与人类活动是一个互动的整体，环境变化影响人类活动，人类活动影响环境变迁，二者之间在各个历史时期并不表现出十分对立的泾渭关系。

水利技术史是水利社会史、政治史、环境史研究深入开展的基础，但水利技术史的研究门槛不低。老一辈水利史学家大多兼具与水利相关之自然科学知识及较好史学功底。随着学科不断细化，少有学者既懂水利科学知识，又愿意花大量时间在史料解读上；史学研究者对史料的解读又往往因缺乏专业学科知识，形成"史"与"技"的分离，这无疑是当前水利技术史之困境所在。此外，中国水利技术史研究长期致力于技术的复原与挖掘工作，却容易忽略技术同行的社会环境。另一方面，在研究内容上，在中国古代传统水利技术知识体系生成、演变与传播，及近代以来西方科学技术传入后对中国水利技术及水利工程修筑、治水、用水及区域水环境影响等方面，目前关注还不够。

就水利社会史研究而言，诚然日本学者和国内学人已将中国水利社会史研究引向更丰富的人文领域。但不可否认，水利社会史研究也逐渐进入瓶颈期，早期提出的具有广泛影响、在学界形成共识的一些理论框架，逐渐成为制约水利社会史向前发展的枷锁。要从宏观上把握社会演进之规律，需要有理论的提升与建构，但当理论本身陷入停滞后，其所代表的学科发展也将出现困局，目前水利社会史已有此趋向。要进一步推进水利社会史研究，要么打破既有的理论体系，从区域实际出发，深挖以水利为中心形成的社会网络，或者继续介入新的学科方法，将水利社会史的研究变得更立体、更丰富。

水利社会史与水利生态史研究路径选择，还与当地的水文环境、文献丰富程度有关。北方地区由于涉及水利工程的记载更多与分水、水权纠纷等问题相关，因此形成大量以水为中心的地方社会文献。而水利生态史研究受区域水文环境及文献丰富程度影响较大，要深入开展需要有文献与生态两方面条件。江南地区由于水网密集，加之历代积累形成的水利文献、

---

① 张家炎：《克服灾难：华中地区的环境变迁与农民反应：1736－1949》，法律出版社，2016，第 4～5 页。

文集极为丰富，为水利（水文）生态史研究提供了基础条件。

环境史研究最希望"复原"各个历史时期人与环境的互动过程，而该过程的最外在表现就是"景观"变化。在对中国水利史研究路径与视野的取向中，要有对区域整体景观变化动力、过程、结果的关照，揭示一些区域发展演变的内在规律，特别是一些水利在当地环境变迁、社会发展中具有决定性影响的区域。以景观视角重新审视中国水利史研究，不仅能丰富当前中国水利史研究的路径和方法，还能充实、深化传统的水利问题研究。

第二节　景观：水利史研究的另一视角

历史地理研究习惯将研究对象进行二元划分，分成历史自然地理和历史人文地理。但从景观的形成角度而言，不存在完全的自然与人文分离。西方地理学在其发展过程中，曾过分注重区域自然现象而忽视作为地理的其他因素，为解决该矛盾，施吕特尔（Otto Schlüte）提出地理学的景观概念（或称景观论），认为景观是地球表面通过感官察觉到的事物，包括自然形成的和人类改造的，即自然景观和文化景观。希望通过可感觉的地表整体（即景观），来统一整合地理学中系统与部门（或统一性与多样性）、自然与人文的二元论现象。[①] 从景观史的学术梳理中也可以看出，早期史学家引入景观，也只是希望能克服历史地理研究中只重视对自然景观框架的关注，而未能涉及景观自身鲜活的具体内容。20 世纪 50 年代，霍斯金斯从长时段视角，梳理英格兰景观形成与演变的历史过程，提出从自然景观和人文景观中去了解人类社会的发展，认为地理学在景观的框架解释上做出了诸多努力，揭示地貌、天然植被等景观的基本结构，但对结构之上的人类活动及其细节特征关注不够，而历史学研究景观则是要去探讨这种景观形成的方式、方法，[②] 即关注自然景观改变的人类活动过程，以及在人类活动过程中形成的人文景观。20 世纪 70 年代，华裔地理学家段义孚著《神州：历史眼光下的中国地理》一书，即将自然地貌与人文景观有机

---

① 晏昌贵、梅莉：《景观与历史地理学》，《湖北大学学报》（哲学社会科学版）1996 年第 2 期。

② 〔英〕W. G. 霍斯金斯：《英格兰景观的形成》，梅雪芹、刘梦霏译，商务印书馆，2018，第 2 页。

结合，跳出传统区域地理研究范畴，在历史长时段视野下考察中国地理景观变化过程及景观背后的人类活动。① 故以"景观"研究环境变迁，本身有对人与自然互动关系的整体性关照。近些年，国内历史地理学开始重新重视景观研究，② 并且出现一些新的研究方向。③ 应该说，景观概念本身所具有的弹性，为探析人类活动与环境变迁关系提供了极佳的视角。

一 景观与环境

目前以"环境"为核心开展的水利史研究，无论在方法、路径，还是研究成果上都有不少积淀。要在传统水利史研究中介入景观研究视野，需要回答景观与环境有何区别，为何要用景观概念或从景观视角研究中国水利史，否则难以说明此研究路径（或视野）之必要。

不同学科对景观（landsacpe）的定义有所不同，但大致可从三个层次进行把握。第一层是美学上的景观，与"风景"同义；第二层是地理学上的理解，将景观视为地球表面气候、土壤、地貌、生物各种成分的综合体，接近生态系统或生物地理群落等术语；第三层是景观生态学（landscape ecology）的景观，指空间上不同生态系统的聚合。目前历史地理学界基本使用的是地理学层面的景观概念④，而环境史则希望能在景观生态学的内涵下对"景观"进行解析。

《辞海》对"环境"的解释是围绕人群的外部世界及人类赖以生存和

---

① 〔美〕段义孚：《神州：历史眼光下的中国地理》，赵世玲译，北京大学出版社，2019。

② 如邓辉《从自然景观到文化景观：燕山以北农牧交错地带人地关系演变的历史地理学透视》，商务印书馆，2005。

③ 如张晓虹关注声音景观，认为声音可以直接唤起人们对一个地方的感官记忆，成为与可视的物理景观和人文景观有同等价值的文化景观要素。参见张晓虹《倾听之道：Soundscope 研究的缘起与发展》，《文汇报》2017 年 3 月 31 日，第 W12 版；张晓虹：《地方、政治与声音景观：近代陕北民歌的传播及其演变》，《云南大学学报》（社会科学版）2019 年第 2 期。

④ 德国地理学者施吕特尔（Otto Schlüte）以历史地理学的方法来分析景观，认为地理学的主要任务即是探索区域从原始景观转变为文化景观的过程，将景观说成人们感觉上的一个地区的总效应，包括看不见的现象，如风或温度。（〔美〕普雷斯顿·詹姆斯：《地理学思想史》，李旭旦译，商务印书馆，1982，第 215~223 页。）不过更多地理学家强调景观的实体性，虽然地理学家大体将景观分为自然景观与人文景观，但自然景观只是一个理论上的概念，实际上从未存在过，在大部分地区，现时的景观都是高度的耕作景观（cultivated landscape）或整治景观（tamed landscape）。关于"景观"概念的详细讨论，请参阅〔美〕理查德·哈特向（Richard Hartshorne）著《地理学的性质——当前地理学思想述评》，叶光庭译，第五章"'LANDSCHAFT'与'景观'"，商务印书馆，1996，第 149~174 页。

发展的社会和物质条件的总和，① 此概念界定比较宽泛。环境史研究中的环境主要指除去社会属性的"人"之外的环境，强调人与外部环境的互动过程。景观史研究也关注人与环境的互动，不过这里的环境更多指可见的地表景物。可见，环境史与景观史在研究对象与内容上有重叠，一些学者很自然就将景观史视为环境史的研究范畴，并将其作为环境史研究的一个分支。但根源上"景观"与"环境"有区别，集中体现在两方面：（1）"景观"包含艺术概念，而"环境"更侧重生态或地理概念；（2）"景观"概念更具体，可细化为地理区域中的可视特征。② 此外，从二者学术史看，环境史与景观史并不存在先后递进关系，且景观史产生时间更早。具体而言，环境史是在环境危机下催生的历史，更关注生态过程，而景观史是建立在视觉特征基础上，不是由环境问题引发的历史研究，与图像学、地理学紧密相连。环境的概念虽然包括景观，但是景观史并不是全部包含于环境史研究中。景观史涉及环境史研究的一个领域，二者有共同的研究关注点，但是研究出发点和落实点都不同。③ 在研究理论上，环境史在初期的研究容易走入"衰败论"逻辑陷阱，尽管近些年这种逻辑体系逐渐被抛弃；景观史研究更多只是关注不同历史时期景观的变化过程，这个变化过程本身没有好坏之分，都是不同历史时期人地关系的一个面向。因此，从这一点看，景观史与环境史明显不同。

　　然而，环境与景观在很多具体研究中又有等同的含义，许多研究常以"景观"指示区域的综合环境要素。在研究人与环境互动过程中，涉及的环境要素种类繁多，任一种单一环境要素都不能统合区域整体环境变迁及内在生态链。因此，一些区域环境史研究会用"景观"来统呈环境（生态）要素的诸多方面。从此角度言之，"景观"一词也有生态系统的内涵。如一位美国学者阐述二战对日本环境的影响，这种影响大多是恶性的，但也有良性的，涉及战争期间人与自然要素的互动，如战争对日本资源消耗、战争与农药化肥使用关系、渔业资源在战争期间的修复等，共同构成了当时日本的生态"景观"格局。④ 此时的景观就具有了更宽广的外延。

---

① 辞海编辑委员会：《辞海》（1999 年版缩印本），上海辞书出版社，2000，第 3418 页。
② 杨禅衣：《景观与环境史》，《沈阳大学学报》（社会科学版）2015 年第 6 期。
③ 金云峰、陶楠：《环境史、景观史、园林史》，《风景园林历史》2014 年第 8 期。
④ William M. Tsutsui, "landscapes in the Dark Valley: Toward an Environmental History of Wartime Japan", *Environmental History*, No. 3, 2003, pp. 294-311.

当面对环境要素的综合分析时，西方学者乐于使用景观概念。故景观概念用于环境史研究有其优势：首先，景观作为可视的地表覆盖，可聚焦研究对象；其次，景观也有较为宽泛的统合生态系统诸要素含义，能实现对区域具体与宏观的综合性研究。

二　水域景观与水利景观

安介生以江南嘉兴地区的水田和海塘为核心，提倡水域景观研究，指出水域景观大体包括自然景观和人文景观。水域景观是基于自然地貌而划分的景观类型，以水体作为景观构成最基本要件，既包括那些由各种形态的水体独立形成的景观本身，即水体景观（landscapes o f water body）或称水景（Water Scapes），如河流、湖泊、池塘等，也包括那些直接与水体粘在一起的景观项目，如桥梁、圩岸、水坝、海塘等。① 该水域景观的概念囊括了以水为中心而形成的自然与人文两方面内容，对推进水域史、水利史研究都有极大价值。不过，笔者尝试将水域景观中的水利部分抽出，将研究主体转移，以水利为核心探讨景观变化。那"水利景观"应该如何界定？

大体言之，以"水"为中心开展的景观研究可以有三层含义：其一为水域景观，由围绕水体而形成的水域、过渡域及陆域三部分的景观构成；其二为水利景观，以水利工程的设计与景观规划为研究对象；其三为前者与后者的交叉重叠，即水利工程构建后形成新的水域景观。本书研究的水利景观概念主要是基于第三层含义而展开的论述，核心是水利工程。

水利即指人类围绕水而开展的各种趋利避害行为，也包括对水的利用。"水利"一词在先秦古籍中即已出现，而水利行为在中国古人的生产生活中也开展得很早，《周礼·考工记》载"匠人为沟洫"即为农田水利："九夫为井，井间广四尺，深四尺，谓之沟；方十里为成，成间广八尺，深八尺，谓之洫。"② "沟"与"洫"都是田间水道。古人的水利行为不仅发生在农田中，随着人类改造与利用自然的能力提升，大江大河也成为人

---

① 安介生：《历史时期江南地区水域景观体系的构成与变迁——基于嘉兴地区史志资料的探讨》，《中国历史地理论丛》2006年第4期。

② 李文炤：《周礼集传》卷六"考工记"，赵载光点校，岳麓书社，2012，第543页。

类"水利"营造与利用的对象。当然，避害也是其中重要原因，即治理江河以减少水患，治水患同时也能兼顾农业灌溉。此外，河道开凿也有人类出行交通便利的诉求。司马迁《史记·河渠书》载蜀守李冰："凿离堆，辟沫水之害，穿二江成都之中。此渠皆可行舟，有余则用灌浸，百姓飨其利。至于所过，往往引其水益用溉田畴之渠，以万亿计，然莫足数也。"①中国古代水利工程很早就发展出了这三方面的功能，即用于农田灌溉、抵御灾害及改善交通。在近代西方水电技术传入后，水利的功能又扩展到发电，不过发电修筑大坝也兼具防洪、灌溉等功能。因此，可大致将传统时期的水利工程归纳为：农田水利工程、防洪治河工程、航运工程及城市水利工程。水利景观就是围绕水利工程、水利设施而形成的地表景物，以及因水利设施建构而形成的水域、陆域景观。传统时期的水利景观就可包括：以灌溉沟渠、提水设施等为中心而形成的农田灌溉型水利景观；以抵御河湖海水患灾害为核心的水利工程景观，诸如海塘、河堤、大坝等景观；以航运为目的开凿的河道景观；以保障城市用水供应、空间设计需要而修筑的城市水利景观。

从工程尺度上看，水利工程可大可小，水利景观也可呈现出不同的规格，如以大型水库、运河等为核心的巨型水利景观，农田灌溉、排水而构建的中型水利景观及田间沟渠等小尺度的小型水利景观。随着人类科技的进步，对自然改造能力的不断提升，水利工程的体量也在不断升级，各种巨型水利工程修建所带来的地表景观与生态系统的变化也将是革命性的。

水利工程不仅是水利设施，也是人类作用与改变地表景观的直接载体。水利景观的含义也不只是等同于水利工程景观，而是包括以水利工程为驱动因素而形成的综合性地表景观，包括在水利工程修筑中形成的新水域景观、重塑的地貌景观以及修建的人文建筑景观等。

第三节　水利景观史的研究路径与意义

从景观演变视角来研究地区水利工程，国内已有部分成果，主要探讨区域景观形成过程中的水利塑造过程与效果。江南从唐代开始逐步成为中

---

① 《史记》卷二十九"河渠书"点校本，中华书局，2016年修订本，第1697页。

国最重要的基本经济区，这种经济中心地位的取得也是在水利技术的推进
与提升过程中完成的，水利不仅仅塑造了江南的水乡农业，也逐步完成了
江南核心区从自然水域景观向人为构建的水网景观转变。地处杭州湾南岸
的绍兴，传统时代水乡河网景观的形成，即在水利工程的不断推进下完成
的。在江南核心区，20 世纪 30 年代，美国学者乔治·B. 克雷西就探讨了
奉贤县境内的景观形成过程，突出海塘、运河等水利工程在当地综合性景
观形成中的影响：最外围的海塘保卫着内部地势较低的农田免受潮水侵
袭，在较新的堤坝内，河道呈规则的直线排列，而位于内侧深处的老堤坝
内的旧土地，则呈现的是不规则图案，两者形成了鲜明对比；海塘外是大
量盐场，分布着成千上万个晒盐盘。在旧堤坝内外，也形成了完全不同的
聚落分布形态，甚至因堤坝内外植物生长状况的差异，房屋建筑材料也呈
现明显不同。在水网工程框架下，百姓生活也围绕水利为核心的农田展
开，老人看护稻田免受鸟害，孩子们照看着水牛，妇女们给庄稼除草，船
夫们划着他们的小船，一群男人和男孩在操作灌溉泵。[1] 传统时期，这种
以海塘、河网为主干的农田景观，广泛分布于滨海地区，水利工程搭建起
了区域的景观框架与生活场域。

从更大空间尺度研究看，以景观演变来呈现各个历史时期国家发展路
径选择的研究也在出现。美国学者大卫·布拉克伯恩（Davild Blackbourn）
从水文、地貌景观演变视角讲述 18 世纪以来德国的国家发展进程，其主旋
律即人类不断征服自然，改变地貌、水文环境，实现了德国国家"形象"
的塑造过程。在征服与改造自然过程中，修筑水利工程（诸如修建大坝
等）对水环境改造及由此而带来的景观格局的变化有决定性影响。[2] 当然，
水利在不同区域或国家中的作用与意义各有不同，对管理水、利用水十分
频繁之地区，水利工程之意义就极为明显，其不仅推动了当地新的整体性
景观形成，而且塑造了当地特有的生态环境与社会关系等。

水利景观史研究在研究方法与路径上与环境史类似，需要借助跨学科
的综合研究法。对历史时期水利景观的本体——水利工程展开研究，首先
就需要关注水利工程学、水文学等自然科学；此外，由于水利工程或水利

---

① George B. Cressey, " The Fenghsien Landscape: A Fragment of the Yangtze Delta ",
Geographical Review, Vol. 26, No. 3（July 1936）, pp. 396-413.

② 〔美〕大卫·布拉克伯恩：《征服自然：二百五十年的环境变迁与近现代德国的形成》，
胡宗香译，远足文化事业股份有限公司，2018。

设施本身是基于人类活动而建造或运行的，也要运用诸如人类学、社会学、考古学、艺术学等人文社会科学知识。在具体方法上，考古学是复原各历史时期的诸多水利景观的基础。借用考古学方法，通过对人类改造适宜当地环境过程中产生的各种水利设施、水利遗址等进行考古复原，探索景观演变与人类活动的内在关系，是当前景观考古学研究的重要内容。如英国殖民者在开发新的殖民地澳大利亚时，很快认识到由于当地降水时空分布上的不均匀，仅仅依靠自然水流是无法获得发展的，因此殖民者在澳大利亚修建了一系列的水利工程，包括水井、水坝和蓄水池等，这些水利活动创造了当地一系列的水资源管理景观，这种景观是自然和人文交汇作用的结果。[①] 而通过对这些水利工程的技术复原，部分还原了当地景观的变化过程与驱动因素。此外，将考古学与 GIS 技术结合，是复原部分历史水利景观的重要方法。考古学可以展现不同时期水利遗址的空间分布与形态结构，而 GIS 则可以重建（模型）历史时期部分自然景观结构，将两者叠加，可直观呈现区域人地关系（人水关系）的特点和变化过程及水利景观的演变轨迹。

在研究材料的获取上，古地图有极大价值，"作为人类与物理环境的图形信息的来源，地图与景观是密切相关的，二者经常共同发展"。[②] 如杭州湾南岸地区，不同历史时期修筑大量海塘工程，并构筑完备水网系统，这些海塘、水网工程构成了叠加的景观呈现。在当地历史地图中，海塘分布、河网走向一目了然，为呈现直观的景观变化过程提供材料依据。进入近代，图像拍照技术的形成，也为水利景观史研究提供了重要素材。此外，目前可用的航拍影像，特别是前几十年的航拍影像对于研究景观变迁具有极大价值。杭州湾南岸的河道、海塘景观在 20 世纪 60 年代的航拍影像中还有大量的反映。20 世纪八九十年代以后，当地的地表景观格局就发生了变化，不同时段的航拍影像图可以清晰揭示当地水利景观的变化过程。

景观史研究为拓展传统的水利史研究提供了新的视角，将历史研究置于客观连续的景观实物之上开展区域综合性分析。而水利景观史研究可以

---

① Susan Lawrence and Peter Davies, "Learning about Landscape: Archaeology of Water Management in Colonial Victoria", *Australian Archaeology*, No. 74 (June, 2012), pp. 47–54.

② 〔英〕伊恩·D. 怀特：《16 世纪以来的景观与历史》，王思思译，中国建筑工业出版社，2011，第 19 页。

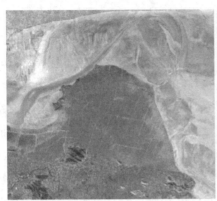

图 1-1　20 世纪 60 年代（左）、70 年代（右）山会平原北部影像

让人类重新回到大地景观生态系统，思考水文过程，以及人类对水域环境的改造与适应，并在涉水的不同学科间建立起对接平台，形成新的知识体系。① 就农田水利景观史研究来说，可以部分复原传统农耕时期的水利农田景观。在当前机械化时代背景下，许多传统的水利设施，诸如灌溉旋转水车、龙骨提水车等传统农田景观中的重要元素正在消失，开展水利景观史研究可以为传统农业景观复原奠定基础。另外，以大型的水利工程为核心而形成的区域景观史研究，其研究价值更大，对水利工程修筑前后或废弃前后景观变化过程的揭示，本身即对人与自然互动过程的展示。20 世纪50 年代以后修筑各种大型水利工程，围绕其形成的水利景观问题还需要做大量细致研究与挖掘工作，如三峡水利工程修筑带来长江中游地区水域景观、地貌景观的巨大变化，需要对历史时期三峡区域景观演变做长时段梳理，揭示水利工程在多大程度、多大范围影响了当地环境。此外，由水利工程带来的沧海变桑田的景观变化也需给予更多关注，这以沿海地区的海塘修筑与农田营建最为典型。另外，无数大小不一、分布广泛的水库、池塘等基层水利设施，在维持本地工农业生产及生活用水需求的同时，也改变了本地的地表景观，而这种景观也是当地人与自然相互作用最直观的外在展现。

---

① 刘海龙：《景观水文：一个整合、创新的水设计方向》，《中国园林》2014 年第 1 期。

小　结

当前中国水利史如此丰硕的成果是数代学人持续努力、不断耕耘，并在坚持继承与创新基础上取得的。学术问题具体讨论对象与内容无时代限制，当下仍可以就早年学者关注的学术问题进行再探讨，但要承认学术研究成果的先后积累与继承关系，无论是基于何种路径所做出的研究，都必须是在已有扎实成果基础上的推进，忽视了学术积累过程中的先后关系及前辈学者所做努力，盲目追求所谓新路径尝试，往往容易导致研究走入自说自话的境地或停留于浅层，本身对学术研究的贡献不大。故而，学者在提出或思考新的研究视野或路径时，必然是基于对已有研究成果的深入把握，并深知其中不足及可突破、创新之处，且观点需要有扎实的论证做基础，如此方可在一些研究成果丰硕的传统领域提出新的探索阐释，也只有如此，所提出的观点才有可能经得起时间检验。

中国水利史研究成果无论是专著还是论文，无论是全国性的还是区域性的，用汗牛充栋形容也不为过。如此众多的研究成果，迫使我们要理出一个相对合理的学术框架，并将这些独立的研究"归位"，便于在谱系指导下更深入研究。当然，本书所归纳与总结的路径难免有不足与疏漏，而且随着近年对水利史问题研究的不断深入，单纯以所谓某种路径开展研究其实很难解决研究对象中涉及的复杂问题。故而水利史研究既要有相对明晰的路径归纳，又不能过分突出路径上的分异而造成不同学科之间交流的阻隔。比如，近年对大运河历史的研究成为热点，不同学科、不同视角的研究成果层出不穷，出现诸如经济史、交通史、文化史、城市史等诸多视角下的多元成果。路径不是唯一的，关键是要解决什么问题。近年，从规划学、人居环境科学等视角对传统水利进行的研究也不断出现，学者们通过对水利兴修与人居环境的营造、调适及治理等问题的解析，讨论水利工程与人居之间的互动与共生关系，[①] 为水利史研究带来新的思考。

总体而言，不同研究路径互相补充，共同丰富了中国水利史研究，且各自仍具有相当活力。水利技术史研究是中国水利史体系构建的基石，也

---

① 袁琳：《生态地区的创造：都江堰灌区的本土人居智慧与当代价值》，中国建筑工业出版社，2018。

是开展其他与水利相关问题研究的基础。长期以来，学界在水利工程技术史研究上投入大量精力，也从科学技术史的角度为我们廓清了中国古代重要水利工程的核心技术，但对于水利技术知识体系的研究，仍有极大空间。水利社会史拓宽了人类与水利关系的认知视域，将水利修筑、维护乃至废弃背后更复杂的人类社会实态尽情彰显，也集中显现了中国内部文化巨大差异所带来的水利社会形态的多元与复杂。水利生态史（环境史）将一直以来被水利史研究中忽视的人与自然要素之间的互动过程纳入考察视野，这无疑是中国水利史研究在新的研究层面上的极大进步。但也要看到，要想再深化中国水利史研究，不仅要在具体问题上不断细化，还需要在研究路径与范式上有所革新。

兴修水利本质上是人类根据自身发展需要对环境做出的趋利避害行为，人们因地制宜，改造水土环境而形成水利系统，实现人类自身发展需要，也在地貌景观的塑造上留下人类活动印记。景观史介入中国水利史研究，不仅拓展了已有研究路径与视野，也深化了对象与内容，展现水利工程对区域环境（包括自然环境与人文环境）的整体影响，对揭示区域环境变迁、人地关系等问题都有参照意义。另外，以景观视角研究水利，突出的是水利在区域景观塑造中的作用，以及水利工程在当地景观中的核心位置，而在景观的形成与塑造过程中，人是推动这一切的背后核心动力，人活动于景观之中，也影响、改变着景观的形成与走向。没有水利工程的修建与维持，不会有各种基于水利工程而形成的民众生活场景，而如果没有人，水利工程也失去存在的价值与意义。因此，人是景观中最关键之元素。

第二章　河网水乡景观：唐至明中期山会平原水环境与水利系统

本书从研究的核心区山会平原展开具体论述，并由该区域水环境演变研究延伸出对第三章问题的探讨。绍兴山阴、会稽两县北部平原合称山会平原，属于萧绍平原的一部分。平原南部为低山丘陵区，区内群山连绵，海拔在 300~400 米，山谷汇聚溪水流向北部平原。东汉永和五年（140）马臻在山麓地区潟湖基础上筑堤蓄水，形成鉴湖。此后鉴湖水利系统维持近千年，但南宋时期鉴湖围垦严重，并最终在嘉定年间垦废，这一湖田化过程背后的平原水环境发生了怎样的改变？山会平原由鉴湖水利系统向平原河网系统的转变过程是如何完成的？对以上问题的解答，是揭晓区域水环境变迁核心所在。

萧绍平原在唐宋时期开始系统地修筑海塘，平原北面为钱塘江，东临曹娥江。平原北部在唐宋时期即开始修筑海塘，统称北海塘；平原东临曹娥江的海塘则称东江塘。

在鉴湖围垦前，平原的水利系统以鉴湖为中心，湖堤上有斗门、闸，通过斗门、闸调控鉴湖水位与北部农田灌溉。但唐代在平原东部修东江塘后，开始改变这种水利格局背后的水流环境。东江塘构建阻断了内河出水口，内部河道水流变缓，形成停滞性水域。这些积水区的形成以北部玉山南部最为典型，为排泄积水。唐代在玉山处凿山置斗门，到北宋时期将原来的斗门扩建为玉山闸，使平原北部的灌溉能力大大提升。此外，南宋山阴北海塘最终构筑，西小江东出河道逐步固定，平原北部形成新的积水区，一些范围较大的积水区后期发育成湖泊，也分担鉴湖灌溉功能。这在一定程度上也加速了鉴湖的湖田化进程。

鉴湖垦废后，平原水文环境发生极大变化。平原水利治理中心逐渐转变到内河上，西小江成为治理重点。在两宋时期平原北部系统修筑海塘，西小江向北散流入海的格局被改变，加之鉴湖积水排入西小江，致使西小江在南宋以后常水溢横流。为缓解西小江对平原内部的水患压力，元代分流浦阳江①，明天顺年间在西小江中部置闸抵御潮水；成化年间戴琥在西小江沿岸多点置闸，此时浦阳江也彻底改道向北入钱塘江，山会平原的水系结构再次发生根本变化。虽然浦阳江改道，内部积水问题仍没有解决。此后，嘉靖十六年（1537）绍兴知府汤绍恩在西小江入海口建起三江闸，构建起了以三江闸为中心的整个平原水利网络，阻断了潮水的倒灌，同时也实现对内部水网的统一调控。这种水利系统格局此后持续数百年。整个山会平原的水利运转是一个从湖泊蓄水灌溉系统向三江闸和各级闸堰系统转变的过程，水文环境的变化推动着这种水利工程系统的转变，而水利系统的转变最终完成了绍兴河网水乡的塑造过程。

第一节　9~13世纪平原水环境与水利系统演变

海塘没有构筑之前，平原北部农田灌溉用水以山麓地带的人造湖泊蓄水为主，平原水流呈山水入湖、湖水入江、江水入海的梯级结构，农田灌溉对山麓地带的湖水依赖性极强。海塘逐步构建后，农田灌溉用水逐步从湖泊蓄水向内河蓄水转变，但这一过程持续了数百年，鉴湖在南宋中后期的最终垦废则是这一过程中的最重要节点。在鉴湖垦废后，内河蓄水环境通过堰闸维持，并于明代嘉靖年间建成三江闸而最终完成区域内部的水利构建。

目前对山会平原的水利研究主要集中于两个时段：鉴湖垦废以前及三江闸构建以后。前者如陈桥驿先生较早即有关注，20世纪60年代他就对鉴湖兴废与山会平原水利系统演变关系有过分析，② 20世纪90年代又兴起鉴湖研究热潮，也集中关注鉴湖与山会平原内部的水利演变问题；③ 后者则主要探讨三江闸构建过程及其对平原水网的影响，如佐藤武敏对三江闸修建过程的研究，以及李玉尚对三江闸修建后平原内河水位变化及由此产

---

① 明代中叶浦阳江改道向西由萧山入钱塘江前，西小江为浦阳江下游河道。明代中叶以后，西小江与浦阳江主干河道分离，成为萧绍境内一条横贯东西的普通内河，水量骤减。

② 陈桥驿：《古代鉴湖兴废与山会平原农田水利》，《地理学报》1962年第3期，第187~202页。

③ 盛鸿郎主编《鉴湖与绍兴水利》（中国书店，1991）中多篇论文涉及鉴湖的形成、发展与湮废过程及其他相关问题的研究。

生的地方疾病之间关系的研究。① 不过，已有研究对鉴湖垦废过程更多只是平面化的描述，对导致鉴湖水利系统演变的水文背景仍缺乏立体分析。近几年，国内水利史研究不断突破水利技术史与水利社会史的研究范式，偏向于对各个历史时期水文生态演变过程的复原，以深入解析水利系统转变的环境背景与驱动因素。② 南宋后期至明代中叶，山会平原水利系统发生由鉴湖蓄水向三江闸调节内河水网的根本转变，而这种转变的根源始于唐、宋先后进行的海塘修筑所引起的水文变化。因此，探讨唐宋时期平原水文变化过程，对理解元明时期水利系统的转变就极为重要。本节在以往水利史研究基础上，致力于对唐宋时期的平原水文系统分析，以描述这时期水文生态与水利系统演变之间的关系。

一　海塘构建与北部水环境变化

更新世以来，包括宁绍平原在内的东部沿海发生过星轮虫、假轮虫和卷转虫三次海进。③ 海浸时期，海水淹没平原，海退后于平原南部山麓地带积蓄成大片沼泽区，后形成潟湖，东汉时期的鉴湖即是在这些潟湖基础上筑堤挡水而形成的大片人工水域。明代中叶以前，浦阳江下游由西向东横贯平原北部。随着唐宋时期东部、北部海塘先后构建，以及鉴湖区泄水围垦，内河水系结构及北部水文环境皆发生极大转变。东汉时期的鉴湖区积水相对集中，唐宋海塘建构后平原积水分散在一个更大的范围内。具体而言，唐代东江塘修筑致使原向东入曹娥江的内河出水通道被堵，积水通过内河网转向西，由于地势南高北低，水流又向北汇聚于玉山南部的大片内河之中，形成新的积水区，鉴湖北部河网也逐步形成，该区域平均海拔5米左右，并由南而北渐低。宋代北海塘建构后，西小江向北的出水口也

---

① 〔日〕佐藤武敏：《明清時代浙東における水利事業——三江閘を中心に一》，《集刊东洋学》1968 年 10 月；李玉尚：《三江闸与 1537 年以来萧绍平原的姜片虫病》，《中国农史》2011 年第 4 期。

② 王建革：《宋元时期太湖东部地区的水环境与塘浦置闸》，《社会科学》2008 年第 1 期；《泾、浜发展与吴淞江流域的圩田水利（9-15 世纪）》，《中国历史地理论丛》2009 年第 2 期；《吴淞江流域的堰坝生态与乡村社会（10-16 世纪）》，《社会科学》2009 年第 9 期；《10-14 世纪吴淞江地区的河道、圩田与治水体制》，《南开学报》（哲学社会科学版）2010 年第 4 期。

③ 王靖泰、汪品先：《中国东部晚更新世以来海面升降与气候变化的关系》，《地理学报》1980 年第 4 期，第 302 页。

被堵，沿江积水进一步发展为新的沼泽乃至湖泊。靠近古海塘附近的狭长地带，地势低平，平均海拔4.5米，[①] 在北海塘构建后，也成为西小江北部的沼泽积水区，但受潮水影响极大，农业开发推进较晚。

图2-1　萧绍平原影像

注：萧绍平原20世纪70年代影像图，唐宋以后的海塘沿南部山丘走向修筑。底图来自浙江天地图。

海塘构建，最大影响即改变内河出水口，内河出水环境改变使平原内部形成一些新的汇水区。虽然海塘高度大致差不多，但由于平原内部存在高、低地形差别，海塘修筑后，水流向低地汇聚，一些原本的沼泽区发育成了湖泊。在海塘未建以前，平原内部即存在大量的河道，这些河道构成的水网，大多在平原成陆过程中即已出现，是沟通海潮内侵和山水出没的网状汊道。海塘修筑后，为疏导积水，又部分开掘了新的河道。在内河水网基础上形成的北部新的灌溉水源，又推动着鉴湖的湖田化进程，鉴湖斗门等水利系统随即瓦解。鉴湖水利的系统瓦解，又作用于北部的水环境，形成新的水利环境格局。

以下先从山会平原海塘（江塘）构建的时空推进过程来看海塘与平原

---

① 绍兴县地方志编纂委员会：《绍兴县志》第一册《自然环境·地貌》，中华书局，1999，第182~183页。

水环境演变之间的内在联系。山会海塘构建分两个关键阶段：唐代中后期东江塘的构建以及南宋北海塘的稳固。

山会地区最早的海塘修筑，或始于春秋吴越时期，[①] 但应该都是局部小段挡水坝。规模较大的海塘修筑始于唐代。唐代山会海塘修筑集中在平原东部曹娥江（也名东小江）段，故也称东江塘，前后有三次大的修筑，分别是：开元十年（722）会稽县令李俊之对会稽县东北四十里的防海塘进行增修；大历十年（775）浙东观察使皇甫温及大和六年（832）会稽县令李左次又先后增修。"海塘自上虞江抵山阴县，长百余里，以蓄水灌田。"[②] 海塘修筑后，东部会稽县的出水口被堵塞，出水口堵塞的不利影响在明代的文献中仍有所反映，当时会稽县每遇阴雨，内河泛溢，常将东江塘的一部分掘开泄水。"每于蒿口、曹娥、贺盘、黄草沥、直落施等处开掘塘缺。"[③] 鉴湖北部贺家湖向东的出水口也因东江塘修筑而被堵。"贺家湖，即贺家池，在县东三十二里，周围四十七里，南通镜湖，北抵海塘，旁有支港四达。"[④] 湖水南通鉴湖，北抵海塘（即东江塘），虽有支港可四达，由于东江塘的堵截，泄水方向只能通过纵横交错的河网西流后再向北。

原先向东入曹娥江的内水转向北入杭州湾，引起山会平原北部的积水环境改变。平原地势南高北低，内河水顺势汇聚到北部，在今斗门镇玉山处受山脉的阻拦，形成积水区。今玉山大半已被开凿，此山南部地势低洼，在宋代成为唐代建东江塘后，平原东部、北部水文反应的末梢。为排泄积水，唐代在此凿山置斗门以排水，宋代随即扩斗门为玉山闸，成为北

---

① 陈桥驿：《古代鉴湖兴废与山会平原农田水利》，《地理学报》1962 年第 3 期，第 194 页。陈先生认为《越绝书》中提及的"石塘""防坞""杭坞"毗邻，而今杭坞仍存，在古时靠近海边，故"石塘"即为萧绍最早的海塘。但查一民认为从文献解读而言，所谓"石塘"者应该是一个长方形的水塘，古代称水池圆者为"池"，方者为"塘"，此处之"石塘"当为一水塘。此外，陈先生认为在东汉马臻筑鉴湖时应该在北部也建有挡水的海塘，认为鉴湖北部灌溉九千顷农田，农田之北即为海，如果海边没有堤防，那么农田就有可能受潮水满溢之害。此观点只是陈先生之推测，并没有史料及考古证据支持。查一民认为这一观点也值得商榷，认为在鉴湖修筑时，文献记载湖水高田丈余，田高海丈余，农田与海水相差一丈以上，受海潮侵袭的可能性不大，因此没有建筑海塘的客观需要。（查一民：《钱塘江海塘的始建问题》，《河海大学学报》1986 年第 3 期，第 25~31 页。）
② 《新唐书》卷四十一《地理志五·江南道》，中华书局，1975，第 1061 页。
③ 万历《会稽县志》卷八《水利·水利考》，万历刻本。
④ 万历《会稽县志》卷二《山川·湖》，万历刻本。

部重要的灌溉枢纽，对此下文有详细阐述。

山阴北部的海塘修建晚于东江塘，北宋元祐元年（1086）刚到任的绍兴知府黄履在北部建海塘，"越明年春，公既为发常平余钱，筑塘捍海，人竞歌之，谓得未曾有矣"①。黄履筑海塘被当地百姓称"未曾有矣"，可见北部有一定规模的海塘到此时才被修筑，但黄履对其重视程度不如朱储斗门。

北部海塘真正大规模、系统修筑，到南宋才见记载：绍兴三十二年（1162）十月，开始修后海塘（北海塘山阴段），至隆兴二年（1164）十二月才筑成，修筑持续了两年，可见绍兴年间的修筑规模不小，山阴后海塘格局在此时也基本形成。嘉定六年（1213），后海塘溃决五千余丈，"田庐漂没转徙者二万余户，斥卤渐坏者七万余亩"，绍兴知府赵彦俅再筑后海塘，"请于朝颁降缗钱殆十万，米六千余石"，"重筑并修补者共六千一百六十丈，砌以石者三之一，起汤湾迄王家浦，彦俅又请买诸暨民杜思齐没入田五百七十八亩，山园水塘三百七十二亩，置桩古博岭，委官掌之，备将来修筑费"。② 以石塘代替土塘，在浙东海塘修筑史上也属先例。后汪纲再进行修护。③ 山阴北部海塘基本稳定下来，历经整个元朝，其间少有溃决。

海塘向西延伸至萧山为萧山北海塘，该段海塘系统修筑也大致在两宋之际。由于萧绍平原西高东低，西部海塘对山会境内的水环境影响极大，故明清时期每有岁修，山阴、会稽也协助筹款。南宋咸淳（1265~1274）以前，萧山县东北新林、白鹤之间长达二十余里已修筑部分海塘，但咸淳年间被风潮所毁："萧山北海塘，在县东北新林、白鹤两铺之间，长二十里，西自长山之尾，东接鼋山之首，为海水出没之冲，邑之污乡屡被患焉。宋咸淳中，塘为风潮所啮，尽坍于海。越帅刘良贵移入内田筑之，植柳万余株，名万柳塘。"④ 万柳塘"高逾丈，其广六丈，其长千九十丈，横亘弥望，屹若天成"。该段海塘虽非石塘，但"塘之坚致，殆不减石矣"。

① 邵权：《重修朱储斗门之记》，见阮元《两浙金石志》卷六，浙江古籍出版社，2012，第141页。
② 嘉庆《山阴县志》卷二十《水利》，民国二十五年绍兴县修志委员会校刊铅印本。
③ 嘉庆《山阴县志》卷二十《水利》，民国二十五年绍兴县修志委员会校刊铅印本。
④ 万历《绍兴府志》卷十七《水利志二》，李能成点校本，宁波出版社，2012，第351页。

知府刘良贵设立祠堂祭祀河神，并命西兴巡检司负责海塘巡视。① 总之，到南宋咸淳以后，萧山北部的海塘格局也构建完成。

山阴北海塘的修筑对西小江下游河道变化影响极大。明清时期的西小江走向，姚汉源先生有详细描述。西小江一名钱清江，源出萧山县临浦镇之寺山，江水东北流，混运河之水约二里，至钱清镇钱清桥。东流折南，转东北至永安桥十八里，一直为萧山、山阴界河：分支北流，为江北河，入萧山境；主干东流过白马山北，为白马山闸，再东五里至安昌镇。再东曲流二十九里，至铜盘湖港，又东流三里余至三江闸。② 这是明代中叶，凿碛堰、筑麻溪坝，浦阳江下游改道后的西小江。在此之前，西小江为浦阳江下游主干河道。目前对浦阳江下游河道变迁的研究，南宋以前的状态仍是十分模糊的，③ 文献记载也含糊不清，如唐代《元和郡县图志》卷二十"浦阳县"条载"浦阳江，在县（作者注：浦阳县，即今浦江县）西北四十里。出双溪山岭，东入越州诸暨县"，在"萧山县"条目下有"浦阳江，在县南一十五里"，④ 对下游河道入海口及具体走向并无记载。杨钧认为浦阳江尾闾部分是逐渐向前延伸的，初无一定河道，历史上运河与钱塘江近在咫尺，洪水时西小江水越运河而向北入海，而运河至三江之间的河道，则是随海涂向北伸长而逐渐延长形成的。⑤ 郦道元在《水经注》中将东、西两道之水并称为浦阳江，⑥ 表明浦阳江下游处于漫流状态。全祖

① 黄震：《万柳堂记》，载闫彦、李大庆、李续德主编《浙江海潮·海塘艺文》，浙江大学出版社，2013，第218页。
② 姚汉源：《浙东运河史考略》，载盛鸿郎主编《鉴湖与绍兴水利》，中国书店，1991，第172页。
③ 陈桥驿先生认为在南宋以前浦阳江下游经由今浦阳江附近进入"临浦湖"、"渔浦湖"，之后再入钱塘江（见陈桥驿《论历史时期浦阳江下游的河道变迁》，《历史地理》创刊号，上海人民出版社，1981，第65~79页）。然更多学者认为明代中叶以前，浦阳江下游由山阴、会稽北部的三江口入海。（朱庭祜、盛莘夫、何立贤：《钱塘江下游地质研究》，《建设（上海1946）》1948年第2卷第2期，第98页；朱海滨：《浦阳江下游河道改道新考》，《历史地理》第二十七辑，上海人民出版社，2013，第116页。其中朱海滨教授对历史时期浦阳江下游河道走向的文献梳理与考证用力颇深。）还有学者更指出，在春秋末期至五代北宋初，浦阳江漫流经萧山中部平原的陆屿之间，五代至明中叶借道钱清江，明中期以后，北过碛堰山，直至渔浦入钱塘江。（见杨钧《浦阳江源流考》，中国水利学会水利史研究会编《水利史研究论文集》第一辑，河海大学出版社，1994，第78~85页。）
④ 李吉甫撰《元和郡县图志》卷二十六，贺次君点校，中华书局，1983，第620页。
⑤ 杨钧：《浦阳江源流考》，《水利史研究论文集》第一辑，河海大学出版社，1994，第81页。
⑥ 郦道元著，杨守敬、熊会贞疏，段熙仲点校，陈桥驿复校《水经注疏》卷四十，江苏古籍出版社，1999，第3325~3338页。

望认为六朝时期东道之水（今曹娥江）向西流经柯水（浦阳江）而出，原因或即当时堤堰未筑，江水处于横流状态，"抑或者六朝之世，堤堰未备，东小江之水尚能西出，则东道之水得至永兴，亦未可定"①。北宋以后，平原北部开始修筑海塘，开始时海塘是分散的，后来逐渐发展成线。南宋绍兴年间大规模海塘修筑，平原内部江、湖水向北入海通道受阻，而海塘内部仍受西小江的摆动影响，故西小江下游河道宽泛，今绍兴北部横跨齐贤镇镇域南北的大片土壤剖面中，皆有西小江携带的泥沙沉积：

> 镇域南部全新统尚未发育，表层有0~3米厚之人工堆土，稻田为浅海湖沼母质，以湖海积之灰褐色—黑色粉砂质黏土、深灰—灰褐淤泥质黏土为主，层内有锈斑点和生物遗体，局部地区之灰褐色淤泥，质黏，土有臭味。土质结构致密，湿时黏性大，干时坚硬。2~3米以下土层有厚约15厘米之泥炭，其土层多为西小江塘南会稽山西翼支脉（西干山脉）之泥沙及西小江下游之泥沙合力冲击而成。镇域北部沿古海塘狭长地带，为湖沼—海湾相静水沉积为主的地层，其土层多为西小江塘北黄塥泥性沙质土，地表现状佐证原系浅海滩涂，受海潮顶托后，由钱塘江所挟带之泥沙陆相沉积为主之滨海平原，属软弱土工程地质条件，具有硬—软—硬—软四元结构。土壤母质为浅海沉积物和河湖沉积物的混合体，海积物高而质地轻，土层深厚，通透性好，有机质含量高。②

绍兴年间的海塘只是山阴北部的滨海海塘，还未修江塘以固定西小江下游河道。嘉定年间（1208~1224），赵彦俊在修筑山阴后海塘的同时，还修筑了西小江塘，力图束缚西小江河道，③ 平原内河出水集中到西小江干道。而在此之前，绍兴年间的海塘修筑已将西小江下游向北入钱塘江的支流河道堵塞，境内江水潴积变缓，在西小江南部形成大片沼泽区，今绍兴北部的狭［溇］湖或大概形成于两宋海塘构建之际。

狭［溇］湖，亦称黄［鳒］湖，位于绍兴北齐贤镇域西南部，现为绍

---

① 全祖望：《浦阳江记》，《鲒埼亭集》卷30，《四部丛刊》，景清刻姚江借树山房本。
② 《齐贤镇志》编纂委员会：《齐贤镇志》，中华书局，2005，第95页。
③ 万历《绍兴府志》卷十七《水利志二》，李能成点校本，宁波出版社，2012，第351页。

兴市内最大淡水湖，东西宽约 2500 米，南北长约 3000 米，平均水深 2 米左右。湖周长 40 里，旁有二十余自然村落，与东、西、北江河相通，向有"纳九河之水"之说①。嘉泰《会稽志》卷十八记载："狭［獤］湖，镜湖之别派。字书有狭［獤］，或云［獤］本狳字，传之讹也。"② 嘉泰《会稽志》将其作为镜湖之别派，但该湖与南部鉴湖相距甚远，可能由于鉴湖垦废后，湖水向北注入此湖，才将其作为鉴湖在北部的残遗。嘉泰《会稽志》未将其列入"湖泊"类，而只是作为"鸡肋"一样的材料放入"拾遗"中。可见，在嘉泰年间，该水域还不能称为真正意义上的湖泊，不过是一片大的积水区而已。明初以前的《山阴志》中也载有此湖，却名"鸯茶湖"："鸯茶湖，在县北一十五里。旧名汪爽湖。郡志不载其名，不知何据也。"③ 府志不载其名，应与其并非真正意义上的湖泊有关。关于这一点，可从明代嘉靖年间《山阴县志》的记载中得到一些验证：

> 狭［獤］湖，去县北一十里，周回约广十余里，俗又呼为黄［鳝］湖，为舟楫往来之道，浅不能蓄水，遇潦则盈，遇旱则涸。④

到嘉靖年间，这片水域仍"浅不能蓄水"，长期作为西小江与南部鉴湖遗迹的积水缓冲区，非真正意义上的湖泊。万历十五年（1588）修成的《绍兴府志》录此湖时，也照抄嘉靖《山阴县志》，却指出了湖水变化："狭［獤］湖，在府城北十里，周回约广十余里，俗又呼为黄［鳝］湖，是舟楫往来之道。鉴湖既废，此湖宜以蓄水，乃近稍为有力者侵焉。"⑤ 嘉靖十六年（1537）在三江口建三江闸后，平原内河水位抬升，该湖才具有蓄水灌溉之功能。南宋时期虽未成湖泊，但沼泽区的积水可以通过水网流入灌溉河道，从而为平原储存部分水源。

西小江向北的支河在未筑海塘以前，径直入钱塘江。北海塘修筑后，支河转向东再向南入西小江，最后从三江口入海。如"江北河，在西江之

---

① 《齐贤镇志》编纂委员会：《齐贤镇志》，中华书局，2005，第 100 页。
② 嘉泰《会稽志》卷十八《拾遗》，李能成点校《（南宋）会稽二志点校》，安徽文艺出版社，2012，第 349 页。
③ 张忱石等点校《永乐大典方志辑佚（全五册）》，中华书局，2004，第 912 页。
④ 嘉靖《山阴县志》卷二《山川志·湖》，嘉靖三十年刻本。
⑤ 万历《绍兴府志》卷七《山川志四·湖》，李能成点校本，宁波出版社，2012，第 166 页。

北，大海之南，每为潮水灌入，沙涂壅积，遇涝辄溢，遇旱即涸，不能潴
蓄以资灌溉"。① 由于河流转向东南，而平原整体地形南高北低，河流流速
变缓，加之受潮水影响，故经常"遇涝辄溢，遇旱即涸"。

海塘虽为外部御潮系统，却深刻影响平原内部的水流环境。东江塘修
筑导致北部玉山以南积水形成，唐代开山置斗门以泄水，到北宋时期，通
过改扩为闸，其价值与作用得到进一步提升，成为具有灌溉三十余万亩农
田能力的水利枢纽。南宋以后，由于北部海塘的最终稳定，西小江的水流
环境也发生极大改变，江流干道逐渐固定，平原内部的积水也在江水南部
汇聚，形成新的沼泽区，而这一过程的推进还与南部鉴湖水利系统的逐步
瓦解有极大关系。

二　北部灌溉区形成与鉴湖斗门系统瓦解

鉴湖水自然向北流，乃人工筑堤抬升湖水水位的结果，从实测的高程
地图上看，古鉴湖区的地面高程一般在 4.3～5 米，而古鉴湖北部灌溉区的
现今地面高程一般在 4.5～5.5 米。现在的鉴湖区海拔仍略低于北部农田，
这也与鉴湖早期为潟湖积水区的环境相符。要保证湖区湖水可以自然流出
灌溉北部的农田，只能通过堤坝抬升水位，南朝刘宋孔灵符《会稽记》中
载："筑塘蓄水，水高丈余，田又高海丈余，若水少，则泄湖灌田；如水
多，则开（闭）湖泄田中水入海。"② 早期的湖水水面高程约 7 米③，高出
北部农田 1.5～2.5 米。湖水由堤坝抬升后通过湖堤上的斗门、闸，以及阴
沟通向农田，构成平原南部湖泊水利系统。

建东江塘后，积水向平原北部汇聚，唐贞元元年（785）浙东观察使
皇甫政在山阴以北三十里凿山以泄水，并在东北二十里置朱储斗门，而斗
门的作用主要为排泄内部积水。《新唐书·地理志五》载："（山阴）北三
十里有越王山堰，贞元元年，观察使皇甫政凿山以蓄泄水利。又东北二十
里作朱储斗门。"④ 南宋嘉泰《会稽志》中记载斗门有两泄水口："贞元

---

① 嘉靖《山阴县志》卷二《山川志·河》，民国二十五年绍兴县修志委员会校刊铅印本。
② 孔灵符：《会稽记》，刘纬毅《汉唐方志辑佚》，北京图书馆出版社，1997，第 186 页。
③ 周魁一、蒋超：《古鉴湖的兴废及其历史教训》，盛鸿郎主编《鉴湖与绍兴水利》，中国
　　书店，1991，第 43、52 页。
④ 《新唐书》卷四十一《地理志五·江南道》，中华书局，1975，第 1061 页。

图 2-2 鉴湖修筑以前的山会平原水系示意

资料来源：邱志荣、陈鹏儿：《浙东运河史》上卷，中国文史出版社，2014，文前图。

初，观察使皇甫政凿玉山、朱储为二斗门以蓄水。"[1] 唐代建的斗门由于规模不大，北宋景德三年（1006），山阴县大理丞段斐又进行改造，嘉祐三年（1058）知县李茂先、县尉翁仲通"更以石治斗门八间，覆以行阁，阁之中为亭，以节塘北之水。东西距江一百一十五里，灌田二千一百一十九顷，凡所及者一十五乡"。[2] 曾巩在《越州鉴湖图序》（1069）中将此斗门与鉴湖堤上的斗门并列，并言："其北曰朱储斗门，去湖最远。盖因三江之上，两山之间，疏为二门，而以时视田中之水，小溢则纵其一，大溢则尽纵之，使入于三江之口。"[3] 南宋徐次铎《复湖议》中称："又有玉山斗门八间，曾南丰（曾巩）所谓朱储斗门是也。"[4] 其实，唐代朱储斗门并

① 嘉泰《会稽志》卷四《斗门》，李能成点校《（南宋）会稽二志点校》，安徽文艺出版社，2012，第 84 页。注：此"玉山、朱储为二斗门"实乃凿玉山为朱储斗门之误。
② 嘉泰《会稽志》卷四《斗门》，李能成点校《（南宋）会稽二志点校》，安徽文艺出版社，2012，第 84 页。
③ 曾巩：《曾巩集》，陈杏珍、晁继周点校，中华书局，1998，第 205 页。
④ 徐次铎：《复湖议》，李能成点校《（南宋）会稽二志点校》，安徽文艺出版社，2012，第245 页。

不属于鉴湖灌溉系统，而是东海塘建构后对内泄水、对外御潮的泄水防御系统①。北宋在此基础上建八孔玉山闸，仍习惯称朱储斗门，因处三江交汇处，也名三江斗门②。从技术上看，该水利设施已不是早期简单的斗门，而是结构更为复杂、规模更大的水闸。

上文所引嘉泰《会稽志》对朱储斗门的记载，摘自北宋嘉祐四年（1059）沈绅的《山阴县朱储石斗门记》，但摘抄有误，灌溉面积少计一千顷，沈绅《山阴县朱储石斗门记》原文如下：

> 嘉祐三年五月，赞善大夫李侯茂先既至山阴，尽得湖之所宜，与其尉试校书郎翁君仲通，始以石治朱储斗门八间，覆以行阁，中为之亭，以节两县北之水。东西距江百有十五里，总一十五乡，溉田三千一百十九顷有奇。③

笔者不厌其烦将此文献罗列于此，意在指出嘉泰《会稽志》引文有误，北宋时期朱储斗门灌溉面积已达"三千一百十九顷"。即原由鉴湖灌溉北部九千顷农田中，到北宋时期1/3强已被朱储斗门取代，这是平原水利系统的重要转折。

北宋元祐二年（1087）知府黄履修筑后海塘的同时，还重点维修了八孔闸，将朱储斗门的灌溉功能完全稳固，也稳定了北宋后以玉山闸为核心的北部灌溉体系。

元祐元年（1086），黄履赴任绍兴知府，时八孔闸因年久失修，只能泄水，不能闭闸，"始至问民所病，皆曰会稽十乡，苦濒巨海，而塘护不固，人将为鱼，朱储斗门，民食所系，而岁久不葺"。次年，黄履修玉山

---

① 20世纪90年代以后修的《绍兴市志》《绍兴县志》等地方文献皆将朱储斗门始建年代追溯至东汉马臻筑鉴湖时。对此，绍兴斗门本地学者朱非先生做过详细考辨，朱储斗门始建于唐代，初建只有两道水门。（参见朱非《斗门史说》，天马出版有限公司，2005，第7~24页。）此外，一些文献由于不了解唐宋之间北部的水文变化过程，错误地将北宋才置的八门水闸当作唐代贞元年间皇甫政所置斗门时之规模，如《绍兴县志》第一册《镇乡·斗门镇》："唐贞元初，观察使皇甫政改建八孔水闸。"（第414页）与唐宋时期的文献不符。

② 嘉泰《会稽志》中将这同一水利建筑错误地当作三座不同的水门。见嘉泰《会稽志》卷四《斗门》，李能成点校《（南宋）会稽二志点校》，安徽文艺出版社，2012，第82~84页。

③ 沈绅：《山阴县朱储石斗门记》，见孔延之《会稽掇英总集》卷十九，清文渊阁四库全书补配清文津阁四库全书本。

以北海塘后，随即"又为度斗门所费，会朝散大夫嘉禾朱公来倅府事，乐赞其谋"，兴工"经始于三月辛酉，讫五月之丙寅，为夫二千，用钱五十万，为日六十有六，而告成焉"。此次斗门维修，用夫 2000 人，费时 66日，始得完工，可谓北宋对此水利工程最大的一次维修。斗门修筑后，知府黄履即"移舒州"，父老感念黄公功绩，为其立生祠，"乃相与绘公之像生祠之"，并"咸愿述其事"，请歙州休宁知县邵权作记立碑，"而权适在越，朱公乐推公美，善因民情，一日，顾谓权记之"。元祐三年（1088），邵权作《重修朱储斗门之记》述黄履修闸事迹。该文中有斗门始建年代及所处地形描述："（朱储斗门）肇兴于唐贞元中皇甫政为观察使时，而至于今屡作不废也。皇甫之迹无所于考，大抵当众浦之会，因两山之门，得地南北二十步，两端稍隘，则凿而通之。"灌溉农田范围也有述及，"山阴、会稽田切于水者，三千一百顷有畸，而膏腴在焉"[1]，与沈绅记载一致。斗门周边的河网在经过唐代凿山泄水、宋代改建为八孔闸后，原本大片积水汇聚区具有了强大的灌溉功能。在此背景下，平原对南部鉴湖蓄水灌溉依赖减弱。北宋后期，鉴湖盗湖为田开始发酵，南宋嘉定年间垦废[2]，湖堤上的斗门、闸等蓄、泄水系统也渐次被废。

《水经·浙江水注》记载魏晋时期鉴湖"开水门六十九所，下溉田万顷"[3]。这种水门是简单的水闸。北宋年间，曾巩在《越州鉴湖图序》中记载湖堤上的水利设施包括用于灌溉的阴沟及用于泄水的斗门，水门被斗门等取代。其言：州城（绍兴）以西至西小江段属山阴县，称北堤，堤上有"石楻二，阴沟十有九，通民田，田之南属漕渠，北、东、西之属江者皆溉之"；州城以东至曹娥江段属会稽县，称南堤，堤上"阴沟十有四，通民田，田之北抵漕渠，南并山，西并堤，东属江者皆溉之"[4]。石楻为溢洪堰，湖水水位过高则溢流而出；阴沟则是通向农田的小型沟洫。鉴湖的排水系统中以斗门泄水最多、最快，"泄水最多者曰斗门，其次曰诸堰，若

---

① 邵权：《重修朱储斗门之记》，见阮元《两浙金石志》卷六，浙江古籍出版社，2012，第 141~143 页。
② 关于鉴湖垦废与复湖过程的研究可参见张芳《鉴湖的兴废及其有关废湖复湖的议论》。（收录盛鸿郎主编《鉴湖与绍兴水利》，中国书店，1991，第 58~68 页。）
③ 郦道元著，杨守敬、熊会贞疏，段熙仲点校，陈桥驿复校《水经注疏》卷四十，江苏古籍出版社，1999，第 3305~3306 页。
④ 曾巩：《曾巩集》，陈杏珍、晁继周点校，中华书局，1998，第 205 页。

诸阴沟则又次之"①。北宋以前东湖上即设有曹娥、蒿口斗门，西湖上设有广陵、新迳斗门，是鉴湖东、西泄水通道。从技术上看，斗门其实就是闸，但浙东通船之闸常不名斗门②。斗门基本不可以通船，只是用于调蓄水位，一些闸可以通船。广义上，闸也属于斗门调蓄系统。

北宋中期开始，为维持鉴湖蓄水灌溉系统的正常运行，出现两种治湖主张：一为疏浚，即挖深湖泊以蓄水；二为培高堤坝以蓄水。疏浚可以保全部分已围垦的湖田；而增高堤坝势必淹没已经围垦的湖田。前者以北宋时期的复湖派为主，南宋时期知府吴芾也采用此法治湖，疏浚湖区，维修了大量斗门、闸等水利设施；后者以南宋徐次铎为代表，认为杜绝湖区围垦，只有将湖堤增高，湖水上涨，才无地可垦，并认为吴芾的疏浚之法不得要领③。在未筑堤以前，鉴湖区水位还略低于北部农田，湖水靠堤抬升。南宋时期，鉴湖堤的高度已大不如前，主张复湖官员提出增高湖堤，遭到一些主张废湖官员的反对。反对者认为筑高湖堤势必威胁北部绍兴府城，徐次铎认为即使加高堤坝二三尺，也才与最初的堤防相当，况且溪水经由鉴湖缓冲后，水流变缓，不可能威胁北部府城④。其实到北宋年间，湖泊水面高程已下降很多，由早期湖面高田丈余，至北宋时期只高出2～3尺，曾巩在《越州鉴湖图序》中称："又以湖水较之，高于城中之水或三尺有六寸，或二尺有六寸。"⑤ 由于增高湖堤势必淹没围垦湖田，阻力极大，未能施行，且湖堤降低，对湖田开发有利。

要进一步围垦、开发湖田，除人为降低湖堤外，还需将用于调蓄湖水的闸、斗门废去。斗门是宋代鉴湖水利系统中最重要的调节中枢，北宋庆历六年（1064），杜杞认为杜绝盗湖为田，以管理斗门最关键，斗门不可随意开启，需设立水则碑，根据水则放湖水：

> 杜杞则谓盗湖为田者，利在纵湖水，一雨则放声以动州县，而斗

---

① 徐次铎：《复湖议》，李能成点校《（南宋）会稽二志点校》，安徽文艺出版社，2012，第245页。

② 姚汉源：《浙东运河考略》，盛鸿郎主编《鉴湖与绍兴水利》，中国书店，1991，第155页。

③ 徐次铎：《复湖议》，李能成点校《（南宋）会稽二志点校》，安徽文艺出版社，2012，第245页。

④ 徐次铎：《复湖议》，李能成点校《（南宋）会稽二志点校》，安徽文艺出版社，2012，第245页。

⑤ 曾巩：《曾巩集》，陈杏珍、晁继周点校，中华书局，1998，第205页。

门辄发，故为之立石则水，一在五云桥，水深八尺有五寸，会稽主之；一在跨湖桥，水深四尺有五寸，山阴主之。而斗门之钥，使皆纳于州，水溢则遣官视则，而谨其闭纵。又以谓宜益理堤防斗门，有敢田者拔其苗，责其力以复湖。①

杜杞分别于会稽、山阴两处设立水则碑，两县根据湖水水深上报州府，而控制放泄湖水斗门的"钥匙"由州府掌管，州府根据水则情况开闭斗门。这种以斗门、水则为基础的鉴湖水利系统到后期越来越难以为继，其"敢田者拔其苗"的强硬手段，在面对湖田所带来的赋税收入以及既得利益者的阻力，未能真正推行。到南宋庆元（1195~1200）以前，湖泊蓄水已为大不足，北部农田区在缺水时节，又上诉于官府，要求放斗门以泄水，"官不从，则相与什佰为群，决堤纵水于民田之内"②。湖内围垦，湖外要求放水灌溉，鉴湖用于蓄水的堤、泄水的斗门渐次被废，南部以鉴湖为核心的水利系统渐趋瓦解，到嘉定十五年（1222），鉴湖已只剩"一衣带水耳"③，这也标志着鉴湖斗门水利系统的完结。

对比南宋与明嘉靖、万历年间的地方志，鉴湖堤上用于泄水、蓄水的斗门、闸的废弃过程非常清晰。徐次铎《复湖议》中会稽县有斗门四、闸四、堰十五，山阴县有斗门三、闸三、堰十三④。会稽四所斗门中，有三所改为堰或坝；山阴三所斗门中两所改为闸，一所废去。而原鉴湖上的闸则完全废去，属于山阴县的都泗门闸、东郭闸、三桥闸、小凌桥闸，在明代嘉靖《山阴县志》中载"俱废"；属于会稽县的白楼闸、三山闸、柯山闸，在万历《会稽县志》中载"湖废为田，今皆湮没"。随着鉴湖的垦废，以"斗门"命名的水利设施也在鉴湖区逐渐消失，难觅踪迹⑤。

由于古鉴湖的水位略低于北部农田，境内积水不可能排尽，在湖田化

① 曾巩：《曾巩集》，陈杏珍、晁继周点校，中华书局，1998，第206页。
② 徐次铎：《复湖议》，李能成点校《（南宋）会稽二志点校》，安徽文艺出版社，2012，第245页。
③ 毕沅编著《续资治通鉴》卷一百四十九《宋纪·孝宗·淳熙十一年》，中华书局，1957，第3980页。
④ 徐次铎：《复湖议》，李能成点校《（南宋）会稽二志点校》，安徽文艺出版社，2012，第244页。
⑤ 嘉靖《山阴县志》卷二《山川志》，嘉靖三十年刻本；万历《会稽县志》卷八《户书四·水利》，万历刻本。

过程中仍留下大量水体，这些水体或为湖，或为港，或为泾，或为浦，"夫湖废为田者，非竟成一片高燥平地，可以畎亩而耕耨也，其中支流港汊，萦绕连络，大者为湖，为池，为溇，为潭；小者为港，为渚，为渎，为泾，为浦，为湾，为汇，为荡，为汀，皆积水之区也"①。这些积水区成为平原灌溉、航运之重要水源。通过堰的设置来保障分散积水区的水位。于是南宋后期，鉴湖区在大量废斗门、闸的同时，堰却大量出现。徐次铎记载东、西湖一共有堰28所，数量远高于斗门及闸，明代方志中也保留有大量的堰。堰既可稳定内河水位，保障平原农田灌溉；也可为航运提供保障。浙东慈溪县清代后期随着内河河道逐渐淤塞，也将一些闸改为堰，水多则由堰溢出，水少则由堰蓄聚，"城中河水不能常蓄，不若改牐[闸]为堰，范定高下，水满则水出堰上，潦淹无虞；浅则水蓄堰内尾闾不泄，而又无莌守工食之费，较牐为善矣"②。原湖区的积水通过堰及残存的闸维持湖田灌溉及航运往来。

山会平原的自然湖泊在宋代以前多为海侵时期形成的潟湖，但宋代以后形成的湖泊多为内河水流潴积低洼处形成的沼泽区，随着水流变化与闸堰系统的形成，逐步变为湖泊。鉴湖垦废后，由于湖水不再通过湖堤蓄积，南部来的溪水直接进入内河水网，在鉴湖北部地势低洼处形成一些新的积水区，如瓜潴湖，该湖南通运河，并与鉴湖相通，北靠近西小江，成为沟通鉴湖与运河、西小江的中间地带。嘉泰《会稽志》中还未见该湖的记载，应该只是一片沼泽区，未成湖泊。嘉靖《山阴县志》载："瓜潴湖，去县西三十里，湖有二：有前瓜潴，后瓜潴，广十余里，浅不能蓄水，遇旱则涸。"③已是仅次于贺家湖、狭[獤]湖之外的又一大湖泊，仍浅不能蓄水。湖水北流入西小江后，影响西小江的水流及水量，这也是南宋以后，西小江经常横溢两岸、积水为患之根源。对于宋代以后西小江的论述将于下文中展开。

第二节　13~16世纪山会平原水乡景观的
形成与水利塑造

　　景观（Landschaft）不仅指"景色"（Landscape），地理学上的景观一

---

① 乾隆《绍兴府志》卷十四《水利志一》，嘉靖三十年刻本。
② 光绪《慈溪县志》卷八《舆地三·河》，光绪二十五年刻本。
③ 嘉靖《山阴县志》卷二《山川志·湖》，嘉靖三十年刻本。

般统指地球表面可见的各种实体景物，包括自然景观与人文景观，即狭义上的自然地貌和人为构建的地面建筑。水文环境丰富的水乡河网景观的形成，既有水环境的"自然"演变作用，也有人类对水环境的改变、塑造影响。[1] 绍兴山阴、会稽平原（简称山会平原）的河网水乡景观形成的关键时期在南宋后期鉴湖垦废至明嘉靖十六年（1537）三江闸修筑之间。东汉永和五年（140）会稽郡守马臻筑鉴湖，至魏晋隋唐时期，山会地区逐渐形成以鉴湖为核心的大水域景观格局，其优美风景成为诗人们咏唱对象，呈现出"山阴路上行，如在镜中游"[2] 的审美感受；南宋鉴湖垦废后，山会平原逐步发育成河网水乡景观，并于三江闸构建后最终完成传统时代绍兴水乡景观的塑造，水利工程的变革推动着这种景观格局的变化。

具体而言，山阴、会稽北部水网平原在唐宋海塘构建以及鉴湖湖田化推进后，内部水流环境发生极大变化。北部新的积水区，在北宋时期通过扩建朱储斗门为八孔的玉山闸后，也具有强大的灌溉功能，推动着鉴湖湖田化进程。南宋嘉定年间鉴湖基本围垦完成，南部山区溪水不再通过鉴湖蓄积调节，径直排入北部内河水网中，原鉴湖水域范围内的山麓地带被农田取代，南部溪水成为其重要灌溉水源。鉴湖垦废后，原宽广水域消失，代之沿河流两岸推进的农田，随着河流携带泥沙的不断淤积，农业不断占领新的淤积带，聚落也随之形成，原本宽阔的水域逐渐变成条状河道，并在自然淤积与人为挤占作用下越变越窄。

另一方面，南宋以后鉴湖垦废对北部西小江的影响也进一步凸显。北部海塘构建后，原下游宽泛的西小江向北入钱塘江的支港被堵塞，而且在西小江塘修筑后，内河出水集中到西小江主干，加之南部溪水径直排入西小江，西小江河道横溢，经常泛溢成灾。元代开始治理西小江，历经明代天顺、成化年间的系统治理，到嘉靖十六年（1537）三江闸建成，才完成对内河的系统治理。在治理平原水环境的过程中，水利系统逐渐由鉴湖早期沿湖堤置斗门、闸转变为沿西小江置闸，并最终将置闸推向内河与后海

---

[1]　目前对江南地区历史水域景观的研究已有不少成果，如安介生以浙江嘉湖地区的嘉兴水田景观为考察对象，指出当地的景观体系经历了先秦至南北朝的原生态景观形态，到唐五代至宋元时期围垦式景观体系的全面形成，以及明清时期水网如织、陂塘密布式的精细化景观的转变过程，并认为促使该区域景观变化的主要动力来自农业与水利事业的发展。（安介生：《历史时期江南地区水域景观体系的构成与变迁——基于嘉兴地区史志资料的探讨》，《中国历史地理论丛》2006 年第 3 期，第 17~29 页。）

[2]　杜甫著，仇兆鳌注《杜诗详注》卷二十三《小寒食舟中作》，清文渊阁四库全书本。

交界的最前线。目前关于山会平原水利系统的研究缺乏对引起内河水利系统转变的水文生态的详细考察，不利于理解水利系统的演变过程以及水利推进对当地水乡景观形成的作用。① 本节在已有水利史研究基础上，讨论鉴湖垦废后至三江闸构建完成间，山会平原的水网景观形成过程以及水利推进在景观塑造中的作用。

一 鉴湖垦废后的水域环境

民国《绍兴县志资料》总结山会平原的水利形势，大体而言有四次大的转变：（1）东汉马臻筑鉴湖，将海潮拦于湖塘之外，北部农田得灌溉之利，此为一变；（2）唐代建玉山斗门（即朱储斗门），南宋后期鉴湖被垦废为田，水利形势又一变；（3）明代中叶在平原西部浦阳江下游凿碛堰、筑麻溪坝，将浦阳江下游完全改道向西入钱塘江，此又一巨变；（4）嘉靖十六年（1537）三江闸建，海潮不得入三江而内犯，内河水网格局形成，此又一变。② 此四变中，马臻筑鉴湖奠定了山会平原的水环境基础，后三变则促成了近代以前绍兴水乡景观的形成。

南宋后期鉴湖垦废，山会平原境内的水文环境发生根本改变，这种变化影响着此后平原近千年的水利走向，故鉴湖垦废乃山会平原水利转变的关键节点。鉴湖垦废后，境内水流变化主要体现在三种水体形式上：水源、水道与水泽。首先，平原北部的农田灌溉水源主要来自南部山区溪水。鉴湖存续期间，南部山区溪水汇集于湖泊中灌溉农田，鉴湖垦废后，南部山区开发，通过筑塘、设闸以及开渠，发展山麓及山区的水利。其次，河网逐渐形成，凡以河名之者，则为水道，乃沟通水网之脉络。最后，湖泊水体也发生变化，湖泊被占为田，水体遭到进一步侵占。明嘉靖

---

① 鉴湖垦废以前的研究，可参阅陈桥驿《古代鉴湖兴废与山会平原农田水利》（《地理学报》1963年第28卷第3期，第187~202页），基本梳理出鉴湖垦废前的水流环境；对鉴湖垦废后，山会平原水利系统研究，以地方学者的历史线条梳理为主，如盛鸿郎《绍兴水文化》（中华书局，2004），陈鹏儿《鉴湖史》（中华书局，2011），邱志荣、陈鹏儿《浙东运河史》（中国文史出版社，2014）等，对理解各时段水利工程的设置有极大帮助，不足之处在于缺少对内河水环境的系统分析；日本学者斯波义信在《宋代江南经济史研究》（方健、何忠礼译，江苏人民出版社，2012）中也涉及鉴湖垦废与山会水利系统关系的论述，但也只是线条式的描绘，缺乏立体性的细致关照。目前研究也很少探讨山会水乡景观的形成过程及推动因素。
② 民国《绍兴县志资料》第一辑《山川·水利沿革》，影印本，成文出版社，1983，第1888页。

《山阴县志》中对明中叶平原境内的水源、水道、水泽环境有详细描写，兹列如下：

> 其境内水之以溪名者，曰相溪、曰上浅溪、曰余支溪、曰白龙溪、曰南池溪、曰兰亭溪、曰离渚溪、曰芝溪、曰虞溪、曰白石溪、曰道树溪、曰大梅溪、曰巧溪、曰麻溪、曰童子溪，皆水源也；水之以河名者为运河，为新河，为府河，为乡都诸河，皆水道也；水之以湖名者，曰青田湖、曰□□湖、曰芝塘湖、曰瓜潴湖、曰黄湖、曰牛头湖、曰黄坨湖、曰白水湖、曰感圣湖、曰秋湖，皆水泽也。水源必决之使达，水道必浚之使深，其诸水泽宜查复旧额，令圩人杜侵填广停，蓄以资灌溉焉。①

以下即从此三种水体的变化过程，来探究鉴湖垦废后平原内水环境的转变过程。

鉴湖垦废，南部山区溪水由于缺少湖泊的缓冲与蓄积，径直排入北部河网，原本属于鉴湖水域范围内的山麓地带也被开发为农田，这部分农田地势略高于北部鉴湖遗迹（诸如湖泊等水体），因而灌溉水源主要依靠南部山区溪水的引灌，即"田之沿山者，受浸于泉源"②。一些地势相对更高的农田，则需要将溪水蓄积，于是南宋以后，原鉴湖南部山区逐步通过设置堰闸来蓄积溪水。如马尧相所言，"县（会稽）之东南，沿舜溪两岸而田，虽地势高峻，然各有泉可蓄"，形成众多新的水体，"若曰珠、曰舍、曰汤、曰长、曰嬉、曰石浦、曰舒屈、曰招福、曰丁家、曰鹁鸽、曰沥上、曰沥下、曰白荡、曰洗马等湖，惟各因其势而利导之，则其田皆可获矣"③。所谓因势利导，即对溪水或蓄或引，"是以或引之而为沟，或障之而为砩，或浸之而为湖，或潴之而为塘"④。因此，鉴湖垦废以后，南部山区水利也在不断推进。

随着鉴湖渐趋湖田化，早期宽广水域变为条形河道或小型湖泊，水面

---

① 嘉靖《山阴县志》卷四《水利志》，明嘉靖三十年刻本。
② 康熙《会稽县志》卷十二《水利志》，民国二十五年绍兴县修志委员会校刊铅印本。
③ 康熙《会稽县志》卷十二《水利志》，民国二十五年绍兴县修志委员会校刊铅印本。
④ 顾炎武：《天下郡国利病书》第二十二册《浙江下》，上海科学技术文献出版社，2002，第 1795 页。

向破碎化发展。就整个江南地区而言，宋代以后的水面都呈逐渐破碎化趋势，特别是明清时期达到顶峰。① 处于江南边缘区的绍兴也如此。鉴湖早期大水面的荷花景观逐渐消失，主流植物由"鉴湖时代"繁茂的荷莲变为菱等水生植物。如唐代李白诗文中，水面上大片荷花景观成为绍地的典型特点："借问剡中道，东南指越乡。舟从广陵去，水入会稽长。竹色溪下绿，荷花镜里香。辞君向天姥，拂石卧秋霜。"② 此为李白别友人储邕往剡中时所写诗句，诗文中舟船由剡溪入会稽，溪边多绿竹，水面有荷花。在鉴湖存续时期，陆游对家乡鉴湖的荷花也有甚多描写，他在外地为官期间，思念的即是故乡的鳜鱼与白莲藕，在《思故乡》一诗中言："船头一束书，船尾一壶酒。新钓紫鳜鱼，旋洗白莲藕。从渠贵人食万钱，放翁痴腹常便便。暮归稚子迎我笑，遥指一抹西村烟。"③ 一幅江南水乡景观画卷跃然纸上。诗中白莲藕乃藕的一种，即荷莲，万历《绍兴府志》载："连子藕，六七月间最佳，谓之花下藕。又白莲藕最甘脆多液。"④ 在另外一首《同何元立赏荷花怀鉴湖旧游》中对山阴荷叶的繁茂景象描写更生动具体："三更画船穿藕花，花为四壁船为家。不须更踏花底藕，但嗅花香已无酒。花深不复画船行，天风空吹白苎声。"⑤ 船行荷花丛中，完全被荷花遮盖，这是陆游时期山阴居所周边鉴湖湖面的景观写照。绍兴地区的荷花以山阴为盛，在唐代文人笔下出现最多的也是鉴湖的荷花，"唐时，鉴湖及若耶盛，见名人诗者甚多"。嘉泰《会稽志》中称："山阴荷最盛，其别曰大红荷、小红荷、绯荷、白莲、青连、黄莲、千叶红莲、千叶白莲。大红荷多藕，小红荷多室，白莲藕最甘脆多液，千叶莲皆不实，但以为玩耳。"府城"出偏门至三山，多白莲；出三江门至梅山，多红莲"。而到晚上的时候，香气弥漫一二十里，"夏夜香风率一二十里不绝，非尘境也，游者多以昼，故不尽知"。⑥ 陆游时期的鉴湖已被大量围垦，但仍有大片宽阔水域。南宋以后，鉴湖完全垦废，大片水域消失，这种广袤的荷花也逐渐被

---

① 王建革：《历史时期江南水环境变迁与文人诗风变革——以有关采菱女诗歌为中心的分析》，《民俗研究》2015年第5期。
② 李白《李诗选注》卷九《别储邕之剡中》，明隆庆刻本。
③ 陆游：《陆放翁诗选后集》卷之二，四部丛刊景明弘治本。
④ 万历《绍兴府志》卷十一《物产·果》，李能成点校本，宁波出版社，2012，第239页。
⑤ 陆游：《陆放翁诗选后集》卷之二，四部丛刊景明弘治本。
⑥ 嘉泰《会稽志》卷四《斗门》，李能成点校《（南宋）会稽二志点校》，安徽文艺出版社，2012，第324页。

更为经济的菱取代。①

　　山会平原的河道并非人工开凿形成，除早期的运河有相对明显的人工开凿痕迹外，境内的河道基本是在自然泥沙淤积的基础上人为干预形成的，明代王士性在《广志绎》中对绍兴河道的形成机理有详细阐述，其言：

　　　　绍兴城市，一街则有一河，乡村半里、一里亦然，水道如棋局布列，此非天造地设也？或云，漕渠增一支河、月河，动费官帑数十万，而当时疏凿之时，何以用得如许民力不竭？余曰：不然。此本泽国，其初只漫水，稍有涨成沙洲处，则聚居之，故曰菰芦中人。久之，居者或运泥土平基，或作圩岸沟渎种艺，或浚浦港行舟往来，日久非一时，人众非一力，故河道渐成，甃砌渐起，桥梁街市渐饰。②

　　王士性将平原河网的形成原理解析得十分到位，河道的形成是泥沙自然淤积后人类不断向淤积地带推进的结果。在传统技术时代，宽大河面由于泥沙的淤积而变窄是不可避免的。河道水流两岸较中间为缓，故而泥沙先沉积在沿河两岸，泥沙淤积后，农民为获得更多土地，则在河边增筑堤埂，广其种植，使"河道日形狭小，而滨溇小港至有不能通舟楫者，且瓦砾垃圾倾倒淤积，河底日浅，蓄水不多，一经旱干，不敷灌溉，此后又当以浚河疏源为水利之要务矣"③。河道被不断挤占乃至完全填实为农田，影响境内的蓄水环境，水旱灾害也随即增多。故明人言："自鉴湖既废，高下皆由下流，虽有诸闸之防第，可因水势以时蓄泄耳。其上由无沟渠河荡以潴之，则岁旱无所取水。"④除农田不断挤占自然河道外，横贯山会平原的运河也被一些巨室侵占，其"日规月筑，水道淤溢，蓄泄既亡，旱潦频仍，商旅日争于途，至有斗而死者矣"⑤。嘉靖初年，运河"南自蒿坝，北

---

①　参见李玉尚《三江闸与1537年以来萧绍平原的姜片虫病》，《中国农史》2011年第4期。
②　王士性撰《广志绎》卷四，周振鹤点校，中华书局，2006，第267页。
③　民国《绍兴县志资料》第一辑《山川·水利沿革》，影印本，成文出版社，1983，第1889页。
④　嘉靖《山阴县志》卷四《水利志》，明嘉靖三十年刻本。
⑤　嘉靖《山阴县志》卷四《水利志》，明嘉靖三十年刻本。

拒海塘，水道淤隘，舟楫或阻"①。运河被侵占，严重影响航运往来。

嘉靖初，南大吉疏浚运河及府城周边重要河道，其中对城内河道之整治力度极大，"河之在市，其纵者，自江桥至植利门；其衡者，自九节桥至清道桥，皆壅窄之甚大，弗利于舟"，皆"斥庐舍以广河，计所斥率六尺许，真郡中一大利也"。② 河道治理后有一定效果，"既而舟楫通利，行旅欢呼，络绎是岁，秋大旱，江河龟折，越之人收获输载如常。明年大水，民居免于垫溺，远近称忭，又从而歌之"。然而，广浚河道，致"失利之徒胥怨交谤"，南大吉也因此遭到弹劾而被罢官，浚河未得全面推行。即便如此，绍兴民众对其治河功绩仍念念不忘，王阳明也为其治河之举撰写《记》文。③

鉴湖垦废后的山会平原仍遗留各种大大小小的湖泊，这些湖泊在南宋以后成为平原蓄水灌溉及潴积洪水以防涝的重要载体。有些湖泊是鉴湖遗迹，如青田湖、白塔洋等，而有些则为平原积水环境改变后，在鉴湖北部形成的新积水区，如狭［漤］湖、瓜潴湖等，这些湖泊是鉴湖围垦及北部海塘构建后逐步发育形成的。原南部水流逐渐汇集北部低洼处，形成一片沼泽区，后随着闸堰水利系统的构建而形成新的湖泊。④ 无论是鉴湖遗迹，还是新形成的积水区，都分担着早期鉴湖的蓄水灌溉功能，诚如顾炎武所言："唐宋以来，后海北塘成，蓄水于北塘之南、南塘之北者，在会稽有三大湖：一曰贺家池，一曰俞林大坂荡，一曰东大池；在山阴有三大湖：一曰青田，一曰瓜滋（潴），一曰狭（漤）；在萧山有一大湖：曰湘湖。灌

---

① 万历《会稽县志》卷二《山川·河》，万历刊本。
② 万历《会稽县志》卷二《山川·河》，万历刊本。
③ 嘉靖《山阴县志》卷四《水利志》，明嘉靖三十年刻本。
④ 陈桥驿先生认为诸如瓜潴湖、狭［漤］湖等湖泊形成于春秋时期的海岸线北迁时，乃海退后遗留的潟湖。（陈桥驿、吕以春、乐祖谋：《论历史时期宁绍平原的湖泊演变》，第30、31页）但陈先生却没有给出科学及文献的证据。其实，山会平原在唐宋时期东部、北部海塘构建后，平原内部的积水环境发生改变，才在平原北部形成一些新的积水区，且在南宋鉴湖垦废之初，这些积水区仍不能蓄水，后期随着闸堰水利的修筑，才具有蓄水灌溉的功能。如南宋嘉泰《会稽志》记载狭［漤］湖归入"拾遗"条下［嘉泰《会稽志》卷十八《拾遗》，见李能成《（南宋）会稽二志点校》，安徽文艺出版社，2012，第349页］，且到嘉靖《山阴县志》中仍记载"浅不能蓄水，遇潦则盈，遇旱则涸"（嘉靖《山阴县志》卷二《山川志·湖》，嘉靖三十年刻本）。

田共数十万顷，奈何沧桑变易，而湖沙日涨，葑泥壅塞。"① 顾炎武强调湖泊湮废的泥沙淤积的自然作用，但人类向水域推进的影响更不容忽视。从唐代以后，整个宁绍平原的湖泊逐渐减少，特别是宋至明之际，湖泊在自然与人为作用下急剧萎缩。陈桥驿等诸先生统计宋元时期宁绍平原的湖泊仍有 199 个左右，到明清时期就只剩下 44 个，万亩以上水域的湖泊由 10个变为 5 个。② 湖泊在自然泥沙淤涨后被渐次开辟为农田，湖泊的蓄水灌溉与潴滞洪水能力降低，这种情况在整个宁绍平原极为普遍，"夫湖以溉田，而浙东尤资其利，但沧桑变易，而涨沙葑泥日渐增长，民遂因以为田，自是争讼日繁，而宁绍为甚"③。由于泥沙不断淤积，大多湖泊不能积水，平原水文生态发生改变，宋代提倡废田为湖的治水之策也完全不具有实施的可能，"泥沙壅遏不能积水，虽废其田无益也"。地势低洼之湖，不可为田，可责令得利之人，"浚去泥沙，筑成河道，俾之通流；稍有淤浅，实时挑浚，则田不妨而湖不涸，两利俱存矣"。④ 早期自然河道被农田不断挤占，水道不通，积水排泄不畅；此外，由于河道淤塞及湖泊淤积，平原蓄水灌溉能力下降，对洪水的调蓄作用也减弱。总之，从南宋鉴湖垦废到明嘉靖年间，水流通畅与蓄水灌溉问题越来越严重。

二　西小江逐渐淤塞

鉴湖围垦后，南部溪水向北经过内河排入西小江以及河湖网中，北部形成一些新的积水区，这对西小江的影响极大。嘉靖《山阴县志》如此描述当时的水文环境："鉴湖之水出平水、若耶诸溪，其源凡三十有六，皆西北流入小江，以达于海。"⑤ "自后镜湖废为田，源既漫流，水无所潴，兼以浣江之水灌于西江。"⑥ 河道骤然承受众多水流，必然泛溢两岸。遇有

---

① 顾炎武：《天下郡国利病书》第二十二册《浙江下》，上海科学技术出版社，2002，第1797 页。

② 陈桥驿、吕以春、乐祖谋：《论历史时期宁绍平原的湖泊演变》，《地理研究》1984 年第 3期，第 32 页。

③ 顾炎武：《天下郡国利病书》第二十二册《浙江下》，上海科学技术出版社，2002，第1797 页。

④ 顾炎武：《天下郡国利病书》第二十二册《浙江下》，上海科学技术出版社，2002，第1797 页。

⑤ 嘉靖《山阴县志》卷四《水利志·祭酒王倓撰文》，嘉靖三十年刻本。

⑥ 嘉靖《山阴县志》卷四《水利志》，嘉靖三十年刻本。

阴雨，即江水横溢，加之潮水顶托，平原农田水患频繁。元至正年间
（1341~1368）萧山县令崔嘉讷即凿碛堰分流浦阳江，导浦阳江水入钱塘
江，"迨有元至正间，萧县主崔嘉讷见山、会、萧之卑下，土非上上，因
筑麻溪坝以塞暨邑之水，开碛堰而使入于钱塘江"①，由此开启对西小江的
治理。崔嘉讷的治水没有更多文献记载，但其治水措施为明代浦阳江彻底
改道奠定基础。

分流后的浦阳江主干道仍由西小江入海，但江水径流量下降，江水冲
刷泥沙能力减弱。西小江河道的泥沙主要来自两部分：一者河流自上游搬
运，到下游河床比降低，水流平缓，泥沙沉积在河槽底部；另外一部分则
来自钱塘江潮水携带的泥沙。钱塘江河口由芦茨埠至杭州闸口是近口段，
由闸口至澉浦属河口段，澉浦以下为"杭州湾"；萧绍平原的钱塘江水系
属于河口段，此段江水径流与潮流相互作用，径流水清沙少，而潮流来自
海域，水浊沙丰，涌潮强大，水流呈周期性的往复流，水位也有周期性的
涨落变化。钱塘江潮水属半日潮，一日涨落两次。潮水涨潮与退潮皆携带
大量泥沙，涨潮时泥沙随潮水顺内河河道进入平原水网，沉积于河床底
部；退潮过程中又将河道上游的泥沙搬运到下游，河口段的泥沙淤积也就
越来越多。明代前期，萧绍平原内部的河道已经开始普遍淤积。永乐十七
年（1419），萧绍段运河淤塞严重，地方官员请求疏浚，以灌溉农田，"萧
山民言：境内河渠四十五里，溉田万顷，比年淤塞，乞疏浚"②。宣德十年
（1435），吏部主事沈中上奏称西小江河道淤积影响行船，需要堵塞临浦碛
堰，将上游湖水汇集由钱清东出三江口，以实现聚流冲淤的效果。《明英
宗实录》卷九"宣德十年九月戊子"条，载吏部主事沈中言，兹录全文
如下：

> "浙江绍兴府山阴县西，有小江，上通金华、严、处，下接三江海
> 口，旧引诸暨、浦江、义乌等处湖水，以通舟楫，近者水泄于临浦三叉
> 江口，致沙土淤塞，乞敕有司，量户差人，筑临浦咸堰，障诸暨等处，
> 湖水仍自小江流出，则沙土冲突，舟楫可通矣。"事下该部议行。③

---

① 徐职：《治水说》，民国《诸暨民报五周年纪念册》，诸暨民报社，1924，第99页。
② 张廷玉等：《明史》卷八十八《河渠六》，中华书局，1974，第2151页。
③ 《明实录·英宗实录》（一三）卷9"宣德十年九月戊子条"，中研院历史语言研究所校
　　印，第176页。

《明史·河渠志》也记载了此事。① 可见当时西小江河道淤积已经十分严重。沈中希望将江水汇聚，以冲刷泥沙，然江水与潮水相比，并不占优势。就在沈中上奏汇流冲沙十二年后，地方官员再次上奏朝廷希望对河道进行疏浚："（正统）十二年（1447），浙江厅选官王信言：'绍兴东【西】小江，南通诸暨七十二湖，西通钱塘江。近为潮水涌塞，江与田平，舟不能行，久雨水溢，邻田则受其害。乞发丁夫疏浚。'从之。"② 浦阳江分流西北入钱塘江后，潮水势大，江水势弱，潮水反而挟江潮倒灌浦阳江，这是分流而未断流的后果。

天顺年间（1457～1464），绍兴知府彭谊再治西小江，其治水采取分流、御潮并举之法：在麻溪上筑麻溪坝，以阻断浦阳江东流；于山阴北部白马山附近筑白马山闸，阻断潮水倒灌。《明史》记载，天顺初彭谊到任后绍兴即发饥荒，根源在于江潮倒灌内河，危害百姓，于是"筑白马山闸障海潮，历九载，多惠政"③。《明史》中只记其筑白马山闸，并没有筑坝之说。嘉靖《山阴县志》中也只有彭谊建白马山闸的记载，④ 但在嘉靖《萧山县志》中有彭谊筑临浦、麻溪二坝之记载："天顺间，知府彭谊建议开通碛堰于西江，则筑临浦、麻溪二坝以截之。既改其上流，又于下流筑白马山闸以遏三江口之潮汐。"⑤ 两相比较，置白马山闸的工程量与价值更大，故在其治水功绩中被记载，而麻溪坝可能只是修筑了其中一部分，并没有最终完成。目前麻溪坝的修筑年代仍存在不同观点，更多材料显示麻溪坝最终筑成于成化年间。⑥ 如上所述，山会平原的水利形势有四次大的

① 张廷玉等：《明史》卷八十八《河渠六》，中华书局，1974，第2154页。
② 张廷玉等：《明史》卷八十八《河渠六》，中华书局，1974，第2156～2157页。
③ 张廷玉等：《明史》卷一五九《彭谊传》，中华书局，1974，第4345～4346页。
④ 嘉靖《山阴县志》卷四《水利志》，嘉靖三十年刻本。
⑤ 嘉靖《萧山县志》卷二《建设志·水利》，杭州市萧山区人民政府地方志办公室编《明清萧山县志》，上海远东出版社，2012，第77页。
⑥ 如：雍正《浙江通志》言："麻溪坝，在县西南一百二十里，明成化间知府戴琥筑于天乐乡四十一都之地，以捍外水之入，而山、会、萧三县水患始息。"（雍正《浙江通志》卷五十七《水利六》，四库全书本。）绍兴文史学界也多持此观点，如朱元桂《戴琥及其〈绍兴府境全图记〉》（盛鸿郎主编《鉴湖与绍兴水利》，中国书店，1991，第218～222页）；一些工具书的人物志也直言戴琥筑麻溪坝（如浙江省人物志编纂委员会编《浙江省人物志》，浙江人民出版社，2005，第621页）；而陶存焕先生认为麻溪筑坝，最早应在成化十九年（1483）戴琥离任以后，而具体于何年却因缺乏确信史料，难以臆断（陶存焕：《浦阳江改道碛堰年代辨》，盛鸿郎主编《鉴湖与绍兴水利》，中国书店，1991，第178页）。目前认为，彭谊开启麻溪坝修筑，但最终完成在成化十八年（1482）。

变革，而彭谊筑白马山闸及其对山会境内水文环境的影响不可忽视，筑闸后西小江东出河道逐渐淤塞，迫使浦阳江最终改道向西北入钱塘江。对此，学界并没有太过重视。

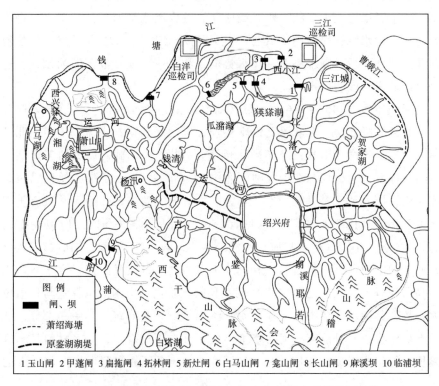

图2-3　明成化年间萧绍（萧山、绍兴）平原水乡景观复原①

　　建白马山闸以前，钱塘江潮水直达钱清附近，由于运河水位高于西小江，行人往来每跨越运河都要通过钱清南、北堰候潮，两宋之交，官员陈渊过绍兴府，作诗《钱清待潮》《钱清过堰》两首，诗文再现了当时的江

----

① 目前见明成化十八年（1482）由戴琥刻于石碑上的《绍兴府水系水利图》，是绍兴地区所见最早的地图之一，浙江省测绘局编的《浙江古旧地图集》中将此图命名为《绍兴府水系水利图》，并推测该图的比例尺为1∶100000至1∶140000，可以看作一幅明成化年间绍兴地区的"实测"地图（浙江测绘与地理信息局编《浙江古旧地图集》，中国地图出版社，2011，第4页）。该图精度颇高，文献中的湖、河、江分布与走向十分清楚，而图下附有《图记》文字，详载绍兴府内的主要水系脉络。此图以《绍兴府水系水利图》为底图，参照嘉靖、万历年间诸县志中县界图，复原成化时期的水系格局。图中闸、坝位置根据史料文献，并结合地形图考订而来。

河水势，"江潮来去自有期，扁舟搁浅心如飞"；"小风吹树寒流止，始觉西江潮正起。须臾倒卷縠纹来，已没岸痕犹未已。江流自下河自高，逆上更堪行逆水。九牛回首竹索细，十丈沙泥拒舟底"。① 建闸后潮汐不至，1201年修筑的钱清堰也随即废弃了，"钱清堰，去县西北五十里，嘉泰元年置。先是小江南、北岸各一堰，官舟行旅，沿沂往来者如织，今因筑白马山闸，潮汐不至，乃去之"②。宋代以来，过钱清堰入运河的凶险境况顿时改变。此外，建闸前，由于河道宽阔，加之潮汐往来，钱清江上没有固定的桥梁，只能在水面上搭浮桥，而天顺年间的白马山闸完全改变了西小江的水流环境，世代居住于山阴前梅的周氏家族，在其族谱中对祖上于弘治年间筑桥前后江水的水文变化也有记载，可为彭谊置闸改变平原水流环境之佐证："清江据山阴、萧山之会，上引众流，下注巨海，潮汐往来，行者病之。宋元以前比舟为梁以渡，我朝天顺间郡守彭公谊堰其下流，海桑倏变，始可成桥，然未有以石之者。"③ 置闸后，钱塘江携带的大量泥沙淤积在闸外河道中，西小江"闸东尽涨为田，于是江水不通于海矣"④（见图2-3）。今绍兴蜀阜村的马氏宗族，元末由华舍后马村向北迁居于西小江边，以制盐、捕鱼为生，⑤ 可见元明之际西小江仍是潮汐出没之地。今白马山以东、西小江沿岸周边有"沙田""沙地王""沙地寿""东上沙""上沙"等地名，⑥ 这些地方应该是原西小江故道泥沙淤积后开发而来的。需要说明的是，西小江东出河道淤塞，并非白马山闸以东至入海口段完全淤塞，只是闸东一段水道淤塞，西小江下游的入海口段并未淤积（见图2-3），从20世纪60年代的影像地图可以看出，西小江中间河道断绝，而下游入海口段畅通的形势仍十分明显。⑦ 以上所述开垦的沙地也基本分布在今白马山闸以东至狭［㹨］湖北以西之间。

西小江在未筑白马山闸以前，为防止潮水沿西小江倒灌，也为保持内河水位，在内河与西小江的交叉处置堰坝，其中鱼后堰、鸭赛堰、西虚

---

① 陈渊《默堂集》卷一《钱清待潮》《钱清过堰》，四部丛刊三编景宋抄本。

② 嘉靖《山阴县志》卷二《山川志》，嘉靖三十年刻本。

③《山阴前梅周氏族谱》卷五《钱清石桥记》，清代康熙十七年刊本，上海图书馆藏。

④ 嘉靖《山阴县志》卷四《水利志》，嘉靖三十年刻本。

⑤《山阴朱咸马氏宗谱》第一册《创辑朱咸马氏宗谱初序》，民国六年书诚堂木活字本，上海图书馆藏。

⑥ 绍兴县革命委员会编《浙江省绍兴县地名志》，内部资料，1980，第28、44页。

⑦ 浙江天地图（影像图）绍兴部分：http://www.zjditu.cn/map.html? tif。

堰、蜀阜堰、华舍堰、姚同堰、抱盆堰，"并在西小江南塘上，蓄泄塘之水，今因江塞俱改为□"，而甲渎堰、安昌堰、余家堰，"并在西小江北塘，蓄泄塘北之水，先因江塞俱废"。① 堰是一种较低、用于溢流的坝，未建闸之前，主要靠堰抵御潮水倒灌。建白马山闸后，闸东河道淤塞，堰即废弃了。成化九年（1473），戴琥出任绍兴知府，当时的西小江白马山闸以东河道已经完全淤塞，也失去疏浚之价值，戴琥认为："或以先浚西小江为言者，亦不知世久故道皆为良田，浚之故土无所安置，虽或暂通而水势不能敌潮，故潮入则泥澄不胜其浚，而终无益于堙塞。"② 西小江故道皆已淤积成田，疏浚故道一则故土无所安置，再者即使疏通，江水不敌潮水，终不免再淤塞。为此，戴琥一方面拓宽碛堰，完成浦阳江最终改道向西北入钱塘江；③ 另一方面则在西小江故道两岸的支河上多点置闸。

三 河网景观的水利塑造

鉴湖垦废后，原湖堤上的斗门系统废弃，代之以各种堰坝蓄水，如会稽嵩口斗门原为鉴湖东泄水口之一，"旧自官河东流经白米堰，南折注嵩沥口入于江（曹娥江），今斗门废而为堰，水遂却行北流入官河"④。同样，曹娥斗门，原湖水通过斗门向东入曹娥江，鉴湖废后，斗门废为坝，东出水流转向北入运河，再汇聚于三江口入海。"曾南丰《鉴湖序》云：湖有斗门六，曹娥其一也。旧时本县之水东流入江，今斗门废而为坝，水遂却行入官河。□□堰，北注之水达诸乡，汇玉山、放应宿闸而朝宗于海。"⑤ 一些堰则成为南部小湖泊水流向北流的挡水坝，如会稽瓜山堰旧为闸，后废为堰，其汇集南部溪水后北流入运河，再注入白塔洋、茅洋等小湖泊，其"北流入官河，为茅洋，为白塔洋，遂由樊江、政平、茅洋、陶家、东

---

① 嘉靖《山阴县志》卷二《山川志》，嘉靖三十年刻本。

② 乾隆《绍兴府志》卷十四《戴琥水利碑》，乾隆五十七年刊本。

③ 浦阳江最终改道向北入钱塘江与碛堰的开凿年代有关。陈桥驿先生认为碛堰在南宋时期就存在，在明代中叶以前一直处于开、堵中（陈桥驿：《论历史时期浦阳江下游的河道变迁》）；陶存焕先生认为历史上不存在碛堰堵、开的情况，浦阳江主流改道碛堰，应在宣德十年（1435）之前不久（陶存焕：《浦阳江改道碛堰年代辨》）；朱海滨教授梳理文献认为浦阳江的改道是一个持续性的过程，开始于元代，最终于成化年间由戴琥凿宽碛堰完成最终改道（朱海滨：《浦阳江下游河道改道新考》，《历史地理》第二十七辑，上海人民出版社，2013，第 106~122 页）。

④ 万历《会稽县志》卷八《户书四·水利》，万历刻本。

⑤ 万历《会稽县志》卷八《户书四·水利》，万历刻本。

西瓜山六堰而北注"①。内河上大量设堰，是鉴湖垦废后山会平原水利转变的一个重要节点，但本身有技术上的缺陷，即堰只能蓄水，遇有江潮倒灌内河，积水如何排泄？而江潮倒灌后，洪水潴积，为害不小，如山阴县西北五十里的抱姑堰，"内总大河，外临小江，古人众此以障□汐，然□小易溃，或有小水遂致淹没，往来病涉"②。随着内河河道的逐渐淤塞，平原积水问题越来越严重，于是闸的设置也就必不可少。

随着平原内河容积减小，滩地面积不断增加，水网的蓄水与滞洪能力减弱。成化年间，推官蒋宜言"山阴、会稽、萧山良田千万顷，一遇淫雨，则溪水横流，遂成瓮形"而"江水逆入内河，众流并入玉山斗门，宣泄不及，而郡又有浸淫之患"。③乾隆《绍兴府志》称："西小江自鉴湖废，海塘成，故道埋，水如盂注。惟一玉山陡门莫能尽泄，而山、会、萧始受其害。"④故明代中叶以后，平原积水排泄成为治水重点。

面对平原内水排泄不畅，为害百姓，戴琥感慨言："水土本天地自然之利，以养民者也，而反以害民，吾其可坐视乎？"⑤成化十二年（1476），其在山阴西小江以南的"新灶、拓林各置一闸"⑥以分斗门积水。筑闸后，"黄垱、东西瓜渚、狭猱等湖，横流出新灶、柘林闸"⑦。置闸不久，"因小江涨塞，久废"⑧。此后，又阔玉山闸，以缓解南部泄水压力。西小江北岸有其支河江北河，由于海塘构建，出水口堵塞，常受潮水之害，戴琥先于西小江北岸置扁拖闸⑨，又在扁拖闸东置甲蓬闸⑩，以分担扁拖闸调节河水的压力。此二闸主要泄西小江北部的江北河及"白洋、西宸、金帛、马鞍诸水"⑪。

戴琥在山阴、会稽设置了以上四道水闸，但萧山湘湖、麻溪之水排泄不畅，对东部的水流调节也不利，所以又在萧山北部设长山、龛山二闸，

① 万历《会稽县志》卷八《户书四·水利》，万历刻本。
② 嘉靖《山阴县志》卷二《山川志·堰闸》，嘉靖三十年刻本。
③ 嘉靖《山阴县志》卷四《水利志》，嘉靖三十年刻本。
④ 乾隆《绍兴府志》卷十四《戴琥水利碑》，乾隆五十七年刊本。
⑤ 嘉靖《山阴县志》卷四《水利志·祭酒王儌撰文》，嘉靖三十年刻本。
⑥ 万历《绍兴府志》卷十七《水利志二》，李能成点校本，宁波出版社，2012，第358页。
⑦ 乾隆《绍兴府志》卷十四《戴琥水利碑》，乾隆五十七年刊本。
⑧ 嘉靖《山阴县志》卷二《山川志》，嘉靖三十年刻本。
⑨ 万历《绍兴府志》卷十七《水利志二》，李能成点校本，宁波出版社，2012，第358页。
⑩ 嘉靖《山阴县志》卷二《山川志》，嘉靖三十年刻本。
⑪ 乾隆《绍兴府志》卷十四《戴琥水利碑》，乾隆五十七年刊本。

"岁涝并以出诸乡之水，东北入于海"①。至此，平原具有了统一调配内部水位的能力。戴琥在各水闸处置水则碑，水则碑的水位则根据平原内农田的高低而定："种高田，水宜至中则；种中高田，水宜至中则下五寸；种低田，水宜至下则，稍上五寸也无伤。"还根据不同作物的生长、收割季节定水则高低，"低田秧已旺，及常时，及菜麦未收时，宜在中则下五寸，绝不可令过中则也；收稻时，宜在下则上五寸，再下恐妨舟楫矣"。水则高低是开闸多少的依据，"水在中则上，各闸俱用开；至中则下五寸，只开玉山斗门、扁拖、鲎山闸；至下则上五寸，各闸俱用闭"。而一年中"正、二、三、四、五、八、九、十月，不用土筑，月余及久旱，用土筑"。对内河水文管理十分精细，"其水旱非常时月，又当临时按视，以为开闭，不在此例也"。②

不过，至嘉靖十六年（1537）汤绍恩筑三江闸前，戴琥所置的闸大多废弃，其间虽有正德年间山阴县令张主奎于玉山斗门处置闸，并于扁拖故闸左、右增置斗门六洞，③ 仍无法改变水闸日益衰败的局面，农田改良与水利改造一度受挫。时人评价，当时的萧绍平原又变为稍雨即成涝的局面："（会）稽、（山）阴、萧山，地势卑，积霖不用旬雨，只一夕，百万膏腴须臾没溺，举目望洋，徒兴叹息。白屋啼饥，朱门告籴。"④ 马尧相提出治水三策：一曰深浚河渠，二曰增设闸堰，三曰修筑海塘。其一，疏浚河渠可储蓄淡水而不患于旱，这种对策来自嘉靖三年（1524）知府南大吉疏浚内河之法，对境内水源诸如溪、湖，必决之使通达；水道诸如运河、小江等则浚之使之深，"其诸水泽宜查复旧额，令圩人杜侵填，广停蓄以资灌溉焉"⑤。其二，增设闸堰，可散泄水势而不患于潦，仍然沿用戴琥的多点置闸之策。其三，外部修筑海塘，"使之完且高，则可捍御风潮，而不患于泛溢"⑥。明清时期萧绍平原外御海塘系统一直在维持之中。这种内外兼顾的治水方式，其实是将旧有治水措施统合一并施行。

嘉靖年间汤绍恩执掌绍兴后，治水追求一劳永逸，在三江所城西的三

① 万历《绍兴府志》卷十七《水利志二》，李能成点校本，宁波出版社，2012，第 359 页。
② 万历《绍兴府志》卷十七《水利志二》，李能成点校本，宁波出版社，2012，第 358 页。
③ 万历《绍兴府志》卷十七《水利志二》，李能成点校本，宁波出版社，2012，第 358 页。
④ 张文渊：《太守汤侯治水利民碑记》，嘉靖《山阴县志》卷二《水利志》。
⑤ 嘉靖《山阴县志》卷四《水利志》，嘉靖三十年刻本。
⑥ 万历《会稽县志》卷八《户书四·水利·水利考》，万历刻本。

江口处建大闸以阻断潮水倒灌，并统一调配内河水位。平原内"旱则蓄储，潦则放逸，耕始有秋，饥始得食，行始遗舟，眠始帖席。此劳此功承自开辟，此德此恩垂于罔极"①。三江闸建成后，不仅使山会平原的农田灌溉能力显著提升，而且内河航运条件也大幅改善，"闭闸时能容大量之水，足资灌溉，舟楫往来，到处可达，货物运输，尤称便利，图极完备之灌溉制度，亦一周密之水道运输网也"②。

由于三江闸兼具调蓄、灌溉以及抵御潮水等功能，促使西小江以北、山阴后海塘以南的大片土壤的水土性质发生改变，常年遭受海潮倒灌的斥卤之地变为沃野，"塘闸内得良田一万三千余亩"③，平原北部海塘内的农田开发也进入新阶段。原以宗族姓氏为主，零星栖息于滩涂孤丘或坡地之盐、渔、农户，随即扩大为新的沿海聚落，部分村落随海退涂涨而进，出现一迁再迁之情势，域内北海塘沿线聚落，如前梅林、中梅林、后梅林，上丈午村、下丈午村，前李家畈、中李家畈、后李家畈等村名，就留有这种聚落几迁几扩而始定之痕迹。④ 而海塘的维修与维持，则是西小江以北农田进一步开发的前提。

三江闸建成的次年，汤绍恩又在大闸内部建了撞塘闸、平水闸，以备大闸排水不及之需。后为分担三江闸压力，萧良幹初修大闸时又于山阴县西北五十里的白洋村龟山下建山西闸，"距县治西北五十里，名白洋村，村有龟山，横跨塘基里许，闸建龟首下。三洞。在山之西，故名"。闸初建之时，由于钱塘江仍走南大门，闸紧邻钱塘江，"出水较捷"；康熙二十九年（1690）绍兴知府李铎，因正值大水，急于泄水，在闸西添建二洞。此后闸外"（泥）沙渐涨且远，水道湮而即宣废"。⑤ 到康熙年间，三江闸外的泥沙淤积问题已经十分严重，曹娥江江口也逐渐向外移，清代以后山

---

① 张文渊：《太守汤侯治水利民碑记》，嘉靖《山阴县志》卷二《水利志》，嘉靖三十年刻本。

② 浙江省水利局编《浙江省水利局总报告》，民国二十一年二月至二十四年六月，1935年铅印本，载民国浙江史研究中心、杭州师范大学选编《民国浙江史料辑刊·第一辑》第十册，国家图书馆出版社，2008，第4页。

③ 程鹤翥辑著《闸务全书》上卷《郡守汤公新建塘闸实迹》，冯建荣主编《绍兴水利文献丛集》上册，广陵书社，2014，第26页。

④ 《齐贤镇志》编纂委员会：《齐贤镇志》，中华书局，2005，第96页。

⑤ 平衡著《三江闸务全书续刻》第二卷《修闸备览·泄水》，《绍兴水利文献丛集》上册，广陵书社，2014，第101页。

会地区的水利核心问题变为海塘修筑与三江闸外河道泥沙的清除问题，不在本书讨论范围内。

从工程技术演变的角度看，山会平原的水闸经历了从以泄水为主向综合大闸转变的过程。根据地形与功能的不同，水闸大致可以分为蓄水闸、排水闸与拦潮闸。蓄水闸主要为满足农业灌溉等需求而设；排（泄）水闸则主要设于地势低洼地区，为防止洪水倒灌并排除积水；而拦潮闸则在滨海河口，具有拦潮、御卤、排水、蓄淡之用。① 一些滨海大闸则同时兼具以上各闸之功能。明成化年间，为排泄内部积水，在沿小江两岸设置的闸主要为泄水闸，目的在于排除平原内部积水；嘉靖年间，三江闸的构建则兼具蓄水、泄水与拦潮功能。山会平原的置闸逐步由简单的泄水闸向综合大闸转变，三江大闸的修建，完成了平原水利网的最终建构。至此，传统时代的山会水乡景观格局也基本构建完成。

小　结

唐代东江塘的修筑引起平原东部出水环境的变化，东部积水转向西、北汇聚于玉山南，唐贞元年间凿玉山置朱储斗门以泄积水。海塘虽为外御系统，但也改变了内河的水流环境与蓄水形势。海塘逐步构建，平原内部对鉴湖的依赖也逐渐减弱，特别是北宋后内河积水经过玉山闸调蓄后，又进一步瓦解鉴湖灌溉功能，民国时期熟识山会水利形势的学人对玉山闸之作用有清晰定位，"故知玉山之闸建，鉴湖不妨废而为田"②。评价各个历史时期鉴湖兴废过程，应从平原内部更深层的水文与水利形势变化出发。南宋嘉定年间，通过废去鉴湖斗门、闸向外排水，湖田化过程基本完成，原鉴湖积水径直排入北部河网。对于内河系统而言，海塘构建影响最大的无疑是西小江的河道走向与水流环境。两宋时期，北部海塘修筑，堵塞了西小江向北入钱塘江的支河通道，江水主干在修筑西小江塘后，也被逐步稳定下来。与此同时，在平原北部、西小江以南又形成新的积水区，这些积水区通过平原河网而串联沟通，成为境内又一灌溉水源。如果将视野放

---

① 张绍芳：《堰闸水力设计》，水利电力出版社，1987，第 1 页。
② 民国《绍兴县志资料》第一辑《山川·水利沿革》，影印本，成文出版社，1983，第 1889 页。

到元代以后，则可以发现，唐宋时期的一系列水利改进工程，直接影响元至明中叶几百年间的平原水环境。唐代平原东部海塘以及宋代北部海塘的修筑，促使平原内部水利系统逐渐向内河堰坝系统转变，明代中叶以后，随着三江闸的修筑，平原水利系统又完成由堰坝系统向水闸系统的转变，平原内部水利建构也基本完成。

　　就景观研究而言，只有从历史学的视角出发，运用历史研究的方法与手段，才能更好地认识人类活动与自然景观之间的联系，景观史研究的本质是从自然和人文景观的变化中追寻人类社会发展的历史。[1] 综合性景观的形成，离不开人类不断地适应与改造环境，而水利工程即其中的典型代表。以欧洲典型的低湿地滨海国家荷兰来说，水利在土壤改良及农业发展方面取得的成就举世瞩目，而在人类采取积极行动之前，荷兰辽阔的低地呈现出滨海低湿地和潮间浅滩的陆地和水域相交替的景观面貌。人类用堤坝将低湿地围起来，并人工排干，形成圩田农业景观，水利在荷兰的"国家景观"形成中具有重要作用。我们将视角转向古代中国的江南地区，水利也主导着该区域经济、社会的发展。江南从唐代开始逐步成为中国最重要的基本经济区，这种经济中心地位的取得也是在水利技术的推进与提升过程中完成的，水利不仅仅塑造了江南的水乡农业，也逐步完成了江南核心区从自然水域景观向人为构建的水网景观的转变。因此，从长时段区域景观形成角度来看传统时代的水利演变，水利史研究就具有了全新的价值与观察视野，这无疑将进一步拓宽目前水利史的研究路径。更为重要的是，以水利工程的转变看景观格局的形成与演变，本身具有整体史观的史学关怀，这对于理解区域环境变迁与社会演变规律，都有极大的参照价值。

　　对于地处杭州湾南岸的绍兴低地而言，传统时代水乡河网景观的形成，也是在水利工程的不断推进下完成的。平原由早期鉴湖时代的大水面景观，逐渐演变为破碎水体景观，河网逐步形成，并在三江大闸构建完成后，形成完整的水网景观格局。具体而言，在鉴湖垦废后，一些小湖在自然淤积与人为垦殖作用下缩减，内河水网到明代中期逐渐老化，加之平原北部原浦阳江下游河道西小江部分河段在建白马山闸后淤塞不通，平原内河积水排泄成为明代中叶最重要的水利问题，故明成化年间开始在西小江

---

① 高岱：《威廉·霍斯金斯与景观史研究》，《学术研究》2017年第12期。

两岸多点置闸，目的主要在于泄水；由于外部潮水倒灌问题没有解决，原本用于泄水的闸不久即废去，嘉靖年间三江闸的建构，将内部积水排泄与外部御潮问题一并解决。从置堰、设泄水闸，再到建三江大闸，水利工程的提升与改进再次推动着平原水乡景观的变革，并最终完成了绍兴核心区（山会平原）的内河水网景观塑造。

第三章 河口水环境：清至民国曹娥江河口泥沙淤涨与内河泄水

魏丕信认为中国古代治水只是权宜之计，伴随着水利设施的修筑，又会出现新的更大挑战，并认为新王朝有能力动员必要的资源来解决水利问题，并能在一定程度上控制住洪水或干旱引发的问题，然而随着时间的流逝，维护这些系统所需要的资金、时间和人力状况不可避免地会趋于恶化，于是又出现了新的洪水或干旱，进而加剧了王朝的衰落，并将之归纳为"水利周期"论。① 与魏丕信稍有不同，伊懋可强调水利工程维持中的技术困境问题，他认为18~19世纪中国的水利经济陷入前现代的"技术锁定"（technological lock-in）模式中，即已有的次好技术因其先确立所带来的优势而继续居于支配地位。这种局面下要么放弃此技术，但会造成生产上的极大损失；要么继续维持，则需要投入大量的金钱、劳力、物资、技术以及政治与组织能力等。② 无论是"水利周期"论，还是"技术锁定"论，更多强调水利维持中的成本增加与效率递减问题，较少解析水利设施与水流环境之间的动态关系。因此，本章试图通过探讨水利系统演变背后的环境变化，来解答环境与技术之间的内在联系。从根本上看，只有理解环境之变，才能理解技术转变背后的逻辑链条。而技术与景观变化之间的关系也能通过本章有所呈现。

从三江闸闸外泥沙淤积与闸内积水的排泄过程看，山会平原水利系统演变中存在一条明晰规律，即水利工程的建造与废弃皆为水流环境变化之结果。就外部御潮的水闸系统来说，山会平原的水利经历了明中期白马山闸调蓄、闸外泥沙淤积、西小江东出河道堵塞，再到明嘉靖年间的三江大闸之演进过程。清乾隆以后，钱塘江主泓走北大门之势基本固定，因此钱

---

① 〔法〕魏丕信撰《水利基层设施管理中的国家干预——以中华帝国晚期的湖北省为例》，魏幼红译，陈峰主编《明清以来长江流域社会发展史论》，梅雪芹、毛利霞、王玉山译，武汉大学出版社，2006，第614~650页。

② 〔英〕伊懋可著《大象的退却：一部中国环境史》，江苏人民出版社，2014，第136页。

塘江南岸水利工程的重点不再是海塘修筑。对山会地区而言，最主要的问题是随着北面泥沙的不断淤涨，三江闸排水越来越困难，这也是钱塘江海势北移带来之另一后果。如同明代中叶浦阳江下游改道导致中游诸暨地区湖田水患加重一样，钱塘江（杭州湾）江流形势变迁也必将影响山会平原内河水流环境。故清代以后，在三江口（钱塘江、曹娥江、西小江）及杭州湾水流环境发生变化的背景下，三江闸外又出现泥沙淤积、内河排水不畅问题。

本章主要以清康熙年间程鹤翥辑著之《闸务全书》、道咸年间平衡辑编之《闸务全书续刻》及民国二十六年汇编之《绍兴县志资料》第一辑《塘闸汇记》为主干资料，兼及《实录》《上谕档》等官方史料，辅以《申报》与民国时期的其他地方期刊资料，系统梳理清代至民国年间，三江闸闸内泄水与闸外泥沙淤积演变过程，并在此基础上回应传统水利工程的技术困境问题。

第一节　水则与水位

一　三江闸启闭与水则碑

中国古代对水位的监测主要通过水则碑，是为了防御水灾与方便农业灌溉。记录水位高低的水则碑也称水尺，其设置在江、河、湖泊、渠道或其他水体的指定地点测定水面高度。水则碑技术在古代形成较早，发展到宋代时达到了极高的水平。[①] 从水则碑应用区域看，宁绍平原是水则碑使用之典型地区。宁绍平原北面、东面相邻大海，平原内之江河汇入大海，海水可倒灌内河，因此很早就设计了水则碑。在城内水位与外江关系的水位监测上，在宋代又以宁波城水则碑最为精密。全祖望对宁波碶闸与水则有中肯评价："吾乡水利，阻山控海，淫潦则山水为患，潮汐则海水为患，而其地势有崇庳，故必资碶闸之属以司启闭。由孔内史来，牧守之贤者，大率以治碶闸为先务。而经画尽善，靡往不周，莫如宋宝祐丞相判府吴公，其所创所修，详载图志，'水则'乃其最后所立也。"这里的"吴公"

---

① 关于水则技术与水则在宋代之发展水平，请参阅张芳《宋代水尺的设置和水位量测技术》，《中国科技史杂志》2005 年第 4 期。

即南宋后期名臣吴潜，曾任宁波郡守，"丞相尝遍度城外水势，刻篱志之，归而验诸城中四明桥下，勒石为准，榜之，大书'平'字。水苟没字，则亟遣人启四乡之闸，不待塘长辈申报以稽时日；不然则仍闭之，而筑时亭于桥上，丞相朝夕车骑过之，即见焉。居民因呼四明桥为平桥，且立庙以志丞相之德"①。由于内河水情与水位的变化，到清代水则碑的价值逐渐淡去，"其后'水则'之旁皆作社学，碑为屋障不可见，而时亭亦废，亦无有以此为意者。盖自元大德中，都水使者到路，尝重治之，直至国朝顺治中，海道王尔禄求之，则碑已没入瓦砾中，乃爬梳而出之。然时亭左右之屋，卒莫之能撤也"②。

宋代鉴湖未垦废前，在湖区设有两座水则碑，一在山阴，一在会稽，分别由两县负责监测管理。③ 鉴湖垦废后，平原内部由早期的湖泊型水利系统向河网型水利系统转变，原本设于鉴湖区的水则碑也失去价值，而水则技术的使用并没有被放弃，而是转到对内河水网的测量上。三江闸修建以前，成化年间戴琥已经在部分内河的各个闸口处设立水则，以部分调节内河水位。其将水则分上中下三等，各闸水位根据水则调整，以高田、低田的灌溉与收割为基础。④ 但由于戴琥所置各闸只能控制局部水位，加之杭州湾潮水不断倒灌冲击，戴琥所设之闸后多废弃。嘉靖十六年（1537）汤绍恩筑三江闸，彻底改变此前山会平原水利格局，完成由三江闸统一调控的内河水网构建。汤绍恩在三江闸建成以后即制定了严格的水尺规则。三江闸的水则，不仅具有调配内水水位以实现内河农田灌溉、航运等作用，还具有控制闸内水量以冲刷闸外泥沙之价值。而在经过明代后期、清代中前期的闸内、外水情转变后，水则与闸的启闭关系也在发生着改变。

汤绍恩最初本欲建三十六洞，因横跨长度过长，只建了三十洞，后因"潮浪犹能微撼，又填二洞，以应经宿，于是屹然不动矣"⑤。各洞之名即

---

① 全祖望：《吴丞相水则碑阴》，《全祖望集彙校集注》中册《鲒埼亭集外编》卷十五，上海古籍出版社，2000，第1027页。
② 全祖望：《吴丞相水则碑阴》，《全祖望集彙校集注》中册《鲒埼亭集外编》卷十五，上海古籍出版社，2000，第1027页。
③ 徐次铎：《复湖议》，嘉泰《会稽志》卷十三《镜湖》，李能成点校《（南宋）会稽二志点校》，安徽文艺出版社，2012，第244页。
④ 嘉靖《山阴县志》卷四《水利志》，明嘉靖三十年刻本。
⑤ 程鹤翥辑著《闸务全书》上卷《郡守汤公新建塘闸实迹》，《绍兴水利文献丛集》上册，广陵书社，2014，第25页。

以二十八星宿命名，分别为："角、亢、氐、房、心、尾、箕、斗、牛、女、虚、危、室、壁、奎、娄、胃、昴、毕、觜、参、井、鬼、柳、星、张、翼、轸"字洞。修闸始于嘉靖十五年（1536）秋七月，"六易朔而告成，以洞计凡二十有八，以应天之经宿"，"计其费止五千余两"。① 目前所能见最早详载汤绍恩建闸事迹之文献，乃总督陶庄敏于嘉靖十八年（1539）所写之《塘闸碑记》②，记文中对汤绍恩建闸经过、闸之规模、花费资金等方面皆有详细描述，但未记开闭闸依据之水则，不过肯定在建闸时即设有水则碑，否则启闭闸又以何为据？从记载的文献看，汤绍恩初建闸时，只需要根据水则合理调配开闭闸洞数，即可维持内河水位，还可阻滞闸外潮水内侵。时人评价三江闸时，称"旱则蓄储，潦则放逸"③。未等旱涝形成，就要根据水位的变化来开闭闸板，而水位的观察依靠水则碑。

万历十二年（1584）绍兴知府萧良幹首次维修大闸时，详细介绍了水则碑。称汤绍恩建闸时就配有水则碑，立于山阴一都五图。萧良幹修闸时，在府治东佑圣观（按：清为火神庙）前重新立水则牌，制定大闸事宜条例九项，分别涉及闸洞数目、启闭水则、管理大闸之官员职责、开闸闭闸细则、闸夫人数及待遇、筑闸工食银、闸板数量与规格、外解塘闸银、渔户行为准则。其中在启闭水则条，详细规定了闸内水位调节之依据：

> 以中田为准，先立则水碑于山阴一都五图。万历年间修闸，立则水牌于闸内平澜处，取金、木、水、火、土为则。如水至金字脚，各洞尽开；至木字脚，开十六洞；至水字脚，开八洞。夏至火字头筑，秋至土字头筑，闸夫照则启闭，不许稽迟时刻。仍建则水牌于府治东佑圣观前，上下相通，观此知彼，以防欺蔽。④

① 程鹤龡辑著《闸务全书》上卷《总督陶公塘闸碑记》，《绍兴水利文献丛集》上册，广陵书社，2014，第 27 页。

② 程鹤龡辑著《闸务全书》上卷《总督陶公塘闸碑记》，《绍兴水利文献丛集》上册，广陵书社，2014，第 27~28 页。

③ 嘉靖十八年《总督陶公塘闸碑记》附录 "郎中张文渊撰碑记"，程鹤龡辑著《闸务全书》上卷，《绍兴水利文献丛集》上册，广陵书社，2014，第 28 页。

④ 程鹤龡辑著《闸务全书》上卷《萧公大闸事宜条例》，《绍兴水利文献丛集》上册，广陵书社，2014，第 30 页。

萧良幹修闸时，明确将水则分五个等级，水至金、木、水字脚时开对应的不同闸洞数以泄水。而在夏季干旱缺水、需要蓄水灌溉时，则水至火字头时即开始闭闸蓄水；秋季萧绍稻种仍需水，故仍要闭闸蓄水，但蓄水水则要低于夏季，至土字头即筑闸蓄水。

三江闸设专门的闸官管理闸的启闭事宜，早年委任于三江巡检司，后因事不专而多误事，万历年间委任三江闸旁的三江所官一名，专司其职。并配有专门启闭水闸的闸夫十一名，分属两县，山阴县八名，会稽县三名，每名闸夫给工食银三两，遇闰年则加二钱五分。且将闸附近的沙田一百二十亩三分三厘九毫，除去给汤绍恩祠主持十亩作为祠堂维持经费外，其余九十二亩，都由闸夫耕种，即为闸田。闸田"每年纳租二十五两三钱七分五厘三毫，内输钱粮八两三钱，外净银一十七两七分五厘三毫。又草荡一区，每年租银五两，共银二十二两七分五厘三毫，征收府库存贮"[1]，以做维持大闸运行之经费。闸田租金虽有变化，但闸田数目一直相对稳定。直到民国年间，闸夫人数依旧与万历年间一致，闸田数量也变化不大。[2]

萧良幹修闸以后，闸夫开闭闸制度即十分完备了，二十八洞分由十一名闸夫管理，其中"角、珍二洞名常平，里人呼减水洞，十一闸夫所共有"，此二洞因洞浅，闭闸时只下板，不筑泥，故二洞无工食。除此二洞外，每名闸夫派管二洞，深浅相配，"有管房、胃洞者，有管心、参洞者，有管尾、柳洞者，有管箕、娄洞者，有管斗、室洞者，有管昴、井洞者，有管毕、星洞者，有管鬼、翼洞者。又有依次连管二洞者，亢、氐、壁、奎也。牛、虚、危、张四患洞，名大家洞，不在分管之数，三夫共管一洞。盖牛、虚、危三洞乃尤深洞也，张洞虽不深，因槽底活石有坚硬处，

---

① 程鹤翥辑著《闸务全书》上卷《萧公大闸事宜条例》，《绍兴水利文献丛集》上册，广陵书社，2014，第30页。

② 1946年三江闸闸田遭风潮侵袭，三江闸管理处上萧绍塘闸工程处要求减免闸田租税，其中详列了闸田数量："兹据该员复称：'遵经亲往实地覆勘，查是项闸田共计89.2亩，其荒歉之原因及收成之成数可由水田、旱地作物之不同而异。计内有水田46.5亩，皆植水稻，稻为虫蚀，秀而不实，亦有盐水之蒸润而枯萎者；旱地42.7亩，多植棉花，花色遭受风击，未能怒放，多有僵萎者，次为番薯，收成尚佳，以上水田旱地作物，收成平均为五四成，奉令前因理合按照实地情形，造具闸田，收成估计表，备文送请案核。'"（《呈为闸田歉收，拟蠲免租金四成，是否可行，检同荒歉成估计表呈请》，1946年，档案号：L057-9-482）

锤凿难施，未采平，下板筑泥费力，亦在公管之列"，"令闸夫启闭，以则水牌为准"①。

开闭闸时，由闸官严督闸夫，"彻起低板，仍稽其数，不许留余以至壅塞；筑闸时每洞约用荡草一百余斤，以塞罅隙，取闸外沙泥填筑，务要高实顶盖，毫无渗漏，使内河淡水不出，以蓄水利，外海咸潮不入，以弥潮患"②。萧良幹对闸启闭及填筑规定是非常严格的，启闭水闸时间与闸板数量则依据水则碑。因春夏秋冬四季闸内农田对水的需求量不同，故启闭闸门数量也有差别。秋收以后又是枯水期，虽已不是农作需水期，仍要注意蓄水，以保障内河航运水位："盖春夏秋三时，农工所系，水必惜蓄。至秋收后，因无所用，便尔筑不坚密，致内河漏涸，往来船只，雇拨起脚，害亦不小。故开时务到底，筑时务稠密，始为有利无害，完全之计。"③其实，秋冬时节蓄水还有另一重要作用，即冲刷闸外泥沙。而闸外泥沙在清中期以后不断淤涨、抬升，成为此后三江闸水利治理之关键。

三江闸若按启闭闸规定严格执行，则内可蓄水，外可刷沙；但若启闭不时，且未按旧制严格执行，则可能闸内泥沙不能随江水而出，闸外泥沙又可随潮水而入。清中期以后，闸内的泥沙淤积也渐成大患：

> 夫昔人定启闭之制也，版必厚阔，环必坚铁，至水则以按时启闭。其启也，必稽底板之多寡而尽去之，使水势湍急，沙得随潮以出入；其闭也，又必实以沙土，塞以草薪，故秋潮虽大，而沙无从入。今乃启闭，听之闸夫，则于深阔难启之版，往往不尽起，以致浑沙下积，而外渔人又赂掌闸者，迟闭以致涸而害农，且填土多不实，又无草薪补其渗漏，并有闸版残缺而不全者，所以虽不启之时，而潮沙尝得乘隙以入，夫安得不淤乎？此坏闸之大弊一也。④

---

① 程鹤翥辑著《闸务全书》上卷《郡守汤公新建塘闸实迹》，《绍兴水利文献丛集》上册，广陵书社，2014，第25页。

② 程鹤翥辑著《闸务全书》上卷《萧公大闸事宜条例》，《绍兴水利文献丛集》上册，广陵书社，2014，第30页。

③ 程鹤翥辑著《闸务全书》上卷《萧公大闸事宜条例》，《绍兴水利文献丛集》上册，广陵书社，2014，第30页。

④ 韩振：《绍兴三江闸考》，贺长龄：《清经世文编》卷一百一十六《工政》二十二，清光绪十二年思补楼重校本。

　　万历十二年（1584）萧良幹定下水则规矩，执行了两百多年。至咸丰年间，闸内、闸外之水情已发生根本改变，于是启闭闸数与水则关系开始适当调整。咸丰元年（1851）三月，山阴赵晓霞等呈，"称三江闸外新沙涌涨，内河浅狭，宣泄较迟，请于水则五行碑于水涨之初预开一字，庶无水患，至濠湖鱼籪最为阻水要道，并求谕禁止"。因为当时遇有潮汐，经常是外水高于内水。所以，熟悉钱塘江潮汐与闸内水情的士人提议，在大潮到来之前提前闭闸蓄水，待内外水势稍平后，再将闸全启，以冀畅流，且特别强调鱼籪对江水的阻塞之害。官府批文："至现在三江闸外新涨新沙涌涨，爰为变通章程，准于水则五行牌预开一字，其濠湖鱼籪永禁再筑，如敢违抗，定即提究，均各凛遵毋违。"① 此后开闸根据新的水则章程：火字脚放八洞，水字脚放十六洞，木字脚齐放。② 水则变化的背后反映出三江闸外泥沙逐渐淤积，闸港河床抬升。

　　民国年间在执行新的水则后，将金、木、水、火、土五则测算为公尺，金字脚对应 7.10 公尺，木字脚为 6.94 公尺，水字脚为 6.82 公尺，火字脚为 6.69 公尺，土字脚为 6.55 公尺。并测算出无碍农田之最高水位为 7.00 公尺，无碍航运交通之最低水位为 6.36 公尺。三江闸最浅洞"角"字洞闸槛高 5.51 公尺，最深闸洞"虚"字洞闸槛高 3.71 公尺。③ 根据咸丰元年（1851）以后的水则规程，执行开闭闸制度。在汛期，往往提前多开数洞；在旱季农田需水时，往往减开数洞，多蓄水量以备灌溉、交通之用。水则碑有一块位于三江闸闸内，但开闸泄水时，水面有斜坡，此碑之读数，仅供参考，仍以城内山阴火神庙之水则碑为准。④ 水则碑的水位调整实乃闸内外水位变化之反映。水位高低的变化，则又与闸外泥沙淤积情况有关。

① 平衡辑著《三江闸务全书续刻》第一卷《预开水则示》，《绍兴水利文献丛集》上册，广陵书社，2014，第 93~94 页。

② 平衡辑著《三江闸务全书续刻》第一卷《预开水则示》，《绍兴水利文献丛集》上册，广陵书社，2014，第 94 页。

③ 浙江省水利局：《修筑绍兴三江闸工程报告》，最早载《浙江省建设月刊》1933 年第 11 期，第 45 页。该文后收入《绍兴县志资料》第一辑《塘闸汇记》，《中国方志丛书·华中地方》第 583 号，据民国铅印本影印，成文出版社，1983，第 2352~2361 页。《塘闸汇记》收入冯建荣主编《绍兴水利文献丛集》上册，广陵书社，2014，第 266 页。

④ 浙江省水利局：《浙江省水利局绍萧段闸务报告》，《塘闸汇记》，《绍兴水利文献丛集》上册，广陵书社，2014，第 267 页。

二 闸内水位维持

水则作为启闭水闸之依据，前提是水闸本身要能保水。因此，对水闸闸身缝隙的修补就极为关键。从根本上说，水则其实只是闸内外水位变化的表征。水位变化一方面与闸身是否完备有关，另一方面还与闸内、外的泥沙淤积有关。在历次三江闸大修中，补闸墩、闸座间的缝隙成为工程重点。填补罅隙不仅可保证内河水位，还能防止潮水携带的泥沙由罅隙进入闸内。三江口受杭州湾潮水影响极大，而泥沙又大部分来源于潮水，"三县（作者注：即山阴、会稽、萧山）内地之水由三江口以出海，海之潮汐亦由三江以入内地，其潮汐之来也，拥沙以入，其退也，停沙而出。迨至日久，沙拥成阜，当其霆雨浃旬，水不得泄，则泛滥为患，及至决沙而出，水无所蓄，又倾泻可虞"①。故三江闸对于调节闸外泥沙之作用就十分关键。在明清时期，修补罅隙也发展出一套成熟的技术体系，从物料、工具到技术程序等皆有讲究。

明代修三江闸，补闸缝多用锡，萧良幹首次修大闸时，补缝隙即用锡，"水啮石罅，久之罅渐疏，水益驶，以次剥蚀，有岌岌就圮之势，越五十年而宛陵萧公为之沃锡以塞其内，甃石以蔽其外，视昔称壮观矣"②。除用锡以外，补缝隙一般还搭配用油松、铁（水）、石灰，其各有优劣，根据实际情况而搭配使用。清姚启圣修大闸时开始用铁水浇灌，其间也夹杂着石灰。

锡不怕潮水冲刷，一直是补罅隙最佳材料。补闸缝虽会用到铅铁熔化的铁水，但是铅铁入缝，遇冷即凝，且"铁镕缓而流滞，入罅或不透，且历久必朽，其得用则逊锡远矣"③。以沃锡补缝隙，可使闸石与锡融为一体，非铁水可比。灌锡需要用到熔锡炉、铜锡溜、竹锡溜、铁叉、铁灰碳、铁灰钩、大小铜锡杓、铜锡溜、烙铁等工具。《闸务全书续刻》中将用于灌锡之各种工具尺寸、规格皆做了详细介绍，④ 并绘制了详图（部分具体样式见图3-1、图3-2）。

---

① 韩振：《绍兴三江闸考》，贺长龄：《清经世文编》卷一百一十六《工政》二十二，清光绪十二年思补楼重校本。

② 程鹤翥辑著《闸务全书》下卷《京兆姜公三修大闸碑记》，《绍兴水利文献丛集》上册，广陵书社，2014，第36页。

③ 平衡辑著《三江闸务全书续刻》第二卷《修闸备览》，《绍兴水利文献丛集》上册，广陵书社，2014，第106页。

④ 平衡辑著《三江闸务全书续刻》第二卷《修闸备览》，《绍兴水利文献丛集》上册，广陵书社，2014，第108~109页。

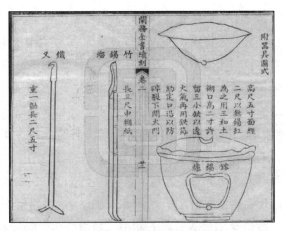

图 3-1　修筑工具（1）

资料来源：平衡辑著《闸务全书续刻》卷二《修闸备览》，咸丰介眉堂刻本。国家图书馆藏本。

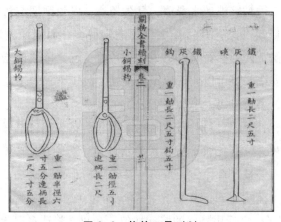

图 3-2　修筑工具（2）

资料来源：平衡辑著《闸务全书续刻》卷二《修闸备览》，咸丰介眉堂刻本。国家图书馆藏本。

灌锡必等闸底干涸后，方可进行。步骤遵循先闸底、次闸墙、再梭墩，最后石栏的顺序，自下而上，逐步灌入，其中灌闸底最为关键。三江闸筑于山麓岩石之上，虽在建闸之初已对闸底进行平整，仍有高低不平之处，其孔隙之奔泻非涓滴细流可比，闸底用锡量最大，有用锡至两三千斤者，底座稳固，则全闸之罅隙已去其半矣；闸墙由一块块大石板堆叠而成，石板与石板之间必有缝隙，"缝有横直之不同，横缝小者或容指，大者可以运臂，积渐所至，将倾圮是虞"，灌锡从缺口最大处开始，用灰碌等工具，去尽洞内泥沙，其间有深大窟窿不可灌锡处，则先以铁石填塞，再于洞口用羊毛纸筋炼就之石灰筑成一窝形，再将锡水灌入，具体步骤为，"熔锡以炉，挹以铜杓，接续倾灌，势如建瓴，无微不达，视锡汁溢出住手，则锡已透彻可知。将灌时，洞内渗以燥灰，锡溜及竹溜上盖板片或粗纸，以杜爆裂，灌毕彻窝，凿去溢锡，平以烙铁，有余隙仍抿以灰，一边不到，如法再灌，层递施工，无隙可乘矣"；闸墙两石交接处，原本斗榫合缝，后经水冲，日久缝隙逐渐变大，此即直缝，若不补实，势必越离越阔。直缝灌锡之法，"乃取板片视缝之长短阔狭而紧贴之，两旁及底部用灰筑实，上留口门，亦筑一窝，另一匠人用力揸板，以竹溜斜插窝内，尽力浇灌，溢出为度。锡稍冷去，板与灰锡铺缝面如砌壁，非但水不能入，两石相衔，赖锡钤实，闸墙益固矣"；汤绍恩筑闸之时，每五洞置一大梭墩，萧良幹修筑时又逐洞添置小梭墩，梭墩之作用在于：一则杀水势，二则保护闸体墙身。因墩与闸墙之间有距离，开始时熔铁锭固之，后铁锭被咸水浸渍，日久朽烂，以致闸墙与梭墩间的缝隙越来越大，必须以锡补之，其所需之锡比灌闸墙多，而浇灌方法与灌直缝相同。此外，大闸上两旁栏石共有七十块，乃萧良幹大修之时增设，其作用不仅可保护行人安全，更可以此石块镇压全闸，故于"两栏交接处，凿孔如砝码，内宽外窄，悉连以锡"。[①]

除锡之外，补罅隙之另一重要材料即石灰，石灰不可早做准备，须用时临时买春才有灰力，石灰加工与和灰的水汁也十分讲究，"灰总要好，筛用极细竹筛，两人一日令春一臼，每臼五斗，如臼小，量减之。其法：将筛过细灰，量五斗于篮内，四围摊散，将称准胡羊毛弹碎，拌入灰内，以匀为度，量入臼内"[②]，之后用特殊的浆汁拌匀。和灰之浆汁多用秫米汁，乌樟叶浸汁和灰效果也极佳，但修闸在寒冬，无叶可采，则藤藜汁也可，"冬季滋水足，最为得时，取嫩绿细枝如小指粗者，截成短段，微敲水浸，以湿为度，冬六七日或十日皆可，暑天一二日，久则失性不胶粘矣"[③]。乌樟汁或藤藜汁和灰捣熟，其效果胜过米汁。

① 平衡辑著《三江闸务全书续刻》第二卷《修闸备览》，《绍兴水利文献丛集》上册，广陵书社，2014，第 106~107 页。
② 程鹤翥辑著《闸务全书》下卷《修闸成规管见》，《绍兴水利文献丛集》上册，广陵书社，2014，第 53 页。
③ 程鹤翥辑著《闸务全书》下卷《修闸成规管见》，《绍兴水利文献丛集》上册，广陵书社，2014，第 52 页。

内水不能及时排尽时，用油松补罅隙最为便捷。道光十三年（1833）冬修闸，闸洞水势一直上涨，修闸时间受杭州湾潮信影响，不可错过时机，于是开创了"分修法"。将全闸二十八洞一分为二，先开西边十四洞出水，东边留内板不起，尽撤外板，船上备物料器具，每洞用石匠、船匠各二人，视石缝大小高下，先用灰、铁填补，缝小不容铁针而又近水处，石灰难用，改用油松削针以塞之。相比于铁，油松之优点概而言之有三：

> 盖铁经咸水则腐，谚云"千年水底松"，油松更被淹不坏，一也；且铁针不能随缝大小，碍难迁就，若硬行敲入，则石缝必损，是以有每修一次即坏一次之说，松可临时取裁，不致凿枘损石，二也；如果缝浅难入，松有留余，即用锯截去，毫无格碍，三也。①

油松之选料上，需"取鲜润者，盖木耐久，活油松树老脂凝，入水直堪不朽"②。相比于铁针，油松不仅价格低廉，容易获取，且更为重要的是，油松敲入石缝间不会损伤闸体。崇祯年间余煌第二次大修水闸时开始使用油松，余言："遇闸偶有漏眼，取活油松段解，候小汛潮后，以索系舟于闸洞及梭墩下，察看露眼，将活油松敲至无可进入处，齐以刀锯，外捹好灰，日久自臻牢固。"③道光年间修闸，灰缝遭水冲刷，年久开裂，知府即依此法，"遇有露眼，将油松针补，则被浸不腐，益资牢固，洵为保全之良法"④。

明至清康熙年间，补闸缝之一般步骤详载于《闸务全书》，此后《续刻》中再转录，大致如下：补缝之前需要将陈旧松动之灰土敲去，动锤敲凿时下手要轻，旧灰缝如仍坚固，则不可轻动；之后，用单钩、双钩、长竹帚钩扫缝内的沙泥，用竹筒吸水射入缝隙之中，待流出之水变清时，则缝内泥沙洗尽，之后待缝内变干燥，才好用灰铁填补，也可用粗纸裹在竹片上，外包麻布，伸进罅缝，将水吸干。若缝隙较大，则可塞生铁，但须

---

① 平衡辑著《三江闸务全书续刻》第二卷《修闸备览》，《绍兴水利文献丛集》上册，广陵书社，2014，第107页。
② 平衡辑著《三江闸务全书续刻》第二卷《修闸备览》，《绍兴水利文献丛集》上册，广陵书社，2014，第108页。
③ 平衡辑著《三江闸务全书续刻》第三卷《修闸补遗》，《绍兴水利文献丛集》上册，广陵书社，2014，第118页。
④ 平衡辑著《三江闸务全书续刻》第三卷《修闸补遗》，《绍兴水利文献丛集》上册，广陵书社，2014，第118页。

搭配灰使用，灰、铁要填塞满足、水无微隙可入方可，如缝过大，实在难以填满，则可在用灰之后，先将碎缸坛爿填实，再塞入生铁，但终究不如纯用铁；如缝小，生铁与灰不能入，则须灌锡。因潮信及农事节令关系，修闸基本在寒冬时节，补缝之泥灰在低温下容易开裂，须用稻草灰与盐调和后，再用灰草帚将灰缝隙遍刷，并用纯盐遍敷，如此则灰坚实易干燥，即使遇冰冻，也无须担心灰缝开裂脱落。①

浦阳江改道后，萧山西部同时受浦阳江与钱塘江潮水冲击，水患压力激增，因此明中叶以后萧绍地区加大对西江塘的修筑力度。② 三江闸筑成时，大致是西江塘开始大修之时。萧绍地形总体上西高东低，一般地面高度低于洪、潮高水位 3~5 米，江、海塘若有失，则洪潮内灌，势如建瓴，潮水所经之处，河道淤塞，地成斥卤。③ 萧山地处上游，山阴、会稽处下游，潮水若决西江塘，可顺势直下山阴、会稽，如康熙二十一年（1682）萧绍大水，原因即潮水决西江塘，"康熙二十一年，五月，连雨。十七日，陈塘溃，冲没山阴高田，临浦庙西塘圮。十九日江水直冲诸暨坟、王家池、潭头爿，时塘上水高四五尺，塘遂圮。二十日，闻家堰、周家堰、杨树湾塘亦圮，方家塘、傅家山、孙家埭塘（作者按：皆属西江塘）相继圮。城市可驾大舟。六月初六日，江水复入如前。康熙二十二年，福建总督姚启圣捐资重修西江塘"④。因西江塘对山阴、会稽如此重要，故明清每次大修，山阴、会稽皆协助筹款，并形成萧山独任一半，山阴、会稽共同分担一半的经费分派惯例。而三江闸则为整个萧绍平原最重要的泄水出口，三江闸之安危也影响上游萧山泄水，因此在明清三江闸维修中，萧山县也须分担维修经费。"盖西江塘所以捍外水也，万一决溢，则三县皆有沉溺之害；三江闸所以泄内水也，万一壅塞，则三县皆有泛滥之忧。所以三江造闸时萧山帮工、帮费，而西江塘山、会之协济，始于明嘉靖时。"⑤ 西江塘与三江闸之关系犹如人之首足，实为一体，"盖西江塘与大闸原相

① 见程鹤翥辑著《闸务全书》下卷《修闸成规管见》，《绍兴水利文献丛集》上册，广陵书社，2014，第 52 页；平衡辑著《三江闸务全书续刻》第四卷《修闸事宜》，《绍兴水利文献丛集》上册，广陵书社，2014，第 129 页。

② 明嘉靖年间，本地士绅黄九皋力主加大西江塘修筑力度，原因即为浦阳江改道后，江潮威胁塘岸，并上书绍兴府，详文见《进士黄九皋书》，嘉靖《萧山县志》卷二，明嘉靖刻本。

③ 陶存焕、周潮生：《明清钱塘江海塘》，水利水电出版社，2001，第 5 页。

④ 乾隆《萧山县志》卷十三《水利下·塘堰闸坝》，乾隆十六年刊本。

⑤ 乾隆《萧山县志》卷十三《水利下·塘堰闸坝》，乾隆十六年刊本。

表里，譬之一身，然西塘犹首而大闸犹足也。首有病而心能泰乎？足有疾而身得安乎？"① 三江闸维修之事，也就不仅是山阴、会稽两县之事，还与萧山有关。康熙五十二年（1713）山阴、会稽请修三江闸时，因经费分派等问题，毛奇龄即上书省府罢修，其核心理由即三江闸之主要功能为泄水，闸基有罅隙不影响泄水，故不必修。其言：

> 三江之为闸也，司泄不司蓄，宜通不宜塞。故闸之利害，祗在剡其柱，削其槛，以利奔泻，而罅漏之害不与焉。乃议修不得。搜及罅漏，必以为天堑之险，伤于蝼蚁，一隙虽微，恐积渐之至，或有妨闸座云耳。殊不知闸工严密，其礁石辏合，虽不如天衣一片，纮缝尽泯，然牝牡交噬，为力甚巨，其缩结之处，纵有离迹亦千牛莫掣。②

毛罢修的理由，乃站在萧山立场而言。三江闸地处山阴、会稽北部，只要内河泄水通畅，不影响萧山排水即可。萧山主要以湘湖以及内部水网为灌溉水源，并不指望通过三江闸积蓄内河水以实现农田灌溉，因此并不关心三江闸补罅隙工程，认为闸有罅隙，并不影响泄水。因山阴、会稽有修筑西江塘之责，且三江闸泄水也关乎萧山安危，故修闸也须萧山分派经费。派费问题其实才是毛奇龄反对补闸缝之根本原因。其称："闸傍父老谓：闸原有罅，然自建闸以来约一百七十余年，从无有以闸底漏水，伤禾稼成暵灾者。""又况海口沙高，流不尽出，但苦咽而不苦豁。故民谣曰：三江咽，民口绝；三江豁，民口活。"③ 闸外泥沙日高，内水排泄确为三江闸痼疾所在，但不可只为泄水而不考虑修补闸缝。因毛在当地极有声望，其言论具有一定影响，加之摊派修闸经费涉及多方利益，上级官府未批准此次修闸之请。这并非代表毛的言论正确，而此后，毛之"三不修"言论——即不必修、不能修、不可修，成为萧山县反对修闸之重要依据。乾隆六年（1741）山阴、会稽再请修三江闸，萧山蔡某即以毛"三不修"说

① 程鹤翥辑著《闸务全书》下卷《核实管见总论》，《绍兴水利文献丛集》上册，广陵书社，2014，第 56 页。
② 毛奇龄：《罢修三江闸议》，谭其骧主编《清人文集地理类汇编（第五册）》，浙江人民出版社，1988，第 100 页。
③ 毛奇龄：《罢修三江闸议》，谭其骧主编《清人文集地理类汇编（第五册）》，浙江人民出版社，1988，第 100 页。

力阻众议。山阴王衍梅则在重修三江闸之跋文中，不仅否定了毛之论断，还指出毛奇龄人品不佳，其言论不可为据："按，毛姓所著之书，言伪而辩，记丑而博，平生以诋毁先儒为能，其奴视朱子，几同仇敌。及病危日，自嚼其舌称快，舌尽乃死。其人很愎无赖可知。所言偏避，何足为重。"[1] 乾隆年间的韩振著《三江闸考》，对毛之论也暗含批评，其言："然为日既久，胶石灰秫渐剥，潮汐日夜震荡，砥不能无泐，址不能无圮，其后萧、余、姚、姜诸公相继修之，而潮泥壅塞，疏浚无策，甚有以闸为不可修、不能修、不必修者，其说固悖谬。"[2] 在其后的历次修闸中，填补闸缝一直是修闸重点。

冬天修闸正处内河水旱之时，填补闸缝蓄积水位，可保障内河用水。但因闭闸蓄水，闸外泥沙失去江水冲刷，淤积速度加快。民国二十一年（1932）春，浙江省维修三江闸，既部分沿用旧有修闸方法，也开始采用西方技术，如以混凝土代替铁锡灌注。[3] 此次修闸以洋灰、黄沙等材料，借用气压机及灌浆机补罅隙，但修闸后的短时间内，闸外闸港的泥沙快速淤涨，"未修闸之前，石缝漏水，尚有冲刷之力；现经修理，漏水既断，港底必更容易淤涨。查外坝二十一年十月二十一日开工时，外坡脚高为4.30公尺，至二十二年一月一日高达6.20公尺，经过七（十）二天淤涨至1.90公尺。如再涨半公尺，则内水虽已达开放之时，即开闸亦不能泄水矣"[4]。在近代水文测量技术开始推广后，三江闸外开始设测沙站，测沙站离闸250公尺，每月朔望后测量一次，如港底高达5公尺时，即需开一洞之闸以冲刷积沙，如一洞之水力不足，则酌开数闸，以保持闸港河床低于5公尺。[5] 一直以来根据闸内水则放水的原则，逐步改为根据监测闸外泥沙淤积高度放水。

---

① 王衍梅：《跋铅山先生请重修应宿闸书》，《塘闸汇记·记闸务》，《绍兴水利文献丛集》上册，广陵书社，2014，第245页。
② 韩振：《绍兴三江闸考》，贺长龄：《清经世编》卷一百一十六《工政》二十二，清光绪十二年思补楼重校本。
③ 曾养甫：《重修绍兴三江闸碑记》，《塘闸汇记》，《绍兴水利文献丛集》上册，广陵书社，2014，第255页。
④ 浙江省水利局：《修筑绍兴三江闸报告工程》，《塘闸汇记》，《绍兴水利文献丛集》上册，广陵书社，2014，第265页。
⑤ 浙江省水利局：《萧绍段闸务报告》，《塘闸汇记》，《绍兴水利文献丛集》上册，广陵书社，2014，第269页。

　　无论是根据水则碑严格执行开闭闸制度，还是对闸缝的及时修补，皆为保证闸内有合适水位，为山会平原的农田提供平稳的灌溉水源。因地形关系，山会境内农田对闸内水位变化又十分敏感，"这片田地，非常平衍，河流坡度极小，一年中之水位，所差不过二尺有半，高于此数即患潦，低于此数即患旱；设若此闸圮毁，近海之地变卤，内地之水一泄无余，因之不免患旱。如此，绍萧两县的农业不但不能振兴，恐怕根本上要推翻了"[①]。闸内水位到清中期以后，却因闸外泥沙不断淤积而时常超过农田需水位，致内涝不断，欲泄水必先治闸外的泥沙。

第二节　清中前期闸外水环境与泥沙坍涨

　　从嘉靖年间修筑大闸以后，至康熙十年（1671）已有 130 余年，其间闸外之泥沙、水情已发生改变，闸外的泥沙淤涨并不十分严重，只是在大旱时，才出现大片涨沙情况，"旱甚而闸始有沙涨之患，闸外涨至东㘄嘴外，闸内涨至和尚溇前，闸外摊晒半年有余"[②]。干旱对闸内外的泥沙淤积有推助作用，特别是大旱时节，如康熙二十二年（1683），"天旱沙涨"，但随后又雨水骤降，多于往年，由于闸外涨沙后，闸内积水排泄不畅，致使"田如池沼，稻似芰荷，凫鹭之属，飞则上蔽霄汉，集则下掩郊原，黎民望洋太息，付之莫可谁何而已。兼之沿海居民又遭窃决塘之害，禾稼虽稔，而反成歉岁也"[③]。百姓往省府控诉灾情，巡抚衙门命水利厅疏浚闸外泥沙，补救虽迟，但聊胜于无。康熙二十八年（1689），绍兴又是大旱，三江闸外"旱久沙涨，虽未成白地，亦及半年有余"。泥沙淤涨时间持续近半年。这种情况到康熙三十二年（1693）再次发生，当地从"四月旱至九月，比往年节水后才旱，为灾尤烈"。四至九月正是水稻播种、生长的关键时期，农田需水量极大，三江闸闭闸蓄水。九月以后随着稻米的收割逐渐结束，农田的需水量开始下降。但由于干旱期闭闸蓄水，闸水流量不敌闸外潮水，潮水携带的泥沙沉积于闸外，泥沙淤涨阻塞泄水通道，这种情

---

①　延平：《三江闸上看工程》，《浙江省建设月刊》1933 年第 7 卷第 1 期，第 6~7 页。

②　程鹤翥辑著《闸务全书》上卷《浚江实迹》，《绍兴水利文献丛集》上册，广陵书社，2014，第 40 页。

③　程鹤翥辑著《闸务全书》上卷《浚江实迹》，《绍兴水利文献丛集》上册，广陵书社，2014，第 40 页。

况下，旱情过后但凡遇有大的降雨，又容易因短期内积水不能外泄，形成内涝。此年大旱之后，三江闸"闸口沙涨成城，日甚一日，矧筑闸不满实，内河易干，外潮易入，上村河道亦咸，难于灌溉，禾黍枯槁不堪。即今重九后，正值铚艾之时，飓风狂雨交作两日，旱干水溢，兼而有之。此旷古所罕见也，其能免于饥馑乎？"大旱之后又常发生大涝。正如时人所言："即时逢大旱后，霖雨崇朝，淹没之忧垂至。"① 山会境内形成大旱之后即有大涝的恶性循环。康熙早年间几次大旱都导致了三江闸外泥沙的淤涨，地方官员也都进行了疏浚，维持了闸外河床深度，以实现闸内积水排泄。为何从康熙后期开始，三江闸闸外的泥沙大片淤涨，并影响水闸泄水了呢？

总体而言，三江闸外的泥沙淤涨，一方面与闸外植物开发、河道裁弯取直有关，更与闸外东西两块交叉形成护卫状的沙洲坍塌关系密切，而康熙后期钱塘江主泓逐渐北移则进一步加速了清中期以后三江闸外的泥沙淤涨速度。在闸外泥沙变化的同时，闸内的泥沙环境也在发生变化。

一　芦苇与九曲

芦苇（Phragmites communis Trin）是多年生湿地草本植物，具粗壮的根块茎匍匐生长，每节生长大量的不定根。地上为一年一熟的芦苇茎秆，茎秆高 1~5 米，直径 2~20 毫米。叶片带状披针形，长 15~60 厘米，宽 1~3 厘米。其叶、茎、根块茎和不定根，具有发达的通气组织，因此能生长在湖泊、河岸池沼及湿地之中。芦苇的根块茎不仅具有向地性，而且还有横向生长发育的特点，在土壤中纵横交错，延伸生长，一般多集中于距地表 20~60 厘米深的土层内（图 3-3）。芦苇是喜水植物，其根、茎等各部分都具有适应多水条件生长的生理特征。②

从生长土壤看，芦苇主要生长在质地较黏重的沼泽湿地、盐碱或中性的土壤中，国内又以滨海盐碱土区芦苇生长最为集中，土壤 pH 值一般在 6~9。滨海盐碱土在受较淡的河水淹灌，或是自然降雨形成的地表径流淋洗后，土质盐分变淡，杂草和芦苇逐渐生长，而后在水分充足的条件下，形成芦苇田、苇塘或芦苇荡。在芦苇长满后，每年又有大量的枯枝落叶还

① 程鹤翥辑著《闸务全书》上卷《浚江实迹》，《绍兴水利文献丛集》上册，广陵书社，2014，第 41 页。
② 赵家荣主编《芦苇和荻的栽培与利用》，金盾出版社，2002，第 20~30 页。

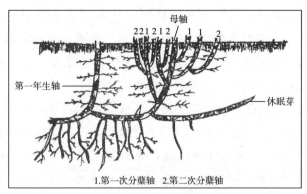

图 3-3　芦苇根部

资料来源：赵家荣主编《芦苇和荻的栽培与利用》，金盾出版社，2002，第 32 页。

原到芦苇地中，促进土壤中的有机质积累，并且因枯叶覆盖地表，繁茂的
苇丛遮蔽了阳光的照射，使土壤的水分蒸发量减少，又有利于防止土壤盐碱
度的升高。如果地形、水源情况发生变化，淡水缺乏，造成芦苇生长区逐渐
趋于干旱状态，旱生性杂草丛生，则土壤中的盐分又渐集于地表，破坏了土
壤的结构，芦苇逐年退化，芦苇地又变成草滩，最后变成盐碱光板地。[1]

　　由于芦苇有发达的根块茎，而且抗盐性较强，故而成为滨海水生植物
生长中的先锋物种之一，具有固沙、抵挡风潮的作用。在康熙以前，萧绍
以北滩地较为稳固，其中芦苇的作用十分明显。康熙三年（1664），驻扎
绍兴的绿营兵提标在萧绍北部滩地牧马，将芦苇尽毁，致使泥沙大量随潮
进入闸内，闸内外泥沙淤积加速。康熙二十三年（1684）因闸外泥沙淤积
严重，绍兴地方官力主疏浚闸内外淤积之泥沙，程鹤翥对芦苇遭到破坏后
导致之恶果有较为详细的论述：

　　　　康熙三年甲辰，提标牧马滨海，将芦苇尽毁，灶户乘机悉开为白
　　地，浊流既无芦挡，且遇狂雨，白地浮泥冲落江中堆积，遇潮信又席
　　卷浮泥进内，是利归海滨者固多，而害及内地者不少也。救时者曰：
　　莫如将凡属江海崖边及新涨沙地，限留若干弓尺植芦，待其长盛如
　　初，以杜后患，庶可补救。[2]

---

[1]　赵家荣主编《芦苇和荻的栽培与利用》，金盾出版社，2002，第 37~38 页。

[2]　程鹤翥辑著《闸务全书》下卷《时务要略》，《绍兴水利文献丛集》上册，广陵书社，
2014，第 62 页。

自从为牧马而毁芦苇之后，闸外沙地多处坍陷，"从牧马毁芦之后，几处沙地即坍，已有廿余载，则闸内外时常涨满，亦有廿余载，以此知江固因芦苇而涨，地亦未必不因芦毁而坍"。而康熙二十余年北部沙地虽坍涨不定，总体上仍以涨时居多，于是时人畅想将来或许会出现芦苇大量生长以复古时之情况，"数载后，海口关锁可望其周密似当年，崔苇自盛，将必一望无际，不但可复古制，供煎盐之需，兼可樵采，以给民用，则河海有澄清之日矣"①。芦苇对闸外的沙地具有固定作用，同时也能抵挡潮水浸入。当然，杭州湾地区影响泥沙淤积、沙地坍涨的因素极为复杂，芦苇等滨海植物只是其中一个影响因素。

三江闸外滩地坍涨无常，而尤以闸外屏障东嚵嘴、西汇嘴变化最大。康熙初年，原本相交合的东嚵嘴与西汇嘴逐渐坍塌，沙地变窄，两沙豁开，闸外屏障失去其一。虽东西两块沙地坍塌，闸外仍有沙九曲以抵御潮水，故在康熙前期潮水仍不可直入闸内。所谓"九曲"即三江闸外弯曲的闸港，其大者有九处，名九曲。闸港弯曲则潮水不能长驱直入，泥沙容易在弯曲处沉降，沙曲又进一步发育，故当地谚语中有"三湾抵一闸"之说。上文所言康熙二十二年（1683）当地官府曾组织人力疏浚闸外泥沙，其中重要工程即将弯曲的泄水港道裁直，沙曲被开直，出水虽变容易，潮水也更易浸入闸内，于是闸口转而容易涨塞。② 目前对钱塘江河口的水文研究也指出："过直的江道也会使低潮位低且潮差太大，潮动力过强，易引起咸水上溯。"③ 对于闸外九曲沙的开毁，程鹤翥在当时所撰之《新开江路说》中有详细交代：

> 癸亥江淤，抚院命别驾浚江，开到西汇嘴，费工数日，因曲远，卒难开通，乃于两曲首尾逼近处，开直以救急，是其姑取捷径，以期速效焉耳。而土人则有云掘断地脉者，公因急于疏通，置之罔闻，更于所开之地，即以淤池补之。第新开水道，减地止在百亩内，淤旧江基，增地至三百余亩，是减一分而增六七分也。补地既多，又连岸免涉江之劳，

---

① 程鹤翥辑著《闸务全书》下卷《时务要略》，《绍兴水利文献丛集》上册，广陵书社，2014，第 63 页。

② 平衡辑著《三江闸务全书续刻》第三卷《筹卫海防》，《绍兴水利文献丛集》上册，广陵书社，2014，第 120 页。

③ 韩曾萃、唐子文：《钱塘江河口治理与改善两岸平原的排涝条件》，《泥沙研究》2010 年第 2 期，第 2 页。

于灶丁非无两得。岂知江路曲多，非惟潮不直进，浮泥从兹阻住，闸亦因曲多路遥，离海远而沙不易涨。语云：三湾抵一闸，良为不诬。①

韩振对三江口的九曲作用也有十分精辟的论述，其著《绍兴三江闸考》被收入贺长龄辑《清经世文编》，其中论述沙曲与三江口水环境之文字如下：

> 凡水之曲折以趋海者，其性则然，故中江以浙名，而东、西二小江亦以九曲名。昔时两沙觜东西交互，以环卫海塘，故海口关锁周密，潮来自下盖山起，涛头一从二觜外，溯钱塘江而西，一从二觜内，分往曹娥及钱清诸江，以由九曲而至闸。是海离闸远而曲多，曲多故来缓而退有力，来缓则挟沙少，退有力则刷沙速，且遇内水发时，外潮初入，则东江清水逼入西江浊流，既无从进而潮愈不迫，故到闸为时甚久，且沙地坚实，崔苇茂密，皆可以御浑潮，古人犹筑二堤以补九曲之不足，岂无深意焉？故语云：三湾抵一闸，良不诬也。自囓嘴两沙日坍日狭，南北一望，阔仅里许，海口关锁，已无潮固，可以长驱直入矣。乃司浚者不察，所以致淤之由，反以旧曲难通，更将两曲逼近之处而开直之，以省挑浚之力，小民贪淤地之利，灶户幸免涉江晒盐之劳，而闸身之受患与咸水之害田，罔有过而问者矣，此坏闸之大弊又一也。②

当地士人对闸外的沙曲之作用是十分清楚的，面对官员裁直沙曲以泄水之举，当地人以开掘沙曲影响风水为由劝阻，并未奏效；加之新开港道所占沙地面积少，而旧港道随即被泥沙淤塞成新的沙地，其面积远多于开新港道所占之沙地，新形成的沙地对闸外从事盐业生产的灶丁而言是极有利的，开直沙曲后，潮水上溯影响区域更广，有利于灶丁获取卤水，因而得到闸外盐户支持。在明代即有灶丁名王予钦者，曾开直一曲，却引起三江城民众公愤，民众上控于省府，灶丁遭重惩，所开之曲也得到恢复。此后，顺治七、八年（1650、1651），在闸外灶地头团村附近有一大曲，头团村欲开直此曲引潮水，遭到三江城居民极力反对，但由于沙曲近头团

---

① 程鹤巘辑著《闸务全书》下卷《新开江路说》，《绍兴水利文献丛集》上册，广陵书社，2014，第63页。

② 韩振：《绍兴三江闸考》，贺长龄：《清经世文编》卷一百一十六《工政》二十二，清光绪十二年思补楼重校本。

村，最终还是被该村村民偷开，此后不久，旧曲即淤塞了，也无法再恢复。① 程鹤翥感慨言："盖关锁既撤，蒪苇又无，潮汐到闸，止争呼吸间，沙不由此而壅乎？况曲从被人偷开后，更因东沙嘴亦坍去，又少几曲，今人犹呼为九曲，徒袭其名耳。"② 而康熙二十二年官员主持开浚之沙曲又是所有沙曲中"最远且大者，一旦开直，闸外并闸内田亩，每因咸水直上，秋收微薄，苏民处暂而困民反久"。沙曲开掘后再要恢复极难。一者旧江路皆成沙地，且已升科，眼前之利显而易见，灶丁乐于开曲；二者闸内百姓也因开曲之害未立刻显性，渐成积重难返之势。"则灶丁之获利显而共见，庶民之害隐而莫知。灶丁既所乐从，庶民未知关切，相延日久，即有老成人创复古之说者，反虑地税缺额，群起而谈笑之矣。"③ 恢复旧沙曲故道即不再可能。程鹤翥感慨于古今（作者按：今，指康熙二十余年）闸外形势之变："往日港道迂回，沙涂曲折，外又有芦草密比如云，而潮复三涨三落，不能遽抵内港；今则港路曲少，已成一派白地，彼涨此坍，潮汐更易于泛滥，兼之理斯大闸者不能洞悉原委，乡之先达者不暇直陈利弊，而欲闸务之整饬也，何日之有？"④

闸外芦苇等固沙、防风潮植物的破坏，以及沙曲的开掘，致使钱塘江大潮可以长驱直入，潮水携带之泥沙也容易淤积港道内，闸外泥沙壅高，影响内河泄水。针对此问题，时人也提出两种解决方法：其一，自内港到外港全力疏浚淤积泥沙；其二，于滨海沙涂及新涨沙地限留若干弓，分段劝谕，遍植芦苇，抵御潮水，缓解泥沙淤积。前者分派山阴、会稽县，"每里派夫四亩，除山田、沙田免役外，计派千余夫，委员督押，于每月小汛时，从闸下插签起，挨次分派，自内港掘出外港，遇淤沙难用力处，调附近各里泥船数只，备长柄铁锹百十把，掀淤泥入船，分运两岸"⑤。康

① 程鹤翥辑著《闸务全书》下卷《新开江路说》，《绍兴水利文献丛集》上册，广陵书社，2014，第63页。
② 程鹤翥辑著《闸务全书》下卷《新开江路说》，《绍兴水利文献丛集》上册，广陵书社，2014，第63页。
③ 程鹤翥辑著《闸务全书》下卷《新开江路说》，《绍兴水利文献丛集》上册，广陵书社，2014，第64页。
④ 程鹤翥辑著《闸务全书》下卷《辨讹》，《绍兴水利文献丛集》上册，广陵书社，2014，第61页。
⑤ 平衡辑著《三江闸务全书续刻》第三卷《筹卫海防》，《绍兴水利文献丛集》上册，广陵书社，2014，第120页。

熙十年（1671）疏浚闸外泥沙即照此法，此后则较少如此浚沙，原因与派夫受阻有极大关系。而植芦苇之举，也"非旦夕可稽之事，不无格碍难行"①。因此，开沙曲与毁芦苇导致的闸外环境改变已难以恢复，而闸外的泥沙问题此后一直未能解决。闸外原本处于屏障位置的东嚈嘴与西汇嘴坍涨变化，特别是东嚈嘴的坍塌，也与此有极大关系。

二　东嚈嘴与西汇嘴

三江闸外的东嚈嘴和西汇嘴（觜）其实是两块深入水中的沙地，如鸟兽之嘴。嚈即喙，《说文·口部》："嚈，喙也"，即嘴也；嘴，同"觜"，也即嘴。东嚈嘴即三江闸外东边延伸出的一块沙地，西汇觜（觜）即西面延伸出的沙地。杭州湾南岸在清代以后以淤涨为主，也有一些区域出现坍塌。三江闸外的东嚈嘴，清初开始坍塌，到清中期基本坍陷，而西汇嘴一直处于坍涨波动中。

三江闸本为三江汇集处，三江为钱塘江、西小江（浦阳江改道以前江行此道）、曹娥江，"曹娥江至西汇嘴止，会新昌、嵊县及上虞、会稽支流之水，归西汇嘴，俗呼为东小江；其钱清江俗呼为西小江，至东嚈嘴止，山（阴）、会（稽）、萧（山）三县之水出闸归于东嚈嘴。故东西二江，皆有三邑水合流出海。其东海之上流，即浙江，会金（华）、衢（州）、严（州）三郡及徽（州）、温（州）、杭（州）、绍（兴）四郡支流之水，合流东西二沙嘴入东海"②。所以，三江闸外的东嚈嘴、西汇嘴，即处三江与杭州湾之交汇处，两沙觜相交合，且沙形长阔，是大闸安危之外部屏障。康熙二十二年（1683）程鹤翥编《闸务全书》时绘有三江闸周边形势图，在此之前还有一副旧图，但因闸外形势已有变化，需要绘制新图。在程收入的新图中，东嚈嘴、西汇嘴已有较大变化，程鹤翥言：

　　不有旧图，不知向时之尽善而闸口长通；不有新图，不知近来之变迁而闸口易涨。二图不可缺一也。盖论地形沧桑更变，关系非轻，即如闸外九曲沙，此合郡风水所关，而闸之所系更甚，夫沙曲则潮不

① 平衡辑著《三江闸务全书续刻》第三卷《筹卫海防》，《绍兴水利文献丛集》上册，广陵书社，2014，第121页。
② 平衡辑著《三江闸务全书续刻》第三卷《筹卫海防》，《绍兴水利文献丛集》上册，广陵书社，2014，第120页。

直入，沙泥随曲而止，故闸长通，厥后开毁两大曲，出水固易，而潮
入亦易，闸口易涨者，此也；至如西汇嘴、东噉嘴，旧图两沙交合，
沙形长阔，此闸之外卫也，今两沙豁开，沙形窄狭，比旧时十减其
五，则潮势震撼而闸受病矣。此新旧图之关系，不可不载着也。[①]

程鹤翥虽然只是强调绘图中塘闸内外的一些地理环境的变化，却指出了影
响三江闸水流变化之两个关键因素：一是闸外原有的九曲沙乃闸外潮水屏
障，也是阻滞潮水向内搬运泥沙之重要障碍；二是闸外原有东噉嘴、西汇
嘴，此两沙觜相互交合，乃三江大闸外的重要屏障，然到康熙年间两沙觜
逐渐坍塌，沙形变窄，潮水可直入，泥沙也随潮淤积于闸外。

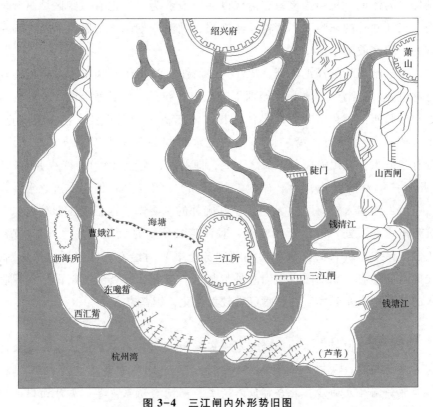

图 3-4　三江闸内外形势旧图

注：根据《绍兴水利文献丛集》上册（广陵书社，2014）第 21 页原图复绘。

---

① 程鹤翥辑著《闸务全书》上卷《塘闸内外新旧图说》，《绍兴水利文献丛集》上册，广
陵书社，2014，第 23 页。

　　到咸丰年间平衡再编《续刻》时，闸外的滩地又有极大变化，原来闸外仍残存的东嚱嘴及其他滩地都坍塌无存了，"《三江闸水利图》虽载《闸务全书》，但今昔沙水变迁，不得不因时补绘。查旧图新塘外有南涂、东嚱嘴及头团、灶地等处，计地四都，归钱清场管辖，今则滩卸无存"①。实际上，东嚱嘴到康熙二十余年以后大部分已坍陷。

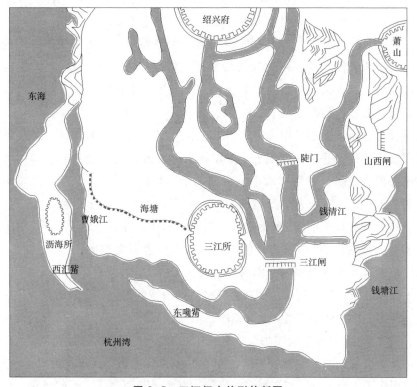

图 3-5　三江闸内外形势新图

注：根据《绍兴水利文献丛集》上册（广陵书社，2014）第 22 页原图复绘。

　　汤绍恩在选择筑闸位置时是经过多番考察的，其"遍观地形，以浮山为要津，卜闸于此"，"又相地形于浮山南三江之城西北，见东西有交牙状，度其下必有石骨。令工掘地数尺，果见石如甬道，横亘数十丈"②。当

---

① 平衡辑著《三江闸务全书续刻》第一卷《三江闸水利图说》，《绍兴水利文献丛集》上册，广陵书社，2014，第 75 页。

② 程鹤翥辑著《闸务全书》上卷《郡守汤公新建塘闸实迹》，《绍兴水利文献丛集》上册，广陵书社，2014，第 24 页。

时选定闸址处定然也是有利于施工处，闸外九曲沙、东嚖嘴、西汇嘴之屏障也是选定该处重要原因。

三江闸从万历年间萧良幹首次维修后，至明崇祯年间又有一次大修，在修大闸之前，需要在大闸内、外修筑内、外坝，以阻隔内河水与潮水。在东嚖嘴与西汇嘴相交汇，形成闸外的御潮屏障时，内外坝的修筑难度不是太大，但因闸外港道水深，坝相对较高；东嚖嘴坍塌后，筑坝难度增大，坝高却降低了，原因则与闸外泥沙淤积港道有关。

崇祯六年（1633）绍兴知府余煌第二次修大闸，主要对深洞淤积的泥沙进行疏浚，修闸前于闸内外筑坝两道，将闸周边积水排除，"先筑内外大小四坝，其内大坝，约高二丈五尺，阔五丈；小坝高二丈，阔三尺。外坝系浮山旧基，约高五丈，阔七尺；近闸小坝，约高三丈，阔三丈"。四坝共长五百余丈，坝桩用中号杉木数十排，又用挡潮木数十排，各坝桩之间用竹篾编接，并在内部填土。筑坝将内河与外潮之水分离后，即用水车将闸底积水排除，需用"水车一百部，车出坝内之水"，水车出自"附近山阴县二、四、五、六、四十四、四十五、四十六、四十七都，会稽县第三、四、五都里长"，还需要"戽斗约用二百个，斗桶一百只"，仍集中对闸本身进行维修。[1] 余煌之修闸步骤，基本代表明清修闸之基本过程，即每次修闸，先筑内外坝以分离内外水流。

康熙二十一年（1682）闽浙总督姚启圣捐钱数千金，命其弟代为佐理修闸，乃第三次大规模修闸。此次修闸，闸外水流环境、泥沙状况与此前相比已有较大变化："今东嚖嘴坍久，三分中止存一分，对进即姚家埭村落，到闸不及十里长，即江因盘绕路遥，亦不过多二五里路，犹齿亡唇也。"东嚖嘴已坍塌了大半部分，三江闸失一屏障，潮水可长驱直入。程鹤翥称，当时东嚖嘴"沙地北涯既坍，而南两涯亦有坍处，南北一顾，其地阔处仅在里许间，犹车无辅也。海口关锁已无，闸与海相近，近则曲少，潮直进奔腾，势难沮遏，犹国无城郭山溪，敌人得以长驱直入也。矧沙地又无崔苇挡潮，故潮甫进东嚖嘴，俄顷间即至闸。频年因海近浮泥而沙屡涨，亦足征潮之势急，外坝反可减其小坝矣，万不得已，亦当阔其坝基，以防不测"[2]。闸外泥

---

[1] 程鹤翥辑著《闸务全书》上卷《余公修闸成规条例》，《绍兴水利文献丛集》上册，广陵书社，2014，第33页。

[2] 程鹤翥辑著《闸务全书》下卷《修闸成规管见》，《绍兴水利文献丛集》上册，广陵书社，2014，第48页。

沙未大量淤涨之前，内河与闸外的闸港水位皆相对较深，筑坝既高又阔，"昔年潮不浊、沙不涨，河海皆深，故坝不得不高阔。近来之潮，泥水相半，闸内外不时泥涨，常可摊晒""故河海皆浅，而坝不必高，亦不必阔"。① 旧时坝因水深故高，坝高则水势大，筑坝时打桩柱的难度即较大，所以坝基不可不阔；后因水浅，坝无须高筑，下桩柱的难度变小，坝基也就不用太宽阔。

虽然康熙二十一年（1682）大修时，闸外的沙觜已坍塌不少，沙曲也部分裁直，但仍有一些沙曲对调节闸外水流有影响；而且闸外泄水的港道较窄，易于筑坝。乾隆六十年（1795）浙江会稽籍、官至兵部尚书的茹棻主持第四次大修三江闸，其闸外沙曲已基本淤塞，需要新开港道作为泄水通道，其时"汹涛直奔如矢，不敢撄难犯之锋，移基岭以内，且虑土堰不能御防，照此塘该筑抢水头、备两坝，头坝距闸一百二十二丈二尺，备坝距闸近十四丈，用土逐层夯筑"②。外坝的筑坝地点由康熙二十一年的巡司岭外向内退，闸外两坝距闸皆相对较近。

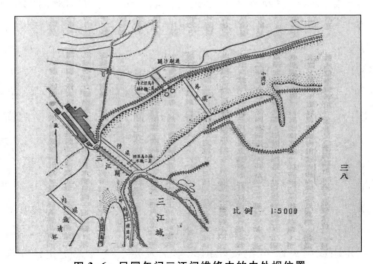

图 3-6　民国年间三江闸维修中的内外坝位置

资料来源：《修筑绍兴三江闸工程报告》，《浙江省建设月刊》1933 年第 11 期，第 38 页。

---

① 程鹤翥辑著《闸务全书》下卷《修闸成规管见》，《绍兴水利文献丛集》上册，广陵书社，2014，第 49 页。

② 平衡辑著《三江闸务全书续刻》第二卷《修筑备览·筑坝》，《绍兴水利文献丛集》上册，广陵书社，2014，第 103 页。

道光十三年（1833）郡守周仲墀第五次大修三江闸，是年秋，筑坝告成即值霖雨大至，又毁坝泄水。因毁坝泄水，闸内、外积水不能车出，往年筑坝车水后，再从下向上修闸之法不能施行。于是先修水面以上部分，视石缝大小高下，先用灰铁填补，其有缝小不用铁针填嵌，及近水处石灰难用者，改用油松削针以塞之。于次年冬再筑坝车水，将底部缝隙完全用沃锡修补。[1] 此次筑坝仍照乾隆六十年（1795）之法，"惟年来潮益犷悍异常，岭以内旧基刷宽且深，势难株守"。闸内"内坝各基，向就河身狭处，断无更易；外坝宜视潮流缓急，基无定所"。因闸外已无任何屏障，筑内外坝，就必须根据潮汛时间来抢筑，"海潮每月两汛，大汛十二与二十七日起，至十八、初三日而止，过此渐杀；小汛只初八至十一暨二十三至二十六，八日耳。筑内坝必大汛；筑外坝必小汛，然又后内坝半月"。[2] 因此，三江口的沙觜以及闸外的九曲之变，也直接影响了历次筑坝修闸工程。

三　钱塘江主泓北移与闸外泥沙变化

古时钱塘江入海（杭州湾）之道有三亹。亹，本意为峡山两岸对峙如门的地方，钱塘江在萧绍北部走向受山脉限制，两山之间如江流之门户，故三亹也作三门。三门具体如下：一曰南大门，又称鳖子门，处萧绍北部龛山与赭山之间；一曰中小门，在赭山与河庄山之间；一曰北大门，在河庄山与海宁县城之间（见图 3-7）。[3] "北大门约阔三十余里，有河庄山为界；河庄山之南为中小门，约阔八里，有赭山为界；赭山之南为南大门，约阔三十余里，有绍郡之龛山为界。"[4] 目前的研究认为：北大门江道宽约 10.5 公里，中小门江道宽约 1.7 公里，南大门江道宽约 6.2 公里。[5] 在 18 世纪以前，钱塘江主泓走南大门，但其间也有变化。具体而言：13 世纪钱塘江出现第一次从南大门改走北大门，历史上称之为"海失故道"，海潮冲蚀海宁城南 20 多公里，水由河庄山以北进出，但不久即恢复了江海故道，继续走南大门；15 世纪杭州湾北岸又发生一次巨大变化，江岸大坍，

---

① 浙江省水利局：《修筑绍兴三江闸工程报告》，《塘闸汇记》，《绍兴水利文献丛集》上册，广陵书社，2014，第 259 页。

② 平衡辑著《三江闸务全书续刻》第二卷《修筑备览·筑坝》，《绍兴水利文献丛集》上册，广陵书社，2014，第 103 页。

③ 朱定元：《海塘节略总序》，查祥：《两浙海塘通志》卷二，清乾隆刻本。

④ 朱定元：《海塘节略总序》，查祥：《两浙海塘通志》卷二，清乾隆刻本。

⑤ 浙江水利志编纂委员会编《浙江省水利志》，中华书局，1998，第 238 页。

潮水直冲临平和长安坝，赭山陷入海中，潮流再入北大门，不久江海又回
故道。因此，清代中叶以前，钱塘江主泓以走南大门为主。到 17 世纪末，
南大门外的口门外发生大变化，涨潮冲刷槽和落潮冲刷槽之间的中沙露出
水面，成为一个大沙洲，居民上千户，而且发展成市镇。这个沙洲位于海
宁以南，也称南沙。南沙滩地的形成对潮流进出南大门有很大影响。泥沙
逐步沉积，到 17 世纪末，淤积成陆，南大门逐渐淤塞，水流开始由中小门
出入。但中小门宽度不及南大门一半，而且还有一座雷山阻滞水流，故到
18 世纪，水流全由北大门出入。虽然乾隆二十三年（1758）经过人工切
沙，江流被引入中小门，但不久又回归了北大门（见图 3-7）。①

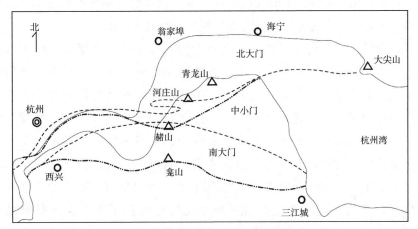

图 3-7 钱塘江三门变迁示意

资料来源：陈吉余：《海塘：中国海岸变迁和海塘工程》，人民出版社，2000，第
30 页。

　　杭州湾淤涨的泥沙虽有部分来自上游钱塘江江流冲刷，但河口段的
潮水势如排山奔马，闻名中外，杭州湾的潮汐才是杭州湾泥沙搬运与沉
积的主要动力，潮汐搬运外海及长江三角洲地区的泥沙沉积于三江口及
南沙区域。这些外海的泥沙，主要来自长江三角洲，伊懋可等人认为泥沙
也与黄河改道（夺淮入海期）有关。② 为何在这个时段钱塘江主泓被逐渐

---

① 陈吉余：《历史时期的海岸变迁》，《陈吉余（伊石）2000：从事河口海岸研究五十年论
　　文选》，华东师范大学出版社，2000，第 196～197 页。
② 〔英〕伊懋可、苏宁浒：《遥相感应：西元一千年以后黄河对杭州湾的影响》，刘翠溶、
　　〔英〕伊懋可主编《积渐所至：中国环境史论文集》，中研院经济研究所，1995，第 507～
　　578 页。

固定在北大门？对此，陈吉余先生认为与明代中叶浦阳江改道有极大关系，"原来钱塘江河口上段在16世纪浦阳江改走渔浦入钱塘江，促使水流对北岸冲蚀，有利于潮水从北门出入。北门冲出以后，南门、中门淤塞，中门淤塞便成为现在的南沙，呈半岛形向北突出"。[①] 因此，明代中叶浦阳江下游改道，就不仅仅是萧绍内部河道水系的变化了，甚至影响了钱塘江水势走向。

从钱塘江主泓开始北移的时间看，在明代后期已有北移趋势，南大门的淤积是一个缓慢、累积的过程。山阴本地人祁彪佳在崇祯十五年（1642）乘船至白洋观潮，目睹南大门江面只剩一线水面。[②] 自然环境变化导致的次生环境变化，需要一定的反应时间，因此浦阳江在明中叶改道后，其对钱塘江下游河道变化之影响，至明后期才逐渐显现出来。

钱塘江主泓无论走南大门还是北大门，对于沿岸海塘修筑压力都极大，走中小门是最优选择。为此，乾隆初年治河官员就一直在为将钱塘江主泓引至中小门而努力。乾隆十一年（1746）在浙江巡抚常安主持下开挖中小门河道，共挖河道1247.5丈，面宽3丈至6丈不等，底宽2丈至4丈不等，深6尺至7尺不等；乾隆十二年春汛期间，又再次动工开挖。至乾隆十三年春，朝廷官员在查勘当时河道形势时指出：中小门自乾隆十二年十一月冲开以来，初宽20余丈，今已宽至450余丈。钱塘江逐渐水归故道，两岸塘工的紧张局面也暂时缓和下来。这种安稳局面持续了十二年，之后钱塘江水势又发生根本变化，中小门因雷山、蜀山处涨沙连接，水势逐渐北趋改走北大门，直接威胁北岸海宁一带海塘安危。[③]

乾隆二十三年（1758）以后，钱塘江主泓基本固定在了北大门。钱塘江北徙后，南岸泥沙开始快速淤涨，可能一年内就能涨出几公里，如会稽人范寅在《论涨沙》文中称：咸丰辛亥（1851）二月初，其送胞兄至安徽，至西兴石塘上话别时，仍见洋洋水阔十里的钱塘江，当时以石塘为渡口，其兄跨脚即上船，向西而去；但次年（1852）夏，其兄归来参加乡

---

① 陈吉余：《历史时期的海岸变迁》，《陈吉余（伊石）2000：从事河口海岸研究五十年论文选》，华东师范大学出版社，2000，第197页。

② 邱志荣、陈鹏儿：《浙东运河史》，中国文史出版社，2014，第311页。

③ 参见和卫国《治水政治：清代国家与钱塘江海塘工程研究》，中国社会科学出版社，2015，第154~155、162页。

试，秋初范寅再至石塘渡口送兄长，则由石塘至上船处已隔水沙（即新沙）二里许。此后，"月涨年高，予亦数数往还江上，三十年间已由芦茅棉而稔瓜豆，其涨沙之地，上接闻堰，下至海宁对岸，昔年十里江面，今惟中流一境矣。此越城西壤之沙焉"。而萧绍平原北部北海塘外，从咸丰至光绪三十年间也涨出几十里，范寅言："其在越城北塘以外者，山阴、会稽、萧山三县之北境，东至偶山，西迄龛山，北临大海，三十年间亦涨数十里，此间民灶杂居，各相争讼，灶丁曰我有丁课，涨出则直出至河，亦归我；农民曰灶丁旧地足卤供煎，涨沙旷土我往筑圩开垦，亦归我。"① 从时间上看，虽然乾隆中期以后南沙即开始淤涨，仍以清后期涨速为快。由于沙地淤涨过快，未等老沙逐步变淡转变为农业用地，一些沙民即开始人工筑堤、开沟蓄淡养沙，因此民灶纠纷不断。

南岸泥沙淤涨则为曹娥江、三江闸口外的沙地淤涨提供充足沙源。这也是钱塘江江道变化后带来的又一连锁反应。因此，从清代中期以后，三江闸外泥沙淤涨速度也加快，闸外浚沙，旋浚旋淤，"考其原因，南沙涨势，逐渐趋向下游，影响所及，致三江闸出口处淤涨成为高滩，北接南沙平陆，东伸入海，达十公里之遥。南展至曹娥江口，面积广阔，欲图水力冲刷，诚非易事。且在平坦沙上，掘沟宣泄内水，赖一时启闭闸之效，虽可暂资冲刷，惟一遇农忙时闭闸，蓄水断流，涨沙即告淤淀，无可挽救"②。因此，对清代乾隆中期以后钱塘江主泓北移后果的研究，还需要给予更多关注。

钱塘江北移不仅给北岸海宁等地带来了前所未有之威胁，促使清代雍乾以后以举国之力修建北岸海塘；另一方面，江流迁徙，南岸泥沙淤涨后形成新的沙地，沙地开发使萧绍北部增加了大片土地，萧绍地区的农业垦殖进入全新阶段。与此同时，三江闸外原本的水沙格局被打破，闸外泥沙淤积渐趋严重。这是清代中期以后，特别是咸同以后，萧绍地区三江闸水利问题之核心。此后三江闸治理，一方面修补罅隙以保障闸内水量，另一方面则加大对闸外泥沙疏浚工作。特别是闸外的泥沙治理，成为清后期至民国年间三江闸治理之关键。

---

① 范寅：《论涨沙》，《越谚·附录》，张智主编《中国风土志丛刊》49，广陵书社，2003 年据光绪八年刻本影印，第 305～306 页。

② 《核议建新三江闸》，《浙江省建设月刊》1935 年第 9 卷第 2 期，第 16 页。

第三节　晚清至民国曹娥江河口泥沙坍涨与水环境

三江闸修建后，山会平原内可通过水则调节水位，保障平原内农田灌溉与航运往来；外可蓄积河水冲刷闸外淤积的泥沙，保障内河积水正常排泄，防止洪涝发生。这种格局从明嘉靖年间一直持续至清中期。清代中后期，杭州湾河口段水势发生改变，钱塘江主泓道在乾隆年间彻底改道向北，导致南岸泥沙逐渐淤涨，其间钱塘江主泓虽有短期南摆，南岸泥沙也有坍塌，但总体趋势是18世纪以后南岸沙地呈快速淤涨。[①] 曹娥江河口段（三江闸外）的泥沙属于杭州湾南岸淤涨沙地中的一部分，淤涨速度也加快，且随着三江闸逐渐老化，蓄水刷沙能力减弱，闸外泥沙就成为内河泄水的重要障碍。虽杭州湾南岸沙地总体呈淤涨之势，但曹娥江河口东西两岸经常此涨彼坍，这与曹娥江出水口走向直接相关。要对河口滩涂开发利用，须稳定滩地。[②] 而稳定滩地，首要稳定出水口。晚清民国时期，围绕曹娥江出水口的走向问题，东西两岸沙民冲突不断。

具体而言，清中期以后三江闸外泥沙淤涨，导致内河积水排泄不畅，平原内部水灾频发。为根治闸外泥沙问题，同治年间，地方官员在曹娥江河口东岸沙地中掘宣港泄水；然宣港开掘未能缓解闸外泥沙淤塞，反因曹娥江分流后，闸外泥沙因江流冲刷减弱，淤积更为严重。此外，开宣港泄水，导致河口东岸沙地受潮水冲刷而坍塌，影响该沙地民众生计；而三江闸外泥沙淤涨后，沙民、盐户竞相垦殖、晒盐，为保沙地不被冲塌，沙民伺机即欲开挖宣港；另一方面，曹娥江西岸东江塘外的泥沙本为江塘抵御潮水冲刷之缓冲，宣港淤塞后，东岸西汇觜迅速涨出新的沙觜，沙觜阻碍使江水转而向南冲击东江塘，威胁江塘安全。为保江塘，塘内民众又开掘对岸沙觜以改江流走向。内河泄水、护卫江塘与保沙地等多方利益交织一起，并随曹娥江河口泥沙坍涨而变化。本书中的"泄水"主要指疏浚三江闸外闸港内淤积泥沙，以保障内河积水排泄；"保沙"则涉及三块区域的"沙地"问题：其一为曹娥江西岸三江闸西北部

---

① 陈吉余：《历史时期的海岸变迁》，《陈吉余（伊石）2000：从事河口海岸研究五十年论文选》，华东师范大学出版社，2000，第197页。

② 陈吉余：《关于曹娥江河口滩地围垦的意见》，《陈吉余（伊石）2000：从事河口海岸研究五十年论文选》，华东师范大学出版社，2000，第147~156页。

淤涨垦殖的沙地；其二为曹娥江西岸东江塘外的护塘沙地；其三则为曹娥江东岸西汇觜淤涨垦殖之沙地。此三处沙地坍涨变化，直接受曹娥江出水环境影响。

目前对历史时期山会平原水流环境的研究，主要关注平原内部水利治理，其中早期以鉴湖演变为重点，后期关注三江闸修筑前后影响，都集中在三江闸内，对于清代以后三江闸外的泥沙坍涨演变关注较少。[①] 此外，从整个山会平原水利史角度看，清代后期平原水利治理重点完成由治内河转向闸外河口，这种转变是杭州湾河口泥沙、水势变化的结果，这种变化又直接影响河口两岸民众生计乃至生命财产安全。因此，晚清至民国年间曹娥江河口泥沙演变研究，是解析整个平原水利新格局转变过程之关键。水流环境、泥沙变化与人类社会的应对共同构成河口自然—人文生态系统，本节尝试复原晚清至民国年间曹娥江河口三江闸外的泥沙淤涨与治理过程，揭示河口水流环境演变中的自然与人文因素，探讨河口水沙演变过程中，地方在治水举措上寻求与水流环境平衡的努力，以及因各利益相关方立场不同而产生的矛盾冲突。

一　三江闸外泥沙淤涨与内河水患

三江闸设于西小江、曹娥江、钱塘江交汇处，嘉靖十六年（1537）绍兴知府汤绍恩主持修建。大闸建有二十八泄水孔闸，以应二十八星宿，浅洞高丈六余，深洞二丈余。大闸主要功能有三：首先，解决杭州湾潮水倒灌问题。在大闸未筑以前，整个萧绍（萧山、绍兴）平原北部海塘虽已陆续修筑，但西小江下游通海，当内河水位较低时，杭州湾潮水乘虚而入，影响平原内农田水土环境；当值海潮汛期，则潮水势大，阻遏内河河水下泻，又造成平原内涝。大闸建成后，萧绍平原在海塘、大闸构建起的屏障护卫下，与北部杭州湾潮水隔绝，即"嗣后海河划分为二，潮患既息，闸以内无复望洋之叹"[②]。其次，萧绍平原长期困扰的排水问题得到基本解

---

① 陈桥驿：《古代鉴湖兴废与山会平原农田水利》，《地理学报》1962 年第 3 期；〔日〕佐藤武敏：「明清時代浙東におげる水利事業——三江閘を中心に一」，『東洋学集刊』1968 年 10 月；陈鹏儿：《绍兴平原现代河网水系形成的探讨》，《浙江水利科技》1981年第 4 期。

② 程鹤翥辑著《闸务全书》上卷《郡守汤公新建塘闸实迹》，冯建荣主编《绍兴水利文献丛集》上册，广陵书社，2014，第 26 页。

决。大闸未建以前，平原经常遭受内涝与洪潮危害，大闸修筑后通过观察水则的统一控制，平原内部洪涝灾害得到根本改善。① 此外，大闸修筑，还可以通过蓄积闸内河水，配合曹娥江主流冲刷泥沙，保障内河排水畅通。

三江闸修筑后，几乎每五十年要进行一次大修，从明代嘉靖年间至清代后期，共有五次大的维修，并常年设有专门的闸夫进行维护、管理。第一次大修于明万历十二年（1584）由绍兴知府萧良幹主持，在闸面两旁加巨石为栏，修补大闸闸缝；第二次大修于明崇祯六年（1633）余煌主持，更换诸洞被水冲坏之底石，并填补闸缝；第三次大修于康熙二十一年（1682）由姚启圣主持，用废铁塞闸墩，用羊毛纸筋灰弥合闸缝；第四次大修于乾隆六十年（1795）由茹棻主持，用渔网包石灰以填闸缝；第五次大修于道光十三年（1833）由绍兴知府周仲墀主持，仍然是以修补闸缝为主，视石缝大小高下，先用灰铁填补，无法用灰铁处则用油松削针以塞之，此次维修次年，又于冬季在闸内筑坝车水，将大闸底部缝隙完全用沃锡修补。② 每次维修重点都是填补闸石之间的缝隙。随着大闸逐渐老化，闸缝在水流冲刷下越变越宽，严重影响大闸蓄水及调节水位，也影响着内河冲刷泥沙的能力。至清同治年间，三江闸蓄水刷沙功能逐渐减弱，闸外泥沙大量淤积，闸门之沙已高至丈余，闸外潮水可越闸而入，甚至将闸内西小江河道淤塞。闸外泥沙淤涨，加重了三江闸的泄水压力。但闸外泥沙从何而来？这与清中期以后钱塘江主泓改道北大门有关。

清代中叶以前，钱塘江主泓以走南大门为主。17 世纪末，涨潮冲刷槽和落潮冲刷槽之间的中沙露出水面，南大门外淤成一个大沙洲，居民上千户，且发展成市镇。沙洲形成影响南大门潮流进出，泥沙逐步沉积，淤积成陆，南大门逐渐淤塞，水流开始由中小门出入。但中小门宽度不及南大门一半，而且还有一座雷山阻滞水流，故到 18 世纪，水流全由北大门出入。虽然乾隆二十三年（1758）经过人工切沙，江流曾被引入中小门，但不久又回归了北大门。③ 此后，钱塘江南岸的曹娥江河口段泥沙淤涨速度也加快，同治年间，由于泥沙淤涨，影响到三江闸排水，导致闸内水患频

---

① 汪家伦、蒋锡良：《古代绍兴三江闸述略》，《中国水利》1983 年第 3 期。
② 浙江省水利局：《修筑绍兴三江闸工程报告》，《浙江省建设月刊》1933 年第 11 期，第 30~46 页。
③ 陈吉余：《历史时期的海岸变迁》，《陈吉余（伊石）2000：从事河口海岸研究五十年论文选》，华东师范大学出版社，2000，第 196~197 页。

发，到晚清民国时期这种情况并未得到根本改善。泥沙淤涨虽与钱塘江主流摆动直接相关，但泥沙淤涨后，沙民趁机垦殖，将沙地变为耕地，在泥沙坍涨的自然变化中多了一层人为干预的因素。

清中期以前，整个萧绍平原的内河积水经三江闸排泄后，原本向东一二里即转向北汇合曹娥江而入杭州湾，这种水流环境持续很长时间。咸同战乱期间，绍兴被太平军占领近两年，在此期间，当地水利事务基本瘫痪，闸口之事无人过问，北海塘外沙地不断淤涨，原三江闸出水口以北也涨出大片沙地，沙民随即筑堤栽桑垦殖，此后官府对此片沙地征收地租，默认耕种。但沙地仍处于坍涨之中，士绅将此沙地大量占据，各得数千亩，名曰"拦潮坝"，实为三江闸外新淤涨沙地。

拦潮坝形成后，三江闸的闸流方向随即改变，江水转而向南绕坝外而去。由于三江闸内的水量不敌曹娥江，故势必待曹娥江水回落后，闸水才可外流，闸内田亩受害极深。民众上诉县、府，皆无回应，后上诉至省府，省里委任绍兴知府李树棠勘察处理。而李认为闸江由南向北流，"拦潮坝"无碍泄水，无须开掘。李不赞成开掘"拦潮坝"，根本上与该沙地所收地租利润不菲有关，当时致仕在乡的士绅根据官阶大小分地租之利。民众希望开掘"拦潮坝"的诉求无望后，只能于坝中开一港，以泄闸流。然数年以后，坝南面沙地被水冲刷，后逐年节节坍塌，当地人又将其称为"豆腐坂"。[①] 但光绪年间坍塌后，至民国十年（1921）这块沙地又复涨出，闸港再次淤塞，"自民国十年间豆腐坂复涨以来，屡掘屡塞，所费不赀，近更近逼闸前，巍然屹立，其长度且十余里矣。水流之畅达既已绝望，求一浅窄之港流而亦不可得。日来秋雨连绵，河水平岸，低田已遭没"[②]。民国年间该沙地再次淤涨后，闸内水流排泄再变困难，平原内农田常遭淹没。

三江闸西北还有一片更大的沙地，沙地编号"乾坤"，至清末已有大量沙民在此沙地上繁衍生息，沙地与曹娥江北岸西汇觜隔江相对。沙地淤涨后，当地大户、士绅争相垦殖，光绪十三年（1887）五月三十日的《申报》中即有专文分析闸外泥沙淤涨与沙地垦殖对闸流之影响，"三江闸口

---

① 周嘉烈：《记拦潮坝》，王世裕：《塘闸汇记》，《绍兴水利文献丛集》上册，广陵书社，2014，第314~315页。
② 《电呈疏掘三江闸港经费在借款内核拨文（9月16日）》，《绍萧塘闸工程月刊》1926年第1期，第33~34页。

虽未移动，而出水之处已移而出者约数十里，此数十里皆系淤沙积而为田，绅之强有力者，据而有之。日积月累，几至将闸口塞住。而泄水之处既移在沙田之外，其流必不速。而内地之水患，由是而多矣"①。光绪十九年（1893）当地士人在分析三江闸之弊病时言："（吾）尝见越之三江闸，其闸之外面积久涨滩，可得地数千百亩，于是就近地方绅士各据之以为已有，且日益培植，不使水由此处经过以害其种植之利，遂令闸口淤塞，水流不畅，一遇大水，无复迅速宣泄，而内地之田禾庐舍被淹者时有所闻。"② 随着沙地逐渐趋于稳定，渐有民众依赖新涨沙地生活，在沙地上栽种桑麻，所得租税也不少，"故近数年来，一遇秋霖，收成往往减色，而沙地开种桑棉，获利又甚厚"③。因此，沙地变化也就逐渐多了人为干预因素。一些沙民为保住沙地，人为改变江水方向，并对开掘闸港泄水多有阻挠。

因闸外泥沙淤涨，闸内积水排泄不畅，致使平原内部农田常遭水灾，无论是稻作，还是春花作物，皆有可能被内河积水淹没。明清萧绍地区稻作分早晚稻，但早晚稻并不形成复种，而是以农田水土环境划分早晚稻种植区域。水土条件好的水田、湖田以种植晚稻为主，收割后再种春花作物。民国年间的调查资料称："（绍兴）水田较肥，栽种晚稻、小麦、油菜等项，最为相宜；山田贫瘠，宜种早稻。水田约占十分之六，山田约占十分之四。"④ 晚稻于清明后灌水犁地，到霜降前后收稻，之后种春花作物。

平原内部积水排泄不畅时，对低地水田影响极大。如光绪二十二年（1896）九月初，正当晚稻成熟之时，绍兴接连七日大雨，后虽放晴，然境内稻田皆被淹，《申报》报道了当地士绅祭祀汤绍恩以求退水事件："今年绍兴秋收本极丰盈，乃自九月初旬大雨连绵，一连七日始止，迨晴霁多日而水仍未退，田禾概被水浸，大受损伤。据郡人云：皆由三江闸口壅塞所致，……此次闸塞之后，绅耆备办牲牢，特请邑侯前往祭奠，翌日闸已流通，水始渐退，然田中之稻则已大半腐烂矣。"⑤ 针对该年闸水阻塞以致

---

① 《天人远近说》，《申报》清光绪十三年五月三十日第 1 版。
② 《申报》清光绪二十四年八月初四日第 9 版。
③ 《申报》清光绪二十四年八月初四日第 9 版。
④ 魏颂唐编《浙江经济纪略》，1929 年铅印本，载民国浙江史研究中心、杭州师范大学选编《民国浙江史料辑刊·第一辑》第二册，国家图书馆出版社，2008，第 226 页。
⑤ 《申报》清光绪二十二年十月初五日第 3 版。

稻田受淹之灾，《申报》同年次月再次述说灾情：

> 今年浙省各属田稻，大抵丰收者居多，而惟绍郡山、会、萧三县，因九月初旬积雨连朝，三江闸壅塞，水势逆流，浸灌半月有余，各处田禾正在结实，被水浸后，初则禾生双耳，继则渐成腐烂。其被灾情形，萧山较轻，统计约五六分收成，山阴次之，仅得三分年岁，会稽则低田中皆颗粒无收，即最高之田不过二三分光景。①

该年全省稻谷丰收，山会平原却因三江闸壅塞，内水难泄而灌入稻田，眼看即将收获之稻米只能烂在田中。山阴县收成仅两三成，会稽因地势更低，几乎颗粒无收。一年收成转眼间即化为乌有。这种情况频繁发生，使当地农民对阴雨天气特别敏感，稍有大雨即担心稻田受灾。《申报》报道："绍地自九月初以来，雨多晴少，间有一日半日之阴晴，而地仍泞滑，虽三江闸通，未遭水害，而田禾收割在即，农民无不窃窃然忧之。"②

此外，稻米生长期对水的需求量极大，此时若天旱少雨，三江闸即闭闸蓄水，但也为闸外泥沙淤涨创造了条件，"若闸不开放，海潮挟沙而来，潮退沙留。旬日间，港中沙积高与岸等，后虽启闸，水无去路矣。近因天时旱干，内河之水灌溉稻田尚虞不足，久不启闸放水，以致沙滓日积，港道日塞，异日秋霖渥沛，山水下注，闸不通畅，尾闾无从宣泄，则山、会、萧三县顿成泽国，关系非轻"③。闸外泥沙因缺水冲刷而快速淤积。光绪二十六年（1900）八月十六日的《申报》中记录了当年入夏后，绍兴降雨较少，致闸港淤塞不通，"入夏以来，天气亢阳，晴多雨少，河水日涸，以致浮沙随潮而至，日积月累，港路淤塞不通"④。但相比而言，夏秋季节闸内水量较大，冬春季节水量较小，因而闸外泥沙淤涨最快。

晚稻收割后即播种春花作物，从头年十月霜降至次年六月芒种之间为春花作物的播种、生长、成熟期，这段时间也正是一年之中雨水较少时节，三江闸内河水水量较小，难以敌潮，故闸外潮水挟带之泥沙快速淤

① 《申报》清光绪二十二年十一月二十六日第2版。
② 《申报》清光绪二十三年十月初十日第2版。
③ 《申报》清光绪二十四年七月初四日第2版。
④ 《申报》清光绪二十六年八月二十六日第2版。

涨，此时若遇突降暴雨，闸口阻塞，内水难泄，又将淹没田中的春花作物。1926 年元月，闸外涨沙拥塞闸港，水流不畅，内河水势骤然增高，附近各村农民以闸港淤塞有害春花，邀数百人前往开掘，才得以畅流无阻。但此后短期内，闸外泥沙又涨至二十余里之遥，到五月春花作物成熟将收割之时，又进入梅雨期，积水难以宣泄，不仅影响春花收成，甚至影响晚稻播种。《申报》称："绍萧两县出水要道之三江闸，近因外沙淤塞，以致内河积水无从宣泄，加以连朝霉雨水势陡涨，低洼之处已成泽国，不特淹没已熟之春花，尤恐一届芒种，抽身为难。"① 因此，三江闸外的泥沙淤涨已成为山会平原内部水患根源，治理闸外的泥沙也就成为清咸同以后当地水利事务之核心。

二 泄水之策：开宣港以去淤沙

从同治年间开始，对于三江闸外的泥沙淤积问题，地方官员、士绅以及水利技术人员一直在寻求解决办法。但直到民国年间，闸外泥沙淤积与曹娥江水流走向所引起的沙地涨坍，并由此导致的区域社会矛盾一直存在。在最初的解决方案中，为曹娥江重新开辟一条出水通道被官员提出，即"欲为闸筹出路，即当为江筹去路"②。开"宣港"成为新水流环境下的治沙之选。

从水流环境角度看，选择开"宣港"，为曹娥江另寻出水通道，在当时有一定合理性。曹娥江、西小江在三江闸外汇合后，江流向西偏移，海潮亦随之由西而上溯至三江闸。江流向西迁回，流速减缓，潮水占据优势，海沙逐日涨高。同治五年（1866）浙江巡抚马新贻在上奏朝廷疏浚闸港的奏疏中称，此格局乃近十余年才彻底形成，背后原因也与咸同年间战乱水利失修有关，"从前附近业佃，随时挑挖，以免水患；兵燹以后，农民迁徙无定，水利不治，拥塞遂甚"③。因闸外泥沙淤积，内河积水排泄不畅，致使同治三、四年（1864、1865）间绍兴境内发生严重水患，特别是同治四年的水灾异常惨烈。

---

① 《申报》民国十五年 5 月 18 日第 10 版。
② 《浙江巡抚王凯泰奏禀浙抚勘明三江闸宣港淤沙文（同治五年）》，《塘闸汇记》，《绍兴水利文献丛集》上册，广陵书社，2014，第 281 页。
③ 《浙江巡抚马新贻奏勘办绍兴闸港疏浚折（同治五年）》，《塘闸汇记》，《绍兴水利文献丛集》上册，广陵书社，2014，第 280 页。

同治四年（1865）八月二十八日上谕档载："本年五月二十四、五等日，浙江之杭嘉湖严绍五府所属各县大雨，阅七昼夜不绝，绍兴府山水陡发，海塘冲坍，萧山县沿江地方水与屋齐，居民淹毙者万余。"[①] 这一年，李慈铭从京城回乡（绍兴），目睹了此次水灾之惨状："越中此次水患，亘古未闻。今自西陵来，见居室冢墓多被决坏，闻水盛时，棺漂如筏，奔流而下，萧山之郭没玉顶，郡城大街俱可行舟，不特稻秧无复遗种，果瓜之属亦靡孑存。盖岁所储皆饷海，乃若至棉花、菜油、秫酿百物俱如一洗。"[②] 此次大水灾虽由大雨引起，然闸外泥沙淤积，壅塞闸港，则进一步加重了灾情。同治四年水灾后，同治五年初当地又现干旱。干旱致使平原内河水量锐减，闸外泥沙快速淤涨。如此循环，一有降雨，必然再发洪灾，且当时"闸外之沙高与闸齐，且越闸而入内河，若不趁此冬令水涸，力求疏浚，来春水发为害甚巨"[③]。治沙已迫在眉睫。于是，浙江巡抚马新贻下定决心，根治闸外淤沙问题。马让绍兴候补知府李寿榛主办，在籍绅士、江西候补道沈元泰等人协同办理，并委任按察使王凯泰前往查勘。王凯泰于同治五年十月二十五日从杭州出发，二十六日抵达绍兴，随即会晤了绅士沈元泰，并接见绍兴知府高贡龄、李寿榛，以及山阴、会稽两县县令。在查勘三江闸外水沙环境后，成文千余字上禀马新贻，提出"欲为闸筹出路，当先为江筹去路"，建议开掘宣港"故道"（见前文所附图 3-8）。

宣港，以港道直对曹娥江南面堤塘内宣港村而得名。所谓宣港"故道"，即乾隆年间至道光十五年（1835）以前，闸江皆由宣港入海。只是到咸丰年间才改由丁家堰入海，到同治初年出水口西移于大林、夹灶处入海，海口离闸渐远，故闸外泥沙不断淤积，原"宣港"故道淤废。在同治五年的查勘中，宣港的"故道"痕迹依然十分明显。港道北接海口，南接曹娥江，南北相距有五里余，北口靠近杭州湾潮水，被潮水冲刷港道较深，南口则由曹娥江江水冲刷，南北之间虽已被泥沙淤积，仍可看出原河道痕迹，勘察时"故道"呈一片荒沙之象，也无田庐坟墓，故可开通，而

① 中国第一历史档案馆编《咸丰同治两朝上谕档》第十五册（同治四年），广西师范大学出版社，1998，第 388 页。
② 李慈铭：《越缦堂日记》，广陵书社影印，2004，第 3338 页。
③ 《浙江巡抚马新贻奏勘办绍兴闸港疏浚折（同治五年）》，《塘闸汇记》，《绍兴水利文献丛集》上册，广陵书社，2014，第 280 页。

"开通之后，西江即有去路矣"①。所谓"西江"即指流经三江闸的西小江，即闸外称闸江。

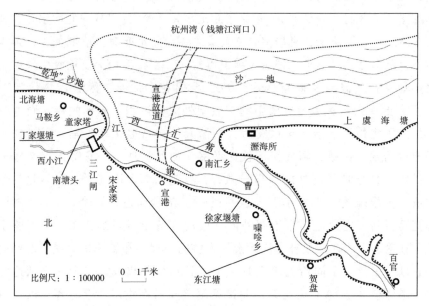

图 3-8　1939 年曹娥江河口形势②

在开宣港同时，还疏浚闸港，并新建水闸，以协助冲刷泥沙。由于闸口沙泥淤涨，闸口二十八洞已横积沙泥，需要先行开掘。开掘闸港须从闸口向外推进，挖掘规模，"宽处多以十丈，少以六丈为度；深处多以一丈，少以六尺为度"③，挖出之泥沙则必须拉运上岸，运至远处，闸内、闸外一并开挖，逐节疏通，出闸之水可接曹娥江而入宣港；其次，知府李寿榛建议修复山西闸，在栋树下建黄草沥闸辅助三江闸泄水。山西闸位于萧绍交界，起辅助三江闸泄水作用。三江闸为萧绍平原尾闾，内地遇有大水，常忧虑三江闸不能及时泄水而形成内涝，其畅流与否关系整个萧绍平原之安

① 《浙江按察使王凯泰奏禀浙抚勘明三江闸宣港淤沙文（同治五年）》，《塘闸汇记》，《绍兴水利文献丛集》上册，广陵书社，2014，第 281 页。

② 根据萧绍塘闸工程处《电为三江闸港被大潮淤塞情形及雇工挖掘开工日期报请核备由·附图》改绘，浙江省档案馆藏，档案号：L098-2-519。

③ 《浙江按察使王凯泰奏禀浙抚勘明三江闸宣港淤沙文（同治五年）》，《塘闸汇记》，《绍兴水利文献丛集》上册，广陵书社，2014，第 282 页。

危。如康熙九年（1670）秋，萧绍阴雨，闸内水患复作，境内农田皆为洪水淹没，知府李铎于明戴琥在洋山所设的山西闸处，重建山西闸，协助三江闸泄水，设专人负责管理闸，其规模、制度皆仿照三江闸，置"元"字号沙田一亩，作为取土填闸缝之用，再置"长、持、改"三号江田 30 亩，岁取田租以供修葺所用。① 但此后疏于维护即废弃了。而黄草沥闸也在三江闸未建之前即有，三江闸建成后，此闸湮废。② 此次治闸、疏沙，又将此二处闸复建。

开宣港后，曹娥江江水分两路而出，潮水亦由两路而入，因担心潮水挟带泥沙沉积闸外，又在丁家堰处修筑一道大坝，以挡西边而来之潮水，大坝屹立江心。③ 此次治沙效果明显，同治六年（1867）二月，李寿榕再赴闸港查看时，"闸乃豁然，不复再雍"④。然地处杭州湾的江流河道，水流环境本就极为复杂，宣港开掘后不久，新的水流环境逐渐形成，也延伸出新问题。

宣港开通后，曹娥江水流一分为二，原三江闸外的曹娥江水量骤减，几年后闸外泥沙淤积就变得更为严重了。光绪初年，本地士绅宗能即阐述了开宣港之害，其言："明太守汤公（汤绍恩）查其形便，建闸其间，于是握山（阴）、会（稽）、萧（山）三邑水利之总键，世称大利焉。数百年来，闸外沙线偶有变迁，亦未为大患。即患，亦易于补救。自同治五年开宣港以后，闸患乃年重一年。"⑤ 原因是未开宣港以前，曹娥江自东南向西北流，闸江自西曲流与曹娥江汇合，杭州湾的潮水则自东北来，因有西汇觜沙洲为屏障，潮水不能直接进三江闸，也不能直入曹娥江，潮水须经东北折而转向东南再入曹娥江，后再折向西南抵达三江闸处。当地一直有"三湾抵一闸"的谚语，河道弯曲既能抵御潮水倒灌，又能阻滞泥沙淤涨。但在西汇觜开掘宣港后，三江闸闸口直向东北，潮水携沙而入，毫无阻滞。潮水入曹娥江易，入闸港更易。此外，从曹娥江、三江闸闸港感潮先

---

① 朱阜：《重建山西闸碑记（清康熙九年）》，《塘闸汇记》，《绍兴水利文献丛集》上册，广陵书社，2014，第 249 页。

② 《黄草沥闸》，《塘闸汇记》，《绍兴水利文献丛集》上册，广陵书社，2014，第 278 页。

③ 《绍兴知府李寿榕重浚三江闸港碑记（同治七年）》，《塘闸汇记》，《绍兴水利文献丛集》上册，广陵书社，2014，第 287 页。

④ 《绍兴知府李寿榕重浚三江闸港碑记（同治七年）》，《塘闸汇记》，《绍兴水利文献丛集》上册，广陵书社，2014，第 287 页。

⑤ 宗能：《拟修三江闸议》，《经世报·农政》，1897 年汇编二，第 169~172 页。

后看，因曹娥江江段较长，上溯的潮水退潮较迟，但三江闸闸港较短，潮水退却较快，故闸港内的潮水将退尽之时，上溯曹娥江的潮水才刚刚退下来，所退之潮水又涌入闸港，将闸港退潮潮水携带出去的泥沙又带入闸港内，闸港泥沙淤积程度加重。当闸内之水无力冲刷时，必然闸港阻塞，影响泄水。因此，宗能认为开宣港是闸外沙淤病根所在，"开港以救闸流之病，反以种闸病之根。今病深而须急救，若治标求末，恐终不起，自当力拔其根。拔根之道，非堵宣港不可"。然宣港初开之时，港道宽不过数丈，到光绪初年港道宽数百丈，堵宣港难度极大。[1] 此倡议并未实行。就在宗能私议堵宣港之论二十余年后，光绪二十八年（1902），宣港西岸坍塌，港道西移，曹娥江出海口向闸港靠近。[2] 宣港故道逐渐淤塞，曹娥江出水逐渐向西，此水流变化缓解了闸外的泥沙淤涨问题，但又影响到了三江闸西北"乾坤"沙地与江塘安危。

晚清民国时期，由于原先开掘的宣港又逐渐淤塞，曹娥江主流出水口逐渐西移，这种变化后形成的新的水—沙关系，影响到河口四部分群体利益：其一，曹娥江河口泥沙坍涨变化受江流走向影响，长期以来，"乾坤"沙地上的沙民逐渐有了观察江口水流与泥沙坍涨之感性经验，即"东涨则西坍"。因此，当宣港淤塞，曹娥江主流转向西北出海后，三江闸西北部的沙地就有坍塌危险，该地沙民力主疏掘宣港以保沙地。其二，由于宣港逐渐淤塞，西汇觜沙洲淤涨，曹娥江出水环境发生改变，江水转而冲击西岸的东江塘，威胁塘内民众生命财产安全，故至晚清民国时期，从江塘安危角度考虑，也需要开掘宣港。其三，宣港淤塞后，西汇觜沙洲上渐有沙民垦殖，若再开宣港，直接威胁新垦沙地，故西汇觜沙民极力反对开宣港。其四，从三江闸泄水角度来看，要借助现已西移入海的曹娥江冲刷闸外泥沙，再开宣港也不妥当。因此多方复杂利益交织在一起。

三 护江塘与保沙地

杭州湾南岸的萧绍平原三面临江，北靠钱塘江，东临曹娥江，西面为浦阳江、钱塘江。平原三面海塘自唐代开始即进行系统修筑，至明清基本

① 宗能：《拟修三江闸议》，《经世报·农政》，1897年汇编二，第169~172页。
② 《宗能述三江闸私议》，《塘闸汇记》，《绍兴水利文献丛集》上册，广陵书社，2014，第288页。

稳定。其中北面为北海塘，东面为东江塘，西面为西江塘，海塘成为平原抵御潮水倒灌的重要屏障。清乾隆以后，随着钱塘江主泓北移改走北大门，南岸萧绍段泥沙淤涨，形成大片沙地，北海塘距海水渐远，较少溃决；西江塘从明代中叶开始全面系统修筑，明清时期为萧绍平原西部屏障；东江塘为萧绍平原的东部安全线，清代后期由于曹娥江出水口的摆动，江塘外沙地不断遭受潮水冲刷，时有溃决之患，加之光绪以后东江塘仍有大段土塘，江塘一直依赖塘外大片涨沙防护，故有护沙之称。宣统二年（1910）绍兴政治研究社在给会稽县令的保护塘外护沙建议书中称："沙之坍涨无常，沙坍则塘身临水，一经冲激，即行倾陷。塘之安危，实惟护沙是视。"[1] 自光绪三十年（1904）至民国元年（1912）间，塘外护沙逐渐坍没，"塘身日形险象揆厥，原因实由对岸沙角淤涨，水势折流，使曹娥江下注之水，悉冲激于塘身"[2]。

　　东江塘险堤中以啸吟乡徐家堰塘最为典型，该段江塘概系土塘，自塘对岸沙觜淤涨后，塘外护沙坍没殆尽，上游来的曹娥江江水被对岸沙觜阻抬，转而冲击塘身，危及车家堰、徐家堰以东的"知、过、必、改、得、能、莫、忘、罔、谈"十字江塘。早在道光、咸丰年间，为护江塘，当地民众在江塘徐家堰对岸沙觜上已两次疏掘，沙觜中疏通的水道被称为"辽江"（潦江），所掘辽江"自上虞境内江头庙塘外起，至绍兴偶浦堰头对渡止，乃作一欹斜形，使江水潮流顺水性而经此畅流"[3]。后对岸沙觜又被沙民筑堤垦殖，江水又逼近塘身，至光绪三十年（1904），徐家堰塘外护沙已坍尽。在"十字江塘"中又以"忘、罔、谈"三处最险。为开掘沙觜，啸吟乡乡民四处奔走。宣统二年（1910）啸吟乡民阮廷渠援照省谘议局章程农田水利会规决议，组织成立水利会，纠集邻近的道墟、东关、吴融、孙端、合浦、贺湖六社，啸吟等八乡民众，呈请官厅立案，水利会呈文称："应亟谋防护之法，以免塘堤险祸，计惟将对岸江头庙前新涨沙角疏掘以去，庶江流顺遂，冲激可免，且从西汇觜上泝（溯）之潮，经此沙角

① 《绍兴政治研究社上会稽县陈令，陈述徐家堰外护沙应谋防护书（1910 年）》，《塘闸汇记》，《绍兴水利文献丛集》上册，广陵书社，2014，第 313 页。
② 《绍兴县议会咨绍兴县知事请移知上虞县会议疏浚东塘西汇觜沙角涨沙文（1912 年）》，《塘闸汇记》，《绍兴水利文献丛集》上册，广陵书社，2014，第 296 页。
③ 《疏掘辽江始末记（1911 年）》，《塘闸汇记》，《绍兴水利文献丛集》上册，广陵书社，2014，第 293 页。

本须北折而冲激于对岸花弓地方之塘，果照此掘去，于对岸塘身实亦多裨益。"① 宣统三年（1911）三月，绍兴府分饬会稽县、上虞县会勘，五月，绍兴府函请浙路工程处测绘准图，以便核办。江塘对岸沙觜，"本自十数年来逐渐浮涨，原亦无人管业，近始有人低筑支塘，稍稍种植，然不过十之一二"②。而对岸沙民却将用于标记所插之标枪抢拔，阻止开掘。民国元年（1912）绍兴县又欲开掘沙觜，因对岸沙觜行政上属上虞县管辖，开掘与否还需与上虞县协同后再行定夺，"自曹娥江对岸上虞境辖之西汇嘴沙角淤涨，水流转折，冲激塘身，以致塘外护沙逐渐坍没，危险情形奚堪设想，自宜速筹疏浚，以卫民生，惟区域画分两县，如何办法，必须两县协商"③。因行政归属及利益纠葛等原因，东江塘对岸沙觜疏掘并不顺利。

民国三年（1914）六月二十五日山会骤降暴雨，潮水冲激塘身，致多处坍没，塘外护沙尽遭冲塌，溺死沙民无数。经此番水灾后，该段江塘民众视江头庙沙觜为"剥肤之痛"，因痛成恨。于是民国四年（1915）七月间，未得官署同意，当地民众即纠集数千人至对岸疏掘沙觜，三日完成。但绍兴县、上虞县认为此举乃民众擅自行为，一面提办带头之人，一面责令恢复原状。后此事被上报省里，省长派出测绘员在两地之间测绘应掘之线。作为交换条件，绍兴县所辖东江塘外之扇袋觜也一并掘一小角，以作调停。议定之后，民国六年（1917）才开始正式疏掘，"计绍地肩袋嘴斜长九百数十尺，虞邑小南汇斜长一千八百数十尺，阔各八尺，底阔各二丈，出纳口阔各十六丈"，历时半月而成，"至五月间，山水暴发，所掘之小南汇辽江，遽然畅流，工程得以告竣"。④

在掘西汇觜沙角时，"乾坤"沙地沙民与东江塘附近民众利益一致，即开掘对岸沙觜，让曹娥江出水口最好稳定在原宣港附近，所开掘之"辽江"其实与"宣港"作用相似。后期随着辽江港道又淤塞，此两处民众又开始开挖宣港。在光绪十六年（1890），马鞍乡民见原开掘宣港被泥沙淤

---

① 《绍兴政治研究社上会稽县陈令，陈述徐家堰外护沙应谋防护书（1910年）》，《塘闸汇记》，《绍兴水利文献丛集》上册，广陵书社，2014，第 314 页。

② 《东江塘水利会会长阮廷渠呈浙省抚藩及宁绍台道：请掘徐家堰对岸沙角文（1911年）》，《塘闸汇记》，《绍兴水利文献丛集》上册，广陵书社，2014，第 293 页。

③ 《绍兴县议会咨绍兴县知事移知上虞县会议，疏掘东江塘西汇嘴沙角涨沙文（1912年）》，《塘闸汇记》，《绍兴水利文献丛集》上册，广陵书社，2014，第 296 页。

④ 《疏掘辽江始末记（1911年）》，《塘闸汇记》，《绍兴水利文献丛集》上册，广陵书社，2014，第 295 页。

涨，担心江流向西冲刷乾坤沙地，于己不利，已擅自开掘宣港，后绍兴知府霍顺武勘明后认为此举有碍闸道泄水，予以禁止。①

　　除东江塘外，马鞍乡下属北海塘靠近曹娥江段部分石塘也因江水冲刷而出现险情。民国八年（1919）初，三江闸外丁家堰处塘外泥沙坍塌殆尽，潮水进逼石塘，塘内泥塘毗邻深河，塘身渗漏严重，且有"忠、则、尽、命"四字号塘塘面出现裂纹，形势危急。于是，马鞍乡自治委员沈一鹏条陈疏浚宣港。提案上呈水利联合会后，沈一鹏陈述丁家堰塘外泥沙坍尽，亟须掘港以杀水势。水利联合会于五月十六日派员赴实地查勘，先至丁家堰一带察看，见该处塘外沙地尽行坍没，逼近石塘；后又再至西汇觜查勘现掘宣港情形，当时旧港故址已难寻觅。当地人皆称：宣港一开，可以分杀潮水，虽于丁家堰等处堤塘有益，但曹娥江下游水势被宣港一分，激力薄弱，恐三江闸外东西两面浮沙易涨难刷，有碍闸江宣泄。勘察人员将两方诉求上报水利联合会，认为各有理由，应如何处理请由会众妥议公决。② 然未等开会议决、实地查勘，马鞍乡民即于四月初十、十一两日，鸣锣树旗，蜂拥两千余人，将之前开掘而未完成之宣港禁沙，大肆疏浚，竟成河渠。③ 在护沙地与保江塘诉求下，民众大肆开掘宣港。

　　此举立即引起西汇觜沙民极大恐慌，五月二十三日，西汇觜章维椿等五十六人联名上文水利联合会，述说掘宣港之害，称："窃公民居宣港口内西汇嘴，是地三面滨海，惟东接壤旧会邑粮田及上虞民地，形势甚危，历年得以安居乐业者全赖宣港口外涨沙为藩篱。"西汇觜坍陷根源始于同治初年的掘宣港，且致使闸外泥沙大涨，"查清同治初年，有为马鞍沿海保全沙地者，创开掘宣港之议，以致天然江流，陡起变迁，彼涨此坍，三江闸外涨复十余里。闸道迂远，绍、萧河水宣泄为难，田禾时遭湮没，虽屡浚闸道以修水利，而旋疏旋塞，消耗经费，累至巨万"④。同治初年知府李寿榛等人掘宣港，出发点乃为分曹娥江以畅闸流，却致使随后西汇嘴外

---

① 《萧绍两县水利联合研究会议决沈一鹏陈请修埂保塘并浚复宣港闸道案·附录（1919年）》，《塘闸汇记》，《绍兴水利文献丛集》上册，广陵书社，2014，第301页。

② 《萧绍两县水利联合研究会议决沈一鹏陈请修埂保塘并浚复宣港闸道案·附录（1919年）》，《塘闸汇记》，《绍兴水利文献丛集》上册，广陵书社，2014，第301页。

③ 《萧绍两县水利联合研究会议决沈一鹏陈请修埂保塘并浚复宣港闸道案·附录（1919年）》，《塘闸汇记》，《绍兴水利文献丛集》上册，广陵书社，2014，第300页。

④ 《萧绍两县水利联合研究会议决沈一鹏陈请修埂保塘并浚复宣港闸道案·附录（1919）》，《塘闸汇记》，《绍兴水利文献丛集》上册，广陵书社，2014，第300页。

已成熟之沙地坍塌 12000 余亩，坍没泥沙涨于曹娥江西岸，即马鞍乡外之沙地大致即于开宣港后快速淤涨形成。

距上次开掘宣港两月后，马鞍乡沙民又于六月二十一、二十二等日，再次纠集二千四五百人，前往宣港附近开掘沙觜。于是，西汇觜人章维椿等上呈省长，要求严惩此等不法行为，呈文言："总之，天然江流如欲人力改变形势，必须兼筹并顾，使各方无所得失，始能举行。今乃利仅及一方，害将偏夫两邑，不待官厅之许可、众议之赞成，动辄以聚众为事，强制执行，视禁令如弁髦，等议案于草芥，其不法妄为，一至于斯。若再曲予宽容，凡我西汇嘴尚有宁日乎?!"① 然省里对此事件处理十分谨慎，称两方各具理由，非经实地测勘，不足以昭慎重而息纷争。待实地勘测后，再行定夺。省里对此事采取冷处理，某种程度上也只能默认沙民的擅自行为。

从马鞍乡"乾坤"沙地民众立场看，沙地淤涨坍塌直接影响生存问题，开掘对岸沙港不过为求生罢了。马鞍乡新涨的"乾坤"沙地自同治以后呈淤涨态势，1912 年，该沙地又涨出大片新沙，新涨沙地面积达十余万亩，当地设立垦殖公司，"择相当沙涂辟作试验场，并将坚实沙地分给灾黎，按户册报，颁发执业户照"②。但沙地一直处在坍涨变化之中，1922 年，该片沙地被潮水冲激，毁坏两千余亩，《申报》报道："绍属马鞍乡民国九年所筑新埂，此次风雨为灾，被水冲没，该处向植木棉，毁坏两千亩，房屋人口被伤无算。"③ 1934 年 10 月，马鞍乡塘外沙地再遭狂潮冲击，陆续坍陷 2000 余亩，又因外海潮泛滥，遍地横流，致农作物、牲畜及居民屋宇均被冲毁，沙民损失惨重。④ 因此，马鞍乡民开掘西汇觜沙港，也是不得不为。南汇沙觜及三江闸内民众称马鞍乡民为图私利不顾大局，也只是立场不同而已。因此，只要"乾坤"等处沙地仍不断坍塌，沙民掘西汇觜之行为就不会终止。

1936 年六月十四日，马鞍乡人率众千余人，驾大船八艘，鸣锣执旗，挖掘宣港，以保沙地。对岸南汇乡乡长王广川等即向浙江省建设厅上报此情形，省厅命浙江省萧绍塘闸工程处主任兼工程师董开章前往查核，董开章会同绍兴政府技术人员赵家豫以及地方士绅孙庆鳞、南汇乡长王广川、

---

① 《萧绍两县水利联合研究会会议决沈一鹏陈请修埂保塘并浚复宣港闸道案·附录（1919）》，《塘闸汇记》，《绍兴水利文献丛集》上册，广陵书社，2014，第 303 页。
② 《申报》民国元年 12 月 22 日第 6 版。
③ 《申报》民国十一年 8 月 16 日第 11 版。
④ 《申报》民国二十三年 10 月 31 日第 9 版。

马鞍东南镇长陈康孙前往实地查勘，"勘得挖掘宣港，使曹娥江流向南汇方向改流，江流离闸港愈远，闸港易于涨塞，既以邻为壑，复有碍闸港淤塞，业经函请绍兴县政府禁挖掘，在案"①。此次马鞍乡民挖掘宣港，上报阻止方是南汇乡，而主持勘察者为萧绍塘闸工程处主任，禁止挖掘的理由是掘宣港威胁三江闸闸港泄水，而不诉及掘港对沙地之危害。此处理办法，对平息双方纠纷应有效果。因为曹娥江由宣港出水，确实对三江闸外泥沙淤涨有影响。如 1939 年六月曹娥江主流改由宣港入海，后又致三江闸闸港淤塞，导致内河无法宣泄，"日来内河水已涨至金字脚，高 6.40 公尺（据吴淞零点），而闸港淤沙高度为 7.00 公尺，以致内河之水无法宣泄，急应雇工挖掘，将闸港挖深 1.5 公尺"②。暂时雇工挖掘闸港，需掘至内河水面以下放水冲刷，但困局在于内河水位太低，经常冲刷无力。

　　1948 年马鞍乡童家塔的村民与南汇乡民为开掘宣港再次发生纠纷。沙地坍塌关系盐民生计，因此省府责令钱清场公署派场长查核情况，场长会同该处各乡长查看实际情形后指出：自三江城起至萧山界止，沿曹娥江江口两岸所有盐场卤砂、老砂，大都坍毁，迤南童家塔西南面原有土塘及熟地亦坍陷一部分，较之去年秋天，约计坍陷四五千亩，而沥南乡方面之沙地则增二三里，成一弧形。而马鞍乡则因西岸盐场坍陷殆尽，原有盐民除一部分迁移萧山头蓬外，其余均流离失所，故马鞍乡盐民又拟用强力开掘宣港，以改变江流，保住沙地、盐场。然在当时的水流环境下，即使开宣港也无法从根本上解决问题。考察人员提议在三江闸闸港下游西侧的马鞍乡南塘头附近一带建挑水坝，以缓解潮水冲刷沙地，"按照目前水流形势，于实际上效力甚少，而对于三江闸泄水口则影响甚大，似应为根本解决办法，在南塘头附近一带，建筑挑水坝数座，以遏旋水势，则坍区不致再行扩大，所需经费除田地方自筹外，其不敷之款拟呈请水利部配合水利贷款。今后宣港不许开掘，以杜绝双方纠纷"③。然沙地只要仍在坍涨变化，此问题就未能得到根本解决。

---

① 《呈为呈复会勘开掘宣港情形祈鉴核施行由》，1936 年 9 月 19 日，浙江省档案馆藏，档案号：L098-2-519。

② 萧绍塘闸工程处：《电为三江闸港被大潮淤塞情形及雇工挖掘开工日期报请核备由》，1939 年 10 月 27 日，浙江省档案馆藏，档案号：L098-2-519。

③ 《为奉派会同绍兴县政府钱清盐场公署调度童家塔、沥南乡盐民开掘宣港纠纷，拟呈办法具报由》，1949 年 1 月 11 日，档案号：L098-02-297。

小 结

从明代嘉靖年间建成三江闸后，在筑海塘以御潮水之余，维持与调配闸内水位成为此后萧绍水利核心。故在三江闸修筑之时，即制定了精密的水则制度，根据农田种植季节、旱涝情况而开闭闸，将闸内水位维持在一个十分平稳的状态。水则要具有指示水位价值，则须保证大闸不泄漏，为此又形成几乎五十年一大修的维修制度，在此期间则小修不断。维修大闸关键在于填补因潮水冲刷而形成的罅隙。从明代以后，在对三江闸罅隙维修过程中，也形成了一整套完整的制度、程序，规定了修闸技术步骤、所用材料等，这些程序以萧良幹首修时制定之《修闸事宜》为基础，不断完善提升，形成了一套保障三江闸蓄、泄水的工程技术乃至制度体系。

清代以后，随着清初康熙年间三江闸外的固沙植物遭到破坏，以及人为疏浚闸外弯曲河道，致使清中前期三江闸承受更大潮水冲击，应对潮水倒灌入闸成为当时三江闸治理之重点。更为关键的转变则在乾隆二十余年以后，钱塘江主泓北移，萧绍平原北部泥沙开始大量淤涨。此后，三江闸外泥沙淤涨阻塞出水闸港，成为治理三江闸之又一关键，且此后一直未能得到彻底解决。

通过本章对河口景观演变过程的剖析，我们可以将大河三角洲的水流环境、泥沙变化及人类社会之应对看成是构成河口自然—人文生态系统的重要元素，要保持河口生态系统的动态平衡，不仅要随时调整水流环境以保证河口水—沙自然生态系统平衡，还需要调整在此过程中所形成的人类社会系统中的矛盾与冲突。传统时期水利工程与水治理方案的改进与提升，都是在努力寻求自然—人文生态系统的动态平衡，即技术本身是与环境、生态相伴而生，并且技术在一段时间内维持或塑造着区域内的景观面貌。

人们不断通过技术的维持或更新来保持与自然生态系统的平衡，对这种努力，或可称之为水利"动态平衡"论。虽然河口水流变化无常，但治水者一直在寻求与水环境变化间的动态平衡。山会平原水利系统演变中存在一条明晰主线，即水利工程的建造与废弃皆为水流环境变化之结果。就水闸系统来说，山会平原的水利经历了明初白马山闸调蓄、此后闸外泥沙淤积、西小江东出河道堵塞，再到明嘉靖间的三江大闸之演进过程。水利工程的推进，也塑造了传统时期绍兴的水乡河网景观。清乾隆以后，钱塘江主泓走北大门之势基本固定，南岸水利工程的重点不再是海塘修筑，而是随着泥沙不断淤涨，三江闸排水越来越困难，闸外出现泥沙淤积、内河排水不畅问题。这也是钱塘江海势北移对山会平原内河水流环境的影响。三江闸自明嘉靖十六年（1537）设置以来，在此后的两百多年里一直很好地发挥着调节内河泄水与抵御外部潮水倒灌，以及冲刷闸外淤积泥沙的功能。随着曹娥江河口水势发生根本变化，旧有的技术已无力维持时，旧有的平衡关系也被打破，而新的平衡关系需要在很长一段时间内才能逐渐形成。

在晚清曹娥江的河口治理中，同治五年（1866）前，三江闸外泥沙以闸内蓄水冲刷，同时借助附近水闸冲淤，并及时挑挖疏浚之法，以维持闸港畅通。同治五年后，河口水势因开宣港而发生改变，并由此衍生出更为复杂的矛盾关系。此外，江塘安危问题又给河口的平衡关系新添变量。在新的平衡关系形成前，各方一直在寻求基于自身利益的解决方案。到民国二十余年，一些治水专家开始思考放弃旧闸而建新闸，以新技术代替旧有技术之困局。[①] 然新闸之修建不仅需要充分掌握水利工程技术，也要有合适之政治与社会环境，直到1977年浙江省才正式批准修筑新的三江闸。此后因曹娥江出水口不断外移，进入21世纪，又在曹娥江河口建了曹娥江大闸。或到此时，新的平衡关系才逐渐形成。随着水流环境的变化，这种平衡关系或在未来被再次打破。

另外，目前一些历史气候的研究在分析历史时期的区域灾害成因时，往往过分强调气候背景而忽视对当地水文环境的详细分析，得出的结论定然有偏差。三江闸外的泥沙问题在清代中期以后成为影响山会平原内涝的重要因素，诚如同治年间的大水灾，气候上的异常固然无可非议，但同样的气候背景若在水流环境相对较好的时期，成灾或不致如此惨重。此正是深入解析区域水利与水环境演变关系之价值所在，以深入理解突发灾害事件背后，其成因的缓慢演变过程，而这种演变或许是人力可干预、可改变的。

---

① 《核议建新三江闸》，《浙江省建设月刊》1935年第9卷第2期，第16~17页。

第四章　河谷湖田景观：浦阳江中游河湖演变与水文生态

　　浦阳江流域在历史时期广泛分布大量湖泊，早期的聚落分布在河流沿岸的台地上，进入宋代以后，随着人口的持续增加，浦阳江河谷地带的开发力度也不断加大，到明代后，浦阳江流域湖田开发速度进一步加快，众多湖泊被大量围垦做湖田。浦阳江河谷地带的景观格局也发生根本改变，由湖泊遍布的沼泽低湿地逐渐变为湖田与湖泊、聚落与河流相间的景观格局。

　　湖泊围垦围湖田的过程主要是沿浦阳江沿岸修筑堤坝以抵御江水，在湖区则采用筑内埂以分离湖水，营造适合农业耕作的水土环境。一些原本用于蓄水调洪的湖泊被逐步垦辟为湖田，湖田挤占湖泊。明代中叶，浦阳江下游河流改道，钱塘江潮水顶托浦阳江江水，浦阳江中游诸暨地区水患加重，河谷湖田开发过程中也伴随着严重的水患威胁。清代以后，浦阳江河床逐渐淤高，中游水患灾害又趋严重。20 世纪 50 年代改造湖区受淹低产田，通过修排水渠改善水土环境，将湖田开发推向纵深。湖田开发过程中，聚落、农田向湖区推进，血吸虫等水生疾病也随之而生。

　　在浦阳江河谷湖田开发过程中，明嘉靖以后浦阳江下游彻底改道向北入钱塘江具有重要意义。中游诸暨地区的水环境发生根本改变，下游河道变化引起的排水困难与湖田围垦矛盾更为剧烈。地方官员坚持湖田、河道并治原则：湖田方面以筑埂御水、畅流导水并极力保存湖中低洼荡田蓄水之法缓解水患压力；河道方面则严禁阻断泄水的筑箔养鱼、占河植树等私利行为，并裁"汇"以利中游泄水。裁"汇"涉及中游与下游地方利益，而河流改道使这种矛盾对立的利益纠葛发生松动。清代以后由于河道泥沙不断淤积，河床抬升，浦阳江中游治理变为以掘沙为主。

　　本章先从整体上论述河谷平原的湖田开发与水环境改造、水患及水生疾病间的关系，时段上属于区域长时段的整体研究；之后再就明代中后期的水患与治理进行具体解读，并进一步从河道泥沙淤积角度解释为何清至民国年间当地大水灾不断的环境背景。思考河谷盆地湖田景观形成过程中的自然与人为推动力，探讨湖田景观塑造中的水文、水利与农业开发所起的作用。

第一节　湖田、水患与疾病：15~20世纪河谷农田开发与水环境

　　小流域人地关系与环境变迁的研究，需要通过长时段考察，才能揭示其中的驱动因素及环境改变的次生影响。浦阳江为钱塘江支流，历史上中游河谷地区有大量湖泊分布，湖泊对蓄水、调洪有极大作用。进入宋代以后，区域内农田开发速度加快，特别是明清时期的湖田再开发，完全改变了流域江、湖水流格局与水环境。清代以后，当地将浦阳江比之为小黄河，水患压力极大，民众长期苦于水患与水生疾病的肆虐。目前史学界对浦阳江流域的研究更偏重于下游，而且集中于下游河流改道时间等问题之考证，这方面以20世纪80年代陈桥驿先生的研究为代表，而近些年朱海滨教授又对浦阳江下游改道等问题进行新的考证。而浦阳江流域本身的水流环境与农田开发等问题，并没有引起学界足够关注。日本学者森田明和上田信也集中研究过浦阳江中游河谷地区，但是两位学者的关注重点并非农田水环境本身，而是偏重对当地的水利制度与地域社会问题的探讨。

　　明代中叶以后，浦阳江下游改道入钱塘江，形成今天的浦阳江河道形势，由此也导致明代中后期中游严重水患问题。万历年间地方官员刘光复系统治理浦阳江后，当地水患有极大改善，但未能根本改变中游既有之河、湖水环境格局，水患问题仍很严重，特别是民国十一年（1922）发生的大水灾，可谓惨绝人寰。本节集中梳理明代以后，浦阳江流域湖田开发与江、湖水环境改造过程，揭示湖田开发与近世（下限至20世纪60年代）流域内水患以及水生疾病之间的关系。

一　宋以降的湖田开发

　　浦阳江发源于金华浦江县，上游河道短，水流相对较急，以浦阳江为主干，支流有洪浦江、开化江、五泄溪、枫桥江等，上游多为山溪性河流；中游河干蜿蜒于低洼的平原，河流流速变缓，在诸暨县城以下，河道分为两派，从太平桥出县治，流至茅渚埠，分为东西两支，西支经赵家

埠、姚公埠至三江口，东支流于茅渚埠向东分流，绕大侣湖之东，过墨城湖、江藻，北与枫桥江合流，白塔湖水也相继流入，至三江口与下西江汇合（见图 4-1）。在两支之间有大量蓄水湖泊，《水经注》中称："夹水多浦，浦中有大湖。"① 清末丁谦考察当地地形，其言："下东、下西江二江分行约五十余里而合，故曰夹水。近夹水有大湖三：一白塔湖，一东泌湖，一西泌湖，水皆不甚深，居民莳稻其中，称为湖田，遇岁亢旱则倍收。"② 两江之间水系发育，河网密度大，河渠纵横，交织成一片密集的水网，形成独特的河谷平原水网景观。宋代以前，江水沿岸大概有七十二湖，湖泊作为江水缓冲地带，既可防洪又可蓄水灌溉。宋代以后，湖泊被渐次围垦，南宋乾道五年（1169），绍兴知府史浩上奏朝廷言：

> 府内诸暨聚天台、四明数百里重岗复岭，水出之源，其流既广，止有钱清一江为吐泄之处。古人于县之四傍立湖七十二处以潜蓄，故无泛溢之患。岁久，所谓七十二湖者，人皆占以为田，故雨水沾足，则水归七十二湖，所种之苗，悉皆侵损。然则非水为害，民间不合以湖为田也。今湖不可复，则诸暨湖田为之，民岁岁受害，臣不敢不以告。③

诸暨地区关于宋代湖田开发更详细资料较少，当时区域核心问题还是河流积水不畅而形成的水患灾害，故对湖田大规模开发持反对态度，南宋间，地方官言："属邑诸县濒海，而诸暨十六乡濒湖荡泺，灌溉之利甚博，势家巨室，率私植埂，岸围以成田，湖流既束，水不得去，雨稍多则溢入，邑居田间寖荡。"④ 当时，"人皆占以为田，遇雨皆归七十二湖，侵捐所种之苗，然则非水为害，民间不合以湖为田也，是故诸暨为县，虽四方大稔，时和岁丰，常有流离饿殍之忧，深可悯怜"⑤。朝廷也对占湖为田有禁令。即便如此，当时丈量的湖田也达 23 万亩左右："昨因经界，法行官

① 郦道元著，陈桥驿校证《水经注校证》卷四十，中华书局，2007，第 944 页。
② 丁谦：《水经注正误举例》卷 1，《丛书集成汇编》第 222 册《史地类》，新文丰出版公司，第 705 页。
③ 刘琳、刁忠民、舒大刚、尹波等校点《宋会要辑稿（10）》食货八《水利下》，上海古籍出版社，2014，第 6152 页。
④ 脱脱等：《宋史》卷四百八十·列传·第一百六十七《汪纲》，中华书局，1977，第 12308 页。
⑤ 史浩：《奏议》，乾隆《诸暨县志》卷十五《水利》，清乾隆三十八年刻本。

吏，无邺民之心，将湖田作籍田打量，计二十三万五百二十亩有零。"①
1950 年的统计数据称水田面积 60 余万亩，"东北平地滨海区域，遍地皆
埂，围湖达七十余处，统称湖田，计共有水田六十余万亩"②。此数值中有
部分并非湖田，而是一般水田，40 年代的档案资料称诸暨土地约 80 万亩，
而湖田约占一半。③ 因此，宋代的湖田数量几乎已经占到 20 世纪 50~60 年
代诸暨总湖田一半。因此，两宋时期的一些容易开发的湖田多已围垦。湖
泊围垦为湖田，上游而来的江水失去缓冲地带，江水漫溢横流，一些小
溪、河港也逐渐淤塞，久雨则有淹没之患，久晴则有旱暵之忧。④ 后吴芾、
汪纲先后主持疏浚中游河湖，中游湖、田矛盾稍有缓解。⑤

　　但是湖田开发向更深入推进则主要集中于明清时期，特别是明代。清
代由于水患严重，一些湖田区也出现农田不但没有增长还有所减少的现
象。⑥ 一些湖田在水灾后又成为湖水水域。进入 20 世纪 50 年代以后，政
府对常年淹水区进行水土环境改造，进一步增加了湖田面积。因此，集中
讨论明代以后区域内湖田开发、湖田水环境改造过程，在此基础上探讨湖
田与水患、水生疾病之间的关系就极为重要。

　　浦阳江中游沿河两岸广泛分布湖泊，在湖泊外围筑埂，并在湖内筑
埂，将积水排出，即可开发成湖田。在诸暨湖田推进中，以北部泌湖区最
有代表性，其系统开发从明代嘉靖以后才开始，可以作为考察近 500 年来
诸暨河谷人地关系的极好案例。泌湖早期是一个蓄水沼泽区，在南宋的
《嘉泰志》中记载为"泌浦湖"，其水域周长四十里。⑦ 到了明万历年间
《绍兴府志》中记载该湖泊水域周长达八十里，"泌浦湖，在县（诸暨）东
北五十里，周围八十余里，最大。近年召佃之议兴，豪右乘之，大半废"⑧，

① 史浩:《再奏议》，乾隆《诸暨县志》卷十五《水利》，清乾隆三十八年刻本。
② 《诸暨西泌湖、朱公湖排水站工程报告》，1950 年 10 月，诸暨市档案馆藏，档案号：43-02-10。
③ 《诸暨县农业概况》，1947 年，浙江省档案馆藏，档案号：L098-02-132。
④ 刘琳、刁钟民、舒大刚、尹波等校点《宋会要辑稿（10）》食货八《水利下》，上海古籍出版社，2014，第 6152 页。
⑤ 万历《绍兴府志》卷三十七《人物志三·汪纲》，李能成点校本，宁波出版社，2012，第 713 页。
⑥ 《诸暨农业志》编纂委员会:《诸暨农业志》，中华书局，2001，第 73 页。
⑦ 嘉泰《会稽志》，李能成点校《（南宋）会稽二志点校》，安徽文艺出版社，2012，第 187 页。
⑧ 万历《绍兴府志》卷七《山川志四·湖》，李能成点校本，宁波出版社，2012，第 167 页。

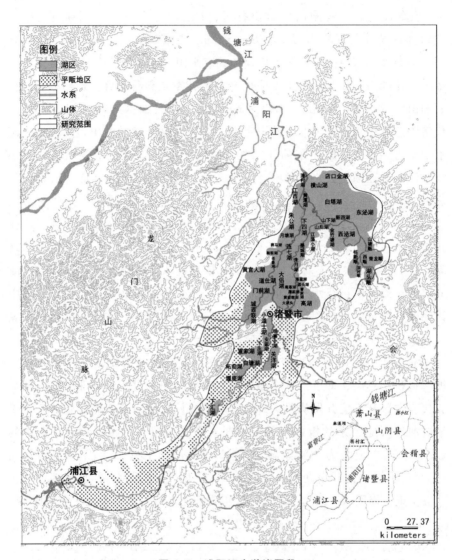

图4-1 浦阳江中游诸暨段

资料来源：浦阳江流域全图使用复旦大学历史地理研究中心CHGIS 1911年政区及1820年水系数据，诸暨段水系底图来自谭敏洁、郭巍、蒋鑫《浦阳江中上游河谷盆地乡土景观研究》，《风景园林》2020年第1期。感谢郭巍教授提供原图。

相比南宋时期明显扩大。及元至明代中叶，该湖泊面积急剧增长。传统时代，湖泊水域扩展更多源于自然方面的因素，诸如泥石流堵塞湖泊出水口而形成堰塞湖等。但泌湖周边以低山丘陵为主，并不能为大型泥石流形成提供地理环境。查阅文献，发现湖泊水域范围变化与浦阳江下游河道改道有极大关系。在明中叶以前，浦阳江下游河道由萧山东出过山阴、会稽向北于三江口入海。明中叶以后，戴琥于萧山凿碛堰山导浦阳江向北入钱塘江，山会境内的水流环境发生根本改变。早年由于鉴湖垦废，平原内河水环境发生改变，浦阳江下游西小江的出水环境恶化，亟须分流浦阳江给山会地区带来的水流压力。于是在元代，当时萧山县令崔嘉讷即已经在萧山西部凿河道分流浦阳江，但效果有限。在中游地区蓄水以缓解下游地区水流压力，无疑成为最佳选择。于是，山阴、会稽、萧山即"租借"泌湖这一片沼泽区蓄水，但是否付过租借费用，却有极大争议。

对于"租借"泌湖蓄水之事，明嘉靖年间的《萧山县志》记载较为详细："每岁梅潦泛滥，水势浩瀚，至钱清江则逆潮移动，经旬月方退。萧山之田，逾时则不可艺；因以湖潴水，乃可及时艺也。元初，遂以此都税粮责于萧山。彼赋之重，盖缘于此。"①《萧山县志》言之凿凿，称元初即借湖蓄水，并代纳湖租。对此说法，诸暨县一方极力否定，隆庆年间（1567~1572）诸暨枫桥人骆问礼即对此说法表示质疑，在其主持编修的《诸暨新志》中称："旧说暨水每为萧山害。元时，因以泌湖蓄水，而责其税于萧山。夫泌，旧湖也，从何而税之。如果有之，既为湖，则必落其籍，纵责税于彼。国初，则壤成赋，必有大体，而乃承一时之颇制，或未然与？"②骆问礼的质疑切中要害，此地长期为湖区，以当时湖水范围四十里为标准，通过绘图软件 mapinfo 计算，得出在宋元时期，泌湖区的水面面积大约相当于今天整个湖区的四分之一，也就是说当时湖水之外还有大片区域并非水面。即便如此，也极少有垦殖，没有聚落，又何来赋税？其实在嘉靖年间修《萧山县志》时，萧山方面已在志书中对此表示过质疑："湖之建，由元崔嘉讷始。崔公，萧山令也。能使彼县四万馀亩膏腴之田，了无所利，夺之为湖，专为萧山除害耶？此甚不通矣！"③该区域到明中叶以前仍未进行系统开发，聚落分布极少，故元代"借"泌湖蓄水时，湖水周长扩大一倍达八十里，并未见有大量移民迁徙的记载。

---

① 嘉靖《萧山县志》卷二《建设志·水利》，杭州市萧山区人民政府地方志办公室编《明清萧山县志》，上海远东出版社，2012，第83页。
② 万历《绍兴府志》卷十六《水利志一》，李能成点校本，宁波出版社，2012，第340~341页。
③ 嘉靖《萧山县志》卷二《建设志·水利》，杭州市萧山区人民政府地方志办公室编《明清萧山县志》，上海远东出版社，2012，第83页。

早期没有垦殖、聚落的形成，根本上还是因为当时的水环境不适合开发为农田。明正德年间，在浙江为官的黄镗即对此湖的地理环境有过清晰交代，时湖泊已遭到部分围垦，"诸暨有泌湖，没于豪右，吏莫敢问。镗至复为官湖，利赖数邑。居州岁祲，镗请捐逋减额，躬行阡陌，劳来流徙，户口尽复，滨人尸而祝之"①。黄凤翔为黄镗写的行状中也大书其浚泌湖之事，"在浙江，职董水利，力排众议，修筑捍海塘，改浚诸暨泌湖"②，黄镗言：

> 诸暨之湖七十有二，诸湖丈量升科供办粮差，惟独此湖田，宋、元及我国家相沿为湖，而不以为田者，此必有说。职常相度其地，审视水势，谘咨群议，则此湖断然但可为湖而不可以为田也。何则？县东之水发嵊县，会稽、山阴诸界无虑十余条，皆注此湖，而浣江发源浦江、义乌，分派东西两江，而又会流于三港口。三港水道狭小，旱干之时，两江之水由三港舒徐顺流入于钱塘。若有霖雨崇朝，则两江之水暴涨，壅淤于三港，而其水反从东南逆注于此湖，则此湖诚为众水聚蓄囊贮之所。若据以为田，则必有壅塞怀襄之患，而暨之为县大受其害矣。历代以来，中更老成定虑者不知其几，卒弃膏腴以为官湖，而不以为田者，非其见事之晚，利害较然，势有所不可也。③

嘉靖以后，对于下游地区"租"借泌湖蓄水之事，一直以来只有萧山坚持，同样有利益关系的山阴、会稽县，在地方志中并未有任何记载。明中后期，由于浦阳江下游改道由临浦向西北于萧山渔浦入钱塘江，萧山县西部开始修筑西江塘，因浦阳江与钱塘江潮水共同作用，西江塘修筑强度极大，需要花费的资金极多，即便山阴、会稽协助修筑，萧山一县仍感吃力。于是，所谓代纳赋税之事又被重提。崇祯年间，萧山西江塘又接连溃决，"盖数百年，民之罹灾受困，未有甚于今日者也"。山阴监生请筑石塘，但是需要动用钱粮10余万，而萧山"府藏空虚，挪移无

① 过庭训：《本朝分省人物考》卷三十六《黄镗》，明天启刻本。
② 黄凤翔：《田亭草》卷十二，《尚书赠太子少保黄恭肃公行状》，明万历四十年刻本。
③ 万历《绍兴府志》卷十六《水利志一》，李能成点校本，宁波出版社，2012，第341页。

路，间阎贫窭，措置无门"。于是萧山士人丁克振给出两条建议：一是
"复折银以济塘患"；二是"还湖粮以助大工"。① 而索要"湖粮"对象即
诸暨县：

> 成化以前，萧山旧有碛堰一带以障金、衢、严、暨之水，其水从
> 麻溪入内河，由钱清出三江，迂流曲折，势不易泄，农业大妨。赖有
> 诸暨泌湖与萧接壤，借之潴水，水势方杀，而农业可成。故萧邑每岁
> 代纳诸暨湖粮一千余石，载在《府志》，止许为湖，不许为田。后蒙
> 本府知府戴鉴通碛堰，湖不潴水，自此萧山无藉泌湖，而泌湖亦自成
> 腴产，然萧之纳粮犹故。②

丁克振认为开碛堰后，浦阳江下游水道改变，不再由钱清出三江，萧
山原本受害之田地也不再为害，但依旧代纳田粮。且泌湖围垦，已失去蓄
水功能，萧仍多年持续代纳，直到"迨嘉靖年间，前任萧山县知县林洞
悉此弊，已经通详议革，因升任不果"。所以，希望诸暨归还这些年多纳
之田粮，并进一步论述到：

> 至万历三十年间，诸暨前任知县刘光复见碛堰开通，竟将曲洞改
> 直，水由渔浦直卸大江，自此萧之两塘始遭冲击之患，暨之湖产永无
> 沦没之灾，遂得计亩承佃三则科粮六百九十两有奇。是在昔也，萧邑
> 之水以泌湖为壑，今则泌湖之水直以萧山为壑矣。昔年受利代纳湖
> 粮，人咸悦服。今时受害粮仍代纳，谁则甘心？且湖已为田升课，复
> 责旁邑输粮，无论萧民不应代纳，且一湖奚容两税？况值灾伤困苦之
> 时，尤为邻邦赈恤之日，原纳湖粮相应呈请改豁，恳查粮米成书，并
> 《绍兴府志》施行。③

---

① 乾隆《萧山县志》卷四《艺文四》，杭州市萧山区人民政府地方志办公室编《明清萧山
县志》，上海远东出版社，2012，第 1037～1038 页。
② 乾隆《萧山县志》卷四《艺文四》，杭州市萧山区人民政府地方志办公室编《明清萧山
县志》，上海远东出版社，2012，第 1038 页。
③ 乾隆《萧山县志》卷四《艺文四》，杭州市萧山区人民政府地方志办公室编《明清萧山
县志》，上海远东出版社，2012，第 1038 页。

每年代纳赋税有了具体的数额，即每岁一千石，并举万历《绍兴府志》作为依据。但《绍兴府志》所载不过以存史备考，并不是支持此说法，对萧山、诸暨二说，《绍兴府志》后注中称未知孰是孰非。①

其实，泌湖蓄水以缓解下游压力确有其事，但萧山因此而代纳赋税除萧山方面的记载外，未见有其他史料佐证，未敢定论。乾隆年间的《萧山县志》也承认："但元初如何代纳及明末如何归正之处，《旧志·田赋》内既未注明，今年代久远，无案可稽。"② 而且从聚落演变与发展看，这种说法也难以成立。早期的泌湖乃一蓄水区，虽水域面积不能完全覆盖全区域，但没有筑埭、修堤，江水、湖水横流，这种水环境下是不适合农业垦殖与聚落形成的，蓄水此地，自然也不会影响当地田粮赋税。

泌湖转变的关键时期在嘉靖年间，在此之前，湖区周边已遭到部分围垦，"自明时富户占湖为田者十六家，凡十三姓，有十三处之说"③，"十三处者，田十三处也。民以为田，而官以为湖，大率未必皆田，未必皆湖也"④。清光绪年间始修、宣统二年（1910）刊刻的《诸暨县志》，对早期沿湖十三处有更清楚的解释："十三处者，十三姓之田也，时富民占湖为田者十六家，凡十三姓，故曰十三处。"⑤ 正德年间黄镗浚泌湖，即废田还湖。为了解决县城修筑经费问题，嘉靖年间，知县将泌湖地区的湖田售卖，逐渐改变泌湖作为官湖蓄水的水环境。万历《绍兴府志》载诸暨县佃卖湖田筑城之事："嘉靖三十四年冬，请筑城于监司，时公帑告匮，民力弗竞，请卖官泌湖以益之，曰：可。乃以十二月十二日起徒役，三十五年六月报成，公、私费计六万有奇。"⑥ 为吸引人购买，还对豪右免役，"后又逢豪右意为每亩赋米一升而不役得田皆视为世业"。开始时主要卖湖区周边地势较高的土地，然"犹不能助县官为完城也"，于是"公乃慨然佃其下者，必待筑堤而后可以为田，田成助县官者，不为徒费"⑦。地势较低

① 万历《绍兴府志》卷七《山川志四·湖》，李能成点校本，宁波出版社，2012，第167页。
② 乾隆《萧山县志》卷四《艺文四》，杭州市萧山区人民政府地方志办公室编《明清萧山县志》，上海远东出版社，2012，第1038页。
③ 颐渊著《诸暨民报五周年纪念册》，诸暨民报社，1924，第103页。
④ 乾隆《诸暨县志》卷十五《水利》，清乾隆三十八年刻本。
⑤ 光绪《诸暨县志》卷十三《水利志》，宣统二年刻本。
⑥ 万历《绍兴府志》卷二《城池志》，李能成点校本，宁波出版社，2012，第38页。
⑦ 蒋鸿藻撰《诸暨金石志》，《石刻史料新编》第3辑（九），新文丰出版公司，1986，第119页。

的湖区在筑埂分离湖水后也可为田，故"修筑堤岸，于是泌无不佃之田"①。低地被开发为湖田，逐渐改变了泌湖的蓄水环境，伴随着湖区大量筑埂圩田，浦阳江中游失去一蓄水之地，泌湖地区"容水无地，其所谓旋乾转坤，直转利为害一枢纽耳"②。每到雨季，湖区必成水灾，"而时或霖潦，水无所泄，近湖良田反忧鱼鳖"③。泌湖对于中游水环境之重要性，正如万历年间刘光复所言："诸暨浣江一带，上接金、处万山洪水，下钱塘、富阳两江，逆涛五百里，长流不知几百折。而由江入海，麻溪塞其道，碛堰锁其喉。先年小雨犹不泛溢者，以泌湖蓄水而埂外多隙地，河广足以容流也。今泌湖变卖筑城，势难骤复。"④

到万历年间泌湖田亩升科，分上、中、下三则田亩，皆在百顷以上，⑤共计田亩410余顷。万历三十年（1602），刘光复的上奏申文中称泌湖水域面积只剩下2060亩。⑥ 至清代，泌湖的湖田开发进一步深入，泌湖演变为东、西两部分，中间以枫桥江为界。光绪《诸暨县志》载："缘枫桥江而下，在江东为东泌湖，亦曰东白江；西为西泌湖，亦曰西白，筑埂圩田，名称不一，纵横交错，袤延数十里。"⑦ 以泌湖为代表的中游湖区，逐渐由蓄水区被改变为农田区，而在农田推进过程中，则伴随着对湖区水环境的改造。

二　湖区水环境改造

湖田开发，采取沿江筑埂御外水、湖内筑内埂分离湖水、并于湖水出口处设闸、斗门等手段，调节江水与湖水关系，防止江水倒灌入湖，以此来改造湖区水环境，营造适宜农田耕种的水土条件。

---

① 蒋鸿藻撰《诸暨金石志》，《石刻史料新编》第3辑（九），新文丰出版公司，1986，第119页。
② 蒋鸿藻撰《诸暨金石志》，《石刻史料新编》第3辑（九），新文丰出版公司，1986，第119页。
③ 乾隆《诸暨县志》卷十五《水利》，清乾隆三十八年刻本。
④ 刘光复：《经野规略》上卷《开治河渠申文》，冯建荣主编《绍兴水利文献丛集》下册，广陵书社，2014，第524页。
⑤ 万历《绍兴府志》卷十四《田赋志一》，李能成点校本，宁波出版社，2012，第301~302页。
⑥ 刘光复：《经野规略》上卷《申详违禁箔泌湖申文》，《绍兴水利文献丛集》下册，广陵书社，2014，第527页。
⑦ 光绪《诸暨县志》卷十三《水利志》，宣统二年刻本。

湖田开发首要在阻隔浦阳江的袭扰，因此，沿江筑埂成为湖田开发的关键前提。诸暨的湖田化推进虽早在宋代就已经开始，但是湖区沿江筑埂直到明嘉靖初年才系统开始。而明代万历年间刘光复对区域筑埂之极大努力，也奠定了此后浦阳江沿岸长期筑埂格局。本节主要集中对湖田内的积水排泄进行分析。

中游地区的湖田开发基本都遵循这样的开发轨迹：早期湖田被湖水淹没，随着湖泊盆地长期受泥沙淤积，湖身逐渐提高。人们在沿山一带逐步围坝造田，种植水稻。[①] 如泌湖区，"先占泌湖为田者，不过近山稍高之处"，湖区地处低洼，不可能完全将积水排尽，只能是一部分农田与一部分湖水并存。于是在湖区内修土埂（也称"圩子"）将低洼区的湖水围住，湖水与农田分离，"必待筑堤而后可以为田"[②]，大片水域变为众多大大小小的湖泊，湖泊又与农田相间，形成湖、田交织的景观格局。随着开发的逐步深入，一些小湖再次被筑埂，湖水不断被压缩，乃至一些湖田区只保留下各种小湖名称，而不见湖水。

筑内埂将大湖分割为小湖与农田，分割后的湖区仍要将积水排除，于是在筑内埂围湖的同时，还需修筑排灌渠，也称沥河。排涝渠两岸修筑堤埂，固定水流，当地人也称这种堤埂为硬堤，而称汇集积水的支流为港，硬堤往往也是村中聚落间的交通道路：

> 农田之中，一般有港，港岸障以堤埂，亦即村中通行道路。据当地人云：昔时港面本不如今之狭隘，硬堤亦有一定地位，后村人贪图私利，将浅滩垦为己田，于是港面日狭，水势冲向害及对方，每酿成械斗，后即听水自然流行，此坍彼涨，以致港路涨蚀而日促。平日水小尚无害，一旦山水大发，则泛滥横决，硬堤尽溃，田皆淤积。但港旁水草丛生，水行不畅，水路阻塞，致水向低冲去，原有港路涨为沙滩，田地间又起天然疏松之港路，又据云：为政府明令规定，恢复旧有硬堤地位，不准侵入港路，则港面可阔，水害可免。[③]

---

① 西泌湖水利委员编《西泌湖概述》，内部资料。
② 蒋鸿藻撰《诸暨金石志》，《石刻史料新编》第 3 辑（九），新文丰出版公司，1986，第 118 页。
③ 《诸暨水灾情形及救济办法》，《浙江民政月刊》1928 年第 11 期，第 13 页。

以泌湖为例，弘治年间，枫桥江与湖泊仍未完全分离，骆问礼言：
"其间二溪穿市入泌，枫桥跨其中不可见，而人隐隐过楼头桥，因可指水
涨则重湖，一望如海。"① 明代只有一个大的泌湖，清代中后期形成东、西
泌湖两片区，而分区的依据即枫桥江堤埂。枫桥江堤埂以东为东泌湖，以西
为西泌湖。到民国时期，东泌湖湖田有 7000 余亩，西泌湖 24000 余亩。② 通
过堤埂与湖田内的圩子分离积水，形成如图 4-2 所示的湖田分布格局。

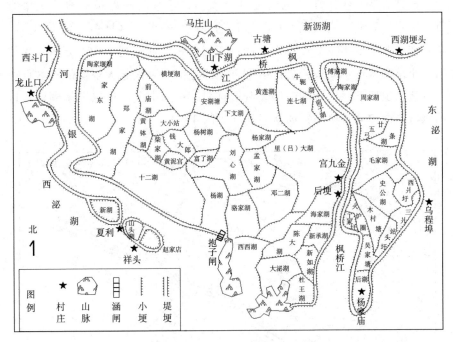

图 4-2　泌湖湖田分布

注：根据民国颐渊著《诸暨民报五周年纪念册》第 104 页图幅复绘。《诸暨概况·水
利问题》，诸暨民报社，1924，第 104 页。

湖田与湖田之间由众多支港串联，支港的积水排入干渠，最终汇入江
流而外泄。西泌湖西南有一条银河江，江水介于湖泊与山麓地带之间，乃
丘陵区溪水的汇集河道，在龙止口处与枫桥江汇合后经西斗门出湖区，再
进入浦阳东江主干河道。湖田开发中即修筑了银河河堤，河堤修筑一方面
可以固定河水流向，另一方面也可防止山洪、溪水冲断江流进入湖区。只

① 骆问礼：《见大亭记》，乾隆《诸暨县志》卷五《古迹》，清乾隆三十八年刻本。
② 民国《诸暨民报五周年纪念册》，诸暨民报社，1924，第 106 页。

要能将湖内的积水排除，就能增加更多农田，20 世纪 50 年代初期的调查称，东泌湖只要排除该湖内总水量的三分之一，则基本上可以解决一万多亩内涝田问题，三千亩旱灾田也可获得丰收。[①]

在排涝渠沿岸，特别是流经湖田区的主干河道两岸，一般都保留众多的蓄水区，这些区域可作为湖田与排水渠道的缓冲地带，干旱时也可以作为灌溉水源，平时则为杂草丛生的沼泽地带，一些民众也在这些区域养鱼。但到后期这些低洼区也渐被垦为农田，遇有阴雨即被淹没，土壤黏重，透水性较差，成为低产田，这样的低产田在湖田区极多，到 1960 年，全县初步改造了 187 个百亩以上的湖畈低产田，面积达 16.51 万亩，兴修的大小排灌渠道 752 条，总长达 1190 华里。[②] 当时兴起大规模的湖区低产田改造，也留下了大量低产田改造示意图，从图中我们可以了解到湖田区的水域与湖田分布格局，如新沥湖（见图 4-3）。

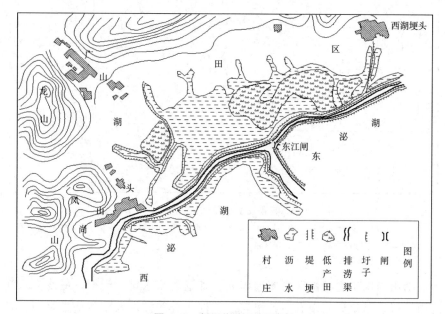

图 4-3　新沥湖湖田区示意

注：根据《诸暨县姚江公社重点畈水利改土规划示意图·新沥湖改土规划示意图》复绘，1960 年 1 月，诸暨市档案馆藏，档案号：43-11-4，第 120 页。

① 《为东泌湖排涝工程，拟予春季施工，请批准并投资解决由》，1953 年，诸暨市档案馆，档案号：43-4-14。
② 《诸暨农业志》编委会编《诸暨农业志》，中华书局，2001，第 126 页。

　　传统时期由于没有排灌用的抽水机器，要将低洼处的积水排除，同时防止浦阳江潮水的倒灌，只能在湖水入江处设置闸或斗门。泌湖区在龙止口处很早就建有西斗门，是湖区重要的水利命脉所在。由于浦阳江潮水的倒灌，每次洪水从泌湖龙止口地段银河江口涌入，严重威胁沿江两岸堤防的安全。民国时期骆致襄在《诸暨之改造》一文中就泌湖水环境改造称，东泌湖以筑堤为主，西泌湖以筑闸为要。"就枫江而论，西泌湖利于筑闸，东泌湖利于筑堰。因西泌湖之银河短而狭，每年夏秋之际，值江潮上涌，枫水直泻，顷刻之间，横贯银河即成溃决；近年来至四年三荒，银河实为厉阶。设能于河口置闸，不啻西泌湖之北门锁钥也。"[①] 1928 年，为控制调节内湖水位，泌湖区的章长秦、骆志钊等人在龙止口银河江出口处建造银河闸。[②] 此闸修筑既可以拦阻枫桥江的洪水，又可以控制、调节银河江水位。但修闸遭到下游湖区反对，理由是"泌湖历来是蓄水之所，如果建闸堵洪，势必加重下游各湖洪水的压力"，扣押了西泌湖从外地运来的条石及有关建闸物资。为修建银河闸，甚至动用了武力。[③]

　　民国以后，随着新技术的逐步应用，湖田内部积水排泄效率不断提高。白塔湖位于浦阳江诸暨段下游，湖区地势低下，常年有大量积水，浦阳江江水泛涨时，又常常倒灌湖区。1933~1934 年，当地水利协会恳请将白塔湖区计划为水利模范区，浙江省水利厅批准，准备派技术人员在湖区斗门地方设两百匹马力抽水机五部，以兹排泄，但不久抗战爆发，未能实施。[④] 此为湖田区最早计划使用抽水机排泄湖内积水的记录。抗战结束后，白塔湖水利协会常务主席金兆兰再次上呈省水利厅请求安装抽水机，其言："窃本湖位居诸暨下北，当东西两江之下游，面积计三万余亩，因地势低洼，常被内外水之淹没与侵袭。自由明万历年间知县刘公督同湖民兴建防外水之堤堰，后外水之患已减，湖民迄今犹口碑不已。无如内水之患与年俱增，近年东、西两江（作者按：浦阳东、西两江）久未疏浚，水位递增，自东、西泌湖建筑大堰后，东江之水直逼而

---

① 骆致襄：《诸暨之改造》，民国《诸暨五周年纪念册》，诸暨民报社，1924，第 56 页。

② 西泌湖水利委员会编《西泌湖概述》，内部资料。

③ 西泌湖水利委员会编《西泌湖概述》，内部资料。

④ 浙江省浦阳江水利参事会代电：《电请准予贷借诸暨白塔湖排泄整治工程经费以利进行由》，1946 年 12 月 20 日，浙江省档案馆藏，档案号：L098-02-196。

来，至本湖附近水势稍缓，泥沙沉淀，使本湖出水无由，排泄数年之后，势必成为蓄水之地。即如近年春花全部漂没，继种田禾，又遭淹没，损失不可以计。欲思建筑本湖，首宜排除内水之患，然后改进农田。"湖区农田开发，首要在排除湖内积水。省府随后批复："据查该湖实患内水淹浸，歉收频年，实有装设抽水机以排泄内水之必要，理合备文转请鉴核，迅赐指派工程师莅县设计装配，以利进行，而福湖民。"① 20 世纪 40 年代末，泌湖、连七湖、朱公湖等湖，湖内雨水存积，每遇江潮倒灌，河水高于湖内水面，湖内存水无法流出，时间拖延，禾苗即遭淹害。1949 年诸暨县先后在西泌湖、朱公湖配置抽水设备，"倘遇河水高涨，即须用器械排水"②。但受资金、技术等限制，广大湖区并不能完全普及抽水设备。因而，直到 20 世纪 50~60 年代政府大力兴修堤埂前，湖区的积水问题并没有得到根本性改善。

三　水患压力与水生疾病

浦阳江到清中期以后泥沙淤积更为严重，降雨稍大，江水即可能灌入湖田。当地民谚称："浦阳江，撒尿江，三颗毛毛雨，两岸要倒埂。田稻余得滑脱光，黄泥大水满栋梁。儿喊爹，囝喊娘，苦得两岸百姓泪汪汪。"③ 所以，湖田区只要能连续几年风调雨顺，百姓生活即随之改善。比如当地民谣中称，"诸暨湖田熟，天下一餐粥"，"诸暨湖田三年熟，黄牛也好讨老嬷"④。三年无水灾，即成为当地湖民之美好愿景。

大水过后，湖民只好在困难中重建家园，水灾之后粮食缺乏，只好以田螺、螺蛳充饥。诸暨有民谣这样形容当地的湖民生境："泌湖大地方，十年九年荒，常年洪涝淹田庄，田螺螺蛳过时光。小暑关霆种水稻，种在田里靠在天。"⑤ 灾害对佃农的冲击更大，由于水患频繁，"致佃户年年垫本，眉间常锁，杌揑不安"⑥。有的给地主当长工，有的背井离乡外出行

---

① 诸暨县政府：《据白塔湖水利公会呈祈转请指派熟识水利工程师莅临设计配装抽水机》，1946 年 12 月 27 日，浙江省档案馆藏，档案号：L098-02-196。
② 《诸暨西泌湖、朱公湖排水站工程报告》，1950 年 10 月，诸暨县档案馆藏，档案号：43-02-10。
③ 朱秋枫：《浙江民间歌谣》，浙江人民出版社，1981，第 13 页。
④ 朱秋枫：《浙江民间歌谣》，浙江人民出版社，1981，第 13 页。
⑤ 诸暨县地名委员会编《浙江省诸暨县地名志》（内部资料），1982，第 104 页。
⑥ 孔凡定：《诸暨水灾之透视》，《乡建通讯》1942 年第 4 卷第 4 期，第 13 页。

乞，乃湖民生活之真实写照。

若遇到阴雨季节，浦阳江江水暴涨，给湖民带来沉重打击。1922年浙江全省发生大水灾，诸暨更是灾情惨烈，当地民谣中仍有此次水灾之描述："民国十一年，大水没屋檐。镬灶上楼台，灶司菩萨逃西天！"① 这一年八月，由于之前适逢久旱，农夫日夜戽水，仍不足以活既枯之苗。故刚开始降雨时，并未惊觉，无不人人色喜。但随后山洪暴发，泥沙淤塞河道，湖田随即倒埂，全县所有低洼处几乎皆遭淹没，江水"奔腾冲决，平湍十丈，田畴已为沙淀，庐舍成丘墟，合抱之木，漂者转蓬，渠渠厦屋，泛流似槎"。县城东江东畈与高湖之间东江河道上的"永丰一闸，积尸至数百之多，……触目伤心，莫此为甚"。水灾从八月初开始，至月底仍风雨不绝，至九月二日，江水漫县城，"水高于城者二尺，屋不见顶；东门、南门以外，官道冲决逾数十丈，天地混茫，比户断炊"。水灾中，粮食最为紧缺，"草菜不继，螺蠃都尽，乃随丰四除，流食于外。邑中士绅，绘郑侠流民之图，布晋悼乞贷之书，内外勤振，络绎输将，升斗之水虽有润夫枯鱼，而残余之粟尝无补于穷鸟；兼之尸气蒸发，疠札大作，民之死亡者又六百余人，此实亘古未有之奇变也"②。水灾发生虽有气象等自然因素，但人为垦占湖田，历史上用于蓄水的湖泊被农田大量取代，也是灾情严重的重要原因之一。

不仅水患如一把利剑随时悬在诸暨湖田区人民的头上，还有一些寄生虫寄生于水田沟渠中，在湖民生活劳作时进入人的身体，危害当地百姓健康。中国血吸虫病按地形来分，包括水网、湖沼和山丘三种，浙江省三种类型兼而有之。诸暨又是浙江血吸虫病极为严重的地区，以丘陵及湖泽型为主。③ 诸暨地区有明显文献记载的血吸虫病流行，不超过百年。20世纪60年代对诸暨血吸虫病的调查称："血吸虫病、钩虫病、丝虫病、疟疾这四种寄生虫病，解放前在我县流行十分猖獗，严重危害人民健康，影响生产的发展。特别是血吸虫病，危害极为严重。在重疫区造成人口锐减，土地荒芜，如大西区三环村、湄池区琴坞村，在一百多年前都是一千户左右

① 朱秋枫：《浙江民间歌谣》，浙江人民出版社，1981，第14页。
② 《诸暨六十年来掌故·壬戌大水记》，民国《诸暨民报五周年纪念册》，诸暨民报社，1924，第27页。
③ 《浙江省血吸虫病防治史》编委会：《浙江省血吸虫病防治史》，上海科学技术出版社，1992，第19~20页。

的大村庄，由于血吸虫病的流行，到解放时已经只有不到一百户人家了。浣纱区水底陈村，原是一百多户的村庄，到解放时，仅仅剩下八户人家十七个人，其中十五人患血吸虫病。"① 可见，血吸虫病无疑是百年来人口减少的重要原因之一。

血吸虫幼虫在中间宿主螺类体内发育，成熟后通过皮肤或口进入终宿主人体内，卵随人的粪便排出，幼虫进入螺体，再通过皮肤回到终宿主人体内。钉螺是血吸虫的中间宿主，而钉螺的生长需要有潮湿的水环境、适宜的植物。研究表明，土壤含水量与钉螺密度有关。此外，钉螺生殖需要有合适的植被条件，湖区洲滩钉螺分布与苔草群丛的总覆盖度、高度、种群覆盖度呈显著相关。水灾能引起钉螺扩散。②

清代加大对山区的开发，大量泥沙随山水汇集于河道中，使得浦阳江河床淤高，每到多雨季节，湖区经常是田、沟、河水混为一流，这也为钉螺的孳生流行提供了机会。太湖周边地区河道、湖荡后期严重淤塞，水流缓慢，为钉螺的滋生创造了条件。③ 20世纪60年代初的调查显示，诸暨血吸虫病流行地区遍及8个区、1个城关镇、28个公社，有21万人受到威胁，估计患病人数将近7200人，大部分病人丧失劳动力，妇女不能生育，儿童不能正常发育。④ 湖区的血吸虫病也十分严重，以泌湖区为代表。

东泌湖内部有周家湖、稻子湖、东成湖等21个小湖，湖田交错在这些小湖之间。湖田三面环山，一面临江，地势自东向西倾斜，四周高中间低。其间小湖的圩埂纵横交错，乌程江贯穿东西，港流弯曲狭窄，宽仅20米左右，排灌受阻，低田经常受涝，杂草丛生，钉螺密殖，是血吸虫病的重灾区，当地湖民曾有"团团江，下死上，毛家湖，人喊地方；马塘圩，人都逃光，神仙难医烧鸡胀，三十六岁算寿长"的悲惨农谚。⑤

① 《中共诸暨县委血防领导小组关于四病防治工作情况及今后意见的报告》，1962年3月5日，诸暨市档案馆藏，档案号：63-11-17，第66页。

② 徐玉梅、张世清：《环境因子对钉螺生长发育与分布的影响》，《国际医学寄生虫病杂志》2011年第38卷第4期。

③ 李玉尚：《感潮区变化与青浦沿湖地区的血吸虫病——以任屯为中心》，《南开大学学报》（哲学社会科学版）2011年第5期。

④ 《诸暨1-10月防治血吸虫病情况及今后规划、今冬明春的工作打算意见》，1962年10月30日，诸暨市档案馆藏，档案号：63-11-17，第92页。

⑤ 《诸暨县水利志》，1993，第42页。

　　西泌湖的钉螺则主要分布在枫桥江堤埂外的沼泽区。1950 年浙江卫生试验院的调查资料显示，沿江的沼泽区有大量钉螺："在实地调查时，在江堤以外的沼泽地区都可以找到钉螺蛳，但田间的小溪及荡边，还没有发现有钉螺存在。"① 调查以泌湖核心区东和村为中心，共检查 182 人，日本血吸虫病感染率为 52.29%。② 女子的感染率很高，证明洗衣、煮饭与疫水接触患病率不比下田的概率低。店口地区的调查也显示，生活区的钉螺密度也很高，"生活区在村周围田边、田沟、小溪沟、小溪坑，占有螺总面积三分之一左右，密度 5-200 只；生产区在距离村庄比较远的田沟、田边、小滩片、溪坑塘，占有螺总面积三分之二左右，密度 2-200 只"。③ 虽然面积还是生产区更广，但生活区的钉螺分布也不少。

　　消除钉螺孳生的野外环境，主要采取土填埋之法。对于一些钉螺分布密集地区，"可以采用架桥、排除积水等办法，适当改变生产地区的环境，减少接触疫水的机会。可以改进生产方法，改进捕鱼虾、打湖草等工具，合理使用防护药物和防护工具，防止感染"。④ 并提倡分塘用水，饮用井水。进入人体的血吸虫虫卵通过粪便排出，这些粪便未经处理，大多直接用来作为农田的肥料，又为血吸虫生物循环创造条件。因此，政府动员群众不在河里、塘里洗刷马桶。一些档案调查显示，诸暨的田间也修筑了公共厕所，以最大限度地减少钉螺流行传播机会。⑤ "文化大革命"以后，诸暨湖区灭螺再次兴起高潮。政府投入大量劳动力，改善了排灌系统，并扩大了耕地面积，将灭螺与积肥相结合，挖出河泥，灭掉钉螺，促进了备耕生产。⑥ 湖区沟渠纵横，加之循环受淹的沼泽区大片分布，为水生疾病的滋生提供了外部条件。

---

① 《诸暨泌湖乡东和村日本血吸虫病的调查》，《浙江卫生实验院第一年年报》，1950，第 20 页。

② 《诸暨泌湖乡东和村日本血吸虫病的调查》，《浙江卫生实验院第一年年报》，1950，第 20 页。

③ 《诸暨县店口大队（原中村乡）消灭血吸虫病总结汇报》，1961 年 1 月 17 日，诸暨市档案馆藏，档案号：63-11-17，第 6 页。

④ 《诸暨县一九六四年防治血吸虫病工作计划（草案）》，1964 年 1 月 15 日，诸暨市档案馆藏，档案号：63-13-8，第 104~105 页。

⑤ 《诸暨县店口公社一九六四年（上半年）血吸虫病防治工作计划》，1964 年 1 月 22 日，诸暨市档案馆藏，档案号：63-13-8，第 185 页。

⑥ 《关于血防工作情况的报告》，1970 年 3 月 31 日，诸暨市档案馆藏，档案号：63-16-1，第 108 页。

第二节 明中后期的湖田水患与水利维持

明成化年间，西小江东出河道逐渐淤塞，江水积潴难泄，知府戴琥彻底开凿碛堰，将浦阳江下游完全改道向西北入钱塘江。河道新改，浦阳江中游排水变得困难，而下游山会平原从此免遭浦阳江江水与潮水顶托泛溢之苦。但新河道沿岸的水患压力也随之骤增，特别是麻溪坝筑成，将山阴天乐中乡阻隔坝外，天乐中乡从此长期承受江潮之害。此后数百年间，废坝呼声不绝，也形成大量文献资料。① 斯波义信先生即以这些文献资料为依据对麻溪坝涉及的地域社会问题进行研究。② 此乃浦阳江改道导致的社会生态改变之一窥。江水改道不仅影响天乐乡，新河道周边的乡村也皆受影响。万历年间，萧山县令刘会提出"荒乡"论，即以浦阳江为界，江南九乡时遭淹没，成为"荒乡"。③ 而从全流域的视野看，下游河道变化对中游的影响同样显著。改道后，中游诸暨地区的湖田泄水与河道排水，成为明中后期当地最主要的水利与民生问题。

目前，史学界对浦阳江中游诸暨地区进行研究的主要有两位日本学者。森田明在 20 世纪 80 年代关注到诸暨地区的水利制度问题，认为里甲制为基础的水利体制在嘉靖至万历年间崩坏，这种情况在明末江南普遍存在，而刘光复的治理则是对这种崩溃的水利制度进行再编与强化，以维持水利秩序的运行。④ 森田明不讳言，其文章主要是对刘光复治水形成的水利条文加以介绍，对刘光复所治理的湖田及河道水利生态、自然地理背景等内容的研究并没有涉及。此后，上田信又以诸暨为中心，探讨明清时期国家与地方精英在水利事务中的互动关系，主要论述地域社会问题。⑤ 而学界对浦阳江改道与中游地区湖田生态与水利维护之间关系的研究还没有

---

① 这些资料在民国初由萧山人王念祖编辑而成《麻溪改坝为桥始末记》（马宁主编《中国水利志丛刊》69，广陵书社，2006）一书，详载围绕麻溪坝展开的各种争论。

② 〔日〕斯波义信著《宋代江南经济史研究》，方健、何忠礼译，江苏人民出版社，2012，第 540~589 页。

③ 来裕恂：《萧山县志》，天津古籍出版社，1991，第 75 页。

④ 〔日〕森田明：『明末浙东の一考察：诸暨地方を中心として』，『史学研究』，（通号 165）1984.09. 第 22~42 页。

⑤ 〔日〕上田信：『明清期・浙东における州县行政と地域エリート』，『東洋史研究』1987 年第 46（3）期，第 533~558 页。

足够的重视，本节以刘光复治水形成的文献汇编《经野规略》为史料依据，并结合明清地方志资料，以浦阳江下游改道所导致的中游水环境变化为大背景，复原晚明时期诸暨地区的湖田水患与水利应对的历史画面，展现小流域河道变迁与区域水文环境变化之间的关系。

一　河流改道与湖田水患

浦阳江水道原由麻溪经钱清出三江口入海，萧绍地势西高东低，江水处顺流之势，排水相对较容易。但在南宋后期至元代，鉴湖湖田化导致山会平原南部的三十六源溪水失去蓄水之所，溪水多流入西小江，致使西小江水道变宽，水流变缓，江水潴积。明崇祯年间，刘宗周言："往者，山（阴）、会（稽）中鉴湖以北皆潮汐出没之区，又有西江一水以合之，故全越皆为水乡。"[①] 加之杭州湾潮水的顶托，排水成为山会平原最重要的水利问题。元至正年间（1341~1368），萧山县令崔嘉讷凿碛堰，开始分浦阳江水西北入钱塘江，以缓解下游排水压力。[②] 此后，下游分流工程持续进行。明天顺年间，绍兴知府彭谊又在下游西小江上筑起白马山闸。筑闸后，钱塘江潮水携带泥沙淤积闸外，西小江东出河道逐渐淤塞。为排泄平原内部积水，成化年间，戴琥将浦阳江彻底改道向北。江水改道后，浦阳江北行于碛堰山狭流之中，中游江水受潮水顶托难泄，导致此后几百年间诸暨地区水患加剧。每当洪水泛滥之时，江水常常横溢两岸湖田，"决湖堤，淹禾苗，庐舍成泽，其损失之惨重，诚非笔墨所能记述，此乃本县水患之主要症结"[③]。诸暨民众也认识到下游河流改道对中游的显著影响，普遍形成"碛堰不开，而山洪海潮无逆流之害；麻溪不塞，而金婺诸洪一泄入海"的认识。[④]

万历年间，诸暨县令刘光复在多次考察浣江水系后，绘制成《浣江源流图》[⑤]，图中对浦阳江沿岸重要湖泊皆有标注，并在文献中详细记载两江

---

① 刘宗周：《刘蕺山先生天乐水利图议》，《麻溪改坝为桥始末记》，马宁主编《中国水利志丛刊》69，广陵书社，2006，第31页。
② 徐职：《治水说》，民国《诸暨民报五周年纪念册》，诸暨民报社，1924，第99页。
③ 《诸暨县人民政府水利办事处整治浦阳江流域水患计划纲要》，1949年10月拟定，载王文浩主编《诸暨行政管理志》，1992，第242~243页。
④ 刘光复：《经野规略》上卷《白塔湖士民呈词》，《绍兴水利文献丛集》下册，广陵书社，2014，第520页。
⑤ 刘光复：《经野规略》下卷《浣水源流图》，《绍兴水利文献丛集》下册，广陵书社，2014，第556~569页。

沿岸湖泊名称及湖埂分段情况（见表4-1）。中游地区湖泊众多，也构成了一幅独特、优美的区域湖田景观，晚明诗人朱长春从浙东返回内地，途中经过山阴、诸暨等县，其对两地之景观有过简单、精要之比较，其言："暮至诸暨道上，山水清发，不及山阴，而湖气浩洁，是美人生长，灵墟深谷，愿风往往。"① 大片湖泊以及湖中的湖田共同构成一幅河谷水乡景观。

表 4-1　明代中后期浦阳江中游诸暨县城以下沿江主要湖泊

河道		湖泊名称（从南至北）
浦阳下东江	东岸	高湖、汤家湖、巉头湖、章家赵家湖、落星湖、寿文新湖、上竹月湖、中竹月湖、下竹月湖、木陈湖、吴墅湖、楼家湖、山后湖、孤山湖、草湖、新湖、金竹塘湖、马塘湖、泌湖、白塔湖、历山湖、蒋湖、忽睹湖、横山湖、吴湖、上金湖、下金湖、下湖
	西岸	张家新湖、戚家湖、东横塘湖、朱家湖、东黄家湖、东京塘湖、泥湖、东大兆湖、簏渔湖、西施湖、鲁家湖
浦阳下西江	东岸	楮木湖、西横塘湖、西朱家湖、西上黄家湖、西下黄家湖、西京塘湖、何家湖、西大兆湖、黄潭湖
	西岸	邵家湖、东大湖、道士湖、新亭湖、黄官人湖、庙前湖、陈家湖、上苍湖、下苍湖、象湖、黄湖、郭家湖、和尚湖、秀才湖、潭湖、车湖、张麻湖、朱公湖、贯庄湖、桥里湖、连塘湖、西江湖、浦球湖、湄池湖、南湖、下坂湖、枫山湖、神堂湖

资料来源：刘光复：《经野规略》下卷（一），冯建荣主编《绍兴水利文献丛集》下册，广陵书社，2014，第 579～598 页。

浦阳江中游河谷地势低洼，一般海拔 5.5～6.5 米。② 至万历年间，中游地区的湖田化趋势加快，沿江两岸的湖泊几乎皆被开发成湖田。湖田大者上万亩，小者也有千余亩，其中面积较大的为泌湖（湖田大约 38000亩）③、白塔湖（湖田 31411 亩）④、大侣湖（湖田 17500 亩）⑤、高湖（湖田

---

① 朱长春：《朱太复文集》卷 27《适越记》，明万历刻本。
② 诸暨市水利志编纂委员会：《诸暨市水利志》，方志出版社，2007，第 15 页。
③ 刘光复：《经野规略》上卷《申详违禁箔泌湖申文》下册，冯建荣主编《绍兴水利文献丛集》下册，广陵书社，2014，第 527 页："审得泌湖乃本县蓄水官湖，原存四万余亩，悉为势家冒佃筑埂，以致水无所归，阖邑受害。止余贰千陆十亩湖荡。" 4 万亩官湖只剩下 2060 亩湖荡，其余皆为湖田。
④ 刘光复：《经野规略》下卷（一）《浣江源流图》，《绍兴水利文献丛集》下册，广陵书社，2014，第 564 页。
⑤ 刘光复：《经野规略》下卷（一）《浣江源流图》，《绍兴水利文献丛集》下册，广陵书社，2014，第 561 页。

12000 亩)①、朱公湖（湖田 11640 亩)②，而上千亩者也有数十个之多。③
明代诸暨七十二湖虽称湖，但其实多是由水田和错落分布的村子和池塘，
以及密集的河网构成。全县七十二湖，分外湖、内湖，外湖临江，内湖在
外湖之中。湖田成为诸暨地区最主要的粮食产区，但由此失去蓄水之所而
引发的水患问题也十分严重。正如雍正《浙江通志》论述诸暨风俗时所
言："诸暨地阻而俗美，田于湖山之间，灌泄甚艰，故岁无常稔。"④

　　万历二十六年（1598）刘光复始任诸暨县令，次年即"冯夷为虐，各
湖遍没，几无以为生"⑤。当时全县粮田 70 余万亩，山田、湖田几乎各占
一半，然"山田硗瘠寡入，恒仰给于湖田，湖田一不收而通邑告饥矣"⑥。
湖田地势较低，几乎与浦阳江平，上流澎湃而来的山水、洪流奔腾而下，
中游原本可蓄水的湖泊被大量围垦，可容水处仅一衣带耳。浦阳东、西两
江汇合于三港口，经碛堰向北入钱塘江，但碛堰地势略高，犹如人之咽
喉，江水下泄受阻，中游于是"骤雨终朝，百里为壑，十年而得无害者亦
不二三，暨民盖无岁不愁潦矣"⑦。民众常以内涝为患。

　　在中游众多的湖泊中，以浦阳东、西二江间的大侣湖及东江东缘的白
塔湖最为关键，当地民间流传有"大侣爹，白塔娘"的谚语。⑧ 大侣湖位

①　刘光复：《经野规略》下卷（一）《浣江源流图》，《绍兴水利文献丛集》下册，广陵书社，
　　2014，第 560 页。
②　刘光复：《经野规略》下卷（一）《浣江源流图》，《绍兴水利文献丛集》下册，广陵书社，
　　2014，第 563 页。
③　中游湖田面积在千亩以上的湖泊有：东大湖（1223 亩）、落星湖（1000 亩）、戚（七）
　　家湖（1035 亩）、和尚湖（1643 亩）、东横塘湖（2490 亩）、西横塘湖（1587 亩）、下竹
　　月湖（1510 亩）、东朱家湖（1560 亩）、木陈湖（4540 亩）、东京塘湖（3086 亩）、西京
　　塘湖（1410 亩）、霰渔湖（1070 亩）、山后湖（1860 亩）、东大兆湖（1860 亩）、西大兆
　　湖（3430 亩）、草湖（1040 亩）、马塘湖（1354 亩）、西施湖（1275 亩）、贯庄湖（1453
　　亩）、桥里湖（1340 亩）、鲁家湖（2577 亩）、黄潭湖（1770 亩）、历山湖（2880 亩）、
　　蒋湖（1300 亩）、湄池湖（1100 亩）、横山湖（5080 亩）、下湖（2100 亩）。［刘光复：
　　《经野规略》下卷（一）《浣江源流图》，冯建荣主编《绍兴水利文献丛集》下册，广陵
　　书社，2014，第 560~565 页。］
④　雍正《浙江通志》卷 99《风俗·诸暨县》，清文渊阁四库全书本。
⑤　刘光复：《经野规略·序》，《绍兴水利文献丛集》下册，广陵书社，2014，第 502 页。
⑥　刘光复：《经野规略》上卷《疏通水利条陈》，《绍兴水利文献丛集》下册，广陵书社，
　　2014，第 506 页。
⑦　刘光复：《经野规略·序》，《绍兴水利文献丛集》下册，广陵书社，2014，第 502 页。
⑧　刘光复：《经野规略》正卷《沙埭埂记》，《绍兴水利文献丛集》下册，广陵书社，2014，
　　第 552 页。

于县城北五里，湖田约两万亩，加上与之相连的东西横塘、朱家等湖，湖田总数在十几万亩左右。刘光复考察大侣、朱公湖时询问湖中诸利弊，众人皆云："内水难泄，低田岁苦无收。"① 万历三十年（1602）五月间诸暨地区的普通梅雨，即造成大侣湖极为惨重的水灾，山溪骤涌，湖埂、横塘遍倒，"野苦横尸，家惶沉灶"。②

白塔湖在"县下六十里"，坐七十二湖之下，与沥山湖相通，周围八十里，粮田三万多亩，烟村几千。③ 由于地处浦阳江诸暨段的下游，受钱塘江潮水影响较大，湖埂常常倒缺，每当"春夏之交，霖雨时集，各湖尚无恙，而白塔人家悉沉灶产蛙矣"。湖三面环山，一面临江，湖水通过斗门泄入江中，江水也经常由斗门倒灌。湖区地势相对较高的农田也"三无两登"，地势低处则更是"十不九插"，"啼号困苦，此湖称最"。④ 湖区农民即使占有大片湖田，因水患频繁，仍十分贫困。刘光复巡视白塔湖，有人因贫困潦倒，不能参与筑埂。刘问其田亩若干？答曰："二百亩。"刘再问："何故贫甚？"农人云："三年无粒入矣。"⑤

高湖位于大侣湖东，以浦阳下东江为分界。距离县城近20里，湖"环围五十余里，居民四都六图"，有山田数百顷，湖田一万两千余亩，"湖中之洼而易没者，又复逾半。沿山沼沚、溪涧，无虑数十"，"雨注时沸腾若江河然，不终朝而数十里茫茫巨浸矣"。万历以前该湖空出千余亩，作为官湖以蓄水。浦阳江边众多湖泊旧时也皆如此，湖中低洼处长期作为蓄水之所，官府严禁侵占。万历年间，豪右妄图侵占，并高筑围埂，蓄水空地被辟为湖田。由于维护不善，江边湖埂900余丈，又皆坍塌严重，湖田常被水淹。⑥

---

① 刘光复：《经野规略》上卷《朱公湖埂闸记》，《绍兴水利文献丛集》下册，广陵书社，2014，第538页。

② 刘光复：《经野规略》上卷《大侣等湖居民呈词》，《绍兴水利文献丛集》下册，广陵书社，2014，第510页。

③ 刘光复：《经野规略》上卷《白塔湖士民呈词》，《绍兴水利文献丛集》下册，广陵书社，2014，第520页。

④ 刘光复：《经野规略》上卷《白塔湖埂闸记》，《绍兴水利文献丛集》下册，广陵书社，2014，第537页。

⑤ 刘光复：《经野规略》上卷《疏通水利条陈》，《绍兴水利文献丛集》下册，广陵书社，2014，第510页。

⑥ 刘光复：《经野规略》上卷《高湖埂闸记》，《绍兴水利文献丛集》下册，广陵书社，2014，第539页。

泌湖是下游河道变迁对中游湖泊影响最明显的湖泊之一。该湖本是个水草丛生、沼泽遍布、水流不畅、泌而不可耕耘的废湖畈，是枫桥、栎桥、小仙桥三江之袋水湖，也是三江之所带来的泥沙淤积地。宋代称必浦湖，嘉泰《会稽志》载："必浦湖，在县北七十里，周四十里，俗讹为泌浦湖，共仿横港曲湾以百数，多采捕者。"① 元代由于浦阳江下游西小江积水严重，萧山租借泌湖蓄水，以缓解下游水患压力，对此上文已有详细论述。

明代中叶以后，由于浦阳江下游筑起麻溪坝，江水不再经由山会平原，萧山县原受江水危害之区域也不再依赖泌湖蓄水缓解水患压力，民间开始围垦泌湖。最先只有十三姓在湖周围小规模围田垦种。② 但到明嘉靖年间，诸暨修筑县城，苦于经费无着落，于是将属于官湖的泌湖售卖。此后，泌湖湖田化速度加快。到万历三十年（1602），原本5万余亩的湖泊，只剩下2060亩的官荡，其余皆开垦为湖田。③ 湖田化后的湖泊时常遭受下游潮水倒灌，一遇到阴雨天，浦阳东、西两江之水壅淤于三港，"而其水反从东南逆注此湖，则此湖诚为众水聚蓄囊贮之所。若据以为田，则必有壅塞怀襄之患，而暨之为县大受其害矣"④。泌湖筑堤改田，也是中游水患增加的原因之一。下游改道引起的中游水环境变化直接作用于湖田，影响并改变了原本的湖田生态环境与水利格局。

二　筑埂、导流与低荡蓄水

由于下游河道变迁引起中游湖田水环境改变，对湖田的治理与维持就变得更为困难。成化年间，戴琥言及诸暨水环境格局，称钱塘江潮水上可至大侣湖，大侣湖以上仍可依赖诸湖蓄水调节，乃"人力可以有为"；而大侣湖以下各湖则完全依赖斗门、圩埂，防潮侵入，除此之外，"余当付之天矣"⑤，认为只能尽人事而听天命了。

至万历年间，诸暨境内的水环境格局仍没有大的改观，需要更具魄力的

① 嘉泰《会稽志》，李能成点校《（南宋）会稽二志点校》，安徽文艺出版社，2012，第187页。
② 乾隆《诸暨县志》卷十五《水利》，清乾隆三十八年刻本。
③ 刘光复：《经野规略》上卷《申详违禁箔泌湖申文》，《绍兴水利文献丛集》下册，广陵书社，2014，第527页。
④ 黄镗：《诸暨泌湖议》，雍正《浙江通志》卷五十七，清文渊阁四库全书本。
⑤ 戴琥：《水利碑》，乾隆《绍兴府志》卷十四，乾隆五十七年刊本。

官员进行大刀阔斧之革新，方有转变之可能。刘光复考察诸暨山水环境，认为诸暨湖田低洼，水易潴积，故宜筑埂导之。此外，每夏秋之间，钱塘之水挟海潮而上，惊浪驾风，与浦阳江相激，则怒涛倒流，江水渟潴积蓄，淫溢而不能出，故宜泄，泄则需裁"汇"导流，并建"闸"节之。① 以治湖田为核心，以治河道为手段。湖田治理又以筑埂为主，"埂"成为湖田安危的重要屏障；而埂内、埂外积水排泄，则要求湖田内排水系统及浦阳江河道通畅，禁止肆意侵占河道、筑箔养鱼等私利行为影响湖泊、江水排泄。湖泊内除水塘和河流外，最低处留作荡地，以作蓄水之所，调节全湖水旱。

诸暨县城以下皆为感潮河段，江水受潮水顶托，若遇阴雨天，则江水、湖水横溢，时常冲决湖埂，"每见倒埂，老幼悲号彻昼夜"②。诸暨浦阳江上、下游地势高，中游地势低，若堤埂一经溃决，田庐漂没，排水就更为困难。所以，修筑的堤埂要高于最高洪水位，方可保证湖田安全。筑埂之前，须逐湖丈量湖埂尺寸，以便根据湖田亩数多寡分派培埂。旧时计田编夫，"今日久湮漫，有田去而夫存者，有有田而无夫者"，致使"富家高卧收花，贫寒忍饥代筑"。田亩逐渐与派赋脱节，施行中又只按旧例。另有一些田地，"被水冲沙没，旧日夫役犹存，颗粒全无到口，泥沙日日肩身。空赔粮差，压做土工，为终身不解之愁，贻子孙无穷之患"。③ 刘光复详查各湖旧册，旧册所载与实际情况"无大偏枯者"，则"照号编夫"，而对"失额差误甚者，必须履亩查丈，顺序以业主编审"，且"清夫而不清粮，则便民而非扰民"。丈田清夫并不涉及赋税征收问题，只是为修筑河埂提供依据，阻力并不大，乃便民之举。如刘所言："一时之劳，似为无穷之便也。"④

白塔湖筑埂始于嘉靖初，但至万历年间，由于湖田业主多有变更，加之官员与普通民众"上下怠事，湖埂日至倾颓，湖田洊罹水患"。患埂有七百余丈，东筑西坍，了无成日。⑤ 万历二十七年（1599），刘光复即登舟穿湖，实地踏勘，量得白塔湖湖田约 3 万亩，而湖埂仅 1336 丈，计田分筑，

① 民国《诸暨民报五周年纪念册》，诸暨民报社，1924，第 94 页。
② 刘光复：《经野规略·序》，《绍兴水利文献丛集》下册，广陵书社，2014，第 502 页。
③ 刘光复：《经野规略》上卷《疏通水利条陈》，《绍兴水利文献丛集》下册，广陵书社，2014，第 510 页。
④ 刘光复：《经野规略》上卷《疏通水利条陈》，《绍兴水利文献丛集》下册，广陵书社，2014，第 511 页。
⑤ 刘光复：《经野规略》上卷《白塔湖士民呈词》，《绍兴水利文献丛集》下册，广陵书社，2014，第 520 页。

每亩不及半尺，可一劳永逸。随后召集湖民，以田多者为总圩长，次者为小圩长，湖埂分属两乡，先两乡定界，后依亩分筑湖尺寸。筑埂次年（1600），诸暨大雨近一个月，滔天为虐，各湖遍没，而白塔湖独无恙，得收早谷数十万斛，民众大喜过望。此后，各湖争相筑埂，湖民俱跃然赴工，无一顽梗。①

　　湖田外围筑埂后，各湖内部又筑内埂，湖中形成大大小小的圩田，各圩需选得力之人任圩长，均编圩长、夫甲。旧时，一些湖有湖田而无圩长，遇事无人组织；一些大户因害怕当圩长惹麻烦，又百般避让；即使有圩长，又多不肯尽心尽力，"夫可折卖，工可欺报"。刘光复根据湖田多寡设圩长、甲长，"田几十亩编夫一名，一夫该埂若干丈，几夫立一甲长，几甲立一圩长。大湖加总圩长几名，小湖或止圩长一二名"。圩长、甲长择住湖、田多、忠实者为之。② 夏秋多雨时节，倒埂又多在夜晚，圩长执锣，夫甲执梆，夜晚各高揭灯笼一盏巡视，遇有紧急情况，即鸣锣击梆，湖民闻声而出动，齐力救卫。若"人夫一名不到，计所种之田，每亩罚工一日，倒埂则倍之。圩长、夫甲不到，每亩罚工二日，倒埂又倍之"。③ 圩长制此后延续了数百年。

　　筑埂虽依靠圩长，仍在官府的督理之下。刘光复将全县七十二湖一分为三，分属县内的典史、县承、县主簿管理，"农隙督筑，水至督救"。官员每年春秋时节，巡视分管情况，并上报上司，上级则以"治田之勤怠，定本官之贤否"。④ 为保证筑埂的顺利推行，刘光复将所有湖中事宜及埂尺田亩分段之数，编次刊刻成书，印存三本于工房，县丞、主簿、典史各给一本，全县圩长每湖给一本，以备稽查。一般百姓若需要，可自行印刷。考虑到推行的实际效果，又将一些宜永禁条文刊刻于石碑上，立于各湖紧要之处，"如有豪奸抗顽，重惩不恕"。⑤ 民众与官府互相监督，以防止奸人从中舞弊。

① 刘光复：《经野规略》上卷《白塔湖埂闸记》，《绍兴水利文献丛集》下册，广陵书社，2014，第 537 页。
② 刘光复：《经野规略》上卷《疏通水利条陈》，《绍兴水利文献丛集》下册，广陵书社，2014，第 507 页。
③ 刘光复：《经野规略》上卷《疏通水利条陈》，《绍兴水利文献丛集》下册，广陵书社，2014，第 509 页。
④ 刘光复：《经野规略》上卷《疏通水利条陈》，《绍兴水利文献丛集》下册，广陵书社，2014，第 510 页。
⑤ 刘光复：《经野规略》上卷《申详立碑示禁永全水利申文》，《绍兴水利文献丛集》下册，广陵书社，2014，第 533~534 页。

　　筑埂为防水，而导流则为排水。积水排泄分埂内与埂外，埂外须保障浦阳江河道畅通，清除沿河障碍，诸如河道两岸与江滩种植的树、竹。在筑官埂之初，埂外余地多荒弃不种，以利水流，然一些奸贪之人捏报开垦，开始时种植一些果蔬，随后即开始种植粮食作物，并私自筑埂，致"湖外自成一湖，岸上更加一岸，期月盈尺，终岁成丈，不数年而蓬茨绕匝，荻芦弥缝，壁立坚密，屹如崇塘"。刘光复查勘各处湖田，发现在官埂之外，大多江滩已被占为私业，一些农户还在江滩边建房造屋，植桑柳于河中，"若释今不治，竹木日盛一日，将来泛溢，无时可免"。当地长者言，"曩年水势犹缓，近三五年来，突易泛长"，"而临江踏视，指讯一二小湖，皆三五年中筑成"。① 私筑湖埂，侵占河道，致河道变窄。刘光复将所筑私埂尽行摊平，并禁止栽培荆棘，雍塞下流。为防止侵占河道，还将各业主所属滩地逐处丈量，并填注土名，编号印册，以后涨出的滩地，永不许报升，并在紧要之处竖立碑石，登记土地面积，以作凭证。② 此外，严厉禁止筑箔横截江口，"捕鱼曶埠，最能雍水作浪，夏、秋两季断不容人私立"，并立碑示禁，"概县港渚永不许筑箔捕鱼"。③

　　埂内湖田备有用于自然排水的沥河，沥河属于官家所有，也称官沥。湖田中多余的积水汇集于官沥排出，旱时也资以灌溉，"湖中沥河，涝籍放泄，旱资灌溉，通湖命脉所系"。④ 沥河之作用在于排泄湖田积水，有近河田户，却将沥河高处垒土成田，低处则筑坝为塘。刘光复称此举犹如堵住人之咽喉与排泄之大肠，焉得下咽、利泻？为保障沥河畅通，刘光复要求每春夏之际，取通湖圩长、夫甲担保文书，文书中载明湖中有无占塞官沥及插箔捕鱼等有碍泄水行为，并允许众人公举，犯者重究，若圩长含糊不举，则与犯者同治。⑤

---

① 刘光复：《经野规略》上卷《疏通水利条陈》，《绍兴水利文献丛集》下册，广陵书社，2014，第 506 页。
② 刘光复：《经野规略》上卷《疏通水利条陈》，《绍兴水利文献丛集》下册，广陵书社，2014，第 507 页。
③ 刘光复：《经野规略》上卷《禁插箔申文》，《绍兴水利文献丛集》下册，广陵书社，2014，第 515 页。
④ 刘光复：《经野规略》上卷《疏通水利条陈》，《绍兴水利文献丛集》下册，广陵书社，2014，第 509 页。
⑤ 刘光复：《经野规略》上卷《疏通水利条陈》，《绍兴水利文献丛集》下册，广陵书社，2014，第 510 页。

湖中河渠通向外江，湖田排水的同时还需要考虑外水影响，故应在排水口处设闸，涝则闭闸，拒江水之害；旱则开闸，引潮水为利。在霖雨时节，外江水高，闸门紧闭，但湖内山水汇聚，又泻泄无路，低处便首先受灾；直到雨止天晴，外江水位跌落，才得启闭泄水。白塔湖外有坚固堤埂，并设有斗门一闸，外阻江水，内泄积水，可一定程度缓解积水之害。高湖地势极低，有谚云"高湖沉水底"，在湖外筑埂后，内水不出，仍不免遭淹没。原本有两闸洞，每洞各阔六尺，后又加阔二尺，后内水暴涨，五日即泄，低田增早谷 2000 余亩，晚稻则阖湖全收。[1] 大侣湖蓄泄靠五浦闸，湖中积水以及邻近湖泊皆从此泄出。刘光复初掌诸暨时，五浦闸坍塌严重，而内埂又多单薄，不足御水。刘光复主持修筑新闸，闸"高七尺二寸，阔六尺二寸，皆倍旧，长十丈，极称完固"。又移内小闸于戚家湖，高阔各三尺余，水所得泄，视昔加倍，阖湖享其利。[2]

浦阳江两岸的湖泊，皆非独立湖泊，或直接或间接，皆与江水相通，当江水抬升时，湖泊可容纳洪水，有分水调节之功用。若湖田内的积水不能及时排出时，也可将多余的积水排入湖区低洼处。泌湖剩下的两千余亩官荡，势如"锅中底"。刘光复再三临湖，将其定为官湖，禁止围垦，"听贫民鱼草其中度活"，在官荡周围立四面石碑，"钉界以杜侵占"，以断豪奸窥伺之心，如此则河道犹存故道，或不致泛滥逆行。[3] 又如高湖，内聚七十二溪山水，外通江潮，时有倒灌之害，全湖安危依赖湖中低荡一千余亩蓄水。然当地土豪高筑围埂，试图占为湖田，全湖"老幼惶恐"，圩长上报县署，刘光复"立石官湖边，永不许人报升侵占"。[4]

湖田中地势低洼的官荡，不仅是积水储存之所，旱时也是周围湖田重要的灌溉水源，官方遇此占湖为田者，处理十分坚决。诸暨二十八都的后荡湖位于诸暨县南浦阳江中偏上游，河道不感潮，低荡蓄水主要用于灌溉，湖区有良田三千余亩，内存官荡五十余亩，"通湖藉以灌溉"。万历二

① 刘光复：《经野规略》上卷《高湖埂闸记》，《绍兴水利文献丛集》下册，广陵书社，2014，第 539~540 页。
② 刘光复：《经野规略》上卷《五浦闸记》，《绍兴水利文献丛集》下册，广陵书社，2014，第 540 页。
③ 刘光复：《经野规略》上卷《存泌湖申文》，《绍兴水利文献丛集》下册，广陵书社，2014，第 514 页。
④ 刘光复：《经野规略》上卷《申详高湖官荡申文》，《绍兴水利文献丛集》下册，广陵书社，2014，第 529 页。

十四年，湖民王能十三计献于官宦之家，并请佃为田，至二十六年，湖田遇旱，三千余亩湖田颗粒无收，湖民控告于县衙，刘光复初任县令即予禁止。后刘又至湖区视察，发现后荡湖与白塘湖相连，湖田达七千余亩，其中白塘湖有官荡300余亩，也与后荡官湖相通，垦种不只危害后荡湖，也危及白塘湖湖田。官宦之家也愿意将所占之官荡还于官府，此后四年间未有插种。但万历三十一年（1603），王能十三又私下放水耕种，刘光复急令将已插禾苗犁没，并拟将王能十三处以杖刑了之。此事上报上级后，各级官府普遍认为处理较轻。巡抚吴御史批示言："王能十三擅占官湖，私行耕插，一杖岂足尽辜。姑依拟枷号一个月示惩。"圩长容隐不举，亦杖惩。而清军右布政使的批示，则更表现出泄湖为田引起极大民愤，其言："拟杖似未尽辜，先加责三十大板，枷号湖边一个月，以泄千百人之愤。"①低荡蓄水，关系农田水旱，不可垦占。

三 裁"汇"与中下游利益冲突

筑埂、导流以及存低荡以蓄水，皆为治湖之举。浦阳江下游改道后，中游江水排泄不畅，成为湖田排水的极大阻碍，于是治江必不可少。江水中下游受阻，众多河曲进一步发育，当地称"汇"。汇的河流形态表现为河床深槽紧靠凹岸，边滩依附凸岸，凹岸冲蚀，凸岸淤涨，河流向凹岸发展。"汇"的发育使江水流速进一步减缓，原来与流速相适应的输沙模式被打破，因水流减缓，泥沙逐渐淤积河道。在江南吴淞江流域，"汇"更为普遍，元代的治水专家任仁发对吴淞江中下游的汇做了如下定义："汇者，江潮与水相会之地之谓汇也。"② 这种汇是清水与潮水交汇之地。但在更多时候，"汇"指江水在感潮作用下的弯曲状态。明代中叶以后，浦阳江中下游的汇在潮水顶托作用下进一步发育。清光绪《诸暨县志》中对境内的"汇"有较为清楚的解读，其言：

> 汇者，回也，水去而复回也。盖水本北流，至此忽斜，趋而东，复至东环绕而西，曲折回漩，水势迂缓。迨江流日逼而东，则东岸愈

---

① 刘光复：《经野规略》上卷《申详后荡官湖申文》，《绍兴水利文献丛集》下册，广陵书社，2014，第530~531页。

② 任仁发：《水利集》卷之九，稽古论，明钞本。

剥，西岸愈涨，汇滩愈广，而水行亦复愈迁，久且失其故道。①

　　河曲发育，河道弯曲幅度越来越大，河曲内部泥沙不断淤积，水流在短距离间蛇形曲流，有些河曲长达几公里乃至十几公里，如下游黄沙汇，"河流北行复折而南，约十里许，自汇头穿透不过五十二丈，即通三江（作者注：浦阳东、西二江汇合处）"。河曲十余里，而直线距离不过几十丈；而再往北"顺流而下三十里，土名蒋村汇，则系山阴地方，河向西北复折东南，约五里余，自汇中穿透不过三十丈"。② 故万历年间，刘光复在治湖田之余，还集中对境内的弯曲河道进行取直。

　　河道取直，历史上曾遭到下游萧山的强烈反对。南宋乾道八年（1172），浦阳江中游江水泛溢，诸暨上奏朝廷开浚河道，并得到朝廷认可，开纪家汇、浚新江以杀水势。然此举遭到萧山县极力反对，并最终作罢：

　　　　纪家汇，在县西七十里。乾道八年，诸暨县陈诸开浚湖道水利，得旨浚纪家汇，导萧山新江以达诸暨。知萧山县张晖言，山阴沿江皆山也，诸暨、萧山地势低下，小江旧以导诸暨之水也，今浚新江，其底石坚不可凿，徒费民力。纪家汇一开，则上流冲突，而萧山县之桃源、苎罗、许贤、新义、来苏、崇化、昭明凡七乡皆被巨浸。力疏其不便，上之，议遂寝，三邑民皆感其惠，冯澍为作碑。③

　　当时朝中的浙东提刑蒋芾主诸暨之请，但萧山知县张晖力争不可开汇，并声称"晖头可断，汇不可开"④，此议遂寝。

　　南宋时期浦阳江在三江口入海，下游受潮水顶托，感潮可以直达山阴、萧山地区，中游地区的汇可以起到减缓江水流速的作用。纪家汇作为

① 光绪《诸暨县志》卷十三《水利志》附"新江"，《中国地方志集成·浙江府县志辑》41，上海书店，1993，第252~253页。
② 刘光复：《经野规略》上卷《开治河渠申文》，《绍兴水利文献丛集》下册，广陵书社，2014，第524页。
③ 嘉泰《会稽志》，李能成点校《（南宋）会稽二志点校》，安徽文艺出版社，2012，第181页。
④ 万历《绍兴府志》卷三十七《人物志三》，李能成点校本，宁波出版社，2012，第716页。

萧山等下游地区的缓冲地带，若裁弯取直，则下游河道水流加大，在潮水顶托之下，必然泛溢两岸。正如萧山县令所言，浦阳江旧河道沿岸的桃源、苎罗、许贤、新义、来苏、崇化、昭明七乡皆有被巨浸的危险，且对山阴、会稽也有不利影响，故遭到下游极力反对。萧山反对之举，也使"三邑（作者注：即萧山、山阴、会稽）民皆感其惠"。

浦阳江改道后，中下游的汇对于萧山、山阴之影响也发生改变，之前需要借汇为缓冲地带的下游地区由于筑起闸、坝后，与浦阳江分离，开汇影响也就不再明显，但由于受"头可断，汇不可开"的俗规影响，下游山阴对中游诸暨开汇之诉求仍保持审慎态度。万历三十年（1602），刘光复为开蒋村汇，先向山阴购买开汇所要侵占之田亩，因害怕山阴反悔，率诸暨三千民夫昼夜不停三日将汇取直：

> 职谓湖民曰：从此开去，工费亦易，水上可杀上流，水退易得规泻，治河无以易此。民咸欢呼称便。长老又曰：此隔县地方，恐有异议，须速治之。卑县即给价买其田壹拾陆亩，比九月十五，夜已二鼓，飞票召集湖夫，诘朝趋赴者约三千余人，计人授地，亲为指督，三日而成巨浸，高樯大楫往返无大碍矣。[1]

由于水流环境发生改变，清代光绪年间诸暨人在修县志时，编撰者就质疑一直以来所谓开凿纪家汇对萧山不利的说法，称所谓"此江利暨而不利于萧，此皆想象臆度之词"，认为开汇对萧山并无大害，"直其流则水行较速，上游鲜雍滞之患，于暨不无小利，于萧实无大害"，而所谓"江底坚不可凿，尤属诬妄。泥淤沙积之汇地，有何石骨乎？"刘光复开蒋村汇时，"盖深以萧人之前事为鉴，有心人不可无此过虑也"。故连夜开凿，以防变故。[2] 万历年间开汇对萧山桃源等乡无大害，根本原因在于浦阳江下游河道已发生改变，水系环境已根本变革。光绪年间，《诸暨县志》编纂者所言对萧山并无大害，是因为不了解南宋时期的水文背景。

万历三十年（1602）前后，是诸暨大量开汇的关键时期，刘光复见诸

---

① 刘光复：《经野规略》上卷《疏通水利条陈》，《绍兴水利文献丛集》下册，广陵书社，2014，第 506 页。

② 光绪《诸暨县志》卷十三《水利志》附"新江"，《中国地方志集成·浙江府县志辑》41，上海书店，1993，第 252~253 页。

暨地势低下，湖田积水严重，其一面培高圩埂，一面又先后开凿西施、顾家、黄沙、蒋村等汇，中游河道得以泄水。[①] 所开汇中只有蒋村汇在山阴境内，其余皆在诸暨。但无论处县境内、外，皆由官府先行购买田亩以作新河道，旧河道则淤积成官田。如县境内的黄沙汇"河身该田二十亩，亦本县给价买之"。开汇后，"黄沙汇旧河基约可百五拾余亩，汇中有田捌玖拾，民皆愿售"。而旧河道在泥沙淤积填满后，"可得田贰百余亩，自立一湖，亩取石余，以备荒年赈济"。在山阴境内的蒋村汇将"汇"东岸剩田"令湖民佃住开店，管河路，立义渡，以通往来。西岸永不许造房，恐逼狭而碍水利。新河既通，旧河必淤，蒋村旧基约可得百亩"。旧河道上淤出来的田亩，皆归诸暨，"日后淤满存为本县学田，以赈贫生之不能葬娶者"。这种河田兼治的开汇方式，确实起到排泄中游积水之作用，即"如此，则新河无奸顽之阻塞，旧河免豪家之争夺，治河治田并行，君子小人得养，似亦永利也"。[②]

在浦阳江河道走钱清时，开汇使萧山、山阴境内的水患压力增大，即使诸暨有开汇的愿望，也因萧山等下游地区的反对作罢。另外，明代中叶以前，中游地区受潮水顶托的压力较小，水患压力相对较轻，此前中游河道少有开汇。明中叶以后，浦阳江改道向北，诸暨受钱塘江潮水顶托作用增强，中游弯曲河道又使水流速度减慢，水患压力骤增，万历年间才进行大规模开"汇"。下游山阴地区由于河道变迁，江水不再内流，水患压力急速缓解，对诸暨购买境内田亩开凿为新河态度有松弛，但萧山对诸暨的开汇工程有极大意见。崇祯年间萧山士人丁克振言："至万历三十年间，诸暨前任知县刘光复见碛堰开通，竟将曲涧改直，水由渔浦直卸大江，自此萧之两塘始遭冲击之患。"[③] 河道拉直后，蓄水功能自然减小，由于蓄水水域减少，对下游而言，水灾的缓冲能力下降。萧山认为中游开汇又加大了境内西江塘与北海塘的压力。

凿"汇"虽有利于中游潴聚的江水下泄，也利于潮水上涌。在潮汐河

① 刘光复：《经野规略》上卷《议督水利申文》，《绍兴水利文献丛集》下册，广陵书社，2014，第516页。

② 刘光复：《经野规略》上卷《开治河渠申文》，《绍兴水利文献丛集》下册，广陵书社，2014，第525页。

③ 乾隆《萧山县志》卷四《艺文四》，杭州市萧山区人民政府地方志办公室编《明清萧山县志》，上海远东出版社，2012，第1037~1038页。

段上裁弯，减少了潮水上溯的能量消耗，又减少了潮水时间消耗，潮水增加了威力，延长了潮区范围，增加了进潮总量。故自万历年间大量开汇后，浦阳江中下游河道长期维持不变。新中国成立初期，在治理浦阳江的规划书中对河道裁弯取直态度仍较为谨慎。[①] 从水患治理角度而言，开汇犹如一把双刃剑，有利也有弊。

第三节　清代中后期河床淤积与河道治理

湖区大量的筑埂圩田后，原来湖区的山水直接排入浦阳江中，河道压力剧增，加之下游江潮顶托，浦阳江中游的水患压力逐渐加大。历史上，诸暨境内浦阳江沿岸湖泊众多，皆具有蓄水、防洪及灌溉的功能，但随着湖田的不断开发，湖水原本的蓄水功能遭到削弱，加之浦阳江在明代中叶改道向北，钱塘江潮水顶托、倒灌影响加大，中游地区的水患也就变得越来越严重，为改变这种状况，只有对浦阳江的河道开展治理，并加筑湖埂，以防止江水灌入湖区。到后期，河道变窄，上游山水携带泥沙以及下游钱塘江潮携带的泥沙又不断淤积，泥沙淤积问题越来越严重，治河策略转为挖沙以疏浚河道。

一　河道淤积与挖沙

明代对浦阳江中游的治理主要以裁弯取直、筑埂培堤为主，目前史料没有见到挖沙浚河的记载，但是到清代，挖沙成为治理中游河道的重要措施。清光绪二十四年（1898），绅士徐职著《治水说》，其将乾隆以前诸暨水患之源归为两点：一是开碛堰筑麻溪坝，改变浦阳江下游河道走向；二是变卖泌湖筑城，致水无所容：

> 若暨邑之水患，大小虽殊，其弊一也。盖暨邑之水，源出东白，……而入于海，此自然之水性也，何尝为患哉？迨有元至正间，萧县主崔嘉讷见山会萧之卑下，土非上上，因筑麻溪坝以塞暨邑之

---

① 浙江省水利厅勘测设计院：《浦阳江防洪（结合排涝）流域规划及总结》，载水利部勘测设计局编《全国中小河流流域规划会议经验交流文件汇编之二》，水利电力出版社，1958，第180页。

水，开碛堰而使入于钱塘江。当日第知收山会萧三邑之利，而不知麻溪一塞，水失大道。碛堰一开，潮入于暨，此诸邑水患之第一端也。是时泖湖尚能容水，而埂外犹多隙地，小雨不致泛溢，后因前明倭警，泖湖变卖筑城，江滩占种竹木，筑撩私埂，江存一线，水无所容，此暨邑水患之第二端也。此后水患日甚，民不聊生。①

　　万历年间，浦阳江流域的水患已十分严重，刘光复治理浦阳江以导水筑埂为主，其"法夏王之治水，从贾子之疏河。沿山阜以为限，因缺陷而筑堤，去迁通塞，清源广流。从山川断续以分疆，量工力难易而定额。底者为湖，留荡田以容水，高者为畈，疏堤防而杀势"。其对湖田的治理则将筑堤与蓄水并重，在低洼处留荡田（湖内最低处）以蓄水；高处为畈，拆除原有防堤，以杀水势。

　　浦阳江在诸暨县城南，河段即已分东、西二江，东江以定荡畈为大水时蓄水之所，定荡畈周二十余里，在万历年间，刘光复即以其充当江水的缓冲带。刘光复深知，浦阳江诸暨县城以南"二十余里之江面（自注：西江留定荡畈湖外畈二十里以容水，东江留徐家渭三四里以容水），非太平桥五洪（二十五丈）所能泄，故以江东畈为县上出水之路（名曰'龙路'）。所以不筑大路埂者，以杀东江之水势"。在东江畈处未筑大埂，江水暴涨时，可以此畈为蓄水之所。同时"不筑百丈埂者，以杀西江之水势。禁筑后村埂者，以免下流之阻塞，小水不使入畈，大水任其过田，亦量水势，顺水性而已矣！非有所堵塞而曲防也。故江路深广，水得休息，游波宽缓而不迫，永无泛溢崩决之患，深谋远虑，诚圣人也！是后暨民之富庶称极盛焉。苟能世守成规，虽万世岂有水患哉？"② 故明末及清初浦阳江河道一直相对较宽，对河道的治理也一直沿用刘之良规。

　　到清中期，情况发生改变，为官者放任各地自由筑堤，而一地只图一地之福利，全不顾全流域之安危。于是私埂高筑，以邻为壑，刘光复定下的"经野良规"也被打破。乾隆年间，江东畈筑百丈埂（在金鸡山、半爿山之间），东江下流被堵塞。此后，各地私埂增筑，侵占河道，垦殖为田，江流仅剩一线。而县上游来自浦江、义乌、嵊县、东阳四县之水，皆汇于

① 徐职：《治水说》，民国《诸暨民报五周年纪念册》，诸暨民报社，1924，第99~100页。
② 徐职：《治水说》，民国《诸暨民报五周年纪念册》，诸暨民报社，1924，第99~100页。

太平桥二十余丈的出口，江水横决两岸，泛滥常常。① 徐职认为此乃诸暨"水患之第三端也"。②

清中后期诸暨山地开发，使河道淤塞变得更为严重。当时金陵地区大量"棚民"在诸暨山区垦殖，这些人获利后，当地人也竞相垦种，山区水土破坏严重，光绪年间的徐职对此论述，其言：

> 又道光初，金陵土稀人稠，其民散至四方，无所得食，因而乞山垦种，大获其利，名曰"棚民"。土著见其厚获，且多效尤，愈种愈广，漫山遍谷，乃不知山以草木为皮，破则沙石下流，虽欲江身之不填淤，不可得也。沿江之民，又争取进利，不顾大局，或栽竹木，屹若崇墉，或筑田庐，竟成坚壁，江高田低，畎亦成湖，凡囊之留以容水御水者，今皆添筑私堤，塞其故道，江身日蹙，曲防日周，以致江狭似喉，受流若咽，水失其居，安能不东崩西溃耶？是民占水地，非水侵民畴焉，此暨邑水患之第四端也。③

民国《诸暨民报五周年纪念册》也详细分析了诸暨浦阳江河道泥沙之来源："至江底泥沙之积，则有二因：一则垦山者多，不独金陵之棚民，土人因生计困难，亦多从事开垦，一遇大水，沙石即挟以俱下；二则森林伐尽，向之盘根固土者，今则日趋疏松，败叶浮泥，乘流而下。夫江底既高，旧时堤埂不足御水，因培埂以遏之，然此籍为一时苟安之计则可，若以谓此即长治久安之策，是亦塞口止啼之道也，岂其可耶！"④ 泥沙淤积河道，江水逐渐高于湖田，仍以刘光复之法治水，已不可行，"灾变以后，江路较以前淤塞，筑复圩埂者，犹遵刘青阳《经野规略》之旧，不知江高，水性向下，冲激湍悍之势，非堤防所能遏也"。⑤ 于是治河策略转向挖沙浚河。

乾隆后期，冯至在《浣江挖沙议》中倡导挖沙浚河，认为挖沙乃"邑中大事"，其言："江沙，大害也，水盈则高田俱没，水涸则下泽皆枯，水

① 祝志学：《诸暨乡土志（一）》，《诸暨修志通讯》1983年第2期。
② 徐职：《治水说》，民国《诸暨民报五周年纪念册》，诸暨民报社，1924，第100页。
③ 徐职：《治水说》，民国《诸暨民报五周年纪念册》，诸暨民报社，1924，第100页。
④ 民国《诸暨民报五周年纪念册》，诸暨民报社，1924，第103页。
⑤ 民国《诸暨五周年纪念册》，诸暨民报社，1924，第4页。

为虚而沙实助之。盖沙壅而水无所归，田是以没，沙满而水无所息，泽是以枯，今欲祛水之害，当自挖沙始。"按亩出挖沙之费，以城北之田作为贮沙之所，挖出的沙还可以作为县城北部的屏障。[1] 至嘉庆二十五年（1820），诸暨乡绅俞炼等又上书官府言《浚江之利》，认为"浚江"至少有"八利"：

> 暨邑淫潦为患，无岁无之。沙墩除，淤塞去，竹木屏，而江流奔放，水不为灾，一利也。水势直泻，水溢易，旱干亦易。沙淤除去，潮水直至县治以上，一日两潮，湖田藉以灌溉，二利也。大荒之后，必有大疫，江浚水深，不独无漂庐之苦，抑且免疫疠之患，三利也。江水不涸，多鱼虾蜃蛤之聚，穷民得渔为利，四利也。暨邑土产，五谷为上，丝茶油烟，桃李梅杏，梨栗柿榧竹木，以及瓜果蔬菜，层出而不穷，然而外商不入，内商不出者，以江流淤塞，转运不灵故也。若江流浚深，舟楫往来无滞，百货流通，五利也。水不为患，田多丰收，官免抚恤之劳，国省蠲赈之费，六利也。邑多讼事，半由水旱而起，今江水安流无沉灶之苦，有梦鱼之乐，室家溱溱，谁为戎首？七利也。邑多盗贼，半由饥寒，今江浚水深，田多丰收，仓廪实而知礼节，衣食足而知荣辱，八利也。[2]

俞炼世居湖乡，谙熟刘光复治水之法，然到嘉庆年间刘公治水之法已难施行，究其原因，"一败于两江之淤塞，再败于人心之苟安"。而"询之故老传闻，访诸人情向背，皆谓欲除暨之水患，唯有浚江一法"。[3] 其列治河之法十条，分别是："除沙墩以免激射""去淤塞以速泄泻""屏竹木以去障碍""重圩长以严催课""立殷户以司出纳""联内湖以帮外湖""设限止以遏苟安""明黜陟以惩玩忽""分监督以勤巡察""务首举以惕观望"。[4] 所列十条建议，多针对人事，但首要者即"除沙墩""去淤塞"，与万历时期的治河以筑埭为主大相径庭。俞炼等人治水效果如何，不可查

---

① 光绪《诸暨县志》卷十三《水利志》，《中国地方志集成·浙江府县志辑》41，上海书店，1993，第245页。
② 俞炼：《浚江之利》，民国《诸暨民报五周年纪念册》，诸暨民报社，1924，第95页。
③ 俞炼：《浚江之利》，民国《诸暨民报五周年纪念册》，诸暨民报社，1924，第96页。
④ 俞炼：《浚江之利》，民国《诸暨民报五周年纪念册》，诸暨民报社，1924，第96~97页。

考，然终属治标之策，依旧未能改变河道泥沙淤积问题。

二 欲复"旧规"而不得

由于河道淤塞，在咸丰、同治年间"犹或数年一决，民力未困，立时筑复，早禾虽淹，晚禾有收"。但到光绪年间，河道溃决之患则更趋严重，徐职言："迄光绪纪元以来，日甚一日，崩决之患，殆无虚年，民穷力绝，一遇冲缺，往往不能及时补筑，以至早禾既没，晚禾复溺，终岁无获，民不堪命，富室立致困穷，贫民更多流离，将来灾害，有加无已。"[1] 以民不聊生形容也不为过。

徐职认为，治水仅靠挖沙去淤，依旧不能减缓水患。为今之计，只有尽量恢复刘光复时期的河道局面，阔宽江面，将乾隆以后所筑之江东畈埂拆除，以使水归故道。去旧埂后，也不急于筑新埂，可依山势而为障，免去筑堤之劳，其言：

> 即宜放阔之处，亦非尽筑新埂，可因山林以为限，但补其缺可耳。欲除县上之水患，唯有去江东畈后筑之私埂（自注：不载《经野规略》者，皆为私埂），使水归古道，由江东畈直达落马桥之下，则县上各湖各畈，永免淹没崩决之患矣。然其埂筑已有年，一旦去之，民亦难堪，有摊去大路埂、蒋家塘埂（自注：咸丰五年所筑，在大路埂内），以复东江之古道。其东面皆山，不必筑埂，其四面上下亦有山可依，第于缺处补以新埂，以卫其畈之东面。又摊去桃花埂、后村埂以复西江之古道，其西面皆江，不必筑埂，其东面皆山，第于缺处补以新埂，以卫其畈之西面，则畈中之田皆成膏腴，而筑于埂外之田，为数不多，尚可收桑果之利。[2]

徐职治水策略，以放弃乾隆以来在原有河道两岸修筑之私埂为要，所谓私埂也非指私人所筑之埂，而是指刘光复《经野规略》中所未列之湖埂。放弃这些湖埂就意味着大量湖田将化为乌有，此徐职治水难点所在。尽管当时的诸暨县令对其治水之策十分欣赏，却未得到施行，所谓"重改

① 俞炼：《浚江之利》，民国《诸暨民报五周年纪念册》，诸暨民报社，1924，第100页。
② 徐职：《治水说》，民国《诸暨民报五周年纪念册》，诸暨民报社，1924，第101页。

作而便苟安，民之通性也，各以己之利害相争，不肯为公忠久长之图。江沙日积，水势益悍，而定畈、洋湖几时时为泽国，而江东畈亦如蓄水池，少丰稔岁矣"①。浦阳江中游治理已成积重难返之势，若要彻底治理，必然伤筋动骨。一般民众又不愿损害各自利益，治河之良策也徒具文献价值，施行甚少。

中游治理难度大，于是到了清末，诸暨士人将目光转移到下游，认为诸暨水患之根源乃因麻溪坝阻断浦阳江东流之水，汤寿浚再提开麻溪坝以复浦阳江故道。此提议自然遭到下游萧山等县强烈反对："晚近汤寿浚本刘蕺山之议，主张开掘麻溪坝，数县之民群起反对，大汤湖人竟开一曲，而山会萧三县之田不加捐，则知汤氏之议，非无见也。"② 开麻溪坝复浦阳江故道，也未能施行。到清代后期，治水者面临全新的水流格局，刘光复时期的治水策略，到此时已不可实行，欲复旧规也已不可能。

刘光复面对下游水环境变化导致中游水患频发，以筑湖埂防江水、空低荡蓄水之法，并将诸暨及萧山境内的河道弯曲之处尽力取直，缓解由于下游河道变化带来的水患压力。此局面维持近百年，至乾隆年间，河道侵占日益严重，河道变窄，泥沙淤积也日益加剧，刘光复之治河良规渐被遗弃，挖沙浚河成为清代中后期治理浦阳江的重要政策。

浦阳江中游水患并不始于下游改道，改道之前水灾也多有发生，然不可否认，河流下游改道后，中游的水患压力激增，这种变化乃人为作用之结果。河流改道后，对萧山境内原浦阳江沿岸及山阴地区而言，无疑是治水善政；然对诸暨及下游新河道沿岸地区来说，却是苦难的开始。水利工程自古皆无绝对的有利无害，但在决策修筑水利工程时，治水之利或多可预见，但由此引起的水害影响多被忽略，且因地区重要性之差异，政府在利益权衡中又往往以牺牲部分地区作为代价。

小　结

虽然地理环境决定论一直以来遭到学界的极大批判，但不可否认环境对所在人群的生活方式乃至行为方式确有极大影响。诸暨三面环山，北面

---

① 徐职：《治水说》，民国《诸暨民报五周年纪念册》，诸暨民报社，1924，第 101 页。
② 民国《诸暨民报五周年纪念册》，诸暨民报社，1924，第 101 页。

地势低洼，江水、湖水纵横分布，区域内的民众特别是湖区民众的生活离不开与水打交道。诸暨宗族发达，人们聚族而居，相互照应，其实也是水患频繁的间接反映。民国年间有关诸暨最具代表性之风俗描写即称，"诸暨人民习尚聚族而居，二三十家至数千家不等，为城南苎萝村之施兴，江东郑旦故里之郑姓，均百余家族聚居"，"城区隙地极少，但家庙宗祠几于随处皆是，亦可见该县人民家族观念之深矣"。[①] 家族观念极强与自我保护及领地防御有极大关系，面对水灾，无疑需要族人携手，以共同应付灾害。诸暨河谷地区的湖田开发过程是十分明晰的，通过对湖田推进过程的研究，我们可以很清晰地发现，当地人在改造自然水环境的过程中塑造了当地特殊的景观格局，但无法摆脱其创造的"新环境"制约。人们通过筑埂围水以获得耕地，农田向湖泊水域推进，而聚落也在农田推进过程中深入湖区。湖民不仅常年生活在水患重压之下，而且与湖田区低洼易涝、易水患的水土常年接触，长期遭受着严重的水生疾病侵害。水环境的改造为湖民带来了更多耕种土地，同时也为水患与疾病的发生创造了机会。

人、水利工程及他们与环境之间的相互联系构成完整的水利生态系统，人为作用改变河道流向，往往导致全流域水环境的连锁反应。特别是比降较小、感潮显著的河流，下游河道变动，将溯源性地影响中游乃至上游地区。明代中叶浦阳江下游主干河道人为改道向北入钱塘江，对山会平原而言，境内少了水患袭扰，自然是水利之举；但对诸暨及新河道两岸民众而言，江水改道，钱塘江潮水倒灌，并与江水碰撞致中游雍水难泄，则加重了区域水患压力。

明成化以后，浦阳江改道对中游河谷湖田的影响集中爆发，到万历年间，刘光复进行系统治理，才基本维持晚明以后中游的水利运行。刘光复治水采用筑埂、导流、存低湖蓄水，以及对河道进行裁弯取直之法，是对中游水环境改变后的适应与调整，其治水以湖田为核心，以导流排水为手段，营造了相对较好的湖田水环境。其治水文献汇编《经野规略》也成为诸暨的治水"良规"，设立推行的湖埂圩长制直到民国时期仍在实行。[②] 然制度不变，河流水环境逐渐改变。到清乾隆年间，中游沿江两岸私筑堤埂

---

① 赵福基、谢源和、陈板名：《绍兴诸暨史地社会民政概况》，《二十世纪三十年代国情调查报告》第 193 册，凤凰出版社，2012，第 466 页。

② 祝志学：《诸暨乡土志（一）》，《诸暨修志通讯》1983 年第 2 期。

盛行，河流泥沙淤积也越来越严重。河床逐渐抬高，沿岸湖埂也越筑越高，遇有阴雨，则江水横溢，普遍倒埂。裁"汇"导流、存低湖蓄水的水环境已改变，治河方式只能转为挖沙浚河，[①] 沿江湖民又增无尽徭役。浦阳江虽流量不大，河流改道却深刻影响着中游与下游的自然与社会环境，由自然环境的变化而引起的社会、经济、文化的改变也是非常有价值的研究，而这方面的探讨仍可进一步深入。

---

① 冯至：《浣江挖沙议》，光绪《诸暨县志》卷十三《水利志》，《中国地方志集成·浙江府县志辑》41，上海书店，1993，第245页。

第五章　滨海沙田、盐作景观：
海塘构建与河网形成

宁绍平原山会部分在宋代鉴湖湖田化后，平原内部通过设堰、置闸将农业垦殖向北推进，到嘉靖年间，随着三江闸水利工程的完成，平原内的农田开发也基本结束。此后一段时期，绍兴地区的农田基本没有变化。直到清代中期以后，钱塘江改走北大门，南沙部分逐渐淤积成滩涂，北部的塗田开发才又兴起；宁绍平原的宁波部分，其水利化的建设到南宋也基本完成，此后当地的水利与农田规模基本维持不变。斯波义信认为宁绍地区的水田开发，在南宋末年以前初见成效，而到明代中期接近彻底完成。[①] 明代中叶以后，余姚、慈溪北部杭州湾沿岸的泥沙不断淤涨，人工修筑的海塘不断向外推进，沿海滩地被开发，形成新的滨海平原，即三北平原。在绍兴以及周边地区的移民大量进入后，当地农田、水利构建又进入新阶段，农田大幅增加。而在明代以后余姚、慈溪北部海塘迅速推进前，南部即筑有大古塘，大古塘改变了元代以前北部滨海区的水土环境，大古塘也长期成为三北平原的水土分界线。本章集中探讨宋元以降三北平原的海塘与河网构建过程，复原三北滨海平原河网、农田景观的基本框架格局，以及景观形成过程中的人类活动。

第一节　11~14世纪大古塘构建与水土环境变化

本田治对宋元时期浙东海塘修筑的背景（海潮灾害频发）以及海塘修筑沿革等问题进行了梳理，分析了宋元浙东海塘修筑的趋势，即呈现出石塘化与海塘连续化的特点，乡民每岁于农隙时节修筑海塘。[②] 由于是20世纪70年代末的文章，论文只勾勒出了宋元浙东海塘修筑的基本框架，没有

[①]　〔日〕斯波义信著《宋代江南经济史研究》，方健、何忠礼译，江苏人民出版社，2012，第442页。

[②]　〔日〕本田治：『宋・元时代浙东の海塘について』，『中国水利史研究』1979年第9号，第1~13页。

解析海塘修筑与地域开发推进、海塘与内部湖泊之间的复杂关系。该文之后的几十年内，国内有关浙东海塘与地域开发的研究仍没有太大的推进，这无疑是十分遗憾的。海塘研究，还必须将塘内土壤演变、湖泊变迁等问题纳入探讨，水土、湖泊演变，某种程度上可以作为海塘推进速度与深度之参照，而探讨湖泊演变，更不可忽视海塘作用与影响。

历史上，浙东的海塘与湖泊有极为密切之关系。一般而言，海塘以抵御潮水为要；湖水以灌溉农田为主。杭州湾南部滨海区外惧江海，而内亲湖泊。海塘与湖泊休戚与共，唇亡齿寒，海塘修筑为内湖存续创造条件，但也促成内湖的消亡。本书前文已对唐宋时期萧绍海塘修筑与鉴湖演变之间的关系有了详细阐述。但鉴湖在水系环境及与周边河网关系上与曹娥江以东地区的滨海湖泊皆有所不同。以往研究浙东湖泊演变中，更多从围垦湖田角度展开。[①] 陈桥驿先生对宁绍地区湖泊演变过程的研究，揭示了宁绍地区湖泊演变的基本规律，即宁绍平原存在"湖泊循环"现象，湖泊在人涨地消、地长水消这样的过程中经历兴起、消亡、复兴，由南部山区走向北部平原，又从北部平原返回南部山区的往返过程。人、地、水三者之间始终处于既互相依存、又互相矛盾的关系中。[②] 不可否认，人类围垦在湖泊演变中具有重要作用，但历史上，不同时段限制、影响人对湖泊围垦的因素有所不同。在论述湖泊演变过程中，应当更深入分析影响湖泊围垦的外在环境及地域内部社会关系等因素。同处于杭州湾南部滨海区的不同湖泊，在不同历史时期，其存废结果也有不同，如汝仇湖、夏盖湖皆于明清之际垦废；而与此二湖距离不远的杜湖、白洋湖虽也有围垦、复湖的争斗，但直到今日，此二湖仍然得以存续，其中之原因，与区域内的宗族势力以及周边区域对湖水的极强依赖性有关。因此，分析历史时期的湖泊演变，也不能以简单的人类围垦而将所有因素囊括。对湖泊演变的研究，还需要更多具体的个案解析。本节主要从历史地理学角度，分析杭州湾南部地区海塘构建之时空特点及其与塘内土壤、湖泊演变关系。

一　宋元大古塘构建

今三北（上虞、余姚、慈溪以北）平原主要区域形成较晚，平原向北

---

① 〔日〕本田治：『宋元时代の夏盖湖について』，『佐藤博士還暦紀念中国水利史論集』，國書刊行會，1981 年 3 月，第 155~178 頁。

② 陈桥驿、吕以春、乐祖谋：《论历史时期宁绍平原的湖泊演变》，《地理研究》1984 年第 3 期。

呈扇形状凸出。平原以大古塘为界，分为南北两部分，南部形成较久，最晚至唐宋时期即已成土。大古塘北部平原为浅海相沉积体，海拔 4~5 米，是明代以后才快速淤涨形成的。大古塘是宋元时期不断加筑于余姚、慈溪北部滨海地带的海塘，有明确史料记载的修筑活动始于北宋年间，经历南宋加筑、元代叶恒系统修筑而完成。大古塘的修筑奠定了该区域发展之基本格局。

大古塘以南的平原又可大致分两片区域：大古塘以南至山麓地带与余姚江流域，该区域平原面积达 432.51 平方千米，占整个余姚面积的28.33%。这片平原统称为姚江平原，其发育于全新世，历史时期的河姆渡文明即出现在该平原内。在山麓地带发育着淤泥质海滩，山溪冲刷的泥沙及海水带来的淤泥即堆积在山脚前海区。陈吉余称："杭州湾南岸，海侵时，姚北诸山都孤悬在海里，当时海蚀造成的海蚀崖和海蚀台到现在还历历可睹。在浙东山溪冲刷的泥沙以及海水带来的淤泥堆积下，逐渐形成姚江平原。原为海中岛屿的山岭，也逐渐连接起来成为陆屿，并且在这些山的北面，发展着淤泥质海滩。"[1] 从河姆渡时期到唐宋时期，这个地区的海岸线从南部山麓地带向北伸展，南北方向平均伸展约 35 公里。经潟湖、湖沼化演变和人工围垦、自然淤积，形成现代地貌。[2] 这种趋势到宋元时期仍旧变化不大，当时平原北部滩地基本维持在大古塘附近。

海塘修筑以滩地的淤涨为前提。在宋元以前，大古塘区域的沙地坍涨不定，海岸线不断变化。陈吉余认为："由于历史资料的不足，尚难确定宋代以前的海岸伸展的具体情况。随着杭州湾北岸的后退，南岸的海滩伸展便也迅速起来。北宋的谢令塘标志着当时的海岸位置。虽然这一海岸的具体位置并不能准确地确定，但是可以知道它在现在的后海塘（即大古塘）之北，最远的地方距后海塘有 8 公里左右。"[3] 海岸线在海塘以北，因泥沙坍涨变化，距离有远近之别。

到 14 世纪中叶，余姚、慈溪北部扇形滩还没开始快速淤涨。[4] 在大古

① 陈吉余：《杭州湾的动力地貌》，《陈吉余（伊石）2000：从事河口海岸研究五十年论文选》，华东师范大学出版社，2000，第 106 页。

② 《余姚市水利志》编纂委员会编《余姚市水利志》，水利水电出版社，1993，第 19~20 页。

③ 陈吉余：《杭州湾的动力地貌》，陈吉余著《陈吉余（伊石）2000：从事河口海岸研究五十年论文选》，华东师范大学出版社，2000，第 106 页。

④ 〔英〕伊懋可、苏宁浒：《遥相感应：西元一千年以后黄河对杭州湾的影响》，刘翠溶、〔英〕伊懋可主编《积渐所至：中国环境史论文集》，中研院经济研究所，1995，第 555 页。

塘修筑以前，北部海水贴近南部山麓地区。塘北一些孤岛悬于海中，而在元代以后这些孤岛竟转变为陆地。如清代乾隆年间，当地人陈麟书在《游浒山记》中称其家居浒山，山上有烽台遗址，其与客人论及浒山来历，"客曰：'此称浒山者何？'"，陈回答说："客不见夫大塘亘其南乎？盖宋时所筑而元人所增修。元以前，山在海中，后成陆，以滨海故名。客乌知自今而后，不更沦于海乎？山下之冢累累矣，乌知白骨不与波涛相汩没乎？"①

从目前的文献记载看，北宋时期余姚北部的滩地开始快速淤涨，但进入南宋后，沙地又大片坍塌，坍涨变化从南宋宝庆年间（1225～1227）开始，直到元朝至元年间才基本稳定下来。史料载："宝庆中，民沦于海者殆百家，土堤虽谨治，不足恃也。皇元升余姚为州，州视县得展其所为，然未有能除民所甚病者，盖海壖自宝庆内移，大德（作者注：1297～1307）以来，复尽冲溃。今壖去旧涯之垫海中者十有六里，岁挞木笼竹纳土石，潮辄齧去之。"②14世纪以后，海岸又复外涨，此后海塘再未内移。转折点即元代大古塘的修筑。

早期大古塘修筑多以北面近海孤丘为支点，堤线均紧靠历山、洋山、鸣山、浒山、樟树山、王家埭山等处，形成一条近丘、高滩、草茂、定线牢固的地形走势，依山面海。③伊懋可也指出："这个地区的海滨是由复杂的海堤系统围成一个弧形，利用边缘的山丘作为停泊地点。在具有这些条件的地方，海堤与其说是一条或几条，不如说是一连串类似防水壁的小间。"④因此，早期的海塘基本是分段的。形成一条闭合的线性海塘，则直到元代以后才部分实现。

余姚、慈溪北部大规模修筑海塘，最早有明确史料记载是在北宋庆历七年（1047）余姚县令谢景初所筑海塘。谢景初正史中无传记，却与北宋

---

① 民国《余姚六仓志》卷二《山川》，《慈溪文献集成》（第一辑），杭州出版社，2004，第11页。

② 陈旅：《海堤记》，叶翼编《余姚海堤集》卷一，清汪鱼亭藏本。此文在地方志中多有摘录。如万历《绍兴府志》卷十七《水利二》，雍正《浙江通志》卷六十三《海塘二》（清文渊阁四库全书本），光绪《余姚县志》卷八《水利》（光绪二十五年刻本）等。但抄录与汪渔亭藏本原文有不少出入，诸如省略部分文字以及别字等问题。

③ 范无伤、沈自奋：《三北平原的成因分析与筑塘演变》，王毅清主编《慈溪海堤集》，方志出版社，2004，第255页。

④〔英〕伊懋可、苏宁浒：《遥相感应：西元一千年以后黄河对杭州湾的影响》，刘翠溶、〔英〕伊懋可主编《积渐所至：中国环境史论文集》，中研院经济研究所，1995，第541页。

名臣范仲淹、王安石皆交往密切。在王安石诗文集中记载："谢景初字师厚，绛之子，庆历六年进士。"[1] 嘉泰《会稽志》中载："谢景初，字师厚，阳夏人，其知余姚县也。"[2] 元人陈世隆《宋诗拾遗》中收录谢景初诗文五首，对谢有简单交代，称其"庆历六年进士，官大理评士，出知余姚，迁益州路，以屯田郎致仕"[3]。大致勾勒了谢景初的生平、籍贯和为官经历，在他中进士次年，即被任命为余姚县令。当时的余姚已为东南名邑，范仲淹专门为其赴任余姚作诗一首，诗言："余姚二山下，东南最名邑。烟水万人家，熙熙自翔集。"[4] 刚上任，谢即着手修筑海塘，其作有《余姚董役海堤有作》诗文一首："五行交相陵，海水不润下。处处坏堤防，白浪大于马。顾予为其长，恐惧敢暂舍。董众完筑塞，跋履率旷野。使人安于生，兹不羞民社。调和阴与阳，自有任责者。"[5] 可大致反映当时筑塘情形。海塘筑后，谢景初请王安石为其筑塘经过写《记》文，文章称海塘"自云柯而西，有堤二万八千尺，截然令海水之潮汐不得冒其旁田者，知县事谢君为之也"。王安石《记》文载：

> 方作堤时，岁丁亥（作者按：庆历七年，1047）十一月也。能亲以身当风霜氛雾之毒，以勉民作，而除其灾；又能令其民翕然，皆欢趋之而忘其役之劳。遂不逾时以有成功。其仁民之心，效见于事如此，亦可以已而犹自以为未也。又思有以告后之人，令嗣续而完之。以永其存，善夫！仁人长虑，却顾图民之灾，如此其至，其不可以无传。[6]

从宋元时期移居余姚、慈溪北部的家族分布区域看，北宋及南宋初的家族主要分布在大古塘南部靠近山麓地带。这部分移民的进入也是推动南宋中后期海塘大规模维修之重要推动力。而元代迁入之家族则主要分布在大古塘沿线（见图 5-1）。

① 王安石：《王荆公文注》卷四《屯田员外郎谢景初可都官员外郎制》，民国嘉业堂丛书本。
② 嘉泰《会稽志》卷三《县令长》，李能成点校《（南宋）会稽二志点校》，安徽文艺出版社，2012，第 64 页。
③ 陈世隆：《宋诗拾遗》卷五《谢景初》，清钞本。
④ 范仲淹：《范文正公文集》卷二《送谢景初（廷评）宰余姚》，四部丛刊景明翻元刊本。
⑤ 孔延之：《会稽掇英总集》卷五，清文渊阁四库全书补配清文津阁四库全书本。
⑥ 王安石：《记》，万历《绍兴府志》卷十七《水利志二》，李能成点校本，宁波出版社，2012，第 349 页。

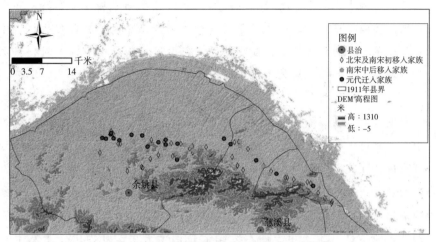

图 5-1　宋元时期部分移入家族分布地形①

南宋初大量进入余姚、慈溪北部地区的家族不断繁衍，成为推动当地开发的关键力量。南宋名臣楼钥之外祖父汪思温于宣和年间（1119～1225）即在余姚北部滨海区修筑烛溪湖，此后其伯父、从兄又继之。楼钥妇家王氏也在北宋末南宋初迁入该区域，至庆元年间（1195～1200）已有四代人繁衍于此，因此深知海潮之害："妇家王氏，自尚书侯而下四世寓邑中，熟知海堤之为害，而近世尤甚。大率岁起六千夫，役二十日，计工一十二万，费缗钱万有五千，民力不堪，曾不足支一岁焉。"② 每年要征发六千余人，花费上万，效果并不理想。庆元二年（1196）施宿任余姚县令，开始更大规模地修筑工程，楼钥《记》文载：

> 施君始至，询究利害，乃得要领，选乡豪公直强干人所信附者十五人，分地而共图之。尉曹赵君伯威复协力做助，务为久计，以苏民瘼。盖在承平时提刑罗公适，知县秘书丞牛君尝伐石为堤，今既百年，荡在海涂，乃按迹取之，得其古石，创业二千七百尺，用工二十

---

① 图中代表性家族的迁入时间、地点来自方煜东主编《三北移民文化研究》（宁波出版社，2012，第99～158页。）中对两宋及元代移民宗族之梳理，其中北宋至南宋初期迁入41个家族，南宋中后期迁入18个家族，元代迁入20个家族。（注：方煜东所搜集之三北移民家族或有不全，但基本可反映北宋至元代余姚、慈溪北部地区移民大致趋势。）
② 楼钥：《记》，万历《绍兴府志》卷十七《水利志二》，李能成点校本，宁波出版社，2012，第349页。

万三百六十，而东部之田始有蔽障。其西部之谢家塘、王家塘、和尚塘悉为绍熙五年秋涛所决，于是复度为石堤三千尺，乡民赵明桦、子行球董其役，约费甚重，县不足供，列于府，监司提举常平刘公诚之首助谷三百斛，勉为之。凡所陈请，率应如响。①

海塘"高一丈，石厚一尺为一层，用石三万尺"，绍兴府对此次修筑给予大力支持。所筑海塘四万两千尺中，有石堤五千七百尺。县级官员分季节临视，在关键地段设士兵巡视。筑塘后，又备有两千余亩沙田作为维修堤塘经费。"县之官分季临坻庙山、三山两寨，官月遣十兵巡之，乡豪仍伺察焉。稍损缺即白诸邑补治之。复议括上林海沙田二百三十余亩及汝仇湖外之地六百八十三亩、桐木废湖七百四十五亩，凡为田一千六十八亩。又将益求旷土，以足二千亩之数。筑仓于县酒务之西，储其岁入，以备修堤之用，岁省重费，民遂息肩。"② 本田治认为宋元时期浙东海塘修筑中有一个十分明显的趋势，即海塘连续化与石塘化。从北宋谢景初到南宋施宿，浙东海塘余姚段确有连续化过程，但石塘在海塘中所占比重不大。南宋年间的四万多尺海塘，只有五千多为石塘，其余皆为土塘。应该说，整个宋代，虽然开始石塘化过程，但石塘没有占主流。

在元叶恒筑大石塘前，余姚北部海塘已常年处于失修状态，潮水经常倒灌，一些山麓地带的湖泊也因潮水浸入而成为咸水湖。天历年间（1328~1330），宁波鄞县人叶恒（字敬常）任余姚州判，《海堤集》记载其刚至余姚即"下车询民疾苦，首以袪民之害为己事。一日，集父老而谋之，于是躬相地形"③。至元四年（1338），在勘察地形、绘制海塘图后，召集民夫，耗

---

① 楼钥：《记》，万历《绍兴府志》卷十七《水利志二》，李能成点校本，宁波出版社，2012，第349页。

② 楼钥：《记》，万历《绍兴府志》卷十七《水利志二》，李能成点校本，宁波出版社，2012，第349页。

③ 叶翼编《余姚海堤集》卷二《古诗》"临川危素（太朴）"条，清汪鱼亭藏本。注：叶恒筑海塘十余年后，其子叶晋开始将其父修筑海塘经过编辑成书，其中以当时文人所写之序跋、诗歌等为主，颂扬叶恒筑海塘之功绩。然此书后毁于战火，明代宣德年间，叶恒之族孙叶翼再搜集散落于各地之诗文，汇集成《海堤集》，共四卷。到清代修《四库》时称只剩一卷，《四库存目提要》中即以一卷述之。近当代学人在使用《海堤集》时，由于各种原因对该书编辑者以及版本流传情况存在过多误解。目前可见清代著名藏书家汪宪所藏之手抄本，共四卷，对修正《四库》以及学人之误有极大价值，且其中保留大量海塘修筑史料，对解读元代海塘修筑有极大价值。详细考述请参阅附录《〈余姚海堤集〉版本流传及成书考》。

时三年时间完成海塘修筑。在叶恒筑海塘以前，余姚、慈溪北部海塘分东、西两部分，"自云柯以东者号东部塘，始筑于景初。其云柯以西者号西部塘，西部之内曰谢家塘、王家塘、和尚塘，皆前人观水势抵止便宜分部筑之，长短高下异焉"①，没有统一的规格。叶恒所筑海塘皆为石塘，堤长"二万一千二百十一尺，下广九十尺，上半之，高十有五尺"，将此前的土堤以及石堤缺败之处尽改为石。② 总之，叶恒所筑之石堤，从整体上将余姚、慈溪北部海塘体系结成一体，即"至叶恒所筑，则包山限海，绵亘为一，无复部分矣。明兴百余年来，所以海无大害者，多恒之功德"。③ 时人陈旅对叶恒所筑石塘给予极高评价："余姚自前代至今，岂无用意于是隄者，而其迹泯矣数百年之久，惟谢、施二令与敬常之功称焉。而敬常所为视二令盖尤倍焉。"④ 认为叶恒所筑之海塘，远胜两宋。

叶恒筑海塘后即入翰林，十年后卒于盐城县令任上。余姚乡民因感念其筑塘之惠政，欲为其建庙祭祀。后又十五年，民欲为其立庙，报于官府，获行。于是当地在州学旁建屋四间，屋中塑像一尊，以每年春秋二时祭之。至正二十七年（1367），乡民又请求朝廷追封叶恒，于是朝廷下诏"封故余姚州判官叶恒为仁功侯，赐其庙额为'永泽庙'"⑤。在余姚、慈溪海塘史上，也只有叶恒筑海塘被朝廷赐封为侯，并被民间立庙祭祀。究其原因，还是大古塘修筑从根本上改变了余姚北部滨海区的水土环境。石塘未系统修筑前，当地基本上每年都要对潮水冲溃的土塘进行修补，可谓劳民伤财，"潮汐为患，莫甚海滨。在昔海滨，积箦累土。氾滥激冲，屡劳葺补。葺补弗完，民疚愈苦"⑥。海塘石塘化后，不仅阻止了潮水倒灌，

---

① 万历《绍兴府志》卷十七《水利志二》，李能成点校本，宁波出版社，2012，第348页。

② 注：对于叶恒所筑石堤长度，至正年间国子监丞陈旅曾撰有《记》文，文中称石堤"长则为尺二万一千二百十又一也"。【陈旅：《海堤记》，叶翼编《余姚海堤集》卷一，清汪鱼亭藏本。】万历《绍兴府志》记载与之相同。然在黄溍专门为《海堤集》撰写之跋文中却称"所作石堤以尺计者，前后总二万四千二百二十五"。【黄溍：《金华黄先生文集》卷二十二《跋余姚海堤记》，元钞本。】且同时代人柳贯在其文集中也称石堤长二万四千余尺，其言："至元四年戊寅之夏，州判官叶君恒方再兴堤役，而施君之石堤沦没已久，方定议垒石代土，以为经远之谋，度其长至二万四千尺有奇。"【柳贯：《柳待制文集》卷之十七《海堤录后序》，四部丛刊景元本。】具体数字有出入，或许乃统计口径不同之缘故。笔者略将此两组数据备之。

③ 万历《绍兴府志》卷十七《水利志二》，李能成点校本，宁波出版社，2012，第348页。

④ 陈旅：《海堤记》，叶翼编《余姚海堤集》卷一，清汪鱼亭藏本。

⑤ 王至：《敕封仁功侯赐额永泽庙纪》，叶翼编《余姚海堤集》卷一，清汪鱼亭藏本。

⑥ 叶翼编《余姚海堤集》卷二《古诗》"天台朱佑伯"条，清汪鱼亭藏本。

因石塘稳固，不需常年维修，也减轻了民众负担，"昔海冲溃，千顷弥漫，我民岁劳，财匮力殚。今堤言言，杙石如叠，下为良畴，禾黍藿藿"①。原海水纵横驰骋之区逐渐变为片片良田。而在大量颂扬叶恒的诗文中，都会对比海塘修筑前后的水土环境之变，"昔堤未作，岁为之防。征敛百凟，嚣嚣纷壤。潮汐啮冲，害为稼穑"，"海塘之成，黍稷允积。贡赋以时，爰有粒食"。② 又有诗文称，"祇今广斥变沃壤，村墟野市遥相通。风翻陇苗舞绿涨，日暵水木涵青葱"③，"昔闻乡井产鱼鳖，今见川原皆稼穑"④，"蓬莱波浅犁为田，桑阴如雾麦如烟"。⑤ 表现在民众生活上，则"昔年我农事奔走，今年我农多从容"⑥。一些诗文还描述大古塘修筑后，形成以海塘为分界的两种农作方式。"堤里稻禾堤外潮，捕鱼人来耕土膏。至今编户足衣食，击坏尽和康衢谣"⑦，以前潮水出没之地，在海堤修筑后变成了农田，原本从事渔业的渔民也逐渐转变为耕种农人。"叶君海上筑长堤，尽遣潮波作稻畦。越峤天低横蟒蝀，谢塘水落走鲸鲵。已无渔子来垂钓，却有农人去把犁。岁岁丛祠拜公像，祇应遗爱在群黎"⑧，农村生活场景的改变也以海塘修筑为转折点。可以说，大古塘对于三北平原的影响是根本性的，奠定了此后余姚、慈溪以北滨海平原发展之根基。对于海塘修筑后带来的塘内土壤环境之变化，下文有进一步阐述。

二　塘内水土环境变化

修筑海塘有两个重要价值：其一，防止潮水侵入，保障沿海居民生命财产安全；其二，为从事渔业、盐业的区域向农业垦殖转变创造条件。相比于余姚江流域的平原，大古塘以南的平原区脱离北部海水影响的时间则相对较晚，在唐宋时期今大古塘以南的大片区域仍受潮水影响，如今慈溪市师桥镇即有"秦则海也，汉则涂也，唐则灶也"的说法，唐代仍处海滨。宋元大古塘修筑后，才逐步将师桥地区纳入海塘保护。大古

---

① 叶翼编《余姚海堤集》卷二《古诗》"庐陵欧阳玄（原功）"条，清汪鱼亭藏本。
② 叶翼编《余姚海堤集》卷二《古诗》"临川危素（太朴）"条，清汪鱼亭藏本。
③ 叶翼编《余姚海堤集》卷三《七言古诗》"晋安张以宁"条，清汪鱼亭藏本。
④ 叶翼编《余姚海堤集》卷三《七言古诗》"真定赵俨（子威）"条，清汪鱼亭藏本。
⑤ 叶翼编《余姚海堤集》卷三《七言古诗》"豫章杨镒（顯民）"条，清汪鱼亭藏本。
⑥ 叶翼编《余姚海堤集》卷三《七言古诗》"会稽王冕（元章）"条，清汪鱼亭藏本。
⑦ 叶翼编《余姚海堤集》卷三《七言古诗》"慈溪余梦祥"条，清汪鱼亭藏本。
⑧ 叶翼编《余姚海堤集》卷四《七言律诗》"象山蒋景武（伯威）"条，清汪鱼亭藏本。

塘以南的横河镇，也大致成陆于唐代，宋代海塘修筑后镇域范围才得到稳定。

在元代大古塘构建的同时，沿塘以南区域内的水道网络也在推进，并慢慢发展成水网平原，虽然这种水网的密度不如太湖流域的江南核心区，甚至不如山会平原区，却也形成河道勾连相通的水网格局。水网以余姚江及南部山麓地带的湖泊为水源，通过挖掘河道，逐步形成纵横交错的水网灌溉系统。

历史上，余姚江古河道向北行入海，其中在余姚、慈溪中北部地区有古河道三条，今余姚境内两条，即马渚以南至东蒲周泗门古河道和余姚至周巷古河道。随着北部沿海泥沙堆积越来越高，古河道出口淤塞，流水不畅，北部海积平原上的河网水流转向南汇入姚江，东流入海。① 但此转变过程早在海塘修筑前已经完成，我们依旧可以从后期的河道走向看出古河道的大致流向，在横河镇附近有一条横河，其引余姚江水灌溉塘内农田，河流方向即与古河道走向一致。需要指出的是，余姚县城向北的支流河道一直存在。海塘修筑后，阻断了这些支流河道的出水口，而通过设水闸，将境内的淡水汇聚调配。清康熙《绍兴府志》言："沿海筑堤，余姚、上虞之水复由定海出，又不能与□相冲，虽田土有耕种之利，而江山之灵秀损失矣。"② 这些河流多与湖泊相连。以汝仇湖为例，明万历《新修余姚县志》中保留的余姚北部海防图中，汝仇湖通过河道与南部姚江相通，北抵海塘。③ 大古塘南部一些横向河道水源源头即余姚江，如师桥镇的新浦：

> 新浦发源于姚江，蜿蜒东注，由东横河来，分支于洋浦、龙舌浦。干又蜿蜒东注，入虹桥为慈邑境。别派分祝家浦，干流经凤凰山左，稍斜南又迤北，合沿海诸港水，入聚奎桥为本族境。少迤北至唐家兜，折南过沈师桥，圆转向东南至新浦庙汇。环围太极图之左分支，圆转向东北，过塾桥（土名东桥），摩捍海塘坝，又迤至西北，环围太极图之右，距唐家兜百步许，其干折东南至檀树汇，又折南合

---

① 《余姚市水利志》编纂委员会编《余姚市水利志》，水利电力出版社，1993，第29页。
② 康熙《绍兴府志》卷一《疆域志·形胜》，《中国方志丛书·华中地方》第537号，据康熙五十八年刊本影印，成文出版社，1983，第118页。
③ 万历《新修余姚县志》卷三《舆地志》，万历年间刊本。

杜湖沿山诸港之水，又折东过锡允桥（土名埂田桥）出本族境。逦迤纡徐经崇寿宫前，至唐荔桥，折东北入淹川归海。①

《慈溪师桥沈氏宗谱》（以下简称《沈氏宗谱》）中记载了新浦河畔的新浦祠，其中对祠堂周边河水灌溉农田有生动描写："祠之前大河如带，千流并合，清波隐映，舟楫往来。乃折而东，经以入于海也。祠之右曲折稍西，经师桥以由官道，百里通达，一路镜平。陈图南游市，免致坠骥；张京兆醉归，不妨走马。又廓然惟浅垅，平阜地脉连续，依依环列，可田数千余亩。麦翩翠浪，稼吐黄金。普润太平之色，预奉天保之符。宋人曰：'一水护田将绿绕，两山排闼送青来'。"② 在《沈氏宗谱》中还有对当地水流形势的整体描述，可以大致了解当时境内的河道主干以及河网构成情况："按诸古以为据，考其绪而可知东方之渠，一通于淹浦闸，一通于古窑闸，俱可出海口，取鱼射利。市舟而往，可通于南海普陀名山或抵于台温、闽广、吴越、淮楚之间。其内河可达柴、裘、杨、范、潘盎等处。南方之沟，一可通姚家桥并苦竹墩港以达杜白二湖、鸣鹤场等处。"其西则通凰山，"以达余姚县治，直抵三江，所以达省城、两京、各省等处"。③

从地形上看，师桥地区南靠四明山支脉，北靠海塘，虽然上文中提及有新浦引余姚江水，毕竟水量小，未能满足大范围的农田灌溉用水。大古塘构建后，南部山麓地带大量淡水湖的水环境改善，推动该区域水土环境变化。陈吉余将钱塘江（杭州湾）沿岸的湖泊分为三类：一曰潟湖，如西湖，为湾口沙洲垄阻而成，当海岸下沉时，形成潟湖；二曰陷湖，因河流之道路雍阻，泛滥而成湖；三曰人工湖，以堰坝蓄水，防止旱灾，如萧山之湘湖。④ 大古塘附近的海滩形成之际，因潮流和波浪交互作用，在山麓附近，形成一带潟湖，此后的许多"人工湖"也多是在早期潟湖基础上构建起来的。塘内大片农田灌溉只能依靠南部山麓地带的湖泊蓄水，《沈氏宗谱》所言："吾五都田滨山海，前不股引江源，后壅泻卤。每潦暑旱干，

---

① 沈春华纂修《慈溪师桥沈氏宗谱》卷一《师桥地境图》，民国二年铅印本，上海图书馆藏。
② 沈春华纂修《慈溪师桥沈氏宗谱》卷二《新浦庙志》，民国二年铅印本，上海图书馆藏。
③ 沈春华纂修《慈溪师桥沈氏宗谱》卷二《沟渠志》，民国二年铅印本，上海图书馆藏。
④ 陈吉余：《杭州湾地形述要》，《陈吉余（伊石）2000：从事河口海岸研究五十年论文选》，第6页。

霖潦澎流，不过十日而原湿告困。秋潮吼浪，风必东北起呼雄涛，向田庐漂没。故春宜养湖，秋宜御海。其法筑塘修碶，随时启闭，其大要也。"[1]灌溉及生活用水完全依赖南部山麓地带的杜湖与白洋湖的湖水，杜、白二湖也因此被鸣鹤、师桥地区称为"二重天"。明人冯叔吉在《重复杜白二湖碑记》中言："慈滨海岩邑也，地洿卤，厥田下下，杭稻之利，惟水泉是资。其东、西、南襟带纤江，支流足自润，其北鄙为鸣鹤乡，当句余之交，肘山而背海，盖江流所不能通焉。古有杜、白二湖，受众山之水，以资其灌溉，溉田可万顷，自昔号为二天。利可知矣。"[2]历史上的杜湖广3700余亩，白洋湖广1700余亩，湖堤上置有碶、闸，以时启闭，灌溉山麓以北、大古塘以南的十余万亩农田。

师桥地区在元明之际基本形成以杜、白二湖为中心的灌溉体系，及以纵向河道（浦）为主的泄水体系，"于杜白二湖也，则筑塘制闸、蓄水灌田以备旱岁之虞。于淹浦、古窑二闸也，则因塘制闸，随时启闭以备沫水之患。凡此河渠皆可行舟，以便往来，有余则用灌溉。万民享其利泽。至于他沟往往引其水溉田，沟渠甚多，然莫能数也"[3]。构建起的河道网络，不仅具有灌溉功能，还兼具航运功能（见图5-2）。更为重要的是，在沟渠河道的构建中，农田土壤因沟渠提供的灌溉水源，为水稻土的逐步形成创造了条件。

大古塘修筑是11世纪以后慈溪、余姚北部岸线稳固推进的关键。宋元以后大古塘成为当地重要的稻棉分界线。从土壤的成陆过程看，大古塘以南成陆过程中经历潟湖沼泽化过程，属湖海沉积带；大古塘以北是明清时期淤涨形成的海积平原，内部没有天然水系、河流，土壤以潮土为主；更北区域则为盐土，为新涨的涂田，用于制盐。

大古塘南的平原区属于近山平原区，其土壤"母质较为复杂，但以古湖沼、湖海相沉积物为主，成土年代在10世纪前，经多年耕作、灌溉，施肥以后，逐渐形成具有耕作层、犁底层、潴育层及潜育层等不同层次、不同构型的水稻土"[4]。经长期水耕水培，现在塘内近山平原已培育成具有特

① 沈春华纂修《慈溪师桥沈氏宗谱》卷二《水利志》，民国二年铅印本，上海图书馆藏。
② 冯叔吉：《重复杜白二湖碑记》，王相能：《杜白二湖全书》，清嘉庆十年王崇德堂刻本。《中华山水志丛刊·水志卷》第34册，线装书局，2004，第327页。
③ 沈春华纂修《慈溪师桥沈氏宗谱》卷二《沟渠志》，民国二年铅印本，上海图书馆藏。
④ 浙江省慈溪市农林局编《慈溪农业志》，上海科学技术出版社，1991，第25页。

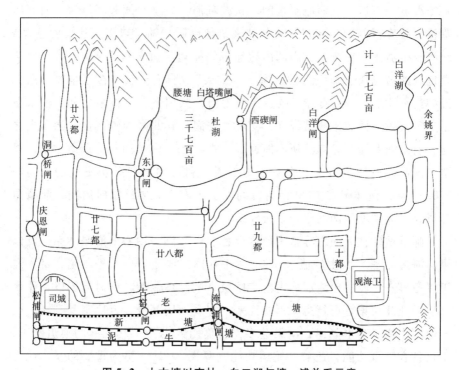

图5-2 大古塘以南杜、白二湖与塘、浦关系示意

注：根据王相能《杜白二湖全书·图》（清嘉庆十年王崇德堂刻本）复制改绘。

殊剖面的水稻土类。土体中层次分明，棱柱状结构发育，潜育性现象普遍。土壤的成土时间并非水稻土的形成时间，其从滨海盐碱土转变为水稻土的过程可能持续几百年，甚至到明代中前期，塘内的大片土壤才基本形成水稻土。

从目前的文献看，杜、白二湖以北的大片区域，到元明之际才逐渐完成由盐渔业向稻作、麦作农业的转变。唐宋时期，师桥仍处海滨。宋代还在师桥附近设鸣鹤盐场。师桥以沈氏为大姓，从沈氏宗谱记载看，沈氏于北宋末南宋初迁入师桥地区，始迁祖名"沈恒，字维时，行三百八，师桥第一世祖。建炎二年戊申科进士，授太常寺博士。扈高宗南渡，累官太府卿。孝宗乾道初，转拜朝奉大夫兼督明州市舶司、管内劝农，赐金鱼袋，巡历边郡。于乾道六年进阶一级致仕"[1]。致仕后即居住于师桥，沈氏祖先

---

① 沈春华纂修《慈溪师桥沈氏宗谱》卷一《师桥沈氏科第考》，民国二年铅印本，上海图书馆藏。

早年进入该区域时，当地还以渔盐业为主。到元代，《沈氏宗谱》中载至正年间沈氏家族中的沈元佐，其主要事迹即管理鸣鹤盐政：

> 公讳元佐，字失纪，行敏四，胜二义士之次子也。秉性刚锐，有干济才，乡之人皆信任之。滨海，地皆灶籍，民多熬波为生。朝廷于鹤皋设立仓场，司理灶课，以充国用，以瞻民业。唐、宋以来享鱼盐之利久矣。迨元至正间，以连岁荒歉，薪卤腾贵，弊窦潜生。场胥售奸于仓，灶丁亦作梗于团，交相诟病，盐法几坏。上官采听舆情，知公正直刚方，堪担钜事，且素为人所帖服。遂举任鸣鹤司丞，管理盐政。①

可见，到元代师桥地区仍然以盐业为主。在叶恒筑塘之后，明初师桥地区还有一次海塘修筑，所筑海塘从观海卫直至龙山所。筑塘由明初信国公汤和主持，当时汤和在杭州湾南部滨海区设卫所城，筑城时也修筑了部分海塘。此事地方志及海塘通志中皆无记载，可能只是对旧大古塘的修补。由于海塘修筑涉及师桥沈氏先祖，故《沈氏宗谱》中记载了汤和筑城时修筑海塘之经过：

> 公讳允明，字失纪，行真五，芳五宣教郎之子，师桥第八世中兴祖也。状貌英武，力能举重，善于属文，尤多才干。明太祖洪武间，以倭寇未靖，信国公汤和奉上命巡阅海疆，建筑观海诸卫所城郭。来道左一谒见，汤公重其才貌，辄举贤才，俾与督工役。役成有功，荐授江南江宁府上元县令。公虑不自保，辞职不受诏。上书极言边海潮患，乞发帑整植海塘。太祖高皇帝可其奏，命筑边海堤塘，疏浚水道，自观海卫至龙山所。②

《沈氏宗谱》中引用前贤（作者按：名不可考）诗文，称赞沈允明："汤公承命向东来，筑塘城卫捍潮灾。真君与役功劳大，一世甘棠百世怀。"

---

① 沈春华纂修《慈溪师桥沈氏宗谱》卷三《元司丞敏四公传》，民国二年铅印本，上海图书馆藏。
② 沈春华纂修《慈溪师桥沈氏宗谱》卷三《明征君真五公传》，民国二年铅印本，上海图书馆藏。

修筑海塘的同时，还"督筑并浚合乡水道"。但因筑塘中与韩姓人产生矛盾，沈允明被诬告"移插旧塘界址，致刑部狱论死"①，而罪名是"越塘造墓"②。

如上文所述，虽然宋代就开始修建海塘，但至少到元代，师桥附近没有摆脱北部潮水的影响，当地仍旧以盐、渔业为主。由于不时遭到潮水倒灌，水稻种植的农田条件并不十分成熟。

因缺乏元明时期当地土壤、农作之史料记载，我们无法确知当时的水土环境，但可从湖水纠纷中获得一些参照。杜湖、白洋湖相传在汉代时即已形成湖泊，应该是早期海浸时遗留的潟湖，到唐代刺史任侗加以疏浚，可以灌溉部分农田，不过此时的农田应该只是集中在山麓地带的沿湖区域。北宋庆历初年，县主簿周常招募众人修筑堤坝蓄水。在海塘未能完全稳固之前，湖水灌溉的农田区也有限。地方志与《杜白二湖全书》皆只字未提明代以前的湖水分配与农田灌溉问题，可见明代以前，该区域灌溉水源仍不十分紧迫，这应与成熟的稻田数量有限有关。明代湖水纠纷越来越频繁，一方面反映了当地开垦力度的加大，另一方面也表明区域内的土壤环境在发生改变，原本不可种植水稻的区域渐种水稻，对湖水的需求量也就越来越大。杜、白二湖三面靠山，北面筑堤坝灌溉农田，在山麓地带有来自山区的泥沙淤积而形成土地。明嘉靖年间，沿湖周边的湖民即在山麓地带垦种。因来自南部山区的泥沙不断向湖心淤涨，垦种必向湖心推进。因此，北部农田区极力反对山麓地带的垦种行为。围绕湖泊围垦而产生的纠纷在明代中后期频繁发生，集中于嘉靖、隆庆、万历年间，而嘉靖年间冲突又最为激烈。

目前所见明代杜、白二湖纠纷最惨烈事件发生在嘉靖二十四年（1545），此事在《杜白二湖全书》也有提及："至成化、弘治等年，法制废弛，附湖居民宓、翁、童、叶等姓渐肆侵占，傍湖为田。延至嘉靖二十四年，居民效尤，各将湖内填高，浚卑为田为池，种稻养鱼，以致湖水不蓄，十万余亩涓滴不沾。一人虽获小利，五都实贻大患。通乡争水，聚众杀人，已问结沈礼九等，将占湖宓荣二十五等告。"③《沈氏宗谱》中则详细记载了

---

① 沈春华纂修《慈溪师桥沈氏宗谱》卷三《明征君真五公传》，民国二年铅印本，上海图书馆藏。

② 沈春华纂修《慈溪师桥沈氏宗谱》卷三《明处士明一公传》，民国二年铅印本，上海图书馆藏。

③ 《宁波府问结复湖始终文卷招拟》，《杜白二湖全书》，第313页。

此次案件经过，对当年纠纷经过之还原，可以理解当时的湖水与农田灌溉关系，从而把握大古塘以南区域的水土环境转变过程。目前对明代以后杜湖、白洋湖围垦与复湖而形成的水利纠纷，日本学者好并隆司已做过系统梳理。① 好并隆司的研究只关注垦湖与复湖纠纷过程，并没有对当地水利纠纷背后的水土环境及其与湖泊关系等问题进行挖掘。而要理解此矛盾的发生背景，则需要解读当地水土环境的转变过程。

清代沈氏后人编家谱时，对明在嘉靖年间复湖纠纷中被朝廷处死之先祖表达了无尽哀思，并专门立传。此事经过据《沈氏宗谱》记载，大致如下：明代杜湖、白洋湖灌溉大古塘以北约十余万亩农田，而沿湖民众时有占湖为田以及筑荡养鱼等私利行为。明嘉靖二十四年（1545），湖区宓氏家族占湖为田，湖区北部的沈氏宗族于是"聚族而谋，持锄而往，必尽去其田而后已。宓人来拒，相与格斗，毙其数名，而我族人亦死伤相藉也。宓富而狡，谓我死者为自杀以图诬，而赇我族匪为之证，遂重得罪，拟斩、绞、军徒。则此汤汤者，非我先人之一腔热血乎！"② 纠纷过程中，沈氏家族打死宓氏族人数名。而在此之前，已发生因湖水械斗致死案件多起，可谓"狱讼延绵，积岁不断"，浙江巡抚处理案件时，认为"非典刑，不能止"。③ 对此次事件官府处理极为严厉，《沈氏宗谱》载：

> 族有不肖名思轩者，与公有宿隙，自献于宓，宓亦买之。遂妄首宓尸为公与同族礼九所杀，且证吾尸为自杀。吾族因坐诬而狱以败。斯时也，族众汹汹大会，议而莫措，而公与礼九者挺身于众人之前，认凶于公堂之上，三拷六问，甘罪不移。议谳既定，遂置典刑，礼九斩，永十一绞，先后戮于市曹。而宓荣则坐霸占、伤人之罪，亦绞之。狱遂以清，湖遂以复。④

---

① 〔日〕好并隆司：『浙江慈谿縣杜白二湖の盗湖問題』，森田明編『中国水利史の研究』，國書刊行會，1995，第329~361页。
② 沈春华纂修《慈溪师桥沈氏宗谱》卷三《师桥原题杜白二湖死事传》，民国二年铅印本，上海图书馆藏。
③ 沈春华纂修《慈溪师桥沈氏宗谱》卷三《义士礼九公传》，民国二年铅印本，上海图书馆藏。
④ 沈春华纂修《慈溪师桥沈氏宗谱》卷三《义士永十一公传》，民国二年铅印本，上海图书馆藏。

　　案件中沈氏族人中一人被处斩刑，三人绞刑，九人被流放，十八人被判监禁；占湖为田的宓氏家族中也有一人被判绞刑。清代族谱中将嘉靖二十四年（1545）族人复湖行为大加颂扬，因此事件被斩、绞之先祖，也被世代供奉于宗祠之中。① 嘉靖以后，杜、白二湖仍不断遭到宓、童、叶等家族的围垦，有关复湖之诉讼接连不断。

　　而因湖水纠纷问题而形成的地域宗族矛盾，直到今天仍有遗留。笔者曾走访湖区及湖北部地区的师桥镇，访谈师桥村民时，村民无意间提到当地至今仍有沈、宓不通婚的习俗，可见因湖水纠纷而长期形成的宗族矛盾之深，也反映出当地农田灌溉对湖水依赖性之强。到清代咸丰同治年间，段光清初任慈溪县令，"便历湖上，见湖边山脚，非湖非田，不乏闲地，使开辟以成田，可得良田数十万亩"，见杜、白二湖湖内有大片荒地，于是贸然提议开垦。而当乡绅献出《湖经》后，段当即打消此念头。其"至湖上谓绅衿曰：开田恐起争端，历有部案，余不知，今日阅《杜白湖志》，始知之，开田之事，应作罢论。绅衿亦无异议"。②

　　山麓地带之湖泊乃大古塘以南的农田水源所在，湖水在大古塘护卫下浇灌农田，使塘内的土壤结构发生改变。土壤逐步演变后发育成稻作区，又增加了对湖水灌溉的依赖程度。大古塘以北沙地，即使在清代北部沙地快速淤涨、新海塘不断向北推进、海水距离大古塘越来越远的背景下，仍无法大片种植水稻。大古塘成了当地稻棉过渡带，农业种植景观格局非常分明，在其附近以种植早、晚稻为主，并与木棉间种，称"翻田"，农户种稻自食，少有结余，"距塘远者罕种稻"。③ 浒山地区的水稻以早稻为主，早年种植一种叫黄岩早白的品种，乾隆三十年（1765）间开始种植"六十日"早稻，"盖浒山地高河深，小有涝旱，无害。况此禾小满前即可播种，是时，春水方生，转瞬霉雨，霉尽而稻已结实。即伏中无雨，灌以烛湖，自熟矣"。④ 梅雨提供水稻生长期所需之水；伏旱期间如无雨水，则通过引灌烛溪湖的湖水，即可自熟。总体上，大古塘以北仍较少种植水稻。

---

① 沈春华纂修《慈溪师桥沈氏宗谱》卷三《义士永十一公传》，民国二年铅印本，上海图书馆藏。
② 段光清：《镜湖自撰年谱》，中华书局，1997，第 33~34 页。
③ 民国《余姚六仓志》卷十七《物产》，《慈溪文献集成》（第一辑），杭州出版社，2004，第 323 页。
④ 道光《浒山志》卷六《物产·植物》，《慈溪文献集成》（第一辑），杭州出版社，2004，第 68 页。

大古塘北的下海地（作者按：塘北沿塘一带沙地）一直种棉花，乾隆元年（1736）大古塘以南沿塘一带才出现稻棉轮作，[1] 至乾隆二十年（1755）在下海地区域改种水稻，但不过沿塘百余亩，到嘉、道年间，因棉花歉收，将大片棉田改种水稻，"种水稻至四五千亩，每有掘塘盗上河之水以救海田之苗。岂知亘古乡规，海塘、海闸常年紧闭防旱"。大古塘北部改种水稻后，因缺灌溉水源，乡民掘塘将塘内淡水引至塘外，此举不仅无法从根本上解决塘北灌溉水源问题，而且还严重影响塘内的稻田灌溉，当时的松浦司"查管海塘各闸及二湖塘闸，与场主就近同为查察，盖并修湖海塘闸船坝，并明时为侵湖争讼多年，资费皆粮田派出。即如乾隆十一年，历姓为花地种水稻，遇旱，于老塘掘洞盗上河之水，经戎姓纠合二十四图现年同人连名告县，县主亲勘，堵塞结案。成案森严，岂可紊乱旧章"。要解决塘北的水稻灌溉水源问题，还须疏浚塘北河道，"欲种水稻，自应清厘侵占各地。查东山头起至掌起桥，除松、古、淹三浦外，有牛路浦河九条，并徐家浦、新浦、周家浦、翁家、小团浦、泽山等浦，及老塘下塘河一条，新塘上、下塘河二条，泥牛塘（作者按：即利济塘）上河一条，其塘并河，各有二十四弓，或三十弓。今塘河日狭，地亩日阔。再有各管界河，一一照规清厘河道。掘河塘之土即增其塘，以御潮患，以保田亩，如此则河道明而水利普"。[2] 而实际上，受大古塘以北水土环境的限制，塘北种植水稻面积与区域仍有限。

总体而言，整个清代大古塘北基本以植棉为主。极少靠近大古塘的熟地在后期逐渐发育，可以种植一些早稻，如"浒山大古塘以北，悉为海地，树木棉。今（作者按：道光年间）始稍稍有艺早禾者"[3]。到 20 世纪 20 年代，大古塘依旧是稻棉分界线，塘北以种棉花等经济作物为主，塘南种植水稻，并在沿塘周边实行稻棉交替种植，"大古塘以南则棉稻轮作，如棉丰收则来年棉田较多；如米价贵则稻田较盛"[4]。因此，大古塘从元代以后就一直是当地稻棉种植的分界线，大古塘也成为水稻种植区向北推进

---

① 《横河镇志》编委会编《横河镇志·大事记》，方志出版社，2007，第 15 页。
② 王相能：《杜白二湖全书·附刻清理老塘下海地河道以全水利一条》，清嘉庆十年王崇德堂刻本。嘉庆十年重刊本。《中华山水志丛刊·水志卷》第 34 册，线装书局，2004，第 385 页。
③ 道光《浒山志》卷二《海地》，《慈溪文献集成》（第一辑），杭州出版社，2004，第 14 页。
④ 许震宇：《调查余姚棉业与棉种试验场情形》，《浙江建设厅月刊》1928 年第 9 期，第 17 页。

中难以跨越之屏障。

三 海塘与湖泊

唐宋时期，杭州湾、钱塘江南岸普遍修筑海塘，曹娥江以西的山阴、会稽以及萧山，最早在唐代已开始构建系统海塘，而最迟到南宋时期基本形成体系。萧绍地区的海塘修筑，不仅为内部农业开发提供保障，而且也改变了平原内部的水流环境，对此上文已有详细论述。对曹娥江以东的三北平原而言，海塘修筑也加速一批潟湖转化成淡水湖。如余姚境内的黄山湖、上吞湖、汝仇湖等。① 早期的湖泊本身就有后来海塘的部分功能，即蓄淡灌溉，虽然海塘作用主要为御潮，但也可起蓄淡效果。如鉴湖早期之作用即如此，唐宋海塘逐步构建后，镜湖水环境也渐改变，明代马尧相言："前乎汉而无海塘，则鉴湖不可不筑；后乎宋而无镜湖，则海塘不可不修。"② 虽然马尧相之言主要论述重点在海塘御潮，但海塘也为内部淡水的蓄积创造了条件。另一方面，滨海区湖泊的作用在海塘构建后又有稍许改变，湖泊性质变为单一的灌溉水源。清康熙《绍兴府志》记载余姚的山水形势称："四明南列，巨海北汇，长江中横，诸湖外吞。"③ 短短数言，将余姚等滨海平原区之地形环境生动揭示，该区域南靠山区，中间有姚江横亘，北距杭州湾（后海），而湖泊直面海水，即所谓"诸湖外吞"。由于北部滨海区缺淡水水源，湖泊为农业灌溉命脉所在。在海塘未固之前，一些湖泊长期遭潮水倒灌。

因此，唐宋以后在海塘修筑时，地方官员仍十分看重对内部湖泊的治理。如上虞县即形成湖泊、江塘、海塘一体的御灌体系。上虞前靠江后背海，"所以备旱涝、资蓄泄，灌溉之利"，皆靠夏盖、上妃、白马诸湖。而江塘则"湖之外户也"；海塘，"其闸闼也"。蓄湖水以备旱灾，江海塘则以备水患，"故三湖之利，必兼塘工，而本末始全"。④ 因此，筑海塘时，古人也一直强调内部湖泊的重要性。宋庆历年间，谢景初一方面大力修筑

---

① 陈桥驿、吕以春、乐祖谋：《论历史时期宁绍平原的湖泊演变》，《地理研究》1984年第3期，第31页。

② 康熙《会稽县志》卷十二《水利志》，民国二十五年绍兴县修志委员会校刊铅印本。

③ 康熙《绍兴府志》卷一《疆域志·形胜》，《中国方志丛书·华中地方》第537号，据康熙五十八年刊本影印，成文出版社，1983，第126页。

④ 沈宝森：《三湖塘工合刻序》，《上虞五乡水利本末》，《绍兴水利文献丛集》下册，广陵书社，2014，第812页。

海塘以御潮；另一方面又极重内地湖泊水环境之改善。其调查境内湖泊数量及分布区域，将境内的湖泊登记造册，标注湖泊长阔丈尺、水域范围以及灌溉区域。光绪《余姚县志》引嘉靖《志》言：

> 庆历八年，余姚知县谢景初具状申上转运，称县见管陂湖三十一所，并系众户植利荫田，著在《图经》。累有诏敕，山泽陂湖不得占佃请射及无簿籍。管司因人请托或受赂遗许，令豪右请射作田以起纳租税为名，收作己业，废夺民田荫溉之利，为害不细。欲乞敷奏敕，下本属明，置簿籍稽管，更不得以起纳租税为名，辄行请射。如违其所请，人及所管官司重行朝典。寻转运如状具奏。皇祐元年，奉旨送三司，依所奏施行。县司遂帖取责诸乡湖水植利人户，具析本湖长阔丈尺、顷亩四至、荫田数目、纵闭时刻，依例置簿赴县点对。

并制定巡视制度，以防止湖泊被盗垦：

> 每年三月至七月，植利人户轮差七人巡湖，专管盗湖为田。如不觉察，每盗种一亩，每人罚钱三百文。每湖塘一里，差人户二名看管塘堤，并荫固湖塘树木。揪堰一月一替，于界首盖小屋子充守宿，置簿递相交割，赴官签押，如不觉察有失申报损缺，或被人偷盗塘堤树木等事，据地分每人罚钱一贯文，并置版碑一面出示，今后并不得妄有请射，改作己业。①

为保证湖水灌溉得以长期持续，宋皇祐、绍兴年间知县王叙、赵子潇尝试刻《湖经》。至嘉泰中，知县常楮次终成书，名曰《古规湖经》。此后元明之际，刊刻《湖经》之传统一直保留。元至元年间，知县汪文璟再刻以传。明成化年间，绍兴知府彭谊，复于旧湖经之后增述诸湖四至，彭谊在旧经序中称："姚江北四十里际海，并江之田溉潮水，潮所不及者则因山为湖以备旱，而各有界，或去湖二三十里亦得荫之，而近在十里之内反不得者，盖地有高卑，水有限节也。江之南近山而去潮远者，亦用是法。

---

① 光绪《余姚县志》卷八《水利》，光绪二十五年刻本。

然民皆倚是为命，利不均则争。谢廷评画为规绳，世守之弗敢变。苟有争藉，此为明征也。故志有所取焉。"①

再如北宋元祐年间，湖州安吉人莫襄（字师卿）徙居余姚，迁入地即余姚北部滨海区，当时北部时遭海潮侵袭，"余姚八乡，傍海为田，岁为风涛所害，公私不能谋。君雅有智虑，白令愿为石堤五千丈，可以御其暴"。筑海塘以后，其又主持修缮了塘内湖堤，以灌溉塘内农田，"烛溪湖溉田百万顷，堤薄久不治。岁旱，争讼斗击，数起大狱。君复请治石塘，水既足，民以不争。梅川地高仰，小旱则废耕植，君又谋浚四傍古河潴水，立斗门以决泛溢，一乡之田遂为沃壤"。②

在叶恒系统修筑大古塘前，滨海山麓地带的湖泊经常遭潮水倒灌。在北部滨海的众多湖泊中，以汝仇湖的变化与海塘关系最具代表性。元代刘仁本对余姚汝仇湖有诗文描写，当时的湖泊紧靠北部海水，"百顷仇湖接土塍，扁舟独泛雨冥冥。前年成海身曾到，今日分田手自经。远近沙洲连水白，高低麦垄入山青"。③ 湖泊周边以植麦为主。在一些记载大古塘修筑过程的文献中，也透露出了汝仇湖形成机理及时间，余姚"濒海二百里皆为州（洲），一从疏凿之后，蒸民始粒事，奈何洪滔巨浪吼天震地来无休。帝怜赤子无辜葬鱼腹，笃生杰士超凡俦。谢施二令首建策，筑土累石高平丘，年深日久水齧去，汇为巨湖千五百顷名汝仇"。④ 从文献看，成熟的汝仇湖或可能形成于两宋时期，与海潮倒灌有关。在元至元（1335~1340）前的四十余年间，汝仇湖及其相邻的余支湖即因海水长期倒灌，湖海一体，湖水咸而不可用，"谢家塘南为汝仇湖，大将千顷；余支湖连之，其大强半，州西北田悉受灌注。海既迫湖，夺为广斥，而潮势邙于平地，成流入港，遂达内江，田失美溉，故连岁弗获而殚民力、隳农功，与风涛抗而卒不胜，盖四十年矣"。⑤ 海堤修筑后，湖泊与潮水隔绝，才又可灌溉："堤南旧有汝仇、余支二湖废斥几四十年，堤成而湖复潴水，时其启闭，田获灌溉，海潮之患遂绝。"⑥ "汝仇、余支复汇积厥湖，是灌是溉，维膏

① 光绪《余姚县志》卷八《水利》，光绪二十五年刻本。
② 《莫襄墓志铭》拓文，见王清毅主编《慈溪海堤集》，方志出版社，2004，第138~139页。
③ 刘仁本：《余姚州汝仇湖履亩授田》，刘仁本：《羽庭集》卷四《七言律诗》，清文渊阁四库全书本。
④ 叶翼编《余姚海堤集》卷四《杂言》"庐陵彭唯（思贯）"条，汪鱼亭藏本。
⑤ 陈旅：《海堤记》，叶翼编《余姚海堤集》卷一，汪鱼亭藏本。
⑥ 祁承爜：《牧津》卷十五《集事下·叶恒》，明天启四年刻本。

维腴。夏旱则刚，斯则因因。岁侵而歉，斯则有年。"① 《海堤集》中收录的一些诗文，对比了大古塘修筑前后的海潮与湖水关系："石堤未作先土堤，洪涛易入田中飞。田舍沉沦秔稌死，盐花万顷争光辉。咸气寻消旧田复，桑柘依然满村绿。清宵促织鸣寒蛰，细雨催耕鸣布谷。汝仇湖水清连天，百川分注春风前。"② 海塘对湖泊之要可见一斑。

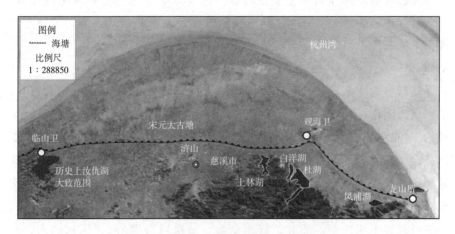

图 5-3　宋元大古塘与塘内主要湖泊分布

注：底图来自浙江天地图数据库中的 20 世纪 60 年代影像图。

　　海塘修筑后，湖泊成为周边农田重要的灌溉水源。随着海塘逐步稳固，湖泊又开始遭到围垦，甚至垦废。明万历十五年（1589）修《绍兴府志》中记载的"汝仇湖"仍是余姚水域面积最大的湖泊，但是已经有大半遭到垦殖，"汝仇湖，在县西北四十里。南距山，又距喻格堰、孟家塘，北距海堤，周九百七十一顷，为最大。今为豪右所侵，不能半矣"。③ 除汝仇湖外，在嘉靖至万历年间，余姚地区的其他湖泊也在不断萎缩，如牟山湖，"一名新湖，在县西三十五里。三面距山，北为塘，周五百顷，近亦为豪右所侵"。④ 其形成时期或在南宋以后，南宋嘉泰《志》中没有该湖记载。万历《府志》中称："始于嘉靖九年复教场，以王宿湾、竹山西岸高

① 叶翼编《余姚海堤集》卷二《古诗》"长汀卓说习之"，汪鱼亭藏本，南京图书馆藏。
② 叶翼编《余姚海堤集》卷三《七言古诗》"慈溪乌斯道（继善）"条，汪鱼亭藏本。
③ 万历《绍兴府志》卷七《山川志四》，李能成点校本，宁波出版社，2012，第 167 页。
④ 万历《绍兴府志》卷十六《水利志一》，李能成点校本，宁波出版社，2012，第 341 页。

阜处一百三十亩给尝倪、王二姓民。后筑江南城，其基地皆民房或熟田，价无所出，复议以牟山湖田偿之。由是告田湖者相接起，其实非尽蠲城基者也。今三十余年，侵湖几半矣，犹未已。”[①] 所谓江南城即余姚县新城，乃嘉靖三十六年（1557）为防倭而建。建城侵占之田亩以牟山湖湖田抵消，加速了牟山湖的湖田化进程，没有被占农田之农户也争相围垦。

大古塘向西延伸则为上虞段海塘，该段海塘在元代也有大规模修筑。目前对夏盖湖的研究主要关注湖泊垦复过程，关于海塘对内部湖泊演变影响，未见有详细研究。本节再就夏盖湖演变过程中海塘的作用，做一系统梳理。

从目前的文献记载看，上虞海塘的修筑集中在元代以后。元大德间，上虞风涛大作，漂没宁远乡田庐，百姓流离失所。县官发动全境之民，运竹木，“植楗畚土，为塘以捍之”。然土塘随修随坏。至元六年（1340）夏六月，又发大潮，沿海的莲华池、谢巷浦、思湖浦、湖门桥、五龙港、钱家泾等处环堤尽坏，形成海口，毁官民田三千余亩，“自海而南，泛溢伤稼，滨湖塘低，海逼鞠为斥卤”。民诉于官府，官方委托叶恒前往视察，言非石砌，不能捍御。然叶恒修筑余姚、慈溪段海塘后，“满代而去，事不克就”。后至正七年（1347）六月，当地士人杭祥复诉于路，后遣路使王永设法修筑，其劝民每亩出谷一斗以作筑塘经费，于夏盖山以南取石材叠为石塘。所筑石塘之法与叶恒筑余姚、慈溪段海塘相同：

> 其法，塘一丈，用松木径一尺，长八尺者三十二，列为四行，参差排定，深植土内，然后以石长五尺、阔半之者四，平置，石上复以四石，纵横错置，于平石上者五重。犬牙相衔，使不动摇。外沙窊窞者叠至八重，其高逾丈，上复以侧石钤压之。内则填以碎石，厚过一尺，壅土为塘附之，趾广二丈，上杀四之一，高视石塘复加三尺，令潮不得渗漉入塘内。[②]

王永修塘1924丈，始于至正七年（1347）七月，讫于至正八年九月，历时一年多。此后上虞北海塘稍得安稳。王永筑石塘也为其博得好名声，

---

① 万历《绍兴府志》卷十六《水利志一》，李能成点校本，宁波出版社，2012，第341页。

② 《上虞五乡水利本末·御海堤塘》，《绍兴水利文献丛集》下册，广陵书社，2014，第827页。

当地流传童谣称："王外郎，筑海塘。不要钱，呷粥汤。"[1] 至正二十二年（1362）秋，又海潮大作，吞噬堤岸，危害较重的区域主要集中在夏盖山以西至会稽延德乡间。上虞督制官王惟芳刚到任，即会集耆老，商议修筑，从湖水得利田中捐摊稻米以做工食，"每田一亩出米一升以给工食，计得米一千二百石有奇"。工程始于至正二十二年（1362）冬十二月，次年夏五月完成，"添甃石堤二百丈，修旧石堤六十丈，补筑土堤又一千六百丈"。[2] 海塘逐步稳固，为夏盖湖灌溉系统的完善提供了外部保障。

历史上的夏盖湖位于上虞县西北，濒临杭州湾。元代的史料陈述夏盖湖成湖过程时，皆称唐长庆二年（822），由永丰、上虞、宁远、新兴、孝义五乡之民割田为湖。其得利范围还包括会稽县延德乡（位于曹娥江以东）三十三都，以及余姚州（元代升为州）兰风乡一都八、九、十保。[3] 夏盖湖蓄水调节与灌溉分配通过两座大的石闸及三十六道沟门，两座石闸分别为：小越闸，属于三都，建于南宋淳熙十一年（1184）；盖山闸属五都。三十六沟门分列湖东、西，湖东十八沟，湖西十八沟。[4]

唐长庆元年（821）上虞县并入余姚，次年又复置，治所由百官镇迁至丰惠镇。县治迁移与割田成湖时间很接近，或与海侵有关。本田治在论及夏盖湖形成环境时，也关注到了此次事件，他却认为县治迁移是由于县北部平原地带的用水有明显增加，致使白马、上妃两湖向运河供水变得困难，而此时南部余姚江—通明江—梁湖坝的新通道被开通，于是县治才迁移到了南路沿岸丰惠镇，并认为县治南迁后，以白马、上妃两湖为水源的夏盖湖才被构建起来。[5] 对此观点，笔者有两点异议：其一，关于县治迁移，笔者以为来自潮水威胁可能性更大，唐代上虞地区未构建海塘，潮水可灌入内地，旧县城位于今绍兴市上虞区，距离北部海水较近，县治迁至

① 《上虞五乡水利本末·五乡歌谣》，《绍兴水利文献丛集》下册，广陵书社，2014，第838页。
② 《上虞五乡水利本末·御海堤塘》，《绍兴水利文献丛集》下册，广陵书社，2014，第828页。
③ 《上虞五乡水利本末·植利乡都》，《绍兴水利文献丛集》下册，广陵书社，2014，第823页。
④ 《上虞五乡水利本末·沟门石闸》，《绍兴水利文献丛集》下册，广陵书社，2014，第824页。
⑤ 〔日〕本田治：『宋元时代の夏盖湖について』，『佐藤博士還暦紀念中国水利史論集』，國書刊行會，1981年3月，第161页。

丰惠镇与水灾关系密切。关于这一点，或许可从曹娥江畔的另一个县治——始宁县的迁移得到印证。《水经·浙江水注》载："浦阳江（今曹娥江）又东北迳始宁县西，本上虞南乡也。汉顺帝永建四年，阳羡周嘉上书，始分之。旧治水西，常有波潮之患。晋中兴之初，治今处。"① 虽然始宁县旧治地点以及东徙后的具体位置目前仍未有定论，但相比上虞旧县城，其更靠内地，仍常遭水患。其二，夏盖湖的割田成湖说也有问题。浙东宁绍地区许多湖泊的形成都有一个固定的叙述模板，即乡民割田成湖。比如上文中提及的杜、白二湖，在明清时期，乡民割田成湖的说法就越来越明确，上虞皂李湖也存在这种情况。笔者以为所谓乡民割田成湖之说，更多用在对湖水的分配上，是一种对产权的宣示，而不一定真是湖泊的形成机理。这些湖泊早期多为潟湖，后期筑堤成湖也是在潟湖基础上进行的人工干预。夏盖湖的形成也应该是在唐代的某次海侵后形成的潟湖基础上人工干预而成。筑堤蓄水可以部分阻断海水对湖水之袭扰，为湖水逐渐淡化创造条件，进而用于农业灌溉。而即使到了宋代，由于北部海塘未构建，潮水常灌入内地，湖水的灌溉环境也常遭破坏。

因海塘重要，上虞县治水利者，必将海塘与湖泊并论。元代时人已经指出湖泊与海塘关系："海堤无与湖事，然潮不乘陆，则水之利始及于田。"② 夏盖湖与北部潮水相距不过一里，遇有大潮，潮水即灌入内地，湖水之利以海塘稳固为前提。嘉靖十二年（1533），夏望吉任上虞县令。因刚到任，对当地社会环境不熟悉，询问乡人当地以何事为重？乡人答曰："夫虞，维讼为多；夫讼，维水利为多。吾子兹行，惟水利是图。俾民有定业，用罔艰于理。然其重且大者，又在大海与三湖（作者按：夏盖湖、上妃湖、白马湖）而已。盖海塘弗筑，则潮溢之患难免。《湖经》弗讲，则蓄泄之法莫知。"③ 海塘修筑与《湖经》旧规皆不可废。夏到任后，果然"千讼交作。非争水相殴，则争水相辱；非争水凌尊长，则争水拒里耆。

① 郦道元著，杨守敬、熊会贞疏，段熙仲点校，陈桥驿复校《水经注疏》，江苏古籍出版社，1999，第3327页。陈桥驿先生《水经注校证》断句为："始分之旧治，水西常有波潮之患。"对解读文献有误导。（《水经注校证》卷四十，中华书局，2007，第946页。）以注疏为准。
② 《上虞五乡水利本末·御海堤塘》，《绍兴水利文献丛集》下册，广陵书社，2014，第824页。
③ 夏望吉：《重刊水利本末序》，《上虞五乡水利本末》，《绍兴水利文献丛集》下册，广陵书社，2014，第815页。

甚至（余）姚、（上）虞之民各相搆讼"。而究其原因，皆言："塘未筑、《经》未讲之所致耳。"故夏先筑海塘，高阔各七丈，延袤四十里，不到一个月即完成。之后又亲自勘踏三湖，咨询对策。对占种湖泊以获利者以科其罪；致河湖淤塞崩塌者刑以示其罚，并"令利湖之家，随时疏浚，而堤防之与海塘之约同一揆也"。① 湖塘、海塘修筑后，夏担心不能长久，而乡里耆老正欲重刻前代《水利本末》，"以颁之众，以延之远"。其命人重新校正，自己捐奉刊刻。书成之后，"家赐一帙，一举目之间，则界限明、疆理正、图绘炫、税赋则"，以达到"湖，吾知其为湖；田，吾知其为田；闸、堰、塘、岸，吾知其为闸、堰、塘、岸。虽妇人小子，犹将能知能言，而莫之或欺。是故水利可知其必兴矣"。② 从上文也可以看出，夏治上虞水利，以筑海塘为先，次及湖事。

康熙五十七年（1678）钱塘江潮水分啮两岸，淹没灶地二十余里，损毁民田、村落、坟墓不计其数。此后，上虞北部连年遭受潮患，持续多年，"沿海居民告溺告灾，迄无安岁。五十年间，堤岸尽崩，荷花池复成海口，与夏盖湖潮汐往来，湖水受潮成咸卤，环湖七乡虽大旱，不敢以一勺灌田，立视禾苗枯死，居民大病"。③ 海塘溃决，湖水即失屏障。绍兴知府俞卿委任上虞县令王国栋筑海塘，并在内部修筑备塘，塘身坚固。但次年八月，海啸大作，又将海塘冲毁，土塘"飘荡无尺土"。于是地方官员向朝廷请币修筑石塘。当然，石塘修筑中仍有大段的土塘。海塘修筑规模及所花经费如下：朝廷下旨以绍兴知府俞卿督理石塘修筑，所修石塘共计3200 余丈，高 3 丈，阔 9 尺，内贴土宽 4 丈余；土塘自曹娥百官团，北至沥海，东抵余姚县界，总计 11000 余丈。石塘花费官币 50800 余两；土塘则用全县助役银 9000 余两。工程始于康熙五十九年（1720）二月，告成于康熙六十年（1721）五月，规模"较元至正间所筑逾数倍"。④ 堤塘修筑后，在夏盖山建庙祭祀海神，俞卿撰写《记》文详载此事：

---

① 夏望吉：《重刊水利本末序》，《上虞五乡水利本末》，《绍兴水利文献丛集》下册，广陵书社，2014，第 815 页。
② 夏望吉：《重刊水利本末序》，《上虞五乡水利本末》，《绍兴水利文献丛集》下册，广陵书社，2014，第 815 页。
③ 光绪《上虞县志》卷二十一《水利》，光绪十七年刊本，《中国方志丛书·华中地方》第 63 号，据康熙十年刊本影印，成文出版社，1983，第 460 页。
④ 光绪《上虞县志》卷二十一《水利》，光绪十七年刊本，《中国方志丛书·华中地方》第 63 号，据康熙十年刊本影印，成文出版社，1983，第 460 页。

从来举大役，兴大工，未有不协人心而能有所成者，捍大灾，御大患，未有不邀神佑而能有济者。郡东百二十里，越曹江为上虞，县之西北四十里为夏盖山，山之南为夏盖湖，湖水灌田四十余万亩，故址稍狭，里民割田增湖，周围六十余里，环湖而居，倚湖而养户口数万，课赋二万有奇，虞邑富庶之乡。于是乎，在山之北，自东而西为钱塘江，自西而东为海潮。在昔安澜，南北鸡犬声犹相闻也。康熙戊戌（作者注：指康熙五十七年，1718），岁沙碛峙中流，长广百余里，潮水分啮南岸，民田五六千亩，村落十余所，庐墓不胜计。盖自至正间小有石砌，久没波中，迄今四百余年，无有问及于斯者矣。夏盖之东，潮汐暗涨，独至山所，陡然冲激，高十余丈，或数丈，或丈余，一潮莫支，患口络绎，居民捧土填罅，旋筑旋圮，未有宁岁。固波涛之肆虐哉，未必非守土者之罚也。[①]

俞卿主持大修上虞海塘，十分顺利，无论是经费筹集，还是石料的采买、运输都异常顺利，甚至钱塘江江流变化也突然有利于南岸海塘的修筑，俞卿将之称为"奇事"：

塘石购于山阴羊、大、柯诸山，相去百三四十里，航海挽运，无潮则浅，有风则逆。须石十三万余块，块厚阔尺五六，长五六尺，枕石采于盖山，须四百余万斤，共须船万余艘。越明年讫事，无有漂溺损伤，一奇也。岸下水深三丈，隔沙碛十余里，碛出水两丈许，锄锹不能断，正向各宪筹划疏通，皆曰无资也，又无法无何。起工三月后，碛忽崩塌，已奇矣；少又荡入南岸，一望汪洋之地，不期年而平衍者三四十里，大奇也。[②]

康熙五十七年（1718），钱塘江中的沙碛淤涨长百余里，即中小门被淤塞。但就在俞卿修筑海塘之时，江中沙碛坍塌，江流向北迁移，大量泥沙转而淤积于南岸，南岸滩地快速淤涨。康熙后期，钱塘江主泓北移的趋

---

① 光绪《上虞县志》卷二十一《水利》，光绪十七年刊本，《中国方志丛书·华中地方》第 63 号，据康熙十年刊本影印，成文出版社，1983，第 460～461 页。

② 光绪《上虞县志》卷二十一《水利》，光绪十七年刊本，《中国方志丛书·华中地方》第 63 号，据康熙十年刊本影印，成文出版社，1983，第 461 页。

势已十分明显了，至雍正年间及乾隆初年，江流主泓虽仍有南北变动，但江流北徙之大势已基本奠定。乾隆十二年（1747），中小门开通，北大门复淤为沙，但至乾隆二十四年，中小门又淤，江水彻底转向北大门。[①] 此后，钱塘江主泓固定在北大门。钱塘江主泓走向的变化，对上虞北部海塘修筑乃至塘内夏盖湖的存废都产生极大影响。江流北徙后，上虞北部海塘所受威胁逐渐变小，塘内夏盖湖的垦殖速度也越来越快。从时间上看，以雍正十一年（1733）、乾隆二十五年（1760）的垦殖力度最大，并最终于乾隆四十五年完全垦废。清代夏盖湖垦废过程如表5-1所示。

表5-1　夏盖湖历次报升田亩数

时间	亩数	明细
雍正六年 （1728）	6728.6624 亩	时字：一千九百六十一亩三分八厘三毫一丝七忽； 和字：一千二百三十八亩六分三厘六毫二丝三忽； 年字：一千七百二十八亩六分四厘三毫； 丰字：一千八百亩
雍正七年 （1729）	90 亩	附和字田九十亩
雍正十一年 （1733）	14836.97049 亩	民字：三千九百四亩二分四厘三毫四丝； 安字：八百二十四亩一分五厘四毫八丝； 物字：二千五百九亩六分七厘四毫四丝； 阜字：四千七十亩； 附时字：一千八百二十七亩三分二厘三毫一丝二忽； 附年字：一千七百一亩五分七厘四毫七丝七忽
乾隆二十五年 （1760）	1123.37636 亩	附民字：一百二十一亩一分八厘九毫七丝四忽； 附安字：五十亩七分六厘一毫五丝五忽； 附物字：一百十六亩八厘四毫九丝； 附阜字：五百十一亩一分六厘五丝七忽； 附时字：一百四十八亩五分三厘二毫三丝八忽； 附年字：一百七十五亩六分四厘七毫二丝二忽

① 朱庭祜、盛莘夫、何立贤：《钱塘江下游地质研究》，《建设》1948年第2卷第2期，第95页。

续表

时间	亩数	明细
乾隆三十年 （1765）	573.28008 亩	附时字：八十六亩四分五厘一毫一丝五忽； 附年字：五十九亩九分六厘二丝三忽； 附丰字：四十六亩五分二厘七毫八丝； 附民字：十九亩九分六厘八丝； 附阜字：三百六十亩四分三厘四毫一丝
乾隆四十五年 （1780）	470 亩	附阜字：一百七十亩； 附列宿字：三百亩
总计	以上六次共升田：二万三千七百八十亩五分三厘九毫九丝	

注：王振纲纂，《（咸丰）上虞志备稿》（不分卷）"田赋"，见《浙江图书馆藏稀见方志丛刊》第 34 册，国家图书馆，2011，第 539~541 页。

　　大古塘构建以后，余姚、慈溪北部逐步形成湖泊、横河、纵浦的水利网络格局，《慈溪师桥沈氏宗谱》在描述师桥地形条件时称："形胜则群山拥护于前，大海渟蓄于后，龙山所城、观海卫城应援于左右。又有两湖以备旱涝，九浦以浚水道，三横河、三直河以通地脉。无不一览可知也。"[①] 至于横河、纵浦的构建，将在下文中详细展开。需要注意的是，上虞、余姚、慈溪三地北部的滩地淤涨速度有别，余姚、慈溪北部滩地在明代以后快速淤涨，而上虞北部滩地虽有外涨，但速度极慢，而且处于坍涨变化中，因此杭州湾南部海岸以余姚、慈溪北部向外凸出的弓形特点最为明显。这种滩地淤涨速度的差别也决定了海塘的推进速度。因此，余姚、慈溪在元代叶恒大规模筑大古塘以后，海塘即开始不断向外推进，明代后期速度开始加快；而上虞段的海塘虽在元代乃至更早即有修筑，历经明代不断维护，至清康熙年间海塘线仍没有向北推进。这种格局差别，也决定了两地湖泊垦废在时间上存在差异。清康熙以后钱塘江主泓北移趋势逐渐趋于稳定，潮水对上虞北部滨海威胁减弱，在此后不到百年间，夏盖湖即垦废了。因此，在对夏盖湖垦废原因的研究，人为因素固然最为关键，其背后的海势变化也需要给予足够重视。

---

① 沈春华纂修《慈溪师桥沈氏宗谱》卷一《师桥一览总图考》，民国二年铅印本，上海图书馆藏。

第二节　横河纵浦：明清杭州湾南岸
沙田区的河道建构

宋庆历年间余姚、慈溪北部开始修筑第一条海塘，即后来的大古塘，今三北平原国道 329 线也基本沿此海塘延伸。宋以后，由于钱塘江主泓一直走南大门，直到明代中叶以前，海塘基本没有太大变化。明中叶以后，海塘开始向北缓慢推进，清代中期以后，随着钱塘江主泓北移改走北大亹，海塘推进速度加快。在整个明清时期，三北淤涨最快在 18 世纪以后，"公元 1341~1490 年的 149 年中外涨 6 公里，1490~1724 年的 234 年中外涨只有 3 公里，1724~1734 年外涨很快，现在庵东盐场的土地，大半涨出，自此以后，虽也外涨，但是速度变得缓慢了"。① 海塘修筑过程中，也伴随横河的疏浚，横河本身具有御潮、灌溉、航运功能；海塘推进后，塘内的沙田淡化，又需要开掘纵港、纵浦。由此构成了三北平原独特的纵横水网景观。而盐作区的纵向沟道，主要是制盐时的引水通道，与沙田区的河、浦性质不同。今天随着海塘遗址逐渐消失，一些横河、纵浦（港）在经过 20 世纪 50 年代以后的拓宽疏浚，部分河道名称被改变，横河、纵浦的历史层叠逐渐被打乱，大古塘以北的河道形成机制与形成过程也逐渐被遗忘。

在既有的研究中，刘淼对明清时期滨海荡地开发有过系统梳理，不过其研究更多关注荡地开发中的社会经济因素，对自然因素的分析不够，对荡地开发中的河道构建与作用等相关问题也较少涉及。② 吴松弟研究了温州平原的成陆过程，提出塘河从海塘演变而来，其将拦阻海潮的塘堤和可供灌溉、行船的塘河，都当作海塘的一部分。③ 其实挡水的海塘本身是不可能演变成河的，而是伴随海堤修筑而沿堤构建了河道，河道的修筑有灌溉、泄水以及运输维修海堤材料等方面的功能。王大学对上海钦公塘以东的南汇滩地淤涨与海塘、引水洞开凿等问题有过详细阐述，

---

① 陈吉余：《杭州湾的动力地貌》，《陈吉余（伊石）2000：从事河口海岸研究五十年论文选》，华东师范大学，2000，第 106 页。

② 刘淼：《明清沿海荡地开发研究》，汕头大学出版社，1996。

③ 吴松弟：《温州沿海平原的成陆过程和主要海塘、塘河的形成》，《中国历史地理论丛》2007 年第 2 期。

关注重点在水洞的开凿与制盐、农业灌溉等之间的关系上。① 吴俊范在《水乡聚落：太湖以东家园生态史研究》的第三章"滨海如何变成水乡"中，也集中分析长江以南滨海区的水道营造过程。② 虽然沿海地区在海塘、排水等方面有许多相似性，但由于受不同区域潮汐作用、地域开发特点不同的影响，在具体滨海开发过程中也会出现各自不同的特点。而且吴俊范的研究更偏重从聚落角度分析河道的构建机制，却疏于海塘对水道构建的作用与水土环境演变等方面的考察。本节关注明清时期大古塘以北区域的滨海平原区的河道构建过程及其在当地土壤演变、内部排泄水中的作用。

一 海塘与横河

宋代以后筑成的大古塘虽为人工建筑，但一经建成，即成为余姚、慈溪南北土壤、水文的分界线。大古塘以北由于没有天然河湖，其成陆过程依赖杭州湾上游及东海的泥沙，成陆后要开发农业，则必须构建水网。

北宋庆历七年（1047），余姚县令谢景初筑海塘，海塘东自云柯，西达上林，为堤二万八千尺；南宋施宿又筑塘四五余尺；元至正元年（1341），州判叶恒又筑石堤 21210 尺，将大古塘的土堤及石堤破败者尽易以石，并将东至慈溪、西达上虞、绵延一百四十里的海塘串联起来，叶恒修筑海塘，为北部农田提供屏障。此后百余年间，北乡无大害。

到永乐年间，海塘的修筑已突破大古塘向北推进了，"永乐初，始于旧海塘之北筑塘，以遮斥地，曰'新塘'"。新塘是相对于大古塘而言的，这是三北平原自宋元海塘修筑以来，首次突破大古塘向北推进。此时也正是北部海涂快速淤涨时期，"已而沙壖益起，海水北却十里许，其中俱可耕牧"③。可见，从叶恒筑塘后，杭州湾的海势也在变化，到永乐年间，海涂距大古塘已达十余里。此后，成化年间，水利佥事胡复在新涨滩涂海口处筑塘御潮，名"新御潮塘"。海塘修筑后，塘内沙田不断垦殖，一些大户又向更北的滩地推进，因而与制盐灶户发生冲突，矛盾渐至不可调和。

---

① 王大学：《防潮与引潮：明清以来滨海平原区海塘、水系和水洞的关系》，《历史地理》第 25 辑，上海人民出版社，2011，第 307~323 页。

② 吴俊范：《水乡聚落：太湖以东家园生态史研究》，上海古籍出版社，2016，第 98~151 页。

③ 光绪《余姚县志》卷八《水利·海堤》，光绪二十五年刻本。

弘治年间，绍兴知府推官周进隆应民灶之请，相地浅深，在新塘下筑界塘。塘南由军民垦殖，塘北则专由灶户制盐。此塘修筑之目的，不在御潮，而在阻止纠纷，可见塘外沙地淤涨速度之快。由于周进隆较为妥善处理了灶、民矛盾，民间称此塘为"周塘"。因此，到明代结束，余姚、慈溪北部向北推进了两条海塘，推进速度并不快。

进入清代，特别是雍乾年间，海势北迁后，海塘修筑进度也在加快。雍正二年（1724），在明代周塘下修筑了榆柳塘。此后，塘外泥沙又不断淤涨，雍正十二年（1734）民、灶按丁捐资，再筑利济塘。新建的两塘与之前的大古塘、周塘构成北部最重要屏障。①咸同年间，余姚北部沙地又快速淤涨。战乱期间绍兴被太平军占领，大量盐户、沙民迁往三北平原新涨沙地区从事盐业生产。光绪八年（1882）范寅在《论涨沙》一文中，阐述了咸同以后至光绪年间三北平原泥沙淤涨与滩地的开发过程：

> 余姚县北四塘以外自东而北而西，三十年间涨数十里，所谓梁上、梁下、柏上、柏下、埋上、埋下者，形如折扇，张面接塘之沙犹窄，滨海之涨突圈转也。咸丰十一年辛酉，洪逆陷越城，山（阴）、会（稽）乡民流徙其地，苏人幕浙之曹凯唐亦避匿焉。虑贼虽不到而民饥之，变生肘腋也。出箧金嘱，仿岱山盐法作板晒盐谋生，由是余姚涨沙数十里晒盐盛行。②

在四塘之外，不到三十年间即涨出沙地数十里。从嘉庆至民国初年，三北平原先后修筑了晏海塘（五塘）、永清塘（六塘）、澄清塘（七塘）。加上之前的大古塘（也称莲花塘、后海塘）、二新潮塘（二塘）、榆柳塘（三塘）、利济塘（四塘），三北平原建起了七道海塘，其间还有一些散塘。

新涨出的沙地区无天然河流，民国《六仓志》云："六仓海乡，有名山无大川，山又多在莲塘以南，在昔半峙海中，今皆平陆矣。"③河道皆靠人工开凿而成。这些河道具有御潮、运输、泄水、灌溉功能。大古塘修筑

---

① 光绪《余姚县志》卷八《水利·海堤》，光绪二十五年刻本。
② 范寅：《论涨沙》，《越谚·附录》，张智主编《中国风土志丛刊》49，广陵书社，2003年据光绪八年刻本影印，第305页。
③ 民国《余姚六仓志》卷二《山川》，《慈溪文献集成》（第一辑），杭州出版社，2004，第4页。

后，其北部沿塘一带即筑有河道，称横河。不过，完整的横河开凿始于嘉靖后期，"六仓片壤，星分固可不纪，山则蜿蜒难割，但连带乡境者纪之，川则疏其发源流汇，而于大古塘下横河，自邑令李伯生备倭始开"①。万历年间，余姚人叶宪祖在论及家乡北部的海塘时，对该河道有记载，其言："嘉靖已卯（作者注：即嘉靖三十四年，1555），倭船泊海涯，北乡首受其祸。邑令李伯生请于塘下开新河以备倭。"② 初修横河之目的是为防倭，具有军事防御性质。这段横河"东自观海，西达临山，相距百余里，阔二丈，深一丈许。路口各置栅门，乡兵巡逻守御，亦隐然有金汤之势"③。到万历年中期，这条河道已淤塞不通。叶宪祖称当时河道遭填塞，但并未完全消失，"而患息备弛，豪强擅填塞以广其私亩，河之故道犹未尽没也"。叶宪祖希望疏浚该河道，以起到灌溉、泄水、航运、防御等功能，"开之而用以溉田，一利也；淫雨接旬，暴水忽涨，水有所泄，二利也；便舟楫、通传输，三利也；海上卒有警，长河之阻，足备非常，四利也"。④ 万历二十二年（1594），当地又疏浚了该横河，河道横贯观海卫至临山卫之间，长达百余里，宽达 2 丈，深达 1 丈，今仍在发挥作用。河道西端的周巷镇，在《镇志》中称此河肇始于宋代海塘修筑，当时就地挖土垒塘，低洼处即成了河道，东西并未畅通。嘉靖年间李伯生为防倭在此基础上再掘新河，才贯通东西。⑤

为防海潮，海塘修筑后一般会在海塘内侧另开一道备塘河，再于河的里面加筑一道土塘，河道可以挡住咸潮，保护农作物。这种海塘修筑法创自南宋浙西海塘修筑时，后来推广到了各处海塘，⑥ 如海宁、海盐地区。近塘之河的作用极大：

> 近塘之河，消纳海水而不使淹入内地。盖海水性咸，若淹及腹内之田，则田秧涴烂，非两三年雨水浸润不能复其淡性以便耕种。惟河身之水，日夜流动，数番大雨即咸性尽减，故可使之消纳，以不波及

---

① 民国《余姚六仓志》卷首《凡例》，《慈溪文献集成》（第一辑），杭州出版社，2004，第 3 页。
② 光绪《余姚县志》卷八《水利·海堤》，光绪二十五年刻本。
③ 光绪《余姚县志》卷八《水利·海堤》，光绪二十五年刻本。
④ 光绪《余姚县志》卷八《水利·海堤》，光绪二十五年刻本。
⑤ 《周巷镇志》编委会编：《周巷镇志》第二篇《自然环境》，浙江古籍出版社，2013，第 138 页。
⑥ 朱偰：《江浙海塘建筑史》，学习生活出版社，1955，第 15~16 页。

于腹内之田。在海宁则为六十里塘河，在海盐则为白洋河，皆天造地设，古之所谓备塘河是也。①

　　河水具有流动性，即使有海潮灌入，也可在短时期内将海潮的咸性消除。在萧绍平原北部的沙地中也分布着这样的河道沟渠，清末宣统年间，当地士绅仍提议在会稽与萧山北部沙地间修一条长河，以阻断潮水的倒灌，"拟离塘十余里之外，循其中流界址，修筑堤埂，埂内即开沟渠，计自三江场灶地起，至西兴外沙为止，约长一百余里，而所保卫之沙田不止四十万亩，蓄清养淡，以利灌输，诚为捍卫沙田之至计"②。此外，开塘河也是为修海塘而运输石料、木材之重要途径。元至元年间，叶恒修筑后海塘时，因所需石料需从外地运来，在修筑海塘前，需先疏浚河道，"君先使人浚河渠，复废防，蓄湖水，伐石于山，以舟致之"③。而挖掘塘河又可为筑海塘提供泥土。因此，筑塘一般都会疏浚塘河，或是新开塘河。但从当地的文献记载以及保存下来的清代后期地图看，北部的横河除大古塘河是系统完整河道外，其余多为短距离的小段河道，河道与境内的纵向沟港相通。海塘修筑，塘下多有一段或数段塘河，这些塘河规模不大，与20世纪50年代拓宽、疏浚后的塘河有一定差距。

　　清代后期，筑塘逐渐成为各大沙地地主淡化涂田的自主行为。光绪二十五年（1899），慈溪师桥沈氏在北部即筑部分七塘，塘东起淞浦老红旗闸，经五洞闸乡背高山村，附海乡郑家浦村南，至洋浦与逍林区七塘相接。④ 光绪三十四年（1908），沈氏家族在占有大片沙地后，又筑新塘，"塘外随沙立为永远义塾，现可筑塘养淡"，筑塘之前，"先掘放水沟一埭，涂水泄出淹浦，使先后动工，遇潴水可以车燥，各自筑塘无虑"。而这种家族式的堤塘并非真正意义上的御潮海塘，其规格也不能与官方组织的大塘相比，其目的主要在于养淡，筑塘规格如下：

　　　包做筑塘样式：下横塘面二弓半，底七弓，高九尺，长念（作者

① 光绪《海盐县志》卷六《舆地考三·水利》，光绪二年刊本。
② 《宁绍台道桑禀覆浙抚饬查塘外筑堤开渠有无关碍水利文》，《塘闸汇记》，《绍兴水利文献丛集》上册，广陵书社，2014，第291页。
③ 陈旅：《海堤记》，叶翼编《余姚海堤集》卷一，清汪鱼亭藏本。
④ 王清毅：《慈溪海堤集》，方志出版社，2004，第99页。

注：通"廿"，二十）弓，离塘外三弓、塘内两弓掘内塘河，面四弓，塘河底二弓，深七尺；掘坭筑塘，外面用牛毛草坭批，批缩进五寸，贴扶到顶。①

这种小塘，作用在于养淡，往往在塘内挖掘塘河。但这种塘河较小，宽不过 3～4 米，深不过 2 米，挖内塘河的泥土即用来筑塘。1946 年修筑胜利塘，长三十余里，筑塘目的即为养淡，"其他关于塘方面，自浒山至菴东共计七条，最后一条是去年底利用行政救济麦粉筑成的，全长三十余里，迄今已造成十分之九了，命名'胜利塘'，塘的功效是养淡垦地，同时在那塘上可以密布警岗防止漏税的"。②

到清末，三北平原北部可能已经形成潮（二）塘河、三塘河、四塘河、五塘河、六塘河、七塘河的部分雏形。20 世纪 50 年代，针对当时平原北部海塘破败、河道失修、排灌不灵的局面，慈溪加大境内水利兴修力度，"从整修棉地四周的小河、小沟到开掘横贯半个县的四塘河、五塘河，从挖塘修堰到加固海塘，全县共挖掘土石方六千万方，修建大小水利工程六万九千多处，开挖和疏浚主要河塘 820 多华里"。③ 20 世纪 50～80 年代，对三北平原的塘河进行系统疏浚拓宽，河面越来越宽阔、规整，大多河段因续长河道后，改称江名。如潮塘横江在 1959 年、1979 年两次分段疏浚、拓宽，东起白沙镇华家江，流经坎东、坎墩、宗汉乡境，至漾山路江止，长 8.11 公里，宽 25 米；五塘横江中段 1958 年疏浚拓宽，1985 年、1987 年又分段疏浚，东起洋浦，流经新浦、胜北、坎东乡境，至崇寿乡东黄家村止，长 15.2 公里，宽 13～18 米；六横塘江中段 1977 年拓宽，东起新浦镇半掘浦东，流经胜北乡至崇寿乡同兴村止，长 16.08 公里，宽 17～20 米；七横塘江中段，1959 年、1963 年两次疏浚，东起新浦镇洋浦，流经胜北、东三乡境，至四灶浦与西段的七塘江相接，长 9.75 公里，宽 15 米。④

横塘下通常开涵洞，塘河水源即通过纵浦沟通南部湖水。一些大的纵浦，早期即湖泊的泄水通道。纵浦与横河相交，从而构建起了以湖泊、自

① 沈嘉瑢：《沈氏接涨沙涂报告册·慈溪师桥沈叙伦堂公议筑义塾条约》，王清毅：《慈溪海堤集》，方志出版社，2004，第 129 页。
② 徐仲毅：《余姚堰场写实》，《宁绍新报》1947 年第 20～21 期，第 9 页。
③ 《慈溪棉花》，浙江人民出版社，1964，第 30 页。
④ 慈溪市地方志编纂委员会编《慈溪县志》，浙江人民出版社，1992，第 326 页。

然降水为水源的横河纵浦水网系统。而纵浦横河隔成的地块，又被众多的沟渠切割，形成棋盘格地块，用于植棉。这些沟渠则成为棉田蓄淡、改善土壤的重要基础设施。

二　蓄淡、泄水

杭州湾南岸由沿山低丘、湖海相沉积平原、海相沉积平原和沿海滩涂组成。沿山一带以红壤为主；湖海相沉积平原分布于大古塘以南至近山脚一带，地形平坦；海相沉积平原范围为大古塘至杭州湾南岸一线海堤，区内地势微有倾斜，总体上平原西部南低北高，东部北低南高。大古塘虽然是一条人工修筑的御潮塘，但在整个明清时期，也是当地稻棉种植的分界线。大古塘南早年从事盐、渔业，由于海塘趋于稳定，也逐渐发育出适合水稻生长的水环境。大古塘以北，明清以后才开始逐步淤涨，特别是康熙晚期以后，杭州湾南岸泥沙淤涨速度加快，形成大片新的沙田。由于成陆时间短，且不时有风潮侵入，明清海塘推进的过程中，塘北没有发育成可以种植水稻的土壤环境。更为重要的是，塘北淡水资源缺乏，虽然有横河，仍无法满足水稻生长的需水量。

沿海滩涂开发过程遵循着先是发现沿海渔盐业，待滩涂外涨、老涂变淡便在滩地上垦殖，逐渐开发为熟地的模式。但在开发为熟地的过程中，滩涂如何变淡，内部积水如何排泄，却少有详细论述。大古塘北形成大量纵向的"浦"系统，"浦"（也有部分称"江"名）是北部滨海区域较大的纵渠，为沙田区最主要的泄水通道，1959 年调查称当时"有十八条浦，北流入海"[1]。除规模较大的浦外，还有众多纵港。纵港是小型沟渠，也属于纵浦系统，是沙田早期形成过程中用于淡化土壤、排泄咸水的通道，后逐渐具有了灌溉功能；内部土壤的改良过程中，也需要开沟。伊懋可、苏宁浒在分析杭州湾南部余姚扇形滩地中，也关注到了这种小水道，也简略指出了这种小水道形成的部分机理，却没有进一步展开：

> 最明显的特征是在靠近陆地的这一边，目前位于主海塘群内的小水道的排列。它们大致南北向平行排列，与海岸成直角，但它们和海

岸是分离的，并且向南流入这座小城市（浒山）正北边及海塘遗迹北方的一条由西向东流的小河中。这些小水道可能是早期浪中区域潮水退去的管道，虽然它们的流向现在已经反转，而且多半类似那些可以在北部海岸边看到的水道，在这个部分，这些水道没有一条和内陆的排水系统相连。[①]

这种小水道在余姚、慈溪北部滩地广泛分布，是早期潮水进退的沟渠，随着海塘向北推进，这些小水道也逐渐与北部海水隔断。而这些纵向的水道，在后期也逐步成为内部重要的蓄水灌溉河道，与纵浦一道构成了大古塘北滨海平原最重要的水道网络。

（一）沙田蓄淡与沟港

大古塘以北的滩地在明清时期主要有两大用途：旱作种植与盐业生产。旱地以棉花为主，兼种豆、麦、花生等作物。20世纪20年代的余姚北部海塘已筑至八塘，而七塘内已能植棉，六塘内则概属棉田，"余姚县东界慈溪，西界上虞，南界嵊县，北滨钱塘湾。东西约百里，南北约一百八十里。县境三角形。有河名大沽塘横贯其中，塘北原系海涂，因涂田逐年渐涨，渐成耕地，近年来已筑至第八塘，每塘相隔三四里或七八里不等。七塘以内已能植棉，六塘以内则概属棉田，乡人有自幼至老不知稻为何物者，植棉之盛可见一斑"[②]。大古塘北水稻种植极少，而全县棉田在70万亩左右，植棉之盛在整个浙江可谓首屈一指。滨海居民以织棉售卖购买稻米生活，这些棉田在历史上也被称为沙田或沙地。民国时期，当地习惯以大古塘为分界，将塘南称"田"，塘北称"地"，"余姚背山面海，综观全县，南部多山，农作较少，北部则地势平坦，棉麦均有栽培。而在此平坦之区域内，又有田地之分，即自海滨起讫大沽塘为止之间，概为钱塘江冲积土壤，土质多沙，且微带咸性，因垦殖较迟，地势稍低，故俗名曰地"；"至于大古塘之南，则土质较肥，黏性较重，棉稻相间栽培，即俗所谓田是也"[③]。若称大古塘北为"田"，需在前加"沙"字，

---

① 〔英〕伊懋可、苏宁浒：《遥相感应：西元一千年以后黄河对杭州湾的影响》，刘翠溶、〔英〕伊懋可主编《积渐所至：中国环境史论文集》，中研院经济研究所，1995，第548页。

② 许震宇：《调查余姚棉业与棉种试验场情形》，《浙江建设厅月刊》1928年第9期，第17页。

③ 冯奎义：《百万棉在余姚》，《浙江建设月刊》1935年第9卷第1期，第22页。

以示区别。

目前以沙田为名称开展的滨江、海区土地利用研究集中在珠江流域。[①]沙田并非只是珠江流域的滩地专称，在传统时期，凡是江河携带泥沙淤积而成的滩地，皆可称为沙田。元代王祯《农书》中对沙田的定义十分具体，地域限定于江淮之间，其言：

> 沙田，南方江淮间沙淤之田也，或滨大江，或峙中洲，四围芦苇骈密，以护堤岸。其地常润泽，可保丰熟。普为膝埂，可种稻秫；间为聚落，可艺桑麻。或中贯潮沟，旱则频溉；或傍绕大港，涝则泄水。所以无水旱之忧，故胜他田也。旧所谓坍江之田，废复不常，故亩无常数，税无定额，正谓此也。[②]

很明显这里的沙田概念是基于江水携带的泥沙淤积而言的，"沙田者，乃滨江出没之地，水激于东，则沙涨于西；水激于西则沙复涨于东，百姓随沙涨之东西而为田焉"。沿江沙田水土环境别于他田，与沿海涂田也有区别。

关于滨海涂田，元人王祯如此界定："涂田，《书》云：淮海维扬州，厥土惟涂泥。大抵水稻皆须涂泥，然滨海之地，复有此等田，其潮水所泛沙泥积于岛屿，或垫溺盘曲，其顷亩多少不等，上有卤草丛生，候有潮来，渐惹涂泥，初种水稗，斥卤既尽，可为稼田，所谓泄斥卤兮生稻粱。"[③] 这里的涂田就涉及蓄淡去卤过程，因此，严格意义上，杭州湾南部滨海滩涂应归为涂田，而非沙田。但在近代的调查报告及研究成果中，将杭州湾区域的涂田也称沙田。民国朱福成在《江苏沙田之研究》中即将滨海、滨江的滩涂统称为沙田，其言："盖江海之滨，受潮水冲击影响，潮水挟泥沙而来，潮退而泥沙淤积，日积月累，遂成涨滩，当涨滩尚未出水之时，名曰水影，出水之后，滨江曰泥滩，滨海曰泥涂。经过相当时间，两者能生长水草，故名草滩或草涂，草滩、草涂在经相当时间，可以种芦苇，由植芦而围筑成田，种植谷类，无论滨江滨海，皆名沙田。"[④] 20 世

① 相关研究参见王传武《珠江三角洲沙田研究》，《中国社会经济史研究》2014 年第 1 期。
② 王祯：《农书》卷十一《农器图谱一》，农业出版社，1963，第 147 页。
③ 王祯：《农书》卷十一《农器图谱一》，农业出版社，1965，第 144 页。
④ 朱福成：《江苏沙田之研究》，《民国二十年代中国大陆土地问题资料》（69），影印本，成文出版社，1977，第 35930 页。

纪 20 年代，潘万程在《浙江沙田之研究》中界定了浙江的沙田概念，广义包括水沙、荒沙和熟沙三种：水沙是最新涨成的沙地，此种沙地因潮汐升降而涨落不定，还处于变化过程中，具体而言，凡是未经筑围养淡之草沙、水沙、暗沙，以及各种新涨之沙地，都属于此类；荒沙则为涨成较久的沙地，这部分沙地已经通过筑围而固定，但尚未开垦种植；熟沙则是开垦成熟，已经种植的沙地，这部分才是真正意义上的沙田。① 本书的沙田统指杭州湾南部滨海已经垦殖的滩地，其中大部分为棉作区，也有少部分稻作区。

沙田土壤以沙质土为主，约占 70%，泥土占 30%，土壤中所含养分、有机物及腐殖质均少，氯化钠多，不利于植物生长。只有经长时期的雨水冲刷，霜露浸润，土中盐类才逐渐退去。因此，沙田在开始种植之前，须设法去除土中的卤质，使其适合于耕种。② 沙田蓄淡需要通过开挖沟渠，以降低沙田地下水位，同时将土壤中的卤质通过降水下渗，进入开挖的沟渠而排出。对于沙田区的沟渠如何规划，在当时乃属乡土常识，少有文献记载。不过笔者还是在民国时期的棉田调查中找到了一份开港、浦以蓄淡沙田的详细记载，可以帮助我们理解这种农田景观的形成过程：

> 海地棉田之区划状况，与田地不同。盖海地初涨成之时，咸性甚重，难以种植，故必于每隔七八丈左右之地段，掘一阔七八尺，深五六尺之小沟，利用天落雨水，洗去盐分，日后并可藉以排水。复于每隔约二万亩地段中，掘一大浦，以容纳小沟之水，然后由浦道而东流入海。③

这里提到了两种水道形式：小沟与大浦，小沟也称港，即沙田区蓄淡沟渠；而大浦则为通海的泄水通道。民国初年编撰《余姚六仓志》时绘制的《余姚六仓总图》④ 以及民国时期三北平原的实测 1：50000 地形图⑤，都可以很清晰地看到，大古塘北密集分布着大大小小的纵向河道，这些河

---

① 潘万程：《浙江沙田之研究》，《民国二十年代中国大陆土地问题资料》（69），影印本，成文出版社，1977，第 36182 页。
② 潘万程：《浙江沙田之研究》，《民国二十年代中国大陆土地问题资料》（69），影印本，成文出版社，1977，第 36182 页。
③ 顾华苏：《慈溪之棉业》，《浙江省建设月刊》1931 年第 5 卷第 4 期，第 55 页。
④ 民国《余姚六仓志·余姚六仓总图》，《慈溪文献集成》（第一辑），杭州出版社，2004。
⑤ 杭州市档案馆编《民国浙江地形图》，浙江古籍出版社，2013，第 152~157 页。

道大者称为浦，而小者则多称港，分布于大古塘至利济塘之间，港长短不一，"各港凡自大古塘至海或四塘、五塘、六塘而止"①。这种小沟一般宽七八尺，深五六尺。浦则比其规模要大，一些大浦甚至宽达几十米。② 大古塘以北的水系网络如图 5-4 所示。

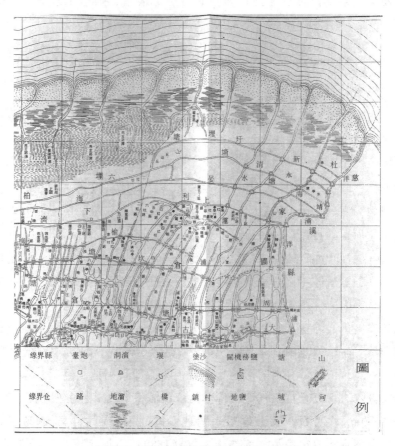

图 5-4　民国初年余姚六仓总图（部分）

说明：图片来自：慈溪市地方志编纂委员会编《慈溪县志》，浙江人民出版社，1992，第 359 页。

---

① 民国《余姚六仓志》卷二《山川》，《慈溪文献集成》（第一辑），杭州出版社，2004，第 22 页。
② 如位于慈溪与镇海分界的淞浦，在 20 世纪 50 年代以后拓宽后，宽达 15~35 米。（慈溪市地方志编纂委员会编《慈溪县志》，浙江人民出版社，1992，第 322 页。）

新围筑的沙田，其洗盐之法为：在田之四周做成土围，待自然降雨后，水即贮存于田中，不致流失，之后任其慢慢渗透入土，而下渗的咸水即汇聚于之前开挖好的沟港中，沟港通过横河沟通大浦，再将咸水泄出。进行此种方法时，须将土壤耕松，使雨水不致落地流走，而是渗入土之下层，将盐类溶解，然后排除；如果有可引之淡水，则引水灌溉，其效果更好。①

其实这种涂田区的沟渠，在王祯《农书》中已有清楚交代，当时称为"甜水沟"：

> 沿边海岸筑壁，或树立桩椽，以抵潮泛，田边开沟，以注雨潦，旱则灌溉，谓之甜水沟。其稼收比常田利可十倍。民多以为永业。②

田边开沟，起初乃为去卤，待沙田逐渐变淡，沟渠可以用来蓄积雨水，旱时即以之为灌溉水源。因此，沙田区的沟渠，也逐渐由去咸功能向灌溉功能转变。而这本身也反映了滩地土壤的变化过程。

大片的沙田蓄淡是一项大水利工程。新涨的沙地虽价廉，然此种涨沙，非一经涨成即可以垦种，必须经数载之筑围养淡才可种植，而一般普通民户根本无力承担。因此，沿江滨海，每有新沙涨出，抢先报领者，皆为当地有财力之绅董。这些绅董以极为廉价的标价购入，规模多在成百上千亩。购得后，或筑围蓄草，召佃租种；或转售农民，经常获十倍之利。③此外，这些沙田大部分由滨海的大宗族占有，即宗祠地。民国初年，余姚县沙田区内有 5 万余亩宗祠地，占全县沙田面积 7%。宗祠地有大小区别，少者数百亩，多者数千亩。这些宗祠地多同姓聚族而居，祠地乃共有财产。如慈溪观海卫沈师桥于光绪十五年（1889）根据"子母传沙"成规，筑塘围沙田 3500 亩，其中 20% 直接归宗祠召租；其余交由各房处理，作为修筑塘、闸及筑新塘之用。④ 宗祠地中归宗祠召租的部分，用作每年清

---

① 潘万程：《浙江沙田之研究》，《民国二十年代中国大陆土地问题资料》（69），成文出版社，1977，第 36349~36351 页。

② 王祯：《王祯农书》卷七《农器图谱一》，农业出版社，1963，第 144 页。

③ 潘万程：《浙江沙田之研究》，《民国二十年代中国大陆土地问题资料》（69），成文出版社，1977，第 36326 页。

④ 王清毅编《慈溪海堤集》，方志出版社，2004，第 123 页。

明、冬至两节祭扫祖宗坟墓，以及修理祖坟、宗祠等的经费。大宗族占有大片沙地，也具有筑塘、掘沟浦以养淡的能力。

民国时期，滨海地区的沙田被许多公司霸占，这些公司多徒有其名，并无实体，不过借一名而已。比如绍兴三江场之永丰公司、均益公司，各拥地数千亩至数万亩不等。这些"公司"在领沙地时为一整体，报领后即解散。士绅抱团以"公司"形式来报垦，原因是沙田机关在丈放沙田时，均将地面划成长条，直达海边，若地户分散，各自为政，则筑塘排水所需要花费的成本必然更多；如果以公司名义合伙报领，则所得沙田地形完整，面积大，有利于节约修筑河道、护塘的经费。

（二）沟渠与土壤改良

根据成土历史和人为利用方式的差别，今从沿海至大古塘依次分布着盐土、潮土、水稻土三个土类。到清代结束，大古塘北还很少有水稻土，土壤演化呈盐土向潮土转化。而潮土又包括多种土种，其土种内部也发生着缓慢演变，与内部沟渠建构关系密切。

图 5-5 20 世纪 60 年代三北平原影像图中的沟渠体系

传统时期，改善滨海土壤的方法大致有四种：蓄淡、刮霜、施肥、覆草。四种方法中，蓄淡是前提，只有沙田变淡后，才可以种植作物；由于沙田的表面经常会渗出一层盐霜，有害作物生长，需于春季将其刮去；盐性土本身含氯化钠较高，因此可施石灰粉，中和土壤性质，还可施用厩肥、绿肥，增加土壤中的有机质；由于滨海区沙田含盐分高，可在沙田上覆盖一层草，既可防止水分蒸发，阻止卤质随水分因蒸发补充而在土壤毛细管中上升，又可使覆草腐烂后变成腐殖质，充作肥料。[①] 在作物种植上一般坚持先养草后种植，先稻后棉，即首先在海涂上（或即将开垦的白地上）养殖荒草，以增加土壤有机质，并使土壤淡化，然后种两三年水稻，以进一步冲淡土壤，才开始种植棉花。[②] 而本节主要关注排水系统构建在土壤改良过程中的重要作用。

1959年慈溪土壤调查中称以大古塘为界，塘南为水田，塘北为旱地。旱地共包括涂沙土、盐白地、流沙板盐地、夜阴地、洼水夜阴地、黄泥翘土、黄殖泥土七个土组。涂沙土由于离海最近，含盐量高，完全在潮水涨落范围以内，故既不能晒盐，更无法种植作物。盐白地离海亦近，但较涂沙土稍远，已不受潮水威胁，因此可以晒盐。但其含盐量高，仍然不能种植作物。其他五个土组均可以种植作物。[③] 在此主要简单回应此五个土种的改良与沟渠之关系。

20世纪50年代的流沙板盐地分布在五塘到七塘之间。东西长而南北短，恰成一条几乎与海塘平行的带状。南部与夜阴地相连，北部靠盐白地，仅东部龙山、五洞闸一带的北部靠近海涂。西部以七塘里附近较为集中。大多为里进地，地势较低，排水不良。小部分为河口地，地形平坦，略有起伏，弓形的"龟背地"占有一定的面积。流沙板咸地大都从盐白地开发而来，耕作年数较短，一般不过20~30年，较长的亦仅约50年，最短的只有2~3年。土壤肥力低，有机质含量少，土壤结构差，因而雨时流沙、雨后结板。历年浅耕，耕作层很浅。有些地区水利较差，排水不畅，土壤中盐分不易排除。有些土地曾做过晒盐场，经过一段时间耕作，土壤盐分逐渐降低，土质变淡，但因地势较低而"洼水"，盐分都随水聚集在这里，使盐分比周围土壤高，也有的过去做过"漏碗基"或"盐板基"，土壤中含盐量本来就较高，不易淋洗，这部分土壤面积较小，且不成片，零星地分布在大片土地中，群众称之为咸搭地。这种土壤的地

---

① 潘万程：《浙江沙田之研究》，《民国二十年代中国大陆土地问题资料》（69），成文出版社，1977，第36349~36351页。

② 慈溪县土壤普查土地规划办公室编《慈溪县土壤鉴定规划报告书》（内部资料），1959，第53页。

③ 慈溪县土壤普查土地规划办公室编《慈溪县土壤鉴定规划报告书》（内部资料），1959，第21页。

下水位一般在 2~3 尺，最高的大约在 1.5 尺。主要是栽种棉花。一般一年棉花—春花（或草籽）两熟。少部分刚从盐白地开发而来，含盐量较高，不利于棉花生长，往往种植水稻，蓄水养淡，降低土壤盐分，然后再种棉花。

此外，流沙板咸地土壤毛细管发达，尤其在夏天，水分蒸发量大，土壤盐分上升快。有农谚曰："到了大伏里，地面烫脚底。棉花同筷齐，灌水胜过肥。"因此沟渠排灌系统修凿很重要，要做到沟沟相连，排灌畅通。浇灌一般在晚上，此时低温渐降，灌水后水温不会上升，盐分不易被带上，棉花受热均匀，经一夜渗透，土壤潮润，棉花可得充足水分，次日上午地温逐渐上升，又要在土温上升前将积水放干。如不放水，盐分上升，坑底水既烫又咸，影响棉花生长。在雨天要做到雨停地燥，不积水，以防盐分积聚。[1]

夜阴地大多靠近水源，水利条件较好，部分里进地地势低，地爿宽阔，河沟浅而狭。地下水位一般在 2.5~3 尺，地下水位较深。土壤疏松，结构良好，土壤通透性好，保水、保肥力强。土壤呈微咸性，底土稍咸。由于含盐，因而具有吸湿性。夜间气温较低时，有还潮现象，所以土壤经常保持湿润，土壤不会发硬。对部分里进洼水的夜阴地，需开沟或挖深掘阔河道，同时深沟高畦，雨后注意排水。对地势较高、地下水位低的夜阴地则需掘深蓄水沟，提高抗旱力。天晴时需特别注意适时灌溉，灌溉方式以小水灌溉，定量适时，不可大水漫灌。[2]

洼水夜阴地大部分为里进地，少数是河口地。地下水位高，一般在 1.2~2 尺，最低约 2.5 尺。以种植棉花为主，一般一年两熟，冬作有草子春花。洼水夜阴地大都由夜阴地演变而来，也有的以前是流沙板咸地。因种植年数较久，离海日远，逐渐变淡。地爿宽阔，连成大片。因地势较低，水分向低地聚集，形成洼水地。因此，改善土壤的首要步骤即降低地下水，开沟将洼水排除，加深加阔河沟，疏通河道，使河沟相连，出水灵通。

20 世纪 50 年代，黄泥翘土主要分布在大塘和四塘之间，大多是河口地，有的甚至四面靠河。地势高燥，地背微凸，略带弓形，群众称为"胖背地""龟背地""弓背地""鲤鱼背地"，地下水位较低，一般在三尺以

① 慈溪县土壤普查土地规划办公室编《慈溪县土壤鉴定规划报告书》（内部资料），1959，第 38 页。

② 慈溪县土壤普查土地规划办公室编《慈溪县土壤鉴定规划报告书》（内部资料），1959，第 39 页。

上。这种土保水能力不强，下雨时表土糊烂，水分大多从"胖背地"上流失。群众说这种土壤"一日两头车，中间搁一搁"，抗旱能力不强。[1] 因此，对沟渠灌溉依赖极强，其主要由夜阴地因种植不当，导致土壤结构破坏，肥力减低而形成。民国时期，由于海塘多处开洞，水闸又多无人管理，潮水经常冲进棉区，导致发育好的夜阴地又退化成了黄泥翘地。这类土改良之关键在于通过开沟构建灌溉水网，提高灌溉能力。

黄殖泥土分布比较零散，一般在四塘以南的里进田或低洼的地方。地下水位一般在 1.5~2.0 尺，多为棉田。由黄泥翘演变而来，开垦历史较早，所以土壤中含盐量极少。由于地势低洼，地下水位又高，田里经常"洼水"。改善土壤的前提即开沟排水降低地下水位，改善通透性。[2]

表 5-2　杭州湾南岸土壤演变及开发利用一览[3]

海塘	围垦年代	土壤名称		土壤资源开发利用		
		土类	主要土种	1950 年	1959 年	1981 年
十塘以北	正在围垦中	滨海盐土	粗粉砂涂（西）、泥涂（东）			
十塘以南	1996~2004 年		咸砂土、咸泥土			未围垦地
九塘以南	1970~1973 年		盐白地		未围垦地	盐田
八塘以南	1952~1970 年			未围垦地	盐田	盐田、荒地
七（解放）塘	1945 年	潮土	夜阴地	盐田	棉花、荒地	棉花
六（永清）塘	1815~1919 年			棉花	棉花	棉花
五（晏海）塘	1796~1820 年			棉花	棉花	棉花

---

① 慈溪县土壤普查土地规划办公室编《慈溪县土壤鉴定规划报告书》（内部资料），1959，第 40 页。

② 慈溪县土壤普查土地规划办公室编《慈溪县土壤鉴定规划报告书》（内部资料），1959，第 42 页。

③ 表格数据来源于陆宏、厉仁安：《杭州湾南岸土壤演变及其开发利用研究》，《土壤通报》2009 年 40 卷第 2 期，第 219 页。

续表

海塘	围垦年代	土壤名称		土壤资源开发利用		
		土类	主要土种	1950 年	1959 年	1981 年
四（利济）塘	1734 年起	潮土		棉花、杂粮	棉花	棉花
三（榆柳）塘	1724 年起		黄泥翘	棉花、杂粮	棉花	棉花
二（潮）塘	1403~1471 年	水稻土	淡涂田	棉、稻轮作	棉、稻轮作	棉、稻轮作
一（大古）塘	1047~1341 年		青粉泥田	水稻	水稻	水稻

　　1949 年以后，政府加大对慈溪境内棉田的水利改造力度，修筑加固了数百里海塘，逐步形成"坑坑通棉沟，沟沟通渠道，渠道通河流，河流通海口"的棉地水利排灌网。此外，棉区的沟渠还是棉田河肥来源地，当地有"一担水河泥，四两燥花皮"的说法，棉农素有积河泥肥地的习惯，每年冬季，棉地上都要积上 100~300 担河泥，经过冰冻风化后，作为棉花基肥。河泥的肥分虽较稀薄，但来源广，用量大，1958~1960 年平均每亩施用河泥达 180 担，1963 年全县平均每亩施用河泥 154 担，河泥施得多，有改良土壤、加厚棉地土层的作用。群众普遍反映："一年河泥，三年有力。"[①] 因此，沟渠的配备对于区域内的水土改良乃至棉花产量的提高都很重要。

　　20 世纪 50 年代为防土壤返咸，当地还总结了一系列行之有效的方法：第一步为深耕松土。咸土开发后，由于底土硬实，含盐分高，不易洗排，往往渗水不易，却易上升。因此必须深松土壤，深耕方法一般是：在开垦时，将土壤翻松 4~5 寸，以后在播种前再深耕三次，深 0.8~1 尺，边耕边掘出底层盐墒。土壤翻耕后，须立即开沟掘河，一般刚开垦时，每隔 10~15 米，开沟一条，宽 3~4 尺，如图 5-6 所示。

　　开沟是改良咸土的主要措施。但开沟并非越多越好，河沟过多，容易导致四周水土流失，降低土壤保水保肥能力。沟埂间距在垦殖较久的地区一般以 16~20 米为宜，沟宽约 2 米，深约 1 米。土壤沙性较强的河沟间距

---

① 《慈溪棉花》，浙江人民出版社，1964，第 61 页。

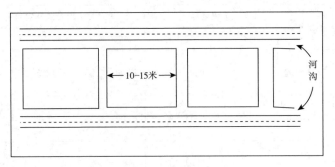

图 5-6　新开咸地的河沟设置示意

可大些，沟埭可深些，一般间距 20~30 米，沟深 1.5 米，宽 1~2 米，沟相互垂直。[①]

（三）纵浦与积水排泄

无论是初期蓄淡的沟港，还是后期改善沙田土壤的沟渠，皆需通过"浦"泄水。此外，由于沙田地形平坦，一遇风潮或暴雨，洪水将迅速淹没大片田地，因此沟通海水的大浦就成为平原积水排泄通道，通畅与否十分关键。早期的浦其实是南部湖水（以杜湖、白洋湖为主）向北入海通道，在海塘与浦口处通常设有闸。如慈溪鸣鹤、师桥附近的松浦、淹浦、洋浦皆如此，万历十八年（1590）浙藩左使柴桑劳在《鸣鹤杜白二官湖纪事序》中言：

> 慈溪鸣鹤乡在邑治西北五十里，浮碧山之阴，盖介邱林莽间也。民田万顷，去江远，不得股引江水为渠，临大海，海咸不可溉，以故旱则不登，水则山潦滔陆至没田庐之半，无所农桑谷畜。旱时始作杜白洋湖，东西南距山，北通故塘，注近乡诸山水以溉田，时其钟泄，于是兹乡为沃野，无凶年。其后湖埋，唐刺史任侗大兴卒浚筑之，民颂二天，因命曰二天湖。宋庆历初，湖又埋，邑主簿周常习灌溉事，于湖中为石堤，激列东门、张郎、西碶、白洋诸闸潴水入湖以备旱；

[①] 浙江省土壤普查土地规划工作委员会办公室：《浙江省慈溪县咸土改良经验的调查》，载农业部全国土壤普查办公室编《深耕和土壤改良》，农业出版社，1959，第 292~293 页。

松浦、淹浦、洋浦诸闸泄水入海以防涝。①

《玉篇·水部》："浦，水源枝注江海边曰浦。"也即是说，浦是内水入江海的通道，积水通过浦注入大江（海）。从《杜白二湖全书》中保存的湖区示意图可以看出，湖水通过"浦"道北流，在与大古塘交界处置闸，即松浦、淹浦、洋浦诸闸。② 清代重修的《两浙盐法志》中摘抄早年鹤鸣场的水道格局："有松浦、古窑、淹浦、洋浦四水通官河，注大海，置四闸于塘上，内以障杜湖之水，外以捍海潮之势。"③ 这些入海通道随着北部滩涂不断外涨，浦口也不断外移，河道不断变长。洋浦处慈溪与余姚交界，随着海塘不断向外扩展，浦开掘越来越长，"双河原有破山、洋浦二闸泄水入海，即今洋浦已涨为桑田，高互一二十里"④。闸也不断向外推移，光绪年间在"利济塘、晏海塘、永清塘皆置洋浦闸"⑤。20 世纪 50 年代以后经过多次疏浚，到 90 年代洋浦已长 17 公里，宽 13 米；松（淞）浦、淹浦长度也在 10 公里以上，浦宽也皆在 10 米以上，淹浦甚至达 27 米。⑥ 古窑浦也是杜、白二湖重要的出水浦道，庆历年间在大古塘与浦出水口处建闸，内泄湖水，外御潮水，闸"向分为上、下闸，上闸在卧床桥侧，下闸在大古塘。国朝道光十五年，又于利济塘建新闸，曰利济闸"。余姚境内的水霫浦闸，"在洋浦西，今林西乡界"，该浦"与洋浦同为利水要道，下至利济塘、晏海塘、永清塘亦皆置闸"，清光绪十六年（1890），又向北"开掘注海三千余弓，各灶董事业户，禀请邑令忠，禁止阻塞水道，私启捕鱼"。⑦

慈溪观海卫的祝家浦，在明初由于海水近大古塘，塘外的沙田区即通过祝家浦泄水，但海水经常倒灌入塘内。洪武年间，汤和在浦上累土甃石

① 柴桑劳：《鸣鹤杜白二官湖纪事序》，王相能辑《杜白二湖全书》，清嘉庆十年王崇德堂刻本。《中华山水志丛刊·水志卷》第 34 册，线装书局，2004，第 301 页。
② 王相能：《重刻慈溪县鸣鹤乡杜白二湖全书序》，王相能辑《杜白二湖全书》，清嘉庆十年王崇德堂刻本。《中华山水志丛刊·水志卷》第 34 册，线装书局，2004，第 300 页。
③ 延丰：《重修两浙盐法志》卷七《场灶二·鹤鸣场》，清同治刻本。
④ 光绪《余姚县志》卷八《水利》，光绪二十五年刊本。
⑤ 光绪《余姚县志》卷八《水利》"双河闸、洋浦闸"条下"案"，光绪二十五年刊本。
⑥ 慈溪市地方志编纂委员会编《慈溪县志》，浙江人民出版社，1992，第 322 页。
⑦ 民国《余姚六仓志》卷六《水利》，《慈溪文献集成》（第一辑），杭州出版社，2004，第 100 页。

为闸，阻止潮水灌入：

> 祝家浦，逼近平石，外则为海而水咸，内则为河而水淡。先是有浦而闸未建，或内水外流，则干涸而无养苗；或外水内入，则斥卤而足以害苗，关系于民，诚非细故。圣天子轸念生灵，凡幽远之地，无不毕照，乃愀然下令，遣大臣汤信国公巡行南途。是究是度，经之营之，于河之湄，累土甃石。大匠郊其工程，闸夫司其启闭，旱则河水潴积于内地而不得溢；潦则海水隔绝于外地而不得入。苗足滋生，农则有济，为天下万世计，至深远矣！[①]

清乾隆十六年（1751）又在下宝山侧凿石建闸，南起观城镇快船江，北至东山乡营房山与龙舌浦相接。20世纪90年代，浦已长4.8公里，宽17米。清道光十九年（1839）才创掘疏浚的郑家浦，至九塘闸入海，已长10.2公里，宽25米。[②]

由于大古塘以北的沙田以旱地作物为主，旱地作物中又以棉花为重，而棉花对积水比较敏感，降水过多，积水难泄，则影响收成。清后期，在慈溪与余姚之间，由于余姚地势相对较高，内部的积水沿着横河向东进入慈溪境内，而慈溪北部郑家浦浦口淤积，内部积水排泄不畅，每至久雨，慈溪棉田即遭淹没。为此，慈溪在与余姚交界处的利济塘下筑一竖塘，名西界塘，塘大致位于"县（慈溪）西北六十五里，郑家浦西。自南而北以障姚邑之水"。此塘所筑，非为防御北部潮水，乃为堵塞余姚而来的河水。咸丰十一年（1861）慈溪县令牟温典专门出示禁谕，刻石于碑上，以杜绝民户盗决西界塘，危害慈溪棉田：

> 北乡浪港山后，沿海沙涂地亩，半系书院公彦，半系水乡粮地，向归就近农民种植，春麦秋棉，其地西靠界塘以御西流，北靠郑家浦以放积水。是塘是浦，为各涂地之保障。历久相安无异。近因年久，屡被西水冲溢，塘堤坍塌，浦口淤浅，地遭湮没。于咸丰八年二月

---

① 嘉靖《观海卫志》卷四《祝家浦记》，《慈溪文献集成》（第一辑），林业出版社，2004，第114页。

② 慈溪市地方志编纂委员会编《慈溪县志》，浙江人民出版社，1992，第323页。

间，汇众邀集各业户妥议章程，按亩捐费。将西界塘添买地亩，加筑高阔；郑家浦加工疏浚，照旧流通；并建新坝一座，以备宣泄。至西界塘即西龙山之尾，其山前属民，山后属灶。向有普济、聚金两闸，岁久渐漏，另在普济闸下新造一坝一闸，以绝湖水入灶、海水入民之患。当经议立章程，按亩捐费。呈蒙前主给示晓谕，兴工在案。今已工竣，共享工料钱一千八百八十余千，捐补清楚，诚恐新筑塘堤，泥土未坚，且有无耻之徒掏掘垦削，私设阴洞，于塘堤大有窒碍。公叩"给示永禁，俾便勒石遵守"等情到县。据此，除批示外，合行出示例禁。为此示仰该处附近居民及地保人等知悉，尔等须知该绅董等修筑浦、塘，保卫涂地，现在公叩，禀请示禁。①

看似海塘修筑问题，实乃河浦排水不畅而导致的泄水纠纷处理问题。到同治四年（1865），由于集中降雨，导致利济塘下的西界塘部分倒决，西部积水又灌入慈溪北部棉田，"讵上年夏季久雨，水患大作，其泥牛塘（作者按：即利济塘）下西界塘坍塌，兼之浦泥淤塞，以致西水泛溢，浸坏花息"。筑塘之前，"按亩派费，先行浚浦泄水"，疏浚浦道泄水后，再筑界塘以挡水。为防"不法之徒，在浦塘内掏掘垦削，私开阴洞"，县令贺瑗再立禁碑。②

在余姚与慈溪水利纠纷中，焦点在于浦口堵塞致使积水难泄。余姚六仓杜家团三管位于余姚东北境，隔洋浦与慈溪相邻，其范围大致为"西界破山浦，南起大古塘，北迄海"。团以内分上、中、下三管，共六十二递。其境内港水"至利济塘成洋浦，水流偏东，其地东首渐广，其形南窄北宽"。至嘉庆十九年（1814），原盐地大多蓄淡，逐渐报垦升科，"丈实地八百七十六亩六分，东自洋浦，西至运盐路，南至利济塘，北至晏海塘，造成升科，按丁分给"。至二十三年，"晏海塘下涂，乃筑靖海塘养淡，报升。惟东西两浦水流屈曲，其地南狭北广，如衣之杀缝，除三管按户直甲均分外，余地甚难处置"。邻境慈溪韩大伦、韩学成等"以洋浦水偏于东北，余邑浮沙渐广，慈邑渐被逼仄，因越浦筑塘，雍阻天流，侵占沙地"。后经官方裁定，以洋浦自然水道为界，不许慈溪

① 光绪《慈溪县志》卷十《水利》，光绪二十五年刻本。

② 光绪《慈溪县志》卷十《水利》，光绪二十五年刻本。

侵占，"于是永以洋浦天流为慈、余界线，而杜家团之浮沙愈北而愈广"①。但由于洋浦弯曲越来越大，浦口的泥沙淤积也不断加重，"惟时洋浦久淤，水涝为灾"②。后多方筹集公产以作经费，疏浚河浦，积水排泄才有所改善。

民国年间，慈北、姚北的一些浦常年疏于维护，河道变窄、淤塞，影响内部积水排泄，同时也制约着沙田的灌溉，如慈溪永义乡方家浦、翁家浦、徐家浦、龙舌浦、蛟门浦，师桥乡堰（淹）浦、沈家浦，护龙乡乌窖浦、菘（淞）浦，或因年久失修，河身淤塞，秋雨连绵，每成泽国，棉花淹没，酿成巨灾；或因浚掘不深，水无所蓄，每逢亢旱，无由灌溉，遂成旱灾，是以连年水旱频加。三北平原南部有湖水作为水源，内部又形成河浦，"倘加以疏浚，使之深且阔，能贮多量之水，并于出口处筑闸，以资启闭，遇大雨为灾，则启闸放水入海，遇旱则用机器抽水灌溉，及水灌满小沟，则棉地内之棉科，自可藉土壤渗透作用，吸收水分，以滋生长"，③及时疏浚"浦"十分重要。

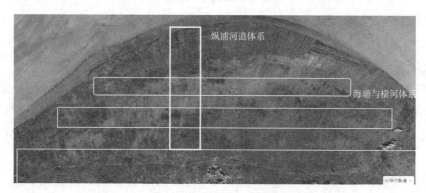

纵浦河道体系

海塘与横河体系

60年代影像

图 5-7　20 世纪 60 年代三北平原影像（一）

总之，大古塘以北的农业垦殖，以开浚河道为前提，"浒山而东，各于田下浚新河，益深蓄陂泽，视为己业。浒山而西，原有沟渠相通南北，

① 民国《余姚六仓志》卷十六《义举》，《慈溪文献集成》（第一辑），杭州出版社，2004，第 305～306 页。
② 民国《余姚六仓志》卷十六《义举》，《慈溪文献集成》（第一辑），杭州出版社，2004，第 306 页。
③ 顾华苏：《慈溪之棉业》，《浙江省建设月刊》1931 年第 5 卷第 4 期，第 56 页。

旱则可互灌，潦则可泄水。若木棉、豆、麦，其利倍于嘉谷，而水泉似可少缓"[①]。为缓解塘北灌溉水源问题，也会在一些地势相对较高地段筑湖蓄水，"是塘北亦有水泉也，稍不足，则于并山颇高处为湖渠备旱，如新海湖及海湖"[②]。但更重要的还是在各大浦口建闸，"春雨水溢，掘使入海，秋冬筑之，以障潮汐"[③]，适时构建闸浦系统，且闸随浦的延长而变动。

第三节　沿海盐作区的河道形成与演变

浙东滨海区的河道有极为明显的人工痕迹，沙田区的河道构建过程，上文中已有论述，本节主要论述盐作区的河道形成机制及其在制盐过程中的作用。北部滨海短小通海的沟渠一般称"湾"，汇聚潮水之处称"潭"；这种水道格局在长三角滨海区称"洪""漼"[④]，是在天然潮沟基础上经过少许的人工干预而形成的引水河道与蓄水水体，主要作用是引潮水制盐。

沙田区农业垦殖中，筑塘开沟目的在于尽快减少土壤盐分，垦种为熟地。而在盐业区，却表现为以有限的盐业用地汲取更浓厚的卤水，以提高盐业生产，在此过程中也需要沟渠引潮水。这两种土地利用区的水道价值与作用完全不同，因此，在水道构建上也呈现出完全不同的特点。

余姚、慈溪地区的晒盐始于咸丰二年（1852），此前以煮卤水之法制盐，当地称烧盐。晒盐初始，所用为泥板。到咸丰末年，岱山的木质盐板随潮水冲至六仓盐区，当地依式改用木板。煎盐所用盘有两种：一为筻盘，盘系竹筻制成，盘两面涂上壳类灰，再刷以柴灰，防止渗漏，将盘搁于灶上；一为铁盘，一般小灶基本都用铁盘，每灶设深锅两口、平釜两口，先将卤汁倒入深锅中，煎熬渐浓后倒入平釜中，等待结晶成盐。无论是煮盐还是晒盐，都要先进行卤水收集。采集卤水有八个步骤，即摊泥、刮泥、抄泥、集泥、挑泥、治漏、淋漏、藏卤。

第一步为摊泥。卤水收集需从含盐的泥土中淋卤获得，淋过的泥土

---

① 民国《浒山志》卷二《海地》，《慈溪文献集成》（第一辑），杭州出版社，2004，第 17 页。
② 民国《浒山志》卷二《海地》，《慈溪文献集成》（第一辑），杭州出版社，2004，第 17 页。
③ 民国《浒山志》卷二《海地》，《慈溪文献集成》（第一辑），杭州出版社，2004，第 17 页。
④ 吴俊范：《水乡聚落：太湖以东家园生态史研究》，上海古籍出版社，2016，第 109 页。

即为淡泥，堆积渐多，到天晴之时，需要将这些淡泥挑至田间重铺于田面上，海潮来时由湾口逶迤而至沟渠，水中的盐分又被泥沙吸收，经过风吹日晒，水汽蒸发后，泥沙上泛起盐花。随后进入第二步刮泥。用拖刀以两手压平，倒退而行，使浮面的咸泥刮起成片。刮起的咸泥由于干湿不均，经过晒干后，由两人持操爬反复抄，使咸泥干松，此为第三步抄泥。咸泥干松后，即进入第四、五步集泥、挑泥阶段，搜集起来的泥土需堆积成山，呈尖锥形，使雨水不致渗入。之后即开始在"漏碗"上淋卤。所谓"漏碗"其实是碗形中空的土堆，从 20 世纪 60 年代影像图上（见图 5-8），还可以很清楚地看到平原北部密密麻麻分布的大量沙堆和淋卤的"漏碗"[1]。淋卤前先在漏碗下铺上干蒿一层，再将咸泥放入，使之与碗口齐平，并用脚踏使坚实，将咸泥摊平，使其光洁如镜，之后即开始第七步淋漏。从旁边沟渠中汲取海水，倒入漏碗，隔数小时或一日，咸卤乃由竹管渐滴入卤缸中，收集好的咸卤即可用来煎或晒，[2] 这是完成制盐的重要步骤。

图 5-8　20 世纪 60 年代三北平原滨海影像（二）

---

[1] "漏碗"是浙东地区的淋卤设施，浙西及两淮盐场以构建"溜井"作淋卤设施。"溜井"一般周围筑土圈如框，其长八九尺，宽五六尺，高二尺，深三尺，为"溜"，在"溜"旁开一井，深八尺。在溜底用短木铺平，木上铺细竹，再铺柴，盖上草灰，然后挑场灰填溜中，用脚踏实，再以稻草覆盖，挑潭中海水泼于草上，使下渗井中成卤，之后可煎盐。（参见刘淼《明清沿海荡地开发研究》，汕头大学出版社，1996，第 135 页。）

[2] 民国《余姚六仓志》卷八《盐法》，《慈溪文献集成》（第一辑），杭州出版社，2004，第 122~123 页。

在收集卤水乃至淋卤过程中，有两道工序与引海水的沟渠有关：一是摊泥后海水沿湾口进入盐地中的沟渠，再由沟渠将淡泥浸咸；二是淋卤中所用咸水也须由沟渠与海水沟通。故而，盐场区制盐也需要构筑水道。制盐并非在靠近海水的滩涂上进行，而是在更靠内的白地上。因此，海水涨潮需要通过已有的沟渠进入白地。民国时期的一些写实性文学，将盐场通过沟渠引水晒盐描写得非常清晰：

> 杭州湾的潮汐，每天必定有二回泼上这滨海的沙地。在距海较远的地方，开着一湾湾蚯蚓似的沟渠，可以把海水灌引到里面。于是那一片广莫的沙地，在它地下沙层里，无处不含有一种溶性盐类，只要一遭雨水，那地内盐质，立刻溶化，再经太阳的一度暴晒，因物理作用，盐质直透地面，水分蒸发，把灰褐色的沙土变成了白茫茫一片卤地，好像一块块浮云，覆盖地上，好像铺着一层浓厚的霜雪，好像用云母石砌成的一个大院子。[1]

那这些通向海水的沟渠是如何构建的，有何讲究？由于最外围的海涂还处于坍涨之中，且没有海塘固定，每次涨潮海涂即被淹没，没有制盐条件，因此盐田不能建在涂田上。在两淮地区，当地将潮水引入盐地称为"纳潮"，利用海潮的推送将咸潮推进到摊场和盐田。[2] 最外围的海塘构建后，海潮夹带的泥沙逐渐淤涨成沙涂，在沙涂上渐有海草生长，变为草地，此后再过几年才可辟为盐田，辟田之法如下：

> 先耕云草菜堆积成垛，即为他日筑基之用。其田素由盐民向丁主购买，曰沟渠，辟田既成，乃于盐田周围掘宽一米突[3]以下、深半米突以上之沟道，掘起之土堆积沟道两旁，筑土防，约高十分米突之二更。于盐田之角掘径四米突、深一米突以上之渠。[4]

---

① 洛耕：《余姚盐民的生活素描》，《晨光周刊》1936 年第 39~40 期，第 32 页。

② 参见鲍俊林《明清江苏沿海盐作地理与人地关系变迁》，复旦大学 2014 年博士学位论文，第 86 页。

③ 按：米突即米，乃英文"meter"之音译。

④ 民国《余姚六仓志》卷八《盐法》，《慈溪文献集成》（第一辑），杭州出版社，2004，第126 页。

在盐田四周开挖的环形渠道，宽不超过 1 米，深半米，"则使沟中之水汇归，淋漏时可取水于此也"①，为盐田沟通海潮的引水渠，其具体作用有二：一以流通海潮；一以划分田界。沟道之作用体现在收集卤水过程中所用到的两道工序上：引水与淋卤。此外，当地所演变出的"潭""湾"等与引潮沟道也有关系。

在浙西及两淮盐区，也有这种潭，潭为海潮咸水的汇集地。明代海盐（海宁）盐场对煎盐前的搜集卤水过程有详细介绍，在淋卤前需要构筑"溜井"："周筑土圈如框，长八九尺，宽五六尺，高二尺，深三尺，名曰'溜'。溜傍即开一井，深八尺。溜底用短木数段平铺，木上更铺细竹数十，复覆以柴，冒以草灰，然后挑取场灰填溜中，实之以足，再以稻草覆，仍挑潭中海水，多泼草上，使下渗井中成卤，可及煎也。"②淋卤用的水即潭中汇聚的海水。杭州湾地区受海潮影响极大，靠近海水区经常遭潮水淹没，盐区一般将盐地分三等，"近海为下场，以潮水时浸，不易乘日晒也；其中为中场，以潮至即退，夏秋皆恒受日，易成盐也；远于海，为上场，潮小至所不及，必担水洒灌，方可晒也"③。因此，最佳盐地当处于潮水刚所及之处。潮水上涌，通常是沿着开凿的沟渠进入场地，特别是远离海水的上场区，对沟引潮的依赖性更大，其"开潭贮潮，凿沟筑塍为界"④潭为贮潮水之用没有问题。

盐区的"潭"是潮水蓄积之所，与湾一道构成盐场区划分地界范围的依据，并逐渐演变为地名。"湾"为引水沟渠专名，萧山、山阴北部新涨的南沙地区，沙地内部沟通后海（杭州湾）的水道多称湾。⑤余姚北部滨海地区划分为六仓（六块盐区，分别为埋上仓、埋下仓、柏上仓、柏下仓、梁上仓、梁下仓），内部以"潭"作为范围标点，《余姚六仓志》载：

> 依旧时分段，自东至西分为六仓，今依土著所称为二十七潭。埋上曰破山路潭、曰罗家路潭；埋下曰周家路潭、曰傅家路潭；柏上曰

---

① 民国《余姚六仓志》卷八《盐法》，《慈溪文献集成》（第一辑），杭州出版社，2004，第126页。
② 胡震亨辑著《海盐县图经》卷四《风土》，浙江古籍出版社，2009，第121页。
③ 胡震亨辑著《海盐县图经》卷四《风土》，浙江古籍出版社，2009，第121页。
④ 胡震亨辑著《海盐县图经》卷四《风土》，浙江古籍出版社，2009，第121页。
⑤ 参见杭州市档案馆编《民国浙江地形图》，浙江古籍出版社，2013，第161页。

马家路潭、曰崔陈路潭（以上盐地）；梁上曰大陈家路潭、曰驿亭路潭、曰小陈家路潭、曰上周家路潭、曰涂汛潭、曰缪家路潭、曰十丁潭、曰泥墩塘（以上卤地）；梁下曰洪家路潭、曰方家路潭、曰谢家路潭、曰倪家路潭、曰庙山潭、曰干墩潭、曰王家埠潭（以上垦地）、曰冯西潭（卤地）。[①]

还可以湾来划分不同盐区：

若论湾浦场，东有洋浦新浦新湾、傅家路湾、马家路湾、崔陈路湾等，场西有高王路湾、张家路湾、胡家路湾、诸家路湾、驿亭路湾、周家路湾、缪家路潭湾、十丁潭湾等，皆所以流通海水，俾土质不至渐淡。而东西相较则西面湾浦多且深广。[②]

因此，大古塘北部纵横分布的三种河道，其成因与用途皆有不同，随着海涂不断外涨，引水沟道距离海水越来越远，盐地卤性将逐渐减弱，一些原本通海的沟道或发展为更大的泄水浦（当代多称江），或逐渐演变为只通向南部棉作区、北部断绝的断头沟，再逐渐演变为棉作区的洗盐、泄水通道，盐作区也随即进入下一阶段的土壤演化过程。

小　结

20 世纪 60 年代的航拍影像图中还能清晰展示三北平原非常规则的地貌格局，纵向的河网与横向的海塘形成棋盘格局的农田、河道、海塘综合景观。推动这种景观格局形成的动力机制有自然环境演替的作用，但人在景观形成中的作用居于主导地位。宋元时期大古塘修筑，奠定三北平原水土环境演变的基本格局。在大古塘内，湖泊蓄水环境、土壤环境也在发生改变，也促使当地产业结构的转型与调整，完成了海塘内由盐渔业向农耕业的转变，而民众之生计也因此而发生改变。早期湖泊与海水分离过程

① 民国《余姚六仓志》卷八《盐法》，《慈溪文献集成》（第一辑），杭州出版社，2004，第 122 页。
② 民国《余姚六仓志》卷八《盐法》，《慈溪文献集成》（第一辑），杭州出版社，2004，第 122 页。

中，海塘的作用极大；但当海塘体系逐渐稳固后，湖泊又渐被垦废。故大古塘南的湖泊与海塘关系密切，探讨塘内湖泊演变过程，必须将海塘因素纳入考虑。

明代以后大古塘以北的海塘推进速度加快，特别是清代中期以后。海塘推进的前提是北部泥沙的大量淤涨，这些淤涨的沙地在经过海塘御潮及内部河道构建后，完成由滨海涂田向沙田的转变。而由于沙田区基本没有自然河流，灌溉不便，一遇干旱，即禾苗枯萎，生长发育停滞，即使施肥，也不能解缺水之害。而一旦长期降雨，若无河道蓄水，雨水又无处宣泄，必酿成水灾。因此，沙田区的水旱较普通民田为多。河道开浚，其重要性不低于海塘等大型工程。此外，由于沙田含盐量重，依赖自然降水洗去咸性，也需要有河流宣泄，排水也要开浚河道。横河与纵浦的搭配，既解决了筑塘时的所需泥土、材料运输等问题，又同时具有养淡、泄水、灌溉功能。盐作区的沟港早期为潮水上溯沙地通道，为制盐重要基础。后期随着沙地不断外涨，盐作区的沟港则逐渐演变成为断头河，又成为沙田区河道重要组成部分。

以三北平原水土环境为改造对象而进行的人类活动，在时间堆叠过程中，逐渐完成各种景观要素的构建，并最终完成了三北平原滨海区景观塑造，而这种景观是水利工程、盐业开发与农田垦殖迭次推进的结果。

第六章　形塑人文：宁绍平原
水利社会与文化

　　人文是一个内涵相对宽泛的概念，作为一个词组来自《易经·贲》："刚柔交错，天文也；文明以止，人文也。观乎天文，以察时变；观乎人文，以化成天下。"即观察天的文彩可以知晓四季的变化规律；观察人类文明，可以推行教化，促成天下昌明。当代"人文"概念在《辞海》中的表述是"人类社会的各种文化现象"。在地理学研究中，也很早就演化出了自然地理与人文地理的分野，法国人文地理学家德芒戎指出人文地理学研究的是人类集团和自然环境关系。①这里的人类集团不是指个体生命的个人，可等同于人类社会概念。我国著名人文地理学家李旭旦先生在《人文地理学引论》中指出："人文地理学（human geography）又称人生地理学。是以人地关系的理论为基础，探讨各种人文现象的分布、变化和扩散以及人类社会活动的空间结构的一门近代科学。人文地理着重研究地球表面的人类活动或人与环境的关系所形成的现象的分布与变化。"②举凡文化生活、政治生活、文娱活动等都属于人文地理学研究之范畴。水利活动本质上是环境制约人类社会发展、人类作用于环境并利用环境的表现。因此，水利本身就涵盖着自然与人文二分属性，而水利活动在改造自然环境、塑造区域景观过程中，也形塑了当地的人文要素。本章从水利在地方社会关系建构及文化形成中的作用展开论述。

第一节　明代湖水纠纷中的官民诉求与利益表达

一　引言

　　大运河体系构建是中国古代国家治理体系建设的重要内容，运河开凿

---

① 〔法〕德芒戎著《人文地理学问题》，葛以德译，商务印书馆，1993，第 6 页。
② 李旭旦：《人文地理学引论》，李旭旦主编《人文地理学论丛》，人民教育出版社，1986，第 1 页。

在春秋战国时期就已经开始，但真正将国家政治中心与周边区域有效串联，并为实现王朝国家有效控制周边区域而大规模修筑的运河体系是隋唐奠定的。元朝定都北京，又改造了隋唐运河体系，形成了影响明清两朝国家政治走向的京杭运河体系。运河体系构建保障了国家赋税，实现了南北交通往来的便利。特别是唐代以后，随着国家经济重心地位转移到以太湖为核心的江南地区以后，运河体系就担负着沟通国家政治中心与经济中心的重要媒介，南方丰产的粮食、富裕的财富通过运河输送到国家位于北方的政治中心，支撑王朝中枢的正常、有序运转。因此，历朝对运河体系的维护投入大量人力、物力与财力，在一些地区甚至是牺牲了部分人群的民生环境。为保障运河畅通，干旱季节蓄水济运；水患之时潴水防洪，在运河沿岸构建了众多的人工水库，称水柜和水壑。而一些自然水源，在保障运河畅通的首要任务面前，也经常从农田灌溉体系中被排除，导致干旱时节运河沿岸一些农田因缺水灌溉而与运河水源争水，并引发不少矛盾冲突。对于这方面的研究，豫北、淮北等争水纠纷的诸多案例都给了我们大量参照。浙东宁绍地区也有一条横贯东西的运河，称浙东运河，是构成国家大运河体系中的重要组成部分。浙东运河从杭州向东过钱塘江进入绍兴萧山（现为杭州一个区）、绍兴县城，之后过曹娥江，分南北两段，南段过曹娥江后经上虞县城（丰惠镇）向东，北段经由原夏盖湖区至余姚县与南支汇合，之后至宁波城，并汇入甬江而沟通大海。

浙东运河过曹娥江后的南段部分，历史上经常由于少水而船行困难，进入明代以后这种旱时运河通行困难的局面更为严重，主要原因是伴随农业开垦推进，运河周边原本诸多的自然湖泊、山溪水源或被围垦、或断流。为保障运河畅通，官方希望将一些长期作为灌溉水源的湖泊（其中以上虞县皂李湖最为典型）作为旱时济运的补给水源，而此举却引起湖水灌溉得利民众的极大恐慌，形成官方希望济运与湖民反对分水的官民矛盾。同时，由于湖水灌溉范围的问题，又形成民间因湖水灌溉不均的民众矛盾。湖区得利民众为对抗这种内外压力，极力述说湖泊的非自然属性，即湖并非自然形成的，而是由湖区的曹、黎二姓割自家田地蓄水而成的。这种故事的真实性其实并不重要，重要的是故事本体所要表达的利益诉求。故事的述说，很多时候不是为了复原历史的本真，而是为了服务当下。从浙东上虞皂李湖湖水纠纷的形成、演变与处理过程，我们发现民间与官方都在试图构建一套有利于自身的解释体系。这种解释体系对我们后人而言无关乎对错，而只是希望去解构这种解释体系是如何形成的及其背后的逻辑结构。

从水利社会史的研究来看，较早开始构建一些基层社会关系理论，最具代表者为日本学者提倡之"水利共同体"①。其对基层水利社会高度概括，可以总体上把握地方社会的演进规律，但也容易忽视地域之间的差异性。谢湜在对豫北地区县际水利纠纷的研究中认为，水利社会史的考察需要多层面的融通，其最终目的不是描述静态的模式或者凝固的传统，基层水利社会史不应该被既有的水利模式框定，"水利共同体"概念限制了基层水利社会史的开展。② 基层水利社会运作本身是极为复杂的，水利社会史研究需要透视掩藏在水利纠纷背后的地域社会之复杂面向。在解读基层水利社会的过程中，史料是所有研究得以开展之基础，但地方史料的形成本身即是利益群体博弈的结果。何炳松就一直强调史料只是一种媒介，而非历史本身。③ 地方史料不仅包括官方主导的地方志，也包括地方精英所留下的各种文献，使用这些史料，也需要进行细致考证分析。刘志伟在传统地域社会研究中，较早注意到了社会文化的"结构过程"（structuring），提出要反省历史叙述本身如何在地域社会建构过程中被结构化，而这种结构又如何推动和规限人们的行动。④ 被"结构"起来的"历史"往往具有很强的目的性与解释性。钱杭也提到，历代精英通过对现状和历史所做出的一系列解释，构筑了地域社会中的"意识形态结构"，而这种支撑民间意识形态结构的解释，却往往经不起认真的检验。⑤ 不过，解构史料以及考证史料背后的利益关系都不是历史研究的最终目的，水利社会史研究最终需要以"理解之同情"心态去看待矛盾双方，关怀群体生存环境与区域小环境间之内在联系，并期望以此真正了解立体的"乡土中国"。

本节以浙东上虞皂李湖为例，试图解析地方利益群体（包括县级官府）围绕湖水纠纷而呈现的复杂历史面向，并在此基础上揭示小区域民生

---

① 对于"水利共同体"理论之详细阐述，请参阅钞晓鸿《灌溉、环境与水利共同体——基于清代关中中部的分析》，《中国社会科学》2006年第4期，第190~204页。

② 谢湜：《"利及临封"——明清豫北的灌溉水利开发和县际关系》，《清史研究》2007年第2期，第12~27页。

③ 何炳松：《通史新义》，岳麓书社，2010，第11~15页。

④ 刘志伟：《地域社会与文化的结构过程——珠江三角洲研究的历史学与人类学对话》，《历史研究》2003年第1期，第54页。

⑤ 钱杭：《库域型水利社会研究——萧山湘湖水利集团的兴与衰》，上海人民出版社，2009，第219页。

环境。湖水纠纷中贯穿着两组矛盾群体，即得利湖民与县级官府、得利湖民与运河南岸不得利民众。湖民以明代高级官员所写之《记》文及以万历三十四年（1606）纠纷为中心而形成案卷汇编的《皂李湖水利事实》①（也称《湖经》，以下行文称《湖经》），以及得利核心家族的家谱等材料，不断叙述湖泊历史与受荫范围，形成一套湖区湖水叙事体系。运河南岸不得利民众一直有分水灌溉的诉求，而县级官府旱时希望掘湖水济运。因地形条件所限，分湖水济运则可灌溉南岸农田，灌溉南岸农田则以开湖济运为前提，故县级官府与南岸不得利民众从湖水纠纷开始即立场一致。明代初期，南岸的灌溉诉求被湖民以湖税分派湖区及曹、黎二姓割田成湖而拒绝。到明万历间，南岸家族直接参与县志编纂，对湖的私有属性进行解构，在此基础上将湖泊灌溉范围以及性质进行修改，意图形成另一套湖水话语体系。此举却将皂李湖纠纷问题彻底激化。府级以及更上级官府在处理纠纷时，以维持地方稳定为重，应湖民之请，最终确定了湖水仍只灌溉湖区而不接济运河。本节在展现水利纠纷复杂面向的基础上，尝试回应以下几个问题：浙东地区宗族与基层官府关系；浙东湖水水权特点及水利文献构建在湖水纠纷中的特殊作用；南宋至明代浙东运河与国家漕运关系之变化。

二 湖水灌溉范围与运河水情

皂李湖位于今浙江省绍兴市上虞区梁湖镇，湖水水域面积约 1500 亩，是上虞现存的最大湖泊，平均水深 1.8 米，最深处 6 米，三面环山，南面筑塘蓄水。② 明清时期主要属于上虞县十都，水域面积与今变化不大。在代表湖民意志的《湖经》中，清楚地交代了湖水受荫范围，并详细标示出田亩字号。其中，十都官民田 10496.38 亩，包括下辖的四、六、七、八、九保各字号田；二十二都一保，民田 952.47 亩。除此之外，灌溉的沟渠范围也十分具体。③ 在《湖经》正文前保留有一张湖水灌溉区域详图，图中灌溉农田区以运河为南界，北、东、西三面靠山，湖水灌溉范围受地理环境限制极为明显。④

---

① 罗朋辑录，曹云庆编《皂李湖水利事实·沿革》，《中华山水志丛刊·水志卷》第 36 册，线装书局，2004 年影印本。

② 上虞市水利局编《上虞市水利志》，中国水利水电出版社，1997，第 42 页。

③ 罗朋辑录，曹云庆编《皂李湖水利事实·古字号》，《中华山水志丛刊·水志卷》第 36 册，线装书局，2004 年影印本，第 36~39 页。

④ 罗朋辑录，曹云庆编《皂李湖水利事实·沿革》，《中华山水志丛刊·水志卷》第 36 册，线装书局，2004 年影印本，第 7 页。

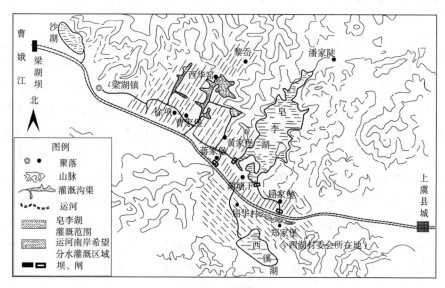

图 6-1 皂李湖灌溉范围示意

注：此图底图来自浙江省上虞县地名委员会编《上虞地名志》"皂李湖公社"图幅，（内部资料）1984 年编印，第 245 页。比例尺：1∶35000。沙湖位置参照清代《浙江全省舆图》"上虞县图"，西安地图出版社，2005，第 339 页。

笔者根据实测地形图，改绘湖水的灌溉区域范围如图 6-1 所示。

　　湖水灌溉区域集中于运河北岸、湖水以西以南地区，因受东、西及北面山脉限制，湖水在运河北岸的范围十分固定，北岸灌溉区域也因此在事实上形成利益一致的共同体。灌溉区南靠浙东运河上虞段，也称四十里河。该段运河地势略低于北岸，与南岸平原区基本持平。南岸郑家堡北靠鲤鱼山、龙头山，山与运河平行，鲤鱼山南侧为一大片平坦的农田区，农田区东、西皆有河道与运河沟通，且南部平原区的屈华村周围海拔仅 5.4 米，为该区域最低，因此运河水可通过河港深入南岸平原区的田间地头，区域内又有郑家堡河、贾塔河、后膨河等河流与运河相通。① 所以，运河也是南岸农田灌溉之重要水源，遇干旱时，南岸也希望分北岸湖水入运河。需要强调的是，南岸农田本身境内有一些水源，诸如西溪湖湖水、南部山区溪水等，其对皂李湖湖水的分水诉求，一般只是在干旱时期才表现得强烈，而此时运河也因干涸而出现通行困难。在同一时空背景下，运河

───────────

① 上虞市水利局编《上虞市水利志》，中国水利水电出版社，1997，第 246 页。

北岸湖区对湖水的需求自然也最大。故而在明代，皂李湖湖水纠纷呈现出长时段、持续性与阶段突发性并存的特点。

由于运河及南岸农田地势略低于北岸，湖区为防止湖水顺势流入运河，在湖水入河处皆设置有水闸。对湖水管理也有系统、完善的制度，不可随意放水，即使遇暴雨水涨，也需要上报于塘长，不可私掘。"倘漕渠干涸，涓滴不许走泄。轮流昼夜在闸看守，置立木牌一面，书填日期姓名，明白交递，周而复始，如有走泄水利者，询其牌内日期，呈官治罪；或失去闸板者，会同乡老量情责罚，每失一片罚三片，及不看守者亦罚三片。凡遇雨骤水涨，惟西瓦窑田低洼被浸，即时报于塘长启闸疏通，不许私掘。如有不遵，擅放者访其名数，各罚板三片。或有官军民人聚众强决者，急赴禄泽庙，擂鼓一通，汇众护救，有不至者，每家罚板五片，俱给本闸公用。直至秋成之后，方罢看守。"① 即使漕渠（运河）干涸，湖水也涓滴不许走泄，这是明代运河与湖水矛盾之所在，而运河在明代的水情与通行情况较差，则又是形成此矛盾的症结所在。

钱塘江下游河口段杭州湾呈喇叭形，潮水作用极强，加之河口中暗藏沙滩，故古时从宁波往杭州的船只很少走杭州湾，而走浙东运河。北宋龙图阁学士燕肃所著《海潮论》中言："今观浙江之口（作者按：即杭州湾），起自纂风亭，北望嘉兴大山，水阔二百余里，故海商泊船怖于上滩，惟泛余姚小江，易舟而浮运河，达于杭、越矣。"② 这条运河自杭州东渡钱塘江至萧山县西兴镇。自西行东至宁波长约400里。中间过钱清江至绍兴城，自绍兴东过曹娥江至上虞旧城（即丰惠镇），再东北接余姚江，东至宁波。浙东运河在春秋越王勾践时似已有局部运道，一般称创自西晋，南北朝时已建有渠化堰埭，唐代修建运道堤塘。北宋由杭州至宁波，要渡过钱塘、钱清、曹娥三大江，越过七大堰坝，即钱清二堰、都泗堰、曹娥堰、梁湖堰、通明堰、西渡堰。南宋都杭州，运河为东通宁波出海之主要航道，官府予以维修、管理，增建堰坝、斗门、闸及水门等用力最勤。③ 即便如此，浙东运河，特别

---

① 罗朋辑录，曹云庆编《皂李湖水利事实·陡门》，《中华山水志丛刊·水志卷》第36册，线装书局，2004年影印本，第34页。

② 嘉泰《会稽志》卷一九《杂记》，李能成点校《（南宋）会稽二志点校》，安徽文艺出版社，2012，第364页。

③ 姚汉源：《浙东运河史考略》，盛鸿郎主编《鉴湖与绍兴水利》，中国书店，1991，第146～175页。

是上虞段的通航条件仍不理想。[①] 元明时期基本能维持，但已不如南宋重视。由于自然环境变化，特别是明代浦阳江下游改道向北入浙江，此后三江闸兴建，浙东运河萧绍段无复险阻，通行顺畅；而上虞至余姚段，则通行条件比南宋时更差，此段在明代变动也较多，如改进通明北堰，开十八里河，增建江口坝以及菁江新河水道以代替运河等[②]，遇大旱多干涸不能通行。

清初黄宗羲记录了从余姚向西的运河情况，其言从余姚至绍兴有两条航路，分于城西二十里之曹墅桥：溯姚江而行，谓之南路；进曹墅桥入支港而行，谓之北路。北路在夏盖湖存续时期，经由夏盖湖闸堰而西至百官；南路即由通名坝至上虞县城，向西过梁湖坝，进入曹娥江。当时南北两路船只皆需要人工拖拽，只是北路皆为小船，徒手即可拖行，而南路则需要通过牛埭，由牛转动辘轳拖船过坝。宋以降，在由杭州过钱塘江至宁波的浙东运河上需要经过七道堰（坝），诗文称，"七堰相望，万牛回首"[③]。明三江闸建成后，萧绍段的水位平缓，而曹娥江以东的上虞段仍旧通行困难。黄宗羲言，过曹娥江向西"路无支径，地势平衍，无拖堰之劳，无候潮之苦，较曹娥而东相悬绝矣"[④]。

由于曹娥江感潮，江水性咸，运河除用于航运外，还兼具灌溉功能，不到万不得已，一般不引曹娥江水济运，地方史料中也以梁湖镇周边的湖水、溪水作为该段运河的源头，如南宋嘉泰《会稽志》言："（运河）在县南（作者注：今丰惠镇）二百二十步，源出七里湖、渔门浦，自皂李湖皆汇于河。"[⑤] 而在万历《新修上虞县志》中，上虞段运河主要水源变为山水，"源出百楼、坤象诸山，由溪涧汇注于河"[⑥]。这种文献记载的细微变化，其实反映的是运河周边的湖泊逐渐消失的过程。随着农业垦殖不断推进，旱时济运的湖泊也多被围垦，运河水位维持越来越困难。

明代初期，运河周边众多湖泊遭到围垦，嘉泰《会稽志》中记载，在

---

①　黄纯艳：《宋代运河的水情与航运》，《史学月刊》2016 年第 6 期，第 97 页。

②　参见姚汉源《浙东运河史考略》，盛鸿郎主编《鉴湖与绍兴水利》，中国书店，1991，第146 页。

③　万历《绍兴府志》卷十七《水利志二·坝》，李能成点校本，宁波出版社，2012，第 356 页。

④　黄宗羲：《余姚至省下路程沿革记》，吴光主编《黄宗羲全集》第 19 册，浙江古籍出版社，2012，第 104~105 页。

⑤　嘉泰《会稽志》卷十《水》，李能成点校《（南宋）会稽二志点校》，安徽文艺出版社，2012，第 185 页。

⑥　万历《绍兴府志》卷七《山川志四·河》，李能成点校本，宁波出版社，2012，第 162 页。

县西南三里，旧广七里的西溪湖（作者按：位于运河南岸，郑家堡南），到元代基本垦废。万历《新修上虞县志》载："宋绍兴初，割湖三分之一以给功臣李显忠为牧马地，后挟功兼并，而湖遂以渐废。迨宋末，民私其田，辄献之福王邸，旋籍入太后宫供输租谷。入元，豪民肆侵湖，尽为平陆，而承荫之田失利焉。"到元至正年间，翰林学士林希元出任上虞县令，认为西溪湖之于上虞犹如人之有脏腑，极力复湖。在其努力下湖水虽有所恢复，但入明朝又废。嘉靖二十三年（1544），县令陈大宾力图恢复，但"甫经开始被征而寝"，直到万历十二年（1584）朱维藩才又复此湖。①

此外，嘉靖间，县令郑芸在曹娥江滨筑沙湖，筑湖的目的很明确，即为运河提供水源。康熙《上虞县志》称："沙湖，十都，在县西三十里，北倚兰芎山，南滨曹娥江，周六里。明弘治间，侵于姚人怙势者；嘉靖戊戌，县令郑公芸复之，已渐为潮汐所淤；万历己亥，胡公思伸筑堤建闸，以时启闭，若旱则递决而注于运河。"② 万历以后此湖又废，但以其济运的说法一直延续。

皂李湖南与运河相邻，湖水海拔高于运河，湖水经由南部的东西二斗门、石闸分流后，西流由大板、蒋家堡闸调蓄；东流向南至屈家堡处置土坝为防。③ 设闸、坝的目的在于防止湖水径直流入运河。皂李湖八景（下文有阐述）中，有"斗门水势"一景，"斗门在湖正西，其地高阜，决水时势若建瓴，故名。置闸为防，久雨则泄，久晴则决以灌受溉之田"④。开湖济运，影响湖区农田灌溉，自然遭到湖民坚决反对。因运河水又与南岸农田灌溉沟渠相通，于是抵制济运，也即抵制了南岸分水灌溉的要求。

南岸虽在明万历年间复浚了西溪湖，但西溪湖因水浅而时常干涸。笔者曾走访过西溪湖湖区老农，老农称该湖湖水很浅，大多数地方都是浅水，深水区少，水深平均不足 1 米，历史上经常垦废。所以南岸对运河灌溉一直有依赖。而运河北岸湖民在明代中前期，则以湖税分派湖区为由拒绝南岸民众的分水诉求。《湖经》言："（湖水）灌溉第十都、二十二都官

---

① 徐待聘修，万历《新修上虞县志》卷三《舆地志三·湖陂》，胡耀灿、黄颂翔点注，中国文史出版社，2013，第 75~76 页。

② 康熙《上虞县志》卷三《舆地志三·水利》，《中国方志丛书·华中地方》第 545 号，成文出版社影印，1983，第 196 页。

③ 罗朋辑录，曹云庆编《皂李湖水利事实·陂门》，《中华山水志丛刊·水志卷》第 36 册，线装书局，2004 年影印本，第 34~35 页。

④ 罗朋辑录，曹云庆编《皂李湖水利事实·诗》，《中华山水志丛刊·水志卷》第 36 册，线装书局，2004 年影印本，第 44 页。

民田一万一千四百四十八亩有奇，为湖田租则均派于受溉之田，视他乡租额倍之。"① 造册纳税的具体时间在洪武十九年（1386），"钦差监生李张赍捧敕书宣谕黎氓，遍历田亩，丈量无余，图册入贡。其湖内田荡增科，其税不失包纳湖面之额"②。湖税自然是宣称湖水所有权的最佳依据，但湖税并不是最稳固之借口，洪武初年分摊的湖税到嘉靖四十一年（1518）即废除了（对此下文有具体论述）。因此，万历三十四年（1606）新修县志时，湖区已不纳湖税，这也成为运河南岸再次要求均分湖水的重要理由，加之来自官方要求旱时济运的压力，构建湖泊的私有属性就极为重要了。

三 "割田造湖说"的形成、发展与质疑

皂李湖由民割田而成的说法，目前所见文献始于元代，称唐贞观年间由乡民割田筑成。③ 但到明洪武末、永乐初开始出现曹、黎二姓割田成湖的说法，称割田成湖后，乡民本欲以曹、黎二姓名湖，因二姓辞不就，音近而改名皂李湖。此说形成后逐步成为湖水私有属性之坚实论据，也成为抵制济运与南岸分水的最佳理由。但此说法存在一些无法抹去的史实疑点，因此也一直遭到南岸质疑，甚至到清嘉庆年间仍有无关利益者对此提出质问。因此，以曹、黎二姓割田成湖来宣示湖泊的所有权具有极大风险，此根基若动摇，则湖水所有权也将动摇。

目前所见，皂李湖名最早载于南宋嘉泰《会稽志》，不过从下文葛晓的论说中，可能在《越州图经志》中已有该湖。《越州图经志》乃北宋李宗谔所著④，但早已亡佚。由此看来，皂李湖湖名最晚到北宋时已存在。明洪武初，当地文人谢肃在《密庵诗文藁》中有两首记载了皂李湖的诗文，诗中皂李湖"菱荷风急"，景色优美，湖中荷叶繁茂⑤，湖名与南宋文献无异。既然南宋与明初皆有记载的皂李湖，为何又与曹、黎扯上关系？

---

① 罗朋辑录，曹云庆编《皂李湖水利事实·沿革》，《中华山水志丛刊·水志卷》第 36 册，线装书局，2004 年影印本，第 8 页。

② 罗朋辑录，曹云庆编《皂李湖水利事实·沿革》，《中华山水志丛刊·水志卷》第 36 册，线装书局，2004 年影印本，第 10 页。

③ 元至正年间乡人莫嗛甫在"杜敦夜雨"诗中称，乡民割田成湖时，杜氏兄弟因"滂沱一夜雨，人屋俱沉沦"（《皂李湖水利事实·诗》"皂李湖八景诗"，第 44 页）。

④ 脱脱等：《宋史》卷二十四《艺文三》，中华书局，1977，第 5156 页。

⑤ 谢肃：《密庵诗文藁》丙卷"同朱伯贤先生、刘茂之虏士、王玉氏游皂李湖山，观赵府判墓"、戊卷"荷伞"，四部丛刊三编本。

我们先看《湖经》的"沿革"部分对湖泊形成史及灌溉范围之叙述：

上虞县西有皂李湖，一名皂里，去县半舍，坐第十都，其都地势高仰，民患旱焊。唐贞观初，乡人曹氏、黎氏率众割己田为湖，潴水以御焉。人民感之，请以曹黎题名，二姓以僭固辞，众乃诸声之相近，故曰皂李。周围十五里，中有姜家独山、曹家独山、杜家墩、大小牛栏墩，旁有鹧鸪嶂、潘家陡、寒天冈、黎家岭、周家岭、蔡家岭、马郎塝、西庙山、施家岭、姜婆吞、大岭、鲍家吞、澜岭，群山围绕，西南土筑为塘，蓄纳众流，乃建东西二陡门闸以限兹水，内有湖田荡地在焉。灌溉第十都、二十二都官民田一万一千四百四十八亩有奇，为湖田租则摊于受溉之田。①

追寻《湖经》所载，此说始于永乐年间王景章之《记》文。王景章，浙江山阴人，永乐年间翰林学士。今王景章记文仍保存于《湖经》中，《记》文中有"湖在县西十里许，本曹黎二大姓倡民割田而为之者也，湖成民请以曹黎题名，图其永传"②。正统年间地方士人郭南纂修县志，将王景章《记》文载入县志，今正统县志已亡佚，但万历三十四年（1606）上虞县令徐待聘主持、葛晓等人负责编纂的县志中转录了郭南《上虞志》（下文称郭南《志》）对皂李湖所做注释全文，资列如下：

待制赵㧑记③、学士王景章记、侍郎周忱记④，咸称此湖本曹、

---

① 罗朋辑录，曹云庆编《皂李湖水利事实·沿革》，《中华山水志丛刊·水志卷》第 36 册，线装书局，2004 年影印本，第 8 页。
② 王景章：《上虞县皂李湖水利记》，《皂李湖水利事实·碑记》，线装书局，2004 年影印本，第 13 页。按，王景章，浙江山阴人，永乐年间翰林学士。
③ 赵㧑：《皂李湖重建三闸之记》，《皂李湖水利事实·碑记》，线装书局，2004 年影印本，第 11 页。按，赵㧑，字本初，浙江山阴人。元进士。洪武六年（1373）征授国子博士。㧑因请颁正定十三经于天下，屏战国策及阴阳谶卜诸书勿列学宫。次年择诸生颖异者 35 人，命㧑专领之，教以古文。以翰林院待制致仕，赐内帑钱治装。宋濂率同官及诸生千余人送之。卒年 81 岁。（张廷玉等：《明史》卷一三七《赵㧑传》，中华书局，1974，第 3954~3955 页。）
④ 周忱：《修皂李湖闸水利记》，《皂李湖水利事实·碑记》，线装书局，2004 年影印本，第 14 页。按，周忱，字恂如，江西吉水人。永乐二年（1404）进士，选庶吉士。次年，成祖择其中 28 人，令进学文渊阁。后擢刑部主事，进员外郎。（张廷玉等：《明史》卷一五三《周忱传》，中华书局，1974，第 4212 页。）

黎二大姓割田而为之，湖成民请即以曹黎名，图永其传。辞让恳至，再四不已，民乃体其姓音之近似者呼之，故曰皂李。其为湖之田之租，则均于受溉之田，故其田视他租尤重，运河虽龟坼不得少通涓滴。①

实际上，对于造湖历史，赵俶的《记》文中只言"唐贞观初，乡人割田为之也"②，未说曹、黎二姓割田成湖。正统六年（1441）周忱所作之《记》文也只是称"唐乡人割己田，包税粮而为者也"③。只有王景章的《记》文中称曹、黎二姓倡民割田成湖，因湖民以曹黎名湖，辞不就，乃以音近而改名之皂李。④ 仍没有说湖由此二姓割田而成，而只是带头者。王《记》成文之过程却是：永乐五年（1407），黎姓后人黎启贤写就《水利事状》后，由儒士徐友直"走金陵"谒王求得⑤。王景章对湖区的了解自然是从黎启贤所写的《水利事状》中获得，且受人之请，故王之《记》文不过是以黎姓族人等为代表的湖区得利者之代言。黎启贤可以直接到南京请王景章"写"《记》文，也能看出湖区精英家族本身的强大影响力。郭南将王景章《记》文中曹、黎割田成湖之说载入县志，此问题就具有了更大影响力。要否定此说法，就得先否定郭南《志》，于是我们看到了万历十五年的《绍兴府志》对郭南及其编修的《上虞志》进行全面否定，对此后面再做展开。

皂李湖由曹、黎二姓割田而成说法的形成与发展，与明初湖水不断遭到来自济运与南岸分湖水之威胁有关。《湖经》中详述了明初对湖水威胁较大的5个事件，事件涉及县级官员、运河过路官员、得利湖民以及不得利民众。具体事件如下：

洪武初年信国公汤和为"征南大将军，道上虞，会漕渠胶舟，议决

---

① 万历《新修上虞县志》卷三《舆地志三·湖陂》，中国文史出版社，2013，第70~71页。

② 赵俶：《皂李湖重建三闸之记》，《皂李湖水利事实·碑记》，线装书局，2004年影印本，第11页。

③ 周忱：《修皂李湖闸水利记》，《皂李湖水利事实·碑记》，线装书局，2004年影印本，第14页。

④ 王景章：《上虞县皂李湖水利记》，《皂李湖水利事实·碑记》，线装书局，2004年影印本，第13页。

⑤ 王景章：《上虞县皂李湖水利记》，《皂李湖水利事实·碑记》，线装书局，2004年影印本，第13页。

防"，因湖民黄正伦等力阻而未成。① 洪武三十二年（即建文元年，1399），得利范围以外的二十二都民任宗等人希望扩大湖水灌溉范围，以分湖水之利，县级官府支持任宗等人的请求，县令马驯带人开闸放水，结果湖民抵制非常强烈。县府以阻碍官府办事，拘押了 139 人，并杖责主要人员。后十都藉湖民项圭五等"将旧有碑图具状赴浙江按察司陈告"，未得开湖；② 第二年（1400），不得利民众俞士珉再次要求分水灌溉，十都里长黎得雨等再上呈官府，案件由府级宪金唐泰处理，支持湖水只灌溉湖区。永乐十六年（1418）夏大旱，漕运路过官员要求掘湖济运，府判禤明德先至湖区查看，之后上报钦差湖水不可济运，过路官员不得已开曹娥江济运而去。宣德二年（1427），上虞又旱，运河干涸，钦使西洋指挥使刘公督促邑丞赵智决湖通水，赵智却引湖民至刘公麾下当面陈述。结果货物打包由陆路转运。③ 以上五次威胁湖水安全事件可分两种情况：一是官方希望旱时开湖济运；二是不在分荫范围内的农民要求旱时分水。由于史料缺乏，虽无法确定任宗、俞士珉的详细信息，但从既有的湖水灌溉范围看，任、俞当为南岸利益群体之代表。正因如此，湖民为应对这两方的压力，才有请以上三位名士撰写《记》文的行为。将湖由乡民割田而成，向具体的曹、黎二姓割田成湖推进，无疑能进一步框定湖泊的私有属性。

湖区最早称湖由乡民割田而成，洪武末、永乐初形成曹、黎二姓割田成湖说，在万历以后的曹氏族谱中，还将具体带头割田的曹黎先祖和造湖

---

① 此事《湖经》中有多处记载，首次记载见于赵俶《皂李湖重建三闸之记》（《皂李湖水利事实·碑记》，线装书局，2004 年影印本，第 12 页）。万历三十四年（1606）葛晓对此提出质疑："记称国初信国舟行，值旱涸欲放湖水，父老具其事上白，遂寝。按刘绩《霏雪（录）》云：洪武丁卯春，汤信国持节发杭绍等五郡之民，城沿海诸镇，至会稽王家堰，夜大雨，水暴至，水上有火万炬，习海事者曰：咸水夜动有光，盖海坏也。自此抵上虞不熟十里，而曰漕渠舟胶，议决湖而中止，吾谁欺乎？"（万历《新修上虞县志》卷三《舆地志·湖陂》，中国文史出版社，2013，第 71～72 页。）葛晓认为汤和放弃掘湖济运，非湖民力争的结果，而是潮水倒灌的作用。从时间上看，刘绩《霏雪录》所记之事并非发生在汤和南征之时，而是发生在他于洪武二十年（1387）受命前往浙江经营海防、修筑城池时（参阅刘景纯、何乃恩《汤和"沿海筑城"问题考补》，《中国历史地理论丛》2015 年第 2 期，第 139～147 页。）明初南征决湖受阻之事最早见于赵俶的记载，赵乃当时人，如非刻意造假，应当可信。葛晓有故意张冠李戴之嫌。
② 罗朋辑录，曹云庆编《皂李湖水利事实·前呈》，《中华山水志丛刊·水志卷》第 36 册，线装书局，2004 年影印本，第 40 页。
③ 罗朋辑录，曹云庆编《皂李湖水利事实·沿革》，《中华山水志丛刊·水志卷》第 36 册，线装书局，2004 年影印本，第 10～11 页。

时间落实得更为具体。笔者查阅曹氏家谱，所见清代最晚一部家谱乃光绪二十一年（1895）修，在光绪谱中收录了此前从万历年间首次修谱后的历次谱序，历代序文中所述造湖历史也基本以《湖经》为模板，变化不大。但在光绪谱中，曹、黎二姓祖先造湖的历史变得更为清晰：

> 皂李湖，距县西北半舍，地属十都，其都地势高仰，民苦旱焊。唐贞观十二年，吾宗祖廷洪公与乡邻黎公汝先铲己田一千三百余亩而为之也。潴水溉田，人民感之，请以曹黎题名，固辞，众乃以谐声之近似者呼之，曰皂李湖。[①]

此文成于清末，对唐代之事反倒记载得更清楚，其基本史实来源于上文《湖经》，却将《湖经》及明初官员《记》文中十分模糊的造湖时间落实为贞观十二年（638）；"乡民"落实为"吾宗祖廷洪公与乡邻黎公汝先"，割田亩数也十分明确。而湖名皂李的解释性说明仍采用王景章的最早说法。

正如上文所述，南宋及明初文献中已有皂李湖之名称，因此所谓曹黎二姓割田成湖，因音近而改名之说法也就不断遭到质疑。万历三十四年（1606）葛晓修县志时，即对此有否定。而除此以外，曹黎割田说还遭到湖由唐贞观年间杜姓兄弟率众割田而成的说法的挑战。清嘉庆年间，居住于湖水北面潘家陡（作者按：不在湖水灌溉范围内）的宋璇即对湖名曹黎有质疑，写就专文《驳皂李湖易名曹黎湖说》，并收入宋氏族谱。宋璇的质疑理由分为七条，主要涉及湖泊命名依据、水域范围及曹、黎二姓不可能完成割田造湖等诸理由。其提出湖泊形成与唐代另一杜姓兄弟有关，其言：

> 然则曷为而有是湖？查唐贞观间，杜君讳良兴兄弟三人于此，悯农夫苦涸，割己成渠以公桔槔，天成其志，一夕风雨，陆沉为湖。惟其陆沉，故沧海桑田变化无端，不必浚深而自成为巨浸也。然则后之人曷以"割田为湖"美杜君？余谓割田者杜君之惠，为湖者天之意。

---

① 曹濬等修《虞西板桥曹氏全宗谱》卷一《皂李湖事实记》，清光绪二十一年木活字本，上海图书馆藏。

惟天因其割田而陆沉为湖，则是湖不啻杜君之割而成也。①

宋璇认为带头割田者为杜氏兄弟，而湖之所成乃天所为也；所谓曹黎二姓创湖之说，实乃因"当时湖民与任宗、郑用九等迭次争夺，托言曹黎两姓所割，不能分涓滴之水于漕河，以示确据。而两家子姓遂久假其名，而以谓伊祖上功"②。

对于宋璇的质疑，曹氏家族在光绪二十一年（1895）所修之谱中作《皂李湖辨正说》一文极力反驳，认为宋璇否定曹、黎二姓割田成湖，目的是围垦湖水北岸湖田。文章对宋璇的质疑皆有回应，只是对宋璇提出的当时湖水不断遭到官民威胁，"托言曹黎两姓所割，不能分涓滴之水于漕河，以示确据"并不反驳。曹氏也对所谓杜氏兄弟与创湖有关说法极力否定。但不可否认，直到光绪《上虞县志》中仍记载在湖的北、南、西三面皆立有三座庙宇，供奉杜氏兄弟。③ 由于庙宇中所供奉之神的来历渐为人所不知，故香火渐淡，以至于曹氏在《辨正》中称所谓杜君者，不知何许人，其里居也无载。④ 其实在元代，对湖水的争夺还没有十分剧烈之时，皂李湖风景优美，当地文人莫嗛甫首创"皂李湖八景"。⑤ 莫嗛甫的八咏诗中第一景即"杜墩夜雨"，其在诗文前的题记中言："墩在湖南近中，昔杜良兴、昆季家焉，故名。唐贞观初割田成湖时徙居未遂，一夕雨沉瀣，尸不存，或言仙化，乡人立庙祀焉。"⑥ 咏"杜墩夜雨"景的诗文为："湖南杜家墩，伊昔居杜君。割田籾湖后，欲徙西山根。滂沱一夜雨，人屋俱沉沦。父老表其事，立祠在湖边。"⑦ 虽未言明湖由杜氏兄弟所造，但湖成确

---

① 宋璇：《驳皂李湖易名曹黎湖说》，宋清标修《重修古虞宋氏宗谱》卷七，民国十三年木活字本，上海图书馆藏。

② 宋璇：《驳皂李湖易名曹黎湖说》，宋清标修《重修古虞宋氏宗谱》卷七，民国十三年木活字本，上海图书馆藏。

③ 光绪《上虞县志》卷三一《建置志·祠祀》，清光绪十七年刊本。

④ 曹濬等修《虞西板桥曹氏全宗谱》卷一《皂李湖辨正说》，清光绪二十一年木活字本，上海图书馆藏。

⑤ 皂李湖八景具体指：杜墩夜雨、郭墓春云、东阪朝耕、西塘晚眺、马湾雨牧、姜岙雪樵、斗门水势、澜岭泉声。

⑥ 罗朋辑录，曹云庆编《皂李湖水利事实·诗》，《中华山水志丛刊·水志卷》第36册，线装书局，2004年影印本，第43页。

⑦ 罗朋辑录，曹云庆编《皂李湖水利事实·诗》，《中华山水志丛刊·水志卷》第36册，线装书局，2004年影印本，第44页。

与之有关。莫嗛甫之后，明初张霱也作有八景诗，也将"杜墩夜雨"列在首位①，没有提及湖泊与曹、黎二姓有关。到永乐年间，叶砥的八景诗，咏"斗门水势"景中，出现"千古曹黎名不泯，功沾田里发歌谣"②。可见，到洪武末、永乐初，曹、黎二姓割田造湖的说法才形成并具有一定影响，这与王景章的《记》文大致同时。到清康熙年间，曹氏后人曹章的八景诗则将"东阪朝耕"列在首位，将"杜墩夜雨"排在第五。③ 这不应只是排序上的简单对调，实乃曹氏族人有意降低杜氏兄弟对曹、黎造湖说的干扰。

如此看来，皂李湖由曹、黎二姓割田而成的观点在湖区仍有异议，虽然此观点已成为"常识"，但直到清代仍有人质疑。但无论如何，通过明初三位重要官员的《记》文，及《湖经》、族谱等文献的不断叙述，皂李湖由私人割田而成，已成为湖民对抗官府以及不得利民众要求分水的最佳理由。如何揭穿这样的"故事"，即成为运河南岸民众与县级官府要努力之方向，而湖名即最佳突破口。

四　运河南岸葛氏家族与地方志编纂

由于正统年间郭南最早将湖由曹、黎二姓割田而成的说法载入其编纂的县志中，故要否定湖泊的私有属性，需先否定郭南《志》。于是我们看到了万历十五年（1587）《绍兴府志·经籍志》对郭南及其所修志书的全面否定：

> 《上虞志》十二卷。邑人郭南撰。南，居曹黎湖侧，欲以湖为已有，又冒郭子仪为祖，遂托修志，尽更旧本，改曹黎为皂李，又妄入汾阳裔孙后。为通判，以贪致富，乃重价购旧志焚之，并毁其板，今所存者，南志也。久之，南志亦毁于火，而其子孙陵替，乃以志为乞贷资，南盖起自县功曹云。④

万历《绍兴府志》于十五年（1587）刻成，全书共五十卷。从成书时

---

① 罗朋辑录，曹云庆编《皂李湖水利事实·诗》，《中华山水志丛刊·水志卷》第36册，线装书局，2004年影印本，第43~47页。

② 罗朋辑录，曹云庆编《皂李湖水利事实·诗》，《中华山水志丛刊·水志卷》第36册，线装书局，2004年影印本，第46页。

③ 罗朋辑录，曹云庆编《皂李湖水利事实·诗》，《中华山水志丛刊·水志卷》第36册，线装书局，2004年影印本，第47页。

④ 万历《绍兴府志》卷五十《序志》，李能成点校本，宁波出版社，2012，第926页。

间看，过程相对仓促，编修者为知府萧良幹，具体内容则分包到各县，上虞部分由时任县令的朱维藩负责，而具体修纂者则与此前正在修《上虞县志》者为同一批人，其中主要负责人即南岸葛氏家族中的精英士绅。

万历三十四年（1606）县令徐待聘主持编修的《新修上虞县志》序中称："始檄部中修郡邑志，于时前令朱公维藩属葛、陈两先生秉笔。"① 所谓"葛先生"即为葛桷②，葛桷为嘉靖甲辰年（嘉靖二十三年，1544）进士，后任常熟县令，在任期间"辑盐盗、豁坍江、修治七浦，皆有惠于民"。因秉性耿直，"取忤于时，投劾而归，杜门读书，不以外事"。晚年回到乡里，成为地方乡绅。③《新修上虞县志》中保留了万历十一年（1583）修《上虞县志》时葛桷撰写的序文，详细阐述了《上虞县志》的成书过程：

> 　　时判越州侄焜，以给葬家居，其学识才行余所取信，乃与之参互考订，综之使会，核之使实，约之使当，亦聊辑见闻，以备遗忘耳。兹朱侯维藩，政通人和，稽古右文，慨虞志之尚缺也，亟图其事。属余重裁定之，汇成共十二卷。其人物论撰，则自朱侯独断焉。④

文中的"侄焜"即葛焜。《新修上虞县志》载："葛焜，字仲韬，其父葛木，初任岳州府通判，后升任袁州府同知。"葛焜乃葛晓之父，即万历十一年（1583）县志初稿乃葛焜所作，但最终由葛桷裁定汇总而成。葛氏一族宋代迁入上虞，此后成为当地望族，累世为官。⑤ 笔者走访运河南

---

① 徐待聘：《新修上虞县志序》，万历《新修上虞县志》卷首，中国文史出版社，2013，第3页。
② 陈先生当为陈绛，雍正《浙江通志》卷二五三《经籍》记："《上虞县志》十二卷，万历癸未，贰守乐颂聘陈绛及葛桷纂修。"（文渊阁四库全书本）
③ 万历《新修上虞县志》卷十八《人物志二·名贤列传》，中国文史出版社，2013，第249页。
④ 葛桷：《上虞县志序》，万历《新修上虞县志》卷首，中国文史出版社，2013，第5页。
⑤ 葛晓之前，葛氏家族重要的人物有葛启、葛浩、葛木、葛桷、葛焜，在葛晓主要负责的《新修上虞县志·人物志》中皆列入"名贤列传"。葛启，字蒙吉，永乐、宣德年间人。永乐六年（1408）参修《永乐大典》，书成，拜陕西道监察御史；葛浩，字天宏，葛启曾孙，弘治九年（1496）进士，此后官至南京大理卿，年九十二卒，恩赐祭葬，赐刑部右侍郎，从祀名宦乡贤。其有两子：长子葛木，次子葛桌。葛木，字仁甫，正德十二年（1517）进士，历任刑部郎中。葛桌恩荫南京督察院照磨。葛桷即葛木或葛桌之子，因未见家谱，未能断言。葛焜，字仲韬，初任岳州府通判，后升任袁州府同知，年七十而终。长期居于乡里，乃地方名士（万历《新修上虞县志》卷一八《人物志二·名贤列传》，中国文史出版社，2013，第246~248页）。

岸的郑家堡地区，当地人称葛姓在西溪湖周边分布极多，乃当地一大姓，可以推测明代的葛氏家族也分布于运河南岸今西湖村一带。①

由上可知，万历十一年负责县志编纂的葛梄又负责《府志》上虞部分的修撰工作，由于《县志》基本修定，《府志》上虞部分的内容自然来源于县志。因此，《府志·经籍志》对郭南《志》之评价也出自南岸葛氏家族之手。《府志》否定郭南《志》主要基于以下三点：一，郭南居曹黎湖侧，欲以湖为己有，改曹黎为皂李；二，冒郭子仪为祖，遂托修志，尽更旧本，又妄入汾阳裔孙后；三，重价购旧志焚之，并毁其板。

其一，郭南欲占湖为己有，改曹黎为皂李，在逻辑上明显不通。此湖本名皂李，明初以前的文献皆可为据。曹、黎二姓割田造湖之说出现于洪武末至永乐年间，目前所见最早文献为王景章永乐年间的《记》文，非自郭南始。且正统六年（1441）郭南主动将周忱《记》文立石于湖边，该《记》文从头到尾都在论述湖民为造闸、护湖所做之各种努力，称"皂李湖在县西北十都，唐乡人割己田包税粮而为者也"②。文中已声明湖由民造，郭南若欲占湖为己有，又怎肯立此碑？其实批郭南私占湖泊，意在说明郭南将湖泊变为湖区私有。需要指出的是，在万历十一年（1583）修县志时，葛氏家族仍以湖初名曹黎、郭南改皂李叙述湖泊历史，可见在万历初修县志时，曹黎割田成湖之说已深入人心，不过在三十四年（1606）葛晓修志时，则将湖名曹黎进行否定。

其二，以郭南冒汾阳郭子仪后裔，将其主持编修之《县志》完全否定。族谱冒名人之后实乃常事，故黄宗羲才言族谱与郡县之志最不可信，"以余观之，天下之书，最不可信者有二：郡县之志也，氏族之谱也"③。即便如此，县志并非家族志，冒名人之后入家谱乃至入县志，并不能因此完全否定县志的内容。葛晓修县志时，也将葛氏祖上的官员、士绅大量载入县志。况且从目前保留的正统《上虞志》郭南序中可知，该志是在永乐旧志基础上修订而来。郭南言："大明永乐戊戌岁，朝廷颁布凡例，命郡县儒生采搜山川人物、古今事迹、户口田粮等目，编纂以进，诚我朝稽古

---

①　今西湖村由郑家堡、后湖、甑底山、屈华村等多个自然村合并而成。

②　周忱：《修皂李湖闸水利记》，《皂李湖水利事实·碑记》，线装书局，2004 年影印本，第 14 页。

③　黄宗羲：《淮安戴氏家谱序》，吴光主编《黄宗羲全集》第 22 册，浙江古籍出版社，2012，第 61 页。

右文之盛举也。邑民袁铧得预编纂之末，遗稿其兄铉，于课童暇，辄取遍观，略者详之，浮者核之，缺者补之，紊者正之，傅【附】会而不纯者芟去之，汇成十二卷，仍图山川疆域于首。正统辛酉公暇，以此稿就余校正。"① 郭南只是负责校正，而所据之底本乃永乐古志，以此否定郭南《志》实在勉强。

其三，《府志》称郭南为一己私利尽毁前志，是否属实，无从查考。目前可知在元代有过两次编撰县志，对此郭南在正统《志》序中也有交代：

> 古无志书，肇自皇元至正戊子（作者按：至正二十五年，1288），县尹云中张叔温命邑民张德润裒集成帙，诿【委】学掾三衢余克让，肃乡儒余元老校正，为书甚不苟，而或有未精者也。越几年，天能林希元由翰林出尹兹邑，莅政之余，因得观阅，见其详略未核，类序无伦，仍属学掾句章陈子翚重修之。子翚不轻取舍，又稽诸文献，著成如【若】干卷，复镂板行远，其用心之勤，亦不下于张、余矣。②

从序文内容看，郭南对元代的两次修志评价较为客观，似乎没有要抹杀前志的意思。可以肯定的是，至少到万历新修县志时，永乐志还存留，"访民间，得永乐古志抄本"③，新县志中许多沿革内容即来自永乐志。《府志》又称"久之，南志亦毁于火"，似乎想造成一种既成事实。实际上，郭南《志》并没有完全毁掉，至少到清乾隆年间，湖区曹氏家族中仍保留有郭南《志》，《曹氏全宗谱》言："高高祖暗齐府君，珍藏于明楼，悬之于梁上，历百有余年，传至曾叔祖松崖府君，见子孙繁衍，恐有遗失，乾隆二十一年二月初二日，将是卷逐一点交与族伯祖高山公贮藏"，其中有"正统年间郭志一本"。④

曹氏家族保留郭南正统《志》，原因定然是志书对其有利，故才将其与历代家谱藏于明楼，悬于梁上，乃湖泊属湖区湖民私有之凭据。而要否

---

① 郭南：《上虞志序》，万历《新修上虞县志》卷首，中国文史出版社，2013，第5页。
② 郭南：《上虞志序》，万历《新修上虞县志》卷首，中国文史出版社，2013，第5页。
③ 徐待聘：《新修上虞县志序》，万历《新修上虞县志》卷首，中国文史出版社，2013，第3页。
④ 曹潘等修《虞西板桥曹氏全宗谱》卷一《湖卷存记》，清光绪二十一年木活字本，上海图书馆藏。

定湖泊私有，扩大湖水受荫范围，首先就得从源头上否定郭南《志》。葛桶、葛焜修之《县志》已完成草稿，却未得刊行。徐待聘于《新修上虞县志》序中称："又以弹射者众，虽尝具草，竟未成书。"[1] 修志遭到多方"弹射"而未能刊行，为何遭到弹射，并未详载。不过从万历《府志》对皂李湖的处理态度看，来自皂李湖区得利精英阻力的可能性较大。在《府志·山川志》河湖部分，并没有专门记载皂李湖，对朱维藩十二年（1584）主导筑复的西溪湖重点记载，而皂李湖无论从水体面积，还是灌溉农田范围来讲，都不比西溪湖差，《府志》中唯独缺少"皂李湖"条，很可能是在成书前被删掉了。朱维藩在任期间希望旱时引湖水入运，也是南岸希望分水灌溉之诉求，但此诉求在《县志》编纂中遭到强大阻力，故而未成。县志虽未成，却在《府志》中保留了部分信息。

万历十一年（1583）的《县志》虽未刊行，却通过《府志》成功将郭南《志》否定了。而否定郭南《志》也只是南岸民众分水行动中的第一步。万历三十四年（1606），上虞县知县徐待聘再次主持编修县志，即《新修上虞县志》，而此次县志编纂者仍是葛氏家族中人——葛晓。县志编纂中，将湖水的灌溉范围及与运河关系进一步论说为湖泊应属公有，应分水入运以及灌溉更多区域。

《新修上虞县志》卷三《舆地志》列"皂李湖"条，将此湖水分配范围扩大到运河以南"峨眉、上管、始宁三乡"。明清时期，峨眉乡，下领一都十保，二都一保，共 11 保；上管乡，下领二十都二保，二十一都十保，二十二都六保，共 18 保；始宁乡，下领二十二都四保，二十三都十保，共 14 保。[2] 此三都共 43 保，灌溉农田面积在此前一万余亩的基础上扩大了数倍，扩大的灌溉区域集中在运河南岸。新志在"皂李湖"条下有葛晓长篇按文，其中有云："运河虽龟坼不得少通涓滴，且历援往事为证，其说甚详。至今民犹强执以抗官府。乃于运河一款注云：潴蓄皂李、西溪二湖之水，以通官民舟楫，灌溉峨眉、上管、始宁三乡之田凡数百顷，则此湖之公于运河而得以溉他乡明矣。"[3] 称湖民以三位官员之《记》文为据，以抗官府。新志于运河一条注中称此湖水不仅应济运河，而且应灌溉

① 徐待聘：《新修上虞县志序》，万历《新修上虞县志》卷首，中国文史出版社，2013，第3页。
② 万历《新修上虞县志》卷一《舆地志一·坊都》，中国文史出版社，2013，第27页。
③ 万历《新修上虞县志》卷三《舆地志·湖陂》，中国文史出版社，2013，第71页。

娥眉、上管、始宁三乡的更多田亩，意图确立湖泊的公有性质。

葛晓认为皂李湖不应只属于湖区，提出七条理由：以曹黎名湖不过是自我掩饰；皂李湖税派于全县，湖水之利自当归公；境内夏盖、白马、小查等湖与余姚人共灌溉，为何只有皂李湖由湖区独霸？《湖经》等文献称国初信国公汤和欲决湖济运遭到阻止，乃因为夜大雨水暴涨而解决了运河水情问题，非湖民力劝之结果；皂李湖夏以灌溉湖区农田，秋而埏植，实利己而妨人；湖水既然只荫本都，就应该与运河隔绝，为何又开大小板桥之港，做东西二斗门与运河相连？所谓湖水济运，即使尽发一湖之水，不足旱河一吸，故非实情，然湖区周围仅十五里，度其所蓄，注于运河，可资旱时十日之溉。① 此"七说"从法、理、情等方面阐释湖水应属公有，旱时济运。所提出的七条质疑中，湖名问题仍是湖水私有解释中最难圆说之处，虽然曹黎造湖说已十分完备，仍受到质疑。新县志称："湖名皂李者，则《古越州图经》宋南渡以前所作，已有是名矣。至元时林希元、陈子翚两公者修志，亦曰皂李湖。而郭志始称唐贞观间曹黎二姓割田为之，欲私之以为一方之利。"② 确如所言，皂李湖之名早已存在，新志特别强调郭南《志》"始"称唐贞观间曹、黎二姓割田为之。其实在郭南《志》之前，《湖经》中所载明初三篇《记》文，特别是王景章之《记》文中已经称曹、黎二姓割田成湖。不过以县志载之，确自郭南《志》始。葛晓的其他论据则或张冠李戴，或所指不实，多无坚实之立论根据。最为有力者则属湖税问题，但湖税在嘉靖四十一年（1518）减免前确由湖区分纳，减免后再无分派湖税之说。

葛晓指出遇有大旱时，运河与南岸农田即面临缺水困境，湖水成为运河畅通和南岸农田灌溉之水源所寄，乃当时区域内真实生境之描写："总之，一邑之水，自当公一邑之利。矧运河为东西孔道，经旬不雨，不惟桔槔莫施，而官民之舫尾尾若鲋鱼矣。其在四乡及下流者，其源既不可达，仅仅仰给三湖以资灌输，而必欲私之以为一方利，甚至官与民构，岂万世通行无弊之道哉。"其提出之解决方案为：干旱时从东西二闸放水灌溉一都、二十二都更大范围的农田，留塘下湖水灌溉附近十都之田。"今宜定为画一之规，于旱时放湖面之水从东西二闸而出，以溉一都、廿二都之

---

① 万历《新修上虞县志》卷三《舆地志·湖陂》，中国文史出版社，2013，第71~72页。
② 万历《新修上虞县志》卷三《舆地志·湖陂》，中国文史出版社，2013，第71页。

田。而留其塘下者，以溉十都近境之田。庶几公而不偏，便而可久，远以均沾濡之泽，而近以塞嚣争之口，是在当事采览焉。"① 二十二都一保有九百余亩在灌溉区域内，但二十二都还包括其他保，其下辖农田范围更大，一都则一直不在湖水灌溉范围之内。

而此时县官之态度也表明了在济运与南岸农田灌溉上，县级官府与运河南岸民众之立场一致，县令徐待聘言：

> 昔郭氏产谋膏腴，势居上游，并皂李湖之名而易之，为子孙不拔计，再世后郭有乞食者矣，向之以河为壑者安在哉！且先年湖粮由区民自办，故民得私其湖。今湖粮已派于概县，则此湖故公家之湖也。强有力者安得私之而攘臂以争涓滴之流也。虽然人各有欲，彼其捐田为湖以济众，较之壤湖为田以自封者，心之公私又有间已。②

徐待聘在任期间也一直致力于兴修境内水利灌溉工程及疏浚运河，其中两处重要者分别为复漳汀湖与疏浚玉带溪，康熙《上虞县志》有徐待聘传，文称："徐待聘，字廷珍，常熟人。万历辛丑进士，自乐清调繁上虞，雅好文学，惠民劝士，城乡水利靡不修举，覈漳汀湖侵占，清玉带溪雍淤，相度西溪湖地形，条议请复。"③ 复漳汀湖乃为农田灌溉；清玉带溪之淤积，则为疏浚运河，以保持运河畅通。"然河之水实仰给于溪，诸溪洄旋濡衍，分百楼、五癸诸山涧之流，合输而受以成河，故溪竭则河枯，而舟胶不前，固一定之势也。运河东走通明，西距梁湖，穿灌于邑城，分演为玉带诸溪，左右前后环抱，曲折宛然若带，相传为古迹。"④ 因此，万历新志中特别强调，"诸湖水利之外，尚于河溪稍留意"⑤。

五　纠纷处理与水权确定

《新修上虞县志》一经刊刻，即引起湖民哗变。万历三十五年（1607）

---

① 万历《新修上虞县志》卷三《舆地志·湖陂》，中国文史出版社，2013，第72页。
② 万历《新修上虞县志》卷三《舆地志·湖陂》，中国文史出版社，2013，第72页。
③ 康熙《上虞县志》卷十一《官师志一》，《中国方志丛书·华中地方》第545号，成文出版社，1983，第654~655页。
④ 万历《新修上虞县志》卷四《舆地志·水利》，中国文史出版社，2013，第86~87页。
⑤ 万历《新修上虞县志》卷四《舆地志·水利》，中国文史出版社，2013，第87页。

六月，绍兴知府朱芹由宁波府回绍兴，途经上虞时，被数千乡民拦道控诉，乡民称"豪民""郑用九私易志书，告开接济运河"。朱芹与水利通判一起赴湖区查勘，经过审理，下发《告示》，言明所谓接济运河，不过是假运河之名行灌溉之实。《告示》也对葛晓质疑中最核心的税派于全县问题进行了回应，"查通邑湖皆无粮，安称粮派概县，亦安得混称包粮？总之，皆未考其实也"，而今勘查明了，"其湖水合照旧额，听近湖居民潴放，灌荫仍行，该县改正《新志》，永为定规。此后不许藉口《新志》七说，再起衅端"。① 《告示》也明确指出新修县志意图构建公湖属性之目的："近修县志者因以湖为不宜私，欲宜公之以济运。"②

其实在拦路朱芹之前，湖民黄文等人已于三十五年三月、五月先后联名上告至府衙，分别上"呈为朋奸乱志夺荫殃民事""呈为勘复血荫亟救万灵事"，再次重申湖由曹、黎二姓割田而成，以及正统年间郭南修志将曹黎改称皂李，"自唐迄今，湖水涓滴不同别荫"之观点，认为祸首乃郑用九趁修县志，由"赝儒"葛晓"倡造七说"，意图夺荫。③

湖民所上呈文，矛头直指居于运河南岸郑家堡的乡民郑用九，对负责人徐县令并未追究。案件处理中，郑用九被水利厅拘捕，"招供"了其"假济运河，车荫各都田亩"之险恶目的。④ 而具体负责修撰的士绅葛晓在湖区背上了"赝儒"的骂名。

府级告示分两份：一份下到县衙张挂，一份下到湖区张挂。万历三十七年（1609）九月，新任县令王同谦遵照知府告示，在湖边立禁碑，碑文为《皂李湖水利禁碑记》，文中详述湖民黄文等力陈七说之谬，以及朱芹知府的处理过程，再次强调湖由曹、黎二姓割田而成，郭南为谋私利改曹黎为皂李⑤，不可再纠缠于湖名问题。除府级官府外，督抚军门有批文：

① 罗朋辑录，曹云庆编《皂李湖水利事实·示》，《中华山水志丛刊·水志卷》第36册，线装书局，2004年影印本，第15页。
② 罗朋辑录，曹云庆编《皂李湖水利事实·示》，《中华山水志丛刊·水志卷》第36册，线装书局，2004年影印本，第15页。
③ 罗朋辑录，曹云庆编《皂李湖水利事实·原呈》，《中华山水志丛刊·水志卷》第36册，线装书局，2004年影印本，第19~20页。
④ 罗朋辑录，曹云庆编《皂李湖水利事实·前案》，《中华山水志丛刊·水志卷》第36册，线装书局，2004年影印本，第22页。
⑤ 罗朋辑录，曹云庆编《皂李湖水利事实·禁碑》，《中华山水志丛刊·水志卷》第36册，线装书局，2004年影印本，第16~17页。

"此湖止溉近湖田万余亩，何能远达运河，遍及他都？郑永九假公济私，且力能增改邑乘，其亦生事病民甚矣。姑依拟发落，湖水照旧潴荫近田，仍改正新志以杜衅端。"①

由于朝代更替，万历三十四年（1606）的县志成为明代上虞县最后一部县志。康熙十年（1671），上虞县再修县志，是年二月，湖民张俊、徐甫浩、曹章等，又上呈知县"为造说乱志，夺荫殃民，号天划削伪说，永杜盗决事"文。知县郑侨批文："皂李湖水有限，灌溉近湖田土犹恐不足，若放泄运河，则湖田悉成焦土矣。批阅成案，利害甚悉，岂容一人私说更易乎？为运河计，惟浚筑西溪、沙湖潴水救旱以荫田亩，当勘查举行，准送志局，秉公载入，勿致聚族而居者反为聚讼之端也。"② 知县上知府文中，也详细阐述了湖水与运河地势之关系，"（皂李湖）向来湖民修筑，不费官帑，不轻放水，盖因虞地西高东低，而湖身尤高出运河，势若建瓴，一放则涓滴无余，傍湖之田悉成龟坼"，"莫若照旧听其自修自溉"。③

四月初八日，湖民再向绍兴府上"为秽志造说夺湖，前宪敕改在案，今蒙修志复号督改事"文。初十日，又向巡抚衙门上"为乱志夺湖，斩课杀命，极号天宪，划削伪说，恩复古志，以念万年水利事"文，巡抚批文绍兴府"确查速报"。④ 绍兴府于七月二十四日将勘查结果上报巡抚，附了驳斥葛晓"七说"之专文，其中对湖税问题也有阐述：

> 伪说二（按：葛晓七说之第二说）云：粮派于该县，利不宜专于一方。［前件］湖民辟本县七十一湖，俱各分土承荫，未丈量之先，俱系田包纳湖税。自嘉靖四十一年丈量以后，入册征粮者唯田、地、山、池四项，而各湖之税尽蠲，并不曾有湖若干而征收若干者。⑤

① 罗朋辑录，曹云庆编《皂李湖水利事实·前案》，《中华山水志丛刊·水志卷》第36册，线装书局，2004年影印本，第23页。
② 罗朋辑录，曹云庆编《皂李湖水利事实·后呈》，《中华山水志丛刊·水志卷》第36册，线装书局，2004年影印本，第24页。
③ 罗朋辑录，曹云庆编《皂李湖水利事实·本案》，《中华山水志丛刊·水志卷》第36册，线装书局，2004年影印本，第26页。
④ 罗朋辑录，曹云庆编《皂李湖水利事实·前案》，《中华山水志丛刊·水志卷》第36册，线装书局，2004年影印本，第24~25页。
⑤ 罗朋辑录，曹云庆编《皂李湖水利事实·本案》，《中华山水志丛刊·水志卷》第36册，线装书局，2004年影印本，第27页。

湖税在嘉靖四十一年（1518）即已减免，也就不存在派税于全县一说了，湖水公有之基础自然也就不存在了。在绍兴府查核后，宪台批示"削去葛晓七说，永绝异议"[1]。就在同年（康熙十年，1671），知府张三异在其主持编修的《绍兴府志》将此更新入志，"念郡乘之缺失百有余季，乃修而更新之"[2]。可惜的是这部《府志》未见流传。但从后来康熙五十八年（1719）俞卿主持编修的《绍兴府志》中还是能读到一些细节的变化，已将万历《府志》中的"潴蓄皂李、西溪二湖水以通舟楫"，改为"潴蓄沙湖、西溪二湖水以通舟楫"。[3] 遗憾的是，康熙五十八年《府志》中"山川志"部分一如万历《府志》，也没有单独记载皂李湖。此后，知府张三异于十年十月就"禁碑尔时七说刊就未即改正"专门檄文上虞县，声明"尽削伪，复古志之旧"，并言"皂李湖系居民自为捐筑，又与运河水势相悬，则开决诚有未便矣"[4]，将运河与湖水关系完全分离。湖水由湖民所有，湖的私有属性也最终确定。

康熙十年的《绍兴府志》今虽不得见，但康熙十年修的《上虞县志》今却可阅之。此《志》卷二《舆地志·山川》部分列"皂李湖"条，开篇即言："皂李湖（十都）原名曹黎湖，在县西北十五里。唐贞观初，乡人曹、黎二姓割田而成，后因姓音近似，□为皂李，犹夏盖之讹为夏驾，上妃之讹为上陂。"这给皂李湖湖名来历下了一个清晰的定义，即湖由曹、黎二姓割田而成，音近皂李而讹为皂李湖。为证此并非特例，又举夏盖湖、上妃湖有讹为别名之例。此外，《县志》中再次强调了湖水的灌溉范围，即"十都、廿二都田一万二千亩有奇"[5]，并收入赵俶、王景章、周忱三人之《记》文。详载万历三十四年（1606）"葛晓修志，豪民郑用九乘间贿嘱伪创七说，毁古志"，湖民上呈"七说"之谬，以及知府朱芹处理

① 罗朋辑录，曹云庆编《皂李湖水利事实·本案》，《中华山水志丛刊·水志卷》第 36 册，线装书局，2004 年影印本，第 28 页。

② 罗朋辑录，曹云庆编《皂李湖水利事实·生祠》，《中华山水志丛刊·水志卷》第 36 册，线装书局，2004 年影印本，第 32 页。

③ 康熙《绍兴府志》卷七《山川志·河》，《中国方志丛书·华中地方》第 537 号，影印本，成文出版社，1983，第 688 页。

④ 罗朋辑录，曹云庆编《皂李湖水利事实·禁碑》，《中华山水志丛刊·水志卷》第 36 册，线装书局，2004 年影印本，第 17 页。

⑤ 康熙《上虞县志》卷三《舆地志·山川》，《中国方志丛书·华中地方》第 537 号，影印本，成文出版社，1983，第 184 页。

经过乃至康熙十年（1671）知府张三异之定案过程。[①] 康熙《上虞县志》
及《绍兴府志》的更新，也使湖水之争就此定案，此后再无异议。

　　由于知府朱芹为湖民主持了公道，湖民在湖边为朱芹立生祠；到康熙
十一年，湖民恳请绍兴府同知孙鲁撰写《郡侯张公生祠碑记》，又将知府
张三异同祀于朱公祠中。[②] 在皂李湖泄水济运与本地灌溉的博弈中，湖区
的得利士绅借助京官序文以及曹黎割田成湖之"史实"，应对来自官府开
湖济运及不在分荫范围内农民分水之诉求，维护了湖水的私有属性。府级
官员力主湖民所请，被湖民立祠祭祀，而湖民祭祀官员之行为，本身也是
为湖水分配制造又一法理依据。

小　结

　　由于浙东运河上虞段地势略低于北岸湖水灌溉区，并有河道与南岸农
田内部沟通，故运河干涸、航运受阻的同时，南岸灌溉也将缺水。在万历
三十五年（1607）绍兴府对纠纷案件的判决中，明确指出，南岸不得"假
济运河"以行灌溉之实。因为湖水济运，南岸即可分水灌溉；南岸欲分湖
水灌溉，则必须济运。除县级官府外，湖水纠纷双方都有发达的宗族势
力，这也是宋代以后宗族移民大量进入浙东后形成的地域力量之体现。湖
区及运河两岸大量分布着以家族姓氏命名的村落，这些村落即一个个宗族
势力的代表，为获得更大范围的湖水之利，多个宗族又联合形成更大的利
益群体。于是北岸湖区在明代争水中先后出现黄（黄家堡）、莫、徐、项
（徐项村）、罗、曹（曹家堡）、黎（黎岙）等家族参与保护湖水；运河南
岸则先后有任、俞、葛（今西湖村）、郑（郑家堡）等家族表达利益诉求。
湖区精英一方面强调湖区分派湖税，以及湖由湖民自行运营维护，拒接南岸
民众分水与县级官府济运之诉求；另一方面则逐步构建湖由曹、黎二姓割田
而成之"史实"。南岸精英家族代表则在万历年间对湖的私有性进行解构，
先否定正统年间的郭南《志》，此后再对湖名等问题进行质疑，而且明代以
后这样的质疑一直存在。解构私湖是为了构建公湖，因解构本身带有目的

①　康熙《上虞县志》卷三《舆地志·山川》，《中国方志丛书·华中地方》第 537 号，成文
　　出版社，1983，第 184~195 页。
②　罗朋辑录，曹云庆编《皂李湖水利事实·生祠》，《中华山水志丛刊·水志卷》第 36 册，
　　线装书局，2004 年影印本，第 30 页。

性，因此也就存在故意曲解之处。万历年间，县级官府与南岸地方精英家族关系极为紧密，也非偶然，这与湖民在湖水济运上与县级官府一直存在矛盾有关，县级官府更依赖南岸精英家族势力，从万历十一年（1583）县令朱维藩开始修县志，即依靠葛氏家族中的葛桷及葛焜；万历三十四年（1606）县令徐待聘修县志时，仍依靠葛氏家族中的葛晓，这一方面反映了明代葛氏家族在当地文化地位上的强势，另一方面也折射出县级官府对该群体之依赖。

从代表得利湖民意志的《湖经》记载看，元至正年间官方曾主持过修筑湖塘，① 可见当时基层官府仍可介入湖水管理、维护。进入明代，由于官府要求以湖水济运之诉求越来越强，以及南岸民众分水声音不断，湖区湖民逐渐将官府排斥在外，并极力构建湖的私有性。县级官府处于国家官僚机器的末端，一方面要接受上级部门的指示和督导，另一方面又直接面向基层社会和普通百姓实施政令。基层官员的考核升迁、地方赋税的征收等压力也迫使官府在一些问题上与民争利。基层官府对地方社会的治理与调控又需要借助地方精英力量，于是当官府与南岸民众诉求相契合时，一种很自然的合作默契即可达成。在万历十一年（1583）修《县志》以及十五年（1587）修《府志》的过程中，官方与南岸精英家族的合作就表现得较为明显，对郭南及其主持的《上虞志》进行全面否定，也是为了分湖水之利，只是这种目的在当时的运作过程中还未能很明确地展现出来。但是到三十四年（1606）修志时，分水目的就非常明确了。官方主导的地方志称郭南《志》为私修，称郭南欲占湖为私利，其实是对郭南将湖水只灌溉湖区载入县志不满。在万历年间官方主持的县志编纂中，南岸精英家族一直在发挥作用。所以，即便由官方主导编纂的方志，也不过是另外一部分利益群体的利益表达。官修或私修，并不能成为评判《县志》公正与否之依据，私修固然有私人之目的，官修也并非客观公正。

若从纠纷类型看，皂李湖湖水纠纷中存在两组分水关系：其一，农业灌溉与漕运通航分水关系；其二，农业灌溉内部的分水关系。若仅有其中一组矛盾的话，问题相对容易解决。因为无论是前者或是后者，已有的水利史研究中皆有大量参照案例：以运河与农业灌溉分水矛盾来说，河南北部区域即存在漕运与农田灌溉争水，却形成"官三民一"的用水规章。②

---

① 罗朋辑录，曹云庆编《皂李湖水利事实·沿革》，《中华山水志丛刊·水志卷》第36册，线装书局，2004年影印本，第9～10页。

② 程森：《国家漕运与地方水利：明清豫北丹河下游地区的水利开发与水资源利用》，《中国农史》2010年第2期，第58～67页。

而以灌溉分水纠纷而言，在北方旱地缺水型水利纠纷中，虽然在争水过程中冲突极大，也形成了照顾广泛区域的分水格局，诸如山西汾水流域分水中普遍形成的"三七分水"模式。[①] 在皂李湖湖水纠纷中，此两组分水关系交织一起，使问题变得更为复杂。此外，在北方的分水纠纷中，更多强调水的使用权，即使强调所有权也是依赖灌溉土地而言的，较少就水体本身的所有权进行争论，因此在水利纠纷中无论是与官争水（与漕运争水），还是民间的农田灌溉争水，争论的焦点是分水的多少与是否相对公平问题，因而最终的结果，或由官方界定分水格局，或由民间协商分水规矩。浙东地区，湖泊的形成并不一定都是自然作用的结果，一些湖泊确实是由乡民割田筑成的，诸如萧山湘湖、上虞夏盖湖，在这些湖泊的分水过程中，所依据的重要理由即湖泊的私有性，即湖由湖区割田而成，自然只能由湖区享有湖水之利。虽然皂李湖由曹、黎二姓割田而成的说法遭到质疑（湖区还有杜姓兄弟割田成湖说），但是湖由乡民割田而成的观点还是深入人心的。湖水的这种私有属性，也就决定了湖水分派上的不可协商性，当然这还与湖水的自然蓄水量有限有关，但这无疑是一种产权宣示的表现。湖区如若退步，旱时分湖水入运河，南岸农田即可灌溉，但此例一开，湖水使用权可能从此无法收回，而湖水所有权也将失去价值。因此，在皂李湖的历次湖水纠纷中，湖区特别强调湖泊的私有属性，上至明初高官的《记》文，下至历次湖民上呈官府之呈文，皆以湖由民造来叙述湖泊形成史，而对先民筑湖历史的叙述越详细越具体，湖水的私有属性就越有说服力，故而形成了独特的文献建构，这又引发了不得利方的文献解构。这也是浙东地区水利纠纷的处理与全国其他地区不同之处，浙东湖水所有权问题也还需给予更多关注。

南宋以后，朝廷驻跸临安（杭州），宁波成为南宋对外交流、通商之重要港口，因此国家对浙东运河之维护、疏浚用力最勤。元代定都北京，浙东运河地位与南宋相比极速下降，维护、疏浚力度也大不如前，明代此趋势仍未改变。浙东运河从南宋年间的国家漕运要道下降为元明以后的地方航运通道，虽然其作用与价值仍不可小视，然缺乏国家力量维护，浙东运河之通行困局也自难改观。此种格局到清代依旧如此，皂李湖与运河纠

---

① 赵世瑜：《分水之争：公共资源与乡土社会的权力和象征——以明清山西汾水流域的若干案例为中心》，《中国社会科学》2005 年第 2 期，第 189～203 页。

纷虽在明万历三十五年（1607）以及康熙十年（1671）修志中已被定案，但运河地势与水情决定此问题并不会因此而彻底解决。康熙二十二年（1683）负责绍兴盐政的官员因运河干涸，影响盐运，饬令上虞县暂时开湖济运，"将皂隶【李】河之水开放济运，商船过毕，仍行闭闸，庶商民两便，国课有资，目下掣期火急，本院按临，如有阻悮，定行拿究"①。湖民仍以旧案陈说湖水与运河关系，历史再次陷入循环往复之中。

区域水利社会史研究的最终目的在于重新认识中国历史。从目前中国水利社会史的研究现状看，与国家层面的宏观研究相比，微观的、地域性的个案研究仍不够，研究者尚需从容地展开地域性、个案的微观整体史的研究，② 这或许也是目前中国水利社会史研究进入相对瓶颈期的原因所在。对区域水利文献进行再细致解读，或许是打破研究瓶颈的一种方式。目前这方面已有一些研究成果，诸如钱杭对湘湖水利文献的再解构等，仍有进一步推进的必要。挖掘水利文献形成背后的权力关系网络，正是深入区域水利史研究的重要手段。这种剥洋葱式的水利社会史研究，或许还能为其他横向层面的中国历史研究打开新局面。

第二节　宁绍平原"梅梁"传说的生成与演化

"梅梁"传说是浙东宁绍平原著名的典故，流传久远。传说母题大致为：绍兴境内大禹庙中有一根横梁夜化为龙，潜入鉴湖与湖中龙斗，昼前返回庙中。当地人见梁上有水且布满萍藻，大异，乃以铁索锁之。南宋时，梅梁故事在宁绍平原东部鄞县核心水利工程它山堰中出现，称堰下有一枕木，视之如卧水之龙，乃梅梁也。故事随即还延伸出禹庙梅梁与它山堰下梅木为鄞县东南大梅山古梅树上下两段。南宋中后期，平原北部余姚县境内梅澳湖区也形成围绕梅梁的神话传说故事，故事称梅澳湖中有一沉木，乃古梅树砍伐后所剩之根，湖中间有龙吟，是古梅树化为梅龙后的寻子之声。从对神话传说的生成、演变过程的梳理中，可以发现三地围绕"梅梁"逐步形成一条前后递进的故事演绎与解释链条，这固然有深化解

---

① 《绍兴府上虞县为饬令暂时放闸以济捆运事本末》，《皂李湖水利事实·盐院批》，线装书局，2004年影印本，第29页。

② 张俊峰：《明清中国水利社会史研究的理论视野》，《史学理论研究》2012年第2期，第107页。

释需要，也反映当地重要水利系统演变过程。该传说典故于两宋时期定型后，在宁绍地区流传，清代当地著名文人如黄宗羲、全祖望对此典故皆有关注。黄宗羲在编《四明山志》时将禹庙梅梁、它山堰下梅木故事收入。① 全祖望对梅树为梁虽有疑义，却也认同梅梁传说。② 当代学人对梅梁传说也有过梳理，但只集中论述绍兴禹庙中的"梅梁"故事③，未能对宁绍平原境内其他两地的梅梁故事进行探析，也没有系统梳理梅梁故事生成过程及与当地水利工程关系，而这些未及之处对解析整个梅梁传说的形成、演变十分重要。对梅梁故事流传"史实"梳理，还原神话故事生产、演变与流传过程，是历史学的重要功能，而在梳理神话流传过程之余，还需要思考为何梅梁只出现在当地重要的水利工程中。本节通过对梅梁故事在宁绍地区的流传史实进行全面爬梳，探索当地神话传说形成与水利工程演变内在关系，思考浙东地区民间文化形成中的水利影响。

一 "梅梁"：从神木到神龙

《天中记》为明代著名类书，万历年间陈耀文所撰，其将史实分类编排，并注明出处。在卷十三"殿"类下，列述了历史上各种名殿，其中一条史料记载的是南朝陈初重建太极殿故事，故事中提到一奇闻，文献如下："樟柱，初侯景之平也，火焚太极殿梁，元议欲营之，独缺一柱，至陈永定二年，有大樟木大十八围，长四丈五尺，流泊陶家后渚……起太极殿。"④ 说的是南朝陈高祖霸先在平侯景叛乱时，宫中太极殿毁于战火，后欲重修大殿，独缺一木，此时有大樟木顺江流而至，太极殿遂成。陈耀文注释此条文献源自《陈书》，查《陈书》高祖本纪确有此记载。⑤ 在"樟柱"条后，陈文还提及此前东晋时修宫殿也缺一木："昔晋朝缮造，文杏有阙，梅梁瑞至，画以梅花。"⑥ 陈注此说来自《太极殿铭》，查《太极殿铭》为南朝陈时沈炯所写，沈炯平侯景乱后任陈朝尚书左丞。幸今仍能阅

① 黄宗羲：《四明山志》卷一《名胜·它山》，吴光主编《黄宗羲全集》第二册，浙江古籍出版社，2018，第 319 页。
② 全祖望：《鲒埼亭集外编》卷十五《小江湖梅梁铭》，清嘉庆十六年刻本，第 5~7 页。
③ 赵宏艳：《两宋绍兴禹庙梅梁信仰民俗形成考》，《佳木斯大学社会科学学报》2014 年第 5 期；赵宏艳：《宋代越地禹庙"梅梁化龙"俗信形成原因考》，《兰台世界》2017 年第 11 期。
④ 陈耀文：《天中记》卷十三《殿·樟柱》，明万历刻本，第 60 页。
⑤ 参见姚思廉《陈书》卷二《本纪·高祖下》，中华书局，1972，第 37 页。
⑥ 陈耀文：《天中记》卷十三《殿》，明万历刻本，第 60 页。

沈作之铭文，与陈注文一致。① 东晋、南朝都城皆在建康②，地处长江之滨，应常有大水冲带巨木至城下事件发生。与陈修太极殿随江而至的"樟木"不同，东晋修宫殿瑞至者为"梅梁"，所成之殿为梅梁殿。南宋王象之《舆地纪胜》中记载了"梅梁殿"来历："梅梁殿。《金陵览古》曰：在台城中，太极殿也。晋太元中，仆射谢安作新宫，造此殿，欠一梁，时有梅木流至石头城下，因取为梁，殿成，乃画梅花于其上，以表嘉瑞。"③修大殿者东晋名臣谢安，修殿时缺一梁木，后"梅木"随江流至石头城（今南京）。明人彭大翼的《山堂肆考》中也专门收录了"梅梁"与"樟柱"："梅梁。梅梁殿在台城内，晋太元间，谢安作新宫造殿，少一梁，时有梅木流至石头城下，因取为梁，及殿成，乃画梅花于上，以表瑞也。樟柱。樟柱殿，亦在台城内，陈高祖作太极殿，少一柱，忽有樟木，大十围，长四丈余，自流于陶家渚，遂取以造殿。"④ 故事中所修宫殿虽不同，但逻辑基本一致，皆是因修宫殿缺一梁，梁木随江流至，于是殿成，只是梁木分别为樟木与梅木。

追溯梅木造殿故事，发现源头并不始于东晋、南朝。目前所见史料记载最早起于三国孙吴时期，但主要围绕都城中心运送梁木，并在途中沉水的故事。顾祖禹《读史方舆纪要》中注释《禹贡》"五湖"时提及一个名为"梅梁"的湖泊，乃太湖东岸的五个水湾之一："梅梁湖在西洞庭山之东北。相传孙吴时进梅梁，至此沉于水。"⑤ 即三国时孙吴建大殿，从外地运来之梁木于西洞庭山东北处沉水，故得名。《吴中水利书》中又记太湖东岸的五湖不包括梅梁湖，但五湖之外还有三湖，分别是"梅梁湖、金鼎湖、东皋里湖"⑥。清代《苏州府志》中具体指出了三湖位置："五湖之外又有三小湖，扶椒山东曰梅梁湖，杜圻之西鱼查之东曰金鼎湖，林屋之东

---

① 沈炯：《太极殿铭》，欧阳询辑《艺文类聚》卷六十二《居处部二》，宋绍兴本，第11~12页。

② 注：西晋建兴元年（313），避愍帝讳，改建康（治今南京市区）。参见沈约《宋书》卷三五《州郡志一》，中华书局，1974，第1029页。

③ 王象之著《舆地纪胜》卷十七《建康府·历代宫苑殿阁制度》，李勇先校点，四川大学出版社，2005，第778页。

④ 彭大翼：《山堂肆考》卷一百七十《宫室》，清文渊阁四库全书本，第17~18页。

⑤ 顾祖禹：《读史方舆纪要》卷十九，贺次君、施和金点校，中华书局，2005，第900页。

⑥ 单锷：《吴中水利书》，清嘉庆墨海金壶本，第13页。

曰东皋里湖。"① 在"梅梁湖"处注解为："《洞庭记》吴时进梅梁，至此，舟沉失梁，后每至春首，则水面生花，今洞庭有梅梁里。"② 梅梁里属苏州府姑苏乡，为今苏州市金庭镇后埠村。除梅梁湖，湖州地区还有梅溪。外地运来的梁木，有不少沉没于苏州、湖州附近的湖泊、江河之中，因此形成当地诸多以"梅梁"命名的水域。从以梅梁为名的湖泊、溪水等地名分布范围看，孙吴时以都城为中心，在江南形成了一个大范围的木材供应区。

在早期梅梁建殿的故事叙述中，无论是从周边采伐运送而来，还是随江流而至，皆与绍兴禹庙无关，故事的核心区在今南京地区。宫殿修筑后，在梁木上画梅花以表祥瑞，可能是影响早期梁木"梅化"的重要原因，对此下文有详细解析。禹庙中的梅梁传说在宋代以后才成为主流，此后故事主体也逐渐转移到了禹庙与鉴湖中，并逐步形成当地广为流传"梅梁化龙"的故事母题。

绍兴禹庙梅梁传说分前后两个阶段，即由梅梁生枝叶向梅梁化龙转变。对于前者，诸多文献都有记载，南朝刘宋任昉《述异记》载："越俗说，会稽山夏禹庙中有梅梁，忽一春而生枝叶。"③ 宋代类书《太平御览》称："《风俗通》曰，夏禹庙中有梅梁，忽一春生枝叶。"④ 这里的《风俗通》当指东汉时期的民俗著作《风俗通义》，记录大量神话异闻，唐代人一般称《风俗通》。若确如《风俗通义》所记，则早在东汉时期，禹庙中就有神木梅梁了，但此神木只表现为生枝叶。

宋代以后，禹庙梅梁故事出现新变化，即梅梁出现的时间被推后了。北宋初，孔延之《会稽掇英集》记载，绍兴禹庙"在会稽东南十余里稽山之下，禹尝会东南诸侯，计功于此，后没，因葬焉。少康（作者注：禹后人，夏代中兴之主）立祠于陵所，今有禹坟，窆石犹存。或曰梁时修庙，欠一梁木，夕有风雨，漂至一木，乃梅梁也"⑤。禹庙在先秦传说时期即已修建，只是到南朝梁修禹庙时，才忽有一木漂至，即为梅梁。这与建康宫

---

① 冯桂芬：《（同治）苏州府志》卷八《水·太湖》，清光绪九年刊本，第2页。
② 冯桂芬：《（同治）苏州府志》卷八《水·太湖》，清光绪九年刊本，第2页。
③ 任昉：《述异记》卷上，明汉魏丛书本，第17页。
④ 李昉：《太平御览》卷九百七十《果部七·梅》，四部丛刊三编景宋本，第3页。
⑤ 孔延之：《会稽掇英总集》卷八《禹庙》，清文渊阁四库全书补配清文津阁四库全书本，第13页。

中修殿梁木漂至的故事情节几乎一致，禹庙梅梁传说或受其影响，但已无法考辨。早期禹庙中的梅梁生叶的故事，在宋代主流文献中被梅木漂至及之后的"梅梁化龙"替代了。南宋初，王十朋在《会稽三赋》中也说到绍兴禹庙有两圣物：梅梁与窆石。他称："《越绝书》曰：少康立禹祠于陵所，梁时修庙，欠一梁木，夕有风雨漂一木至，乃梅梁也。今存窆石在禹陵之前。旧《经》曰：禹葬会稽，取此石为窆。"① 王十朋引 "秦少游诗云：一代衣冠埋窆石，千年风雨锁梅梁"。② 秦少游即秦观，为北宋年间人，可推断梅梁化龙故事最晚形成于北宋年间，但化龙详细史料只能追溯至南宋。目前所见，以嘉泰年间（1201—1204）绍兴知府施宿主持编修的《会稽志》记载最为完整："禹庙。在县东南一十二里。《越绝书》云：少康立祠于禹陵所，梁时修庙，唯欠一梁，俄风雨大至，湖中得一木，取以为梁，即梅梁也。夜或大雷雨，梁辄失去，比复归，水草被其上，人以为神，縻以大铁绳。"③《会稽志》中记载的情况与王十朋记载相近，但增加了梅梁夜晚有大雷雨天失而复归，且归来后水草覆其上，人以为神，铁索锁之等情节。那梅梁为何会消失？去哪了？此疑问在稍晚些的宝庆《四明志》中有详细交代，并指出禹庙梅梁产于宁波鄞县东南的大梅山，全文如下：

> 大梅山，县东南七十里，盖梅子真旧隐也。山中有石洞、仙井、药炉、丹灶，遗迹犹存；山顶有大梅木，其上则伐为会稽禹祠之梁，其下则为它山堰之梁。张僧繇图龙于其上，夜或风雨，飞入镜湖与龙斗，后人见梁上淋漓而萍藻满焉，始骇异之，乃用铁索锁于柱。它山堰之梁，长三丈许，去岸数丈，岁久不朽，大水不漂，或有刀坠而误伤者，出血不已。④

这段文字是南宋宁绍地区叙说梅梁传说的母题。大梅山上的古梅树砍伐后一分为二，一为禹庙中梅梁，一为它山堰下梅木。而禹庙中的梅梁为何能

① 王十朋：《会稽三赋》，明嘉靖本，第 19 页。
② 王十朋：《会稽风俗赋》，王十朋著，梅溪集重刊委员会编《王十朋全集》卷十六，上海古籍出版社，2012，第 831 页。
③ 施宿：《（嘉泰）会稽志》卷六《祠庙·会稽县·禹庙》，李能成点校《（南宋）会稽二志点校》，安徽文艺出版社，2012，第 101 页。
④ 胡榘修，方万里、罗濬纂《（宝庆）四明志》卷十二《鄞县志·卷第一·叙山》，《宋元方志丛刊》第五册，中华书局，1990，第 5146 页。

飞入鉴湖，并与湖中龙斗，乃因张僧繇①在梅梁上画龙，梅梁于是化龙而去。这段文字中与此前梅梁故事相比，出现了新的水利载体，即它山堰。

目前所见宁波最早地方志乾道《四明图经》，其中有它山堰建成过程及影响记载：唐代地方官员王元炜在鄞江上游大溪它山处累石为堤，使江河分流，"引它山之水，自南门入城，潴蓄为西湖，阖境取给始无旱暵之忧，它山堰之为利溥矣"②。《图经》所记它山堰中并没有梅梁，通阅《图经》也未见大梅山及山上古梅树记载。只是到了宝庆《四明志》中才出现上文所引文献，即大梅山产古梅树，伐后一分为二，一为禹庙梅梁，一为它山堰下梅木。

可推测此说法应该出现在乾道以后至宝庆年间。宋代以后的文献就基本以此为叙述模板，如明人刘绩在《霏雪录》中的记载就很具代表性："禹庙梅梁，乃大梅山所产梅树也。山在鄞县东南七十里，盖汉梅子真隐处……山顶大梅树，其上别伐会稽禹祠之梁，其下则为它山堰之梁。禹祠之梁，梁张僧繇图龙其上，夜大风雨，尝飞入镜湖与龙斗，人见梁上水淋滴湿，萍藻满焉，始骇异之，乃以铁索锁于柱。它山堰之梁，长三丈许，去岸数尺，岁久不朽，大水不漂，因刀坠误伤之，出血不止。"③禹庙梅梁、它山堰"梅木"以大梅山为媒介形成关联。

比宝庆《四明志》成书早一些的嘉泰《会稽志》中也记有"梅梁"，且故事中又增一水利载体——梅澳湖。但梅澳湖中梅木传说自成体系，与禹庙、它山堰略有不同。传言梅澳湖边梅树众多，春秋时期的吴国在苏州附近修苏台，即以古梅木为材："梅澳湖。在县（作者按：余姚）东北一十八里，东即烛溪湖，此其澳曲也。旧经云：昔有梅树，吴时采为苏台，梁湖侧犹多梅木，俗传水底梅梁根也。今巨木湛卧湖心，虽旱不涸不露。秋八月，或有声如龙吼，震彻数里，土人谓之湖淫。"④已潜在将湖中不知是否真实存在的"梅梁根"龙化。在梅澳湖的故事叙述中，梅树产于梅湖边，湖底横卧之木乃原古梅之根。南宋张淏编修的《（宝庆）会稽续志》

---

① 注：南朝萧梁著名画家，以擅画龙而闻名，留下"画龙不点睛"绘画传奇。

② 张津：《（乾道）四明图经》卷二《渠堰》，《宋元方志丛刊》第五册，中华书局，1990，第4884页。

③ 刘绩：《霏雪录》，中华书局，1985，第10~11页。

④ 施宿：《（嘉泰）会稽志》卷十《湖·余姚县·梅澳湖》，李能成点校《（南宋）会稽二志点校》，安徽文艺出版社，2012，第189页。

在记载梅梁时，因说法众多，于是将各种说法汇总一处，其中有唐代文献《十道志》的记载："吴起建邺宫，使匠人伐材。至明塘溪口梅下，俄见树长，堪为梁。伐材还都，梁已足，无用，而此木一夜飞还。土人异之，号曰梅君。今在溪中，水旱则自浮沉。"① 所述梅梁故事发生在建邺（今南京），很明显该文献中的"吴"只可能是三国孙吴。唐宋文献中都讲述了伐梅树作梁的故事情节，但时间不同，这应并非史实本身正误所致，神话叙述中时间、人物的易置、替换十分常见，而细节上的差异也无法证实。我们也并不追求对梅澳湖边梅树伐为梁木的史实复原，对神话叙述情节过于较真，反而使研究者陷入无效论证中。因此，只需明确唐代湖区即有梅梁传说即可。只是该传说与禹庙、它山堰梅梁略有不同，出现梅梁砍伐后未用而飞回，并化身为"梅君"，而"梅君"在南宋的文献中消失了，替换成了"龙"。虽然湖区梅木伐后未用，但也属建宫殿故事体系。

于是，梅澳湖中的梅木产地就与禹庙、它山堰处出现了差异，而这其实是两套传说源头矛盾的结果。梅澳湖中的梅湖传说依附的是早期建邺城建宫殿的故事，而这一故事在东晋、南朝时期的文献中就有记载；而禹庙、它山堰中的梅木则属禹庙梅木体系。两条主线其实是两种神话源头的体现，而这二者在南宋时期才完成结合。元代文献中，曾努力将此三者两条主线的平行关系进行合并，元人刘仁本《羽庭集》收录诸多个人诗文，在《龙井寺祷雨诗二首》中提及梅梁。诗人在梅梁下自注言："梅梁事，吴孙权伐四明山之大梅为栋梁，折为三，一沉他（它）山堰下，一越上大禹庙，一在余姚之烛溪湖。"② 将三地"梅梁"统为一条线索。但因文献在流传中保留下不同时代的痕迹，还是限制了后人对神话故事的随意加工。

宁绍梅梁故事的流传在地理空间分布上，与当地最重要的水利工程基本吻合，禹庙中的梅梁与鉴湖相关，其他两地梅梁也都"潜在"本地最重要的水利工程中。从时间上看，禹庙梅梁传说的时间要早于它山堰，大致在北宋年间；梅澳湖中的梅木传说有早期建邺修缺梁木传说之遗留，至少在唐代就已形成，但南宋中后期才在地方志文献中被再"发现"；它山堰梅梁

---

① 张淏：《（宝庆）会稽续志》卷七《杂记·梅梁》，《宋元方志丛刊》第七册，中华书局，1990，第 7170 页。

② 刘仁本：《羽庭集》卷二《五言律诗·龙井寺祷雨诗二首》，清文渊阁四库全书本，第 3 页。

传说大致形成于南宋中后期。那梅梁故事中的梅木是否真有本体？梅树曲折，如何作为大殿之横梁？为何梅梁传说会发生在以上三地？要回答这一系列问题，就需要进一步解析三地梅梁故事的本体"梅木"到底是何物。

二　"梅梁"是何木？

梅梁，顾名思义即以梅树为梁，但史实可能并非如此。为何要纠结于梅梁到底是何种木料呢？此问题看似多余，实则可能是解开宁绍梅梁故事生成逻辑的关键。梅梁故事中应该存在时人对"梅梁"本体认知错位，形成梅梁、梅树与梅龙之间的内在关系链条，并在当地重要水利工程中显现，构建起当地以水利工程为载体的梅梁神话网络体系。

（一）禹庙中的梅梁

梅梁究竟是何木？最便捷之法当为查验实木，而查禹庙横木最便捷。但在南宋年间，时人已指出禹庙梅梁非梅木，乃他木耳。《方舆胜览》撰者称："今梁在禹殿，长不能寻丈，乃他木耳，犹绊以铁索，抑亦好事者为之也。"[1] 难道是此前的梅梁被替换过，才出现"乃他木耳"？这种解释不无可能。但笔者以为，更为可信之解释当为：梅梁本就不是梅树，从树木材质看，梅树弯曲，并不适合做大殿主梁。清初绍兴萧山来集之在所著《倘湖樵书》中言："今之梅树，其可为梁者甚少，而况作太极殿之梁与姑苏台之梁乎？若夫梅山之树，上可作禹庙之梁，而下作他（它）山堰之梁，犹长三丈许，固是神物，不待其斗龙、出血而始为异也。"[2] 梅山上的梅树如果能做禹庙梅梁、它山堰下横木，能长三丈多，这本就已为奇事，更何况还能与龙斗、出血。清初宁波鄞县著名文人全祖望也质疑梅树为梁的科学性："从来大木之以坚久名者，曰梓、曰柏、曰栗、曰杉、曰楩楠，不闻其以梅。嘻！亦异矣哉。"[3] 钱泳在《履园丛话》中对禹庙中的"梅梁"实物有过考证，其言："梅梁。禹庙梅梁为词林典故，由来久矣。余甚疑之，意以为梅树屈曲，岂能为栋梁乎？即如金陵隐仙庵之六朝梅，西川崇庆州署之唐梅，滁州醉翁亭有欧阳公手植梅，浙江嘉兴王店镇有宋

---

[1]　祝穆撰《方舆胜览》卷六《浙东路·绍兴府·古迹》，祝洙增订，施和金点校，中华书局，2003，第114页。

[2]　来集之：《倘湖樵书》卷十二《梅梁》，清康熙倘湖小筑刻本，第7~8页。

[3]　全祖望：《鲒埼亭集外编》卷十五《杂碑铭·小江湖梅梁铭》，清嘉庆十六年刻本，第6页。

梅，太仓州东园亦有王文肃手种一株曰瘦鹤，皆无有成拱抱而直者。偶阅《说文》梅字，注曰楠也，莫杯切，乃知此梁是楠木也。"① 钱泳对本问题的解决做出了积极尝试，这种尝试是基于对"梅"字本义的解析，依据的是《说文》中对"梅"之释义。《说文·木部》："梅，枏也，可食。从木，每声。楳，或从某。"段玉裁注《说文》言："《召南》之梅，今之酸果也；《秦风》、《陈风》之'梅'，今之楠树也。"② 梅本有两层意思，可食者指酸果，而木材一般指楠木。从材质上看，楠木做殿宇横梁无疑是十分优质的，明清时期皇家宫殿修筑时仍要到南方山区寻找楠木。桂馥《说文解字义证》中又对汉代以前的"梅"进行考订，指出"枏"即"梅"，乃楠木。详文如下：

> 枏，今所谓楠木。《群芳谱》枏生南方，故又作楠。黔、蜀诸山尤多，其树童童若幢，盖枝叶森秀，不相碍若相避，然又名交让木。文潞公所谓移植虞芮者，以此叶似豫章，大如牛耳，经岁不凋，新陈相换，花黄色实似丁香，干甚端伟，高者十余丈，粗者数十围，气甚芬芳，纹理细致性坚，耐居水中，今江南造船皆用之，堪为梁栋，制器甚佳。子赤者材坚，子白者材脆，年深向阳者结成旋纹为斗柏楠。③

《史记·货殖列传》也载"江南出枏、梓"④，枏为楠木，乃当时江南特产，可解释三国、东晋时建造宫殿所用"梅梁"材料问题，即当时南方王朝修建宫殿，主梁以楠木为主。建邺周边地区当时应该有大量楠木分布，才有以都城为核心，形成多个运"梅梁"沉水的地名。不过，周宏伟先生认为"梅梁"应该就是大梁之意，"梅"即"大"，是百越民族地区古音遗留，并举江西地区的"梅岭"就是大山之意为佐证。⑤ 应该说，这一解释观点颇具价值。桂馥《义证》中也曾指出"（枏）或从某"，"《说

---

① 钱泳撰《履园丛话·丛话三·考索·梅梁》，张伟点校，中华书局，1979，第 77 页。
② 汤可敬撰《说文解字今释（增订本）》，周秉钧审订，上海古籍出版社，2018，第 773 页。
③ 桂馥：《说文解字义证》卷十六，齐鲁书社，1994，第 463 页。
④ 司马迁：《史记》卷一百二十九《货殖列传·第六十九》，中华书局，1982，第 3253 ~ 3254 页。
⑤ 此观点于 2019 年 7 月 16 日在昆明召开的第二届"水域史工作坊：从水出发的中国历史"专题论文报告会后，由周宏伟教授点评提出。

文》'楳'亦'梅'字。馥案：梅、楳皆假借，当作某"。① 即梅木可能是
某木之意，并不确指。而既然能为梁，自然是大的。本质上，无论梅梁是
确指楠木，还是泛指"大"梁，皆非指"梅树"，因梅树在植物特质上并
不适宜作为殿宇最关键之横梁。

（二）它山堰下的梅梁

它山堰下"梅梁"在文献中一出现就与禹庙梅梁捆绑在一起，即二者
乃鄞县东南七十里大梅山古梅树砍伐古木。《方舆胜览》记："梅梁，在禹
庙中。按《四明图经》大梅山在鄞县东七十里，盖汉梅子真旧隐也。山顶
有大梅木，其上则伐为会稽禹庙之梁，其下则为它山堰之梁。禹庙之梁，
张僧繇画龙于其上，夜或风雨，飞入镜湖与龙斗，后人见梁上水淋漓而萍藻
满焉，始骇异之，乃以铁索锁于柱。"② 从目前文献看，乾道（1165—1173）
间所修《四明图经》中并没有关于大梅山的记载，只在宝庆（1225—1227）
《四明志》中有详细记载，上文已有陈述。从文献形成的时间先后顺序看，
祝穆《方舆胜览》在宝庆《四明志》之后，《方舆胜览》中关于"梅梁"
与大梅山的记载应该是来自更晚近的宝庆《四明志》。

宝庆《四明志》以及魏岘《四明它山水利备览》对梅梁化龙卧于江中
记载相近，也成为此后它山堰梅梁故事的叙述范本。《水利备览》载："梅
梁在堰江沙中。《鄞志》谓：梅子真旧隐大梅山，梅木其上为会稽禹祠之
梁，其下在它山堰，亦谓之梅梁。禹祠之梁，张僧繇图龙于其上，风雨夜
或飞入鉴湖与龙斗，人见梁上水淋漓而蘋藻满焉，始骇异之，乃以铁索锁
于柱。它山堰之梁，其大逾抱，半没沙中，不知其短长，横枕堰址，潮过
则见其脊，偃然如龙卧江沙中而百年不朽，暴流湍急，俨然不动，有草一
丛生于上，四时长青，耆老传以为龙物，亦圣物镇填者耶。"③ 无论是梁木
如龙脊卧于江中，还是被掉入水中刀刃所伤即流血不止，都显示它山堰下
梅木已逐步"龙"化。

从宝庆《四明志》对它山堰治理、维护的记载史料看，它山堰在唐代
修筑后，因处于山麓，一直受山区泥沙淤积问题困扰。山上泥沙顺水而下

① 桂馥：《说文解字义证》卷十六，齐鲁书社，1994，第463页。
② 祝穆撰《方舆胜览》卷六《浙东路·绍兴府·古迹》，祝洙增订，施和金点校，中华书局，2003，第114页。
③ 魏岘：《四明它山水利备览》卷上《梅梁》，中华书局，1985，第2页。

沉于堰体周边，严重威胁堰自身正常运转，持续承受山区溪水所带之泥沙压力。所以，进入北宋以后就多次维修堰体，清除淤沙，如北宋熙宁、元祐、建中靖国及南宋嘉定、绍定年间都有系统维修。清除淤沙是重要工作，间隔不超过二十年①。目前考古发掘显示，它山堰下的梁木应该是在南宋乾道至宝庆年间的某次洪水事件中，被从山上冲至堰下的。生活在南宋庆元至景定年间（1195—1264）的魏岘在所著《水利备览》中记载了一段关于它山堰筑堰所用木材来源的史料："耆老相传，立堰之时，深山绝壑，极大之木，人所不能致者，皆因水涨乘流忽至，其神矣乎。"② 这或许是时人将南宋年间山水冲巨木沉于堰下事件错位到了早年"立堰"上。1993年冬，鄞县的水利、文物部门在修筑堰下防冲护坦时，挖去上面覆盖的沙石，在堰的南北两端发现两根巨木，两木为一整体，树干根部在上游，枝体在下游。其中一根露出沙面的巨木最大直径0.75米，树身暴露部分长达13.5米；另一根位于此木南端20~30米处，直径达0.8米。树木千年不朽，推测为溪口树（栲树）或大松树，而非梅树。学者推测有可能是在堰成后，某次洪水将上游树木连根带体冲下，过堰顶后沉于堰下，又被沙石掩埋，后人在巨树沉积上另做防冲护坦。③ 它山堰修建于唐代，此后虽有扩建，但根基在初建时应该就完成了。考古挖掘出的两根巨木并非堰底木料，而是在堰外，不是奠基木料。基于以上史料梳理及考古报告推测，它山堰下之梅梁传说应是在横木被山水冲淤于堰下后，当地附会禹庙梅梁而形成的，从目前文献记载大致推测可能发生在乾道至宝庆年间。

（三）梅澳湖中的梅木

梅澳湖为烛溪湖一部分，烛溪湖在余姚县东北十八里，东、南、西三面环山，唯东北一面为湖塘，"一名明塘湖，又名淡水湖，周二十余里，湖西南一曲又名梅澳湖，俗谓之西湖"④。南宋乾道《四明图经》中还没有梅澳湖的记载，王象之《舆地纪胜》中出现"梅湖"记载："梅溪、梅

---

① 胡榘修，方万里、罗濬纂《（宝庆）四明志》卷四《叙水》，《宋元方志丛刊》第五册，中华书局，1990，第5035页。
② 魏岘：《四明它山水利备览》卷上《堰规制作》，中华书局，1985，第2页。
③ 缪复元：《它山堰考疑》，中国水利学会水利史研究会、浙江省鄞县人民政府编《它山堰暨浙东水利史学术讨论会论文集》，中国科学技术出版社，1997，第86~92页。
④ 穆彰阿：《（嘉庆）大清一统志》卷二百九十四，四部丛刊续编景旧钞本，第23页。

湖，在余姚，夏侯曾先云：梅湖又有溪澳也。"① 这里的梅湖即梅澳湖。
《纪胜》中并未说梅澳湖与梅梁有关系，但有"梅梁"记载，只是此处
"梅梁"只指绍兴禹庙梅梁，无涉梅澳湖。② 在大概同时代施宿主持编修的
《（嘉泰）会稽志》中，对梅澳湖的记载提及了湖中水底有梅梁根。需要说
明的是，梅澳湖周边确实多梅树，嘉泰《会稽志》称梅湖因湖周边多梅树
而得名，王十朋也指出"越多梅花，又余姚有梅澳湖，以梅得名"③。此前
建康修宫殿需要大梁，并从各地运来梁木，上文《十道志》中已提及"明
塘溪"（烛溪湖）下见梅木长，伐为梁木。梅澳湖中的梅木在修宫殿故事
脉络下形成梅树与梅龙的传说，并借当地多梅树的"事实"将传说落实。
因此，梅澳湖中的梅木与鉴湖、它山堰在产地上就有所不同，三者从根本
上属于两条故事体系。

　　禹庙梅梁与它山堰梅木因大梅山古梅树而关联在一起，虽然禹庙、它
山堰、大梅山在地理空间上并不毗邻，且大梅山并不以产梅树得名，后人
在山上也未曾找到梅树古迹，④ 仍形成了此三地梅梁传说的完整体系。可
见，人们并不关心神话真假，只是按照需求来创造神话罢了。但这种创造
也不能全无依据，大梅山上流传的梅福修仙传说或许是其依据。大梅山位
于鄞县东南七十里，相传汉代梅福辞官后到会稽隐居修仙，《汉书·梅福
传》载："梅福，字子真，九江寿春人也。少学长安，明《尚书》、《穀梁
春秋》，为郡文学，补南昌尉。"又："至元始中，王莽颛政，福一朝弃妻
子，去九江，至今传以为仙。其后，人有见福于会稽者，变名姓，为吴市
门卒云。"⑤ 传言山上存留梅福修仙各种遗迹，如丹井、石洞等，周边也延
伸出诸多带"梅"字的村名、地名和遗迹，如梅溪、梅峰、梅隆、梅岭
庙、梅隐庵、梅熟塘等。南宋楼钥有诗歌记大梅山："此山名大梅，驱车
入山麓，试问山中人，山名竟谁属？禅家开道场，为说梅子熟，仙家指为

① 王象之著《舆地纪胜》卷十《绍兴府·景物上》，李勇先校点，四川大学出版社，2005，第557页。
② 王象之著《舆地纪胜》卷十《绍兴府·景物上》，李勇先校点，四川大学出版社，2005，第557~558页。
③ 王十朋：《会稽风俗赋》，王十朋著，梅溪集重刊委员会编：《王十朋全集》卷十六，上海古籍出版社，2012，第829页。
④ 鲍贤昌、陆良华编著《控寻古鄞》，宁波出版社，2012，第118页。
⑤ 班固：《汉书》卷六十七《梅福》，中华书局，1964，第2917、2927页。

岩，曾此隐梅福。或云古有梅，其大蔽山谷，至今二梅梁，灵响皆其族。"① 梅梁神木的神性与仙人修仙关联，自然可以解释禹庙、它山堰下之神迹。

此外，大梅山还是众多寺庙集中地，山上道观、寺庙甚多。元延祐《四明志》中载有护圣院、保福院："大梅山护圣院，县东南七十里。唐贞元中，法常禅师始诛茅结庵。开成元年，建寺，名曰上禅定，会昌废，大中复建，名观音禅院，柳公权书额。宋大中祥符元年赐今额。其山盖汉梅子真旧隐也。"② "大梅山保福院，县东南七十里。唐贞观十二年建，号北兰院。大中元年改报国仙居。宋大中祥符三年赐今额，与护圣同一山。"③大梅山是修仙求佛圣地，将其与"神木"梅梁关联也就不足为奇。大梅山本无梅，却成为"梅梁"产地，可见在神话故事叙述中，只要有需求，就能"生产"出其内在相对合理逻辑。

三　水利系统与梅梁神话

尽管中华大地上自古就流传着各种类型的神话故事，"神话"一词却属舶来品，源于古希腊的"mythos"，近代在日本翻译成"神话"后传入中国。国人正式使用"神话"概念并用于分析中国文化，始于章太炎、梁启超等人，章太炎效仿日本的中国神话学研究，将上古无法证实的部分处理为神话，此后神话学在古史辨研究、俗文学运动、民族调查三条路径上深化发展，④ 形成当前神话学研究的繁荣局面。中国神话内涵在很多时候被等同于上古创世神话，而除创世神话外，其实还包括有关自然现象及其变化的神话、有关诸神在天上地下生活的神话、动植物神话等。⑤ 就区域而言，各个地方也会形成属于本地的神话故事，而且在各个时代表现出不一样的特点。当然，传说的本体也是多元而丰富的。宁绍地区以宋代为主要形成时代的"梅梁"传说，以实物（水利工程）为载体，构建起了宁绍

---

① 楼钥：《攻媿集》卷三《古体诗·大梅山》，清武英殿聚珍版丛书本，第 5 页。
② 马泽修，袁桷纂《（延祐）四明志》卷十七《释道考中·鄞县寺院》，《宋元方志丛刊》第六册，中华书局，1990，第 6373 页。
③ 马泽修，袁桷纂《（延祐）四明志》卷十七《释道考中·鄞县寺院》，《宋元方志丛刊》第六册，中华书局，1990，第 6373 页。
④ 谭佳：《中国神话学研究七十年》，《民间文化论坛》2019 年第 6 期。
⑤ 刘魁立：《神话及神话学》，马昌仪选编《中国神话学百年文论选》，陕西师范大学出版社，2018，第 574~575 页。

本土以"水利工程—神木—神龙"为关系链的地方特有神话体系。以现代人的理性眼光看，神话传说中诸多情节是荒诞臆造的，但可能包含着对时代风俗习惯的记述，或以某种方式反映了古人的思维观念或生活状态。任何神话传说都包含着历史的内核。而神话传说的"亦真亦假"，或者说它们在信史上表现出的复杂情况，在很大程度上是由于"神话的历史化"过程造成的。① 在解构了"梅梁"传说的形成过程，以及对梁木本体的"复原"后，我们将此神话的构建面向"全面"（或也只是部分）呈现，这并不是本书研究之最终目的。神话传说的形成、流传以及演变，本身是特定时空背景下人与外在环境的互动呈现，在梅梁传说中暗藏着一条主线，即当时人对当地水利工程的态度与期望，这条主线或许才是催生梅梁故事形成之内因。

宁绍地区的水利工程根据时代发展脉络可大致分为三种类型：山麓湖泊型灌溉水利系统、滨海海塘水利系统及平原内部闸堰水利系统。山麓湖泊型灌溉水利系统以绍兴山会平原的鉴湖、宁波鄞县平原的广德湖为代表，这一类型的水利系统在宁绍平原水利系统中较早完成构建。鉴湖筑堤蓄水始于东汉，广德湖蓄水功能在唐代修浚后得以充分发挥，但该种水利系统在早期平原发展中虽起重要作用，却最早遭到破坏。鉴湖于南宋中期基本围垦，广德湖在北宋政和年间也遭垦废。在平原水利系统的发展中，此后又不断深化出海塘水利系统及内部闸堰水利系统。前者以绍兴地区开展较早，进入唐代，山会平原北部开始逐步修筑海塘，并在宋代基本形成北部海塘体系；从宋代开始，绍兴东部的上虞、余姚，以及宁波慈溪北部平原（简称"三北平原"）的海塘修筑也逐步开始，并以宋代修筑的大古塘为海塘水利系统之起始。海塘抵御北部潮水，防止潮水冲刷、倒灌平原。随着平原内的土壤不断与海水分离，大部分土地开始由早期的涂田变为淡地，成为海塘内主要的农业用地。由于海塘内农田缺水，需要在南部靠近山麓地带蓄水灌溉，于是宋代以后，塘内诸多湖泊蓄水灌溉海塘内围垦之农田，并构成北部海塘水利系统一部分。这些湖泊是北部海塘构建后塘内农田最重要的灌溉水源，如上虞县夏盖湖，余姚县烛溪湖（包括梅澳湖）、牟山湖，慈溪县杜湖、白洋湖，以及本书中的梅澳湖。在海塘水利系统构建的同时，宁绍平原内部还发展出闸堰水利系统，主要设置于江河

---

① 何顺果、陈继静：《神话、传说与历史》，《史学理论研究》2007 年第 4 期。

交界、江海交汇处，其中堰水利系统就以宁波鄞县的它山堰最为典型，而闸水利系统则以绍兴山会平原北部的三江闸为代表。这三种类型的水利系统构成了宁绍平原水利的主干框架，并主导着当地社会、经济乃至文化发展走向。

禹庙中的梅梁虽然以禹庙为落脚，核心却是围绕梅梁与鉴湖中的龙斗展开。鉴湖是在宁绍山会平原南部山麓地带，经人工筑堤将沼泽低地蓄水变成的大型湖泊，形成于东汉永和五年（140），属于平原早期的山麓湖泊型水利系统。宋代以后随着北方人口大量南迁，特别是两宋之交移民大批进入绍兴地区，当地人口密度加大，农业垦殖需求增加，不断有官员提议废鉴湖为田以广民食。至南宋庆元二年（1196），徐次铎即称"湖废塞殆尽，而水所流行仅有纵横支港可通舟行而已"[①]。南宋中期以后鉴湖就全部垦废了。在鉴湖的垦复问题上，一直存在两派对立观点。一派主张"废湖为田"，这一派从北宋年间就有人在鼓吹，如北宋政和四年（1114）越州太守王仲巘等人主张完全废掉鉴湖，认为一则鉴湖已自然淤淀，二则围垦鉴湖不妨碍民间水利，三则围垦后可以增加粮食生产和国家赋税收入。另一派则主张"废田复湖"，如景祐三年（1036）越知州蒋堂等、北宋熙宁二年（1069）越州通判曾巩等坚持复湖。此外，进入南宋后，王十朋、徐次铎等人也极力论述主张复湖。[②] 从水利工程和水文变化看，鉴湖垦废与北部海塘修建有极大关系。随着北部海塘的逐步构建，在北部地区也逐渐发育出新的灌溉水源，而且由于海塘对咸潮的阻隔，鉴湖原本蓄淡的功能也遭到削弱，加之山溪水源带来的泥沙淤积，导致鉴湖在南宋中期以后遭到完全围垦。禹庙中梅梁神话早在东汉时期就有显现，与鉴湖并无关系，直到北宋年间出现新的神话构建后才与鉴湖有关。这本身反映了鉴湖水利工程在其生命史过程中的处境变化，即进入宋代后，当围绕鉴湖垦废而出现矛盾时，一些神话故事逐渐被请入争论主体之中，以实现或明或暗之目的。

它山堰下梅木涉及它山堰水利工程，该水利工程自唐代以后就成为当地最重要的水利工程之一，特别是广德湖垦废后，其作用更显重要。唐代

---

① 徐次铎：《复湖议》，施宿：《（嘉泰）会稽志》卷十三《镜湖》，李能成点校《（南宋）会稽二志点校》，安徽文艺出版社，2012，第 245 页。

② 关于鉴湖废湖派与复湖派观点的详细论述请参见张芳《鉴湖的兴废及有关废湖复湖的议论》，载盛鸿郎主编《鉴湖与绍兴水利》，中国书店，1991，第 58～68 页。

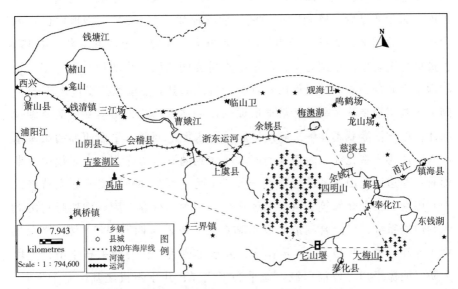

图 6-2　宁绍地区梅梁传说分布区域示意（虚线内）

注：底图来自复旦大学历史地理研究中心 CHGIS1820 年水系、海岸线、乡镇治所数据。

中期以前，宁波平原由于海水倒灌和水利工程不发达，农业生产只能利用周围山麓的陂塘、湖水、溪水水源，规模小且分散。唐开元二十六年（738）设明州，辖鄞、慈溪、奉化、翁山四县。唐大历六年（771）鄞县县治迁至今三江口。五代梁开平三年（909）吴越钱氏改鄮县为鄞县。① 鄞县中部为平原，东西为丘陵山地，西为四明山，东为天台山余脉。西北来的姚江与西南来的奉化江在县城三江口汇合，后东流入海，是为甬江。平原被奉化江分为东西两片，东面称鄞东平原，西面为鄞西平原。唐代在三江口置县城后，在很长一段时间里，鄞县平原虽临江却饮水、灌溉困难，甬江受东海潮水倒灌，盐分含量较大，不能用于农业灌溉，也不能作为生活饮用水源。

　　鄞县平原早期的灌溉水利系统以人工水库为主，平原西部有广德湖，东部有东钱湖。广德湖原名矍胶湖，是在一片盆湖洼地基础上人工围堤坝而成的。唐大历八年（773）县令修浚后改名广德湖，贞元元年（785）明

① 胡榘修，方万里、罗濬纂《（宝庆）四明志》卷一《郡志卷第一·沿革论》，《宋元方志丛刊》第五册，中华书局，1990，第 4996 页。

州刺史任侗再次疏浚，灌溉田亩四百余顷，成为仅次于东钱湖的重要人工水库。唐中期以后，废湖呼声不断。北宋淳化二年（991）当地农民盗湖为田，此后咸平、天圣、景祐年间又不断有人垦湖。至政和七年（1117）官员楼异上奏垦广德湖为田，以租税支付高丽使臣来贡费用，第二年广德湖即全部开辟为农田，共得田八百顷，自此鄞县农业灌溉遭受严重影响。①湖泊灌溉工程是滨海平原区最早形成的水利体系，绍兴山会平原的鉴湖也如此。但湖泊灌溉不能解决鄞西平原的潮水倒灌问题，平原西部的山溪水汇入鄞江再入奉化江，因潮水倒灌未能起到灌溉水源作用，故唐代中后期即对县西边四明山水系进行整治。太和年间（827—835）王元炜主持修筑了它山堰，又配套修筑了引水工程乌金、积渎、行春三碶，构建起它山堰水利灌溉系统，以配合湖泊灌溉水利系统。乾道《四明图经》载："先是厥土连江，厥田宜稻，每风涛作沴，或水旱成灾，侯乃命采石于山，为堤为防，回流于川，以灌以溉。通乎润下之泽；建乎不拔之基，能于岁时，大获民利。自它山堰灌良田者凡数千顷，故乡民德之，立祠以祀，后为善政侯。"②从此以后，"溪江中分，咸卤不至，清甘之流，输贯诸港，入城市，饶村落，七乡之田，皆赖灌溉"③。这不仅缓解了城市用水问题，也将平原灌溉农田范围进一步拓展。北宋广德湖垦废后，它山堰水利工程的作用就更为关键了。

历史上梅澳湖属烛溪湖一部分，烛溪湖也名明塘湖，其三面临山，东面为塘，历史上湖面长二十余里，在今慈溪横河镇梅湖水库附近。顾祖禹《读史方舆纪要》载："烛溪湖，县（作者注：余姚）东北十八里，三面界山，东为湖塘。有东、西水门，湖中又有明塘溪，一名明塘湖，又名淡水海，周二十余里，溉境内十三都之田。湖西南一曲又名梅澳，亦曰湖洼，俗谓之西湖。成化中以乡民争水盗决，乃筑塘分湖为二。"④明代成化年间，为止乡民争水纠纷，在中间横筑一塘，将梅澳湖与烛溪湖分离。梅澳湖中的梅梁传说在唐《十道志》中就有记载，但到南宋中

---

① 邹逸麟：《广德湖考》，《中国历史地理论丛》1985年第2期。

② 张津等撰《（乾道）四明图经》卷二《祠庙》，《宋元方志丛刊》第五册，中华书局，1990，第4884~4885页。

③ 魏岘：《四明它山水利备览》卷上"置堰"，中华书局，1985，第2页。

④ 顾祖禹：《读史方舆纪要》卷九十二《浙江四·余姚县·烛溪湖》，贺次君、施和金点校，中华书局，2005，第4226页。

后期才进入府志书写中，原因应当与湖泊在当地农业生产中的重要性显现有关。

烛溪湖、梅澳湖是宁绍三北平原北部诸多灌溉型湖泊代表，这些湖泊地处大古塘内，可视为海塘水利系统组成部分。在滨海平原地区，海塘保护农田免受潮水危害，湖泊则为农田提供灌溉水源，"水利莫大于湖陂、海堤。湖以蓄水之利，堤以御水之害"。① 这些近山湖海积平原基本沉积形成于 10 世纪以前，主要灌溉水源为山麓地带的湖泊群。这些湖泊有些是在原本农田区割田造湖基础上构建的，如上虞县北部的夏盖湖；而大部分则是依托山麓地带溪水自然汇聚后，通过人工设置塘坝而形成的水源地，与现代意义上的水库性质相似，诸如余姚境内的烛溪湖、汝仇湖、牟山湖，慈溪境内的杜白二湖（杜湖、白洋湖）。这些湖泊在当地农业灌溉体系中具有不可替代性，因此，很多地方都有称当地湖泊为"二天"的说法，慈溪杜、白两湖湖区的水利文献《杜白二湖全书》中称，当地"去江远，不得股引江水为渠，吻大海，海咸不可溉，以故旱则不登，水则山潦，滔陆至没田庐之半，无所农桑谷畜。汉时始作杜白洋湖，东西南拒山，北通故塘，注近乡诸山水以溉田，时其钟泄，于是兹乡为沃野，无凶年。其后湖堙，唐刺史任侗大举卒浚筑之，民颂为二天，因命曰二天湖"②。湖泊是当地农业生产的重要依靠，历史上当地因为垦湖与护湖而引发冲突不断，甚至械斗死人。③ 烛溪湖对余姚、慈溪北部大古塘内的农田灌溉也十分重要，明弘治、正德年间，余姚人胡东皋致仕回乡后，见家乡烛溪湖水利失修，十分忧虑，率乡民至乡社祈福，称"烛溪湖塘，潴水溉田，一乡之所天也"④。湖水被乡民视为"天"。

在宋代以前，余姚、慈溪一带居民的活动范围只限于姚江平原，平原以北还是杭州湾口南岸的海涂。经过宋代的整治，这一地域沿海海涂获得了开发。烛溪湖周边农田沉陆并被逐渐开发成熟，大致始于唐代后期。后

---

① 邵友濂修，孙德祖纂《（光绪）余姚县志》卷八《水利》，据光绪二十五年刊本影印，成文出版社，1983，第 133 页。

② 王相能辑《慈溪县鹤鸣乡杜白二湖全书·序》，石光明、董光和、杨光辉主编，国家图书馆分馆编《中华山水志丛刊》第 34 册，线装书局，2004，第 301 页。

③ 沈春华纂修《慈溪师桥沈氏宗谱》卷三《义士永十一公传》，上海图书馆藏，1913 年铅印本，第 48 页。

④ 颜鲸：《都察院右佥都御史胡公东皋传》，焦竑：《国朝献征录》卷五十六《都察院三》，明万历四十四年徐象橒曼山馆刻本，第 26 页。

唐明宗（926—933）时，今湖区龙南孙氏烛溪派始祖已定居孙家境，从事农业垦殖。① 但在宋代大古塘修筑以前，农业发展严重受制于北部的潮水。北宋庆历（1041—1048）年间，余姚县令谢景初开始大规模筑海塘，王安石在为谢筑塘撰写的记文中称，海塘"自云柯而西，有堤二万八千尺，截然令海水之潮汐不得冒其旁田者，知县事谢君为之也"②。此后宋元时期修筑的海塘基本是在此海塘基础上进行的修补，也是余姚、慈溪、上虞北部海塘的起始，明清又不断向北拓展海塘。宋代海塘修筑后，大古塘内部农业开发条件更为成熟，但对灌溉水源的依赖程度也更高了。故南宋中后期，随着大古塘带来的农业水环境渐趋于稳定，北部以湖泊为灌溉水源的农田体系基本形成。在灌溉体系的维持中，要维持湖泊存续，不仅需要疏浚水域，确保湖塘安全，不被周边湖民围垦，也需要在文化的建构上做出努力。神话传说具有规训人们行为的作用，将湖泊附以神灵，本身有保护湖泊水体的功能与价值。

在三地流传的梅梁故事中，都出现了"龙"，龙本是中国古代文化制造出来的神兽，有善变特性，可幻化为各种动物乃至某个物件。《管子》中有段话或许代表古人对龙这种不具象神物之认知："龙生于水，被五色而游，故神。欲小则化如蚕蠋，欲大则藏于天下，欲上则凌于云气，欲下则入于深泉；变化无日，上下无时，谓之神。"③ 宁绍地区龙也往往被幻化为鳗、蜥蜴之类的动物，具有降雨功能。如传说宁波阿育王山渊灵庙旁的井中就有灵鳗："环庙有圣井七，自东晋时已著灵异。中井有二鳗，其一金线自脑达于尾，其一每现光耀，折花引之，则双红蟹或二虾前导而后出焉"，"邦人祷雨必即之"。④ 在奉化县西北五十里有一水源隐潭，"每遇亢旱，祷其潭，其潭有小蛇出没，旋应如响。皇朝尝遣中使投金龙玉笋于潭，以祈灵贶"。县西南一里有灵济泉，据传北宋时有牧童于县西南灵泉浣衣时，"得巨鳗持归，脔为九段，烹之釜之，良久不见，急往泉所视之，而鳗成九节，复游泉中，邑人皆灵之"。灵迹传说引起地方政府的重视，

① 浙江省慈溪市农林局编《慈溪农业志》，上海科学技术出版社，1991，第 11 页。
② 《（万历）绍兴府志》卷十七《水利志二》，李能成点校本，宁波出版社，2012，第 349 页。
③ 颜昌峣：《管子校释》，岳麓书社，1996，第 351 页。
④ 马泽修，袁桷纂《（延祐）四明志》卷十五《祠祀考》，《宋元方志丛刊》第六册，中华书局，1990，第 6353 页。

元丰七年（1084），县令向宗谔开始开浚其泉，泉水虽深不盈尺，然"不为水旱而盈河"，且"岁旱祷之，所谓九节鳗者立现，则甘泽立应"。① 此外，鄞县有天井山，山上有三井，当地有旱灾则求雨于此，"旱焊祈请得蜥蜴或蛇蝎之类，自山下望之，弈弈有光，雨辄应；每欲雨则云雾先兴于此山，山有龙王堂"。② 蜥蜴、蛇蝎等动物可视为龙之化身，并在各地设龙王庙。大梅山上也有诸多与龙有关的神祇，清初余姚人黄宗羲在《四明山志》中称大梅山中多龙穴，"山腹有槎木二十余丈，常吐光明，高僧传云：大梅山中多龙穴，神蛇吐气成楼阁"③。地方在旱灾时塑造了各种神异之物，并倡导修筑庙宇、筑神像来宣传神迹。龙可化为各种动物，诸如蜥蜴、蛇蝎等，梅梁自然也可成为龙的化身。

在民间传说中，龙还是施雨之神。陆游多次在绍兴山阴降雨有感的诗文中提到了梅梁化龙与湖中龙斗返回禹庙，当地便下起了雨。在庆元五年（1199）所作《喜雨》诗中言："去年禹庙归梅梁，今年黑虹见东方。巫言当丰十二岁，父老相告喜欲狂。插秧正得十日雨，高下到处水满塘。"在嘉泰元年（1225）所作的《七月十七晚行湖塘雷雨大作》诗中，其感慨道："江潮默应鳗岫溢，铁锁自脱梅梁还。"④ 宁绍地区如龙王庙、龙王潭等具有祈雨功能的庙宇、神迹大量分布，如鄞县有诸多龙潭，洞井龙潭、雪头山龙潭、太白山龙洞，"旱焊祷之辄应"⑤。奉化州白龙潭，在州东南十一里。宋至和元年（1054），郑修辅有记文称："潭方阔十一丈，巨檄下一穴，相传有神物宅焉。自潭导渠分为数派，灌溉民田八千九百二十二亩。"⑥ 慈溪白龙潭："在县之东南七里，花墅湖上，水出严间，又名冷水湾。上有龙王祠。宋建炎三年正月六日，并淳熙十

① 罗濬等：《（宝庆）四明志》卷十四《奉化县志·叙水》，《宋元方志丛刊》第五册，中华书局，1990，第5184页。

② 马泽修，袁桷纂《（延祐）四明志》卷七《山川考》，《宋元方志丛刊》第六册，中华书局，1990，第6237~6238页。

③ 黄宗羲：《四明山志》卷一《名胜·大梅山》，吴光主编《黄宗羲全集》第二册，浙江古籍出版社，2018，第318页。

④ 陆游著《剑南诗稿校注》卷三十九《喜雨》、卷四十七《七月十七晚行湖塘雷雨大作》，钱仲联校注，上海古籍出版社，2011，第2519、2849页。

⑤ 马泽修，袁桷纂《（延祐）四明志》卷七《山川考》，《宋元方志丛刊》第六册，中华书局，1990，第6253页。

⑥ 马泽修，袁桷纂《（延祐）四明志》卷七《山川考》，《宋元方志丛刊》第六册，中华书局，1990，第6254页。

四年六月十九日，据赐庙额。宝祐六年正月，敕赐顺济庙。"① 不同水利工程中出现的梅梁化龙故事，正契合水利工程的灌溉功能，以及民众在旱时的祈雨心理。

从民俗传统看，请龙王求降雨在宁绍地区有深厚历史根基，遇到天旱少雨，当地就要晒龙王求雨，称"请圣"。如宁波北仑区的霞浦镇，因靠海缺淡水，稻田灌溉主要靠降水，天旱时就"先将龙王菩萨抬到露天晒，几天还不下雨，就敲锣打鼓将菩萨抬到长山岗龙潭去求雨，点香烛，放爆竹，孩子们都跟到那里去看热闹，有时还要到十五里外的马番龙潭去求雨，传说最灵验的是镇海口外的一个小岛上请的'蛟门老龙'，请龙队伍还未离岸，就乌云密布，大雨倾盆"。② 20 世纪 50 年代初，宁波鄞县出现干旱迹象，多个乡镇的村民开展传统习俗中的"请龙王"（即"请圣"）活动。鄞县南部的姜山一带，当地求神群众在河滩上挖河鳗，传说本地老马岭龙王即鳗精，请龙王活动遭到地方工作队抵制，甚至引发冲突。③ 请龙入水利工程，应当也是百姓应对可能潜在威胁之法。

梅梁故事在当地最重要的水利工程中流传当非巧合，虽然它山堰下横木来源确有偶然性。鉴湖在南宋垦废以前本为山会平原最重要的灌溉水源，梅澳湖进入南宋后也成为余姚北部平原海塘内重要的灌溉依赖，它山堰是鄞西平原在北宋政和年间广德湖垦废后最关键水利工程。因此，三者皆为当地民生所系，保障水利工程正常运转极为重要。对湖泊而言，要维持湖泊存续，保证湖水的灌溉功能；对堰闸（主要是它山堰）工程，则要适时维修以正常运转。而水利工程被外力损毁的案例在宁绍平原屡有发生，如存续近千年的广德湖、鉴湖在两宋之际都被围垦了，民众对水利工程存续与否本身有不安全感。在此背景下，神灵被"请进"水利工程的叙事体系中就显得顺理成章，这些看似荒诞不经的神话故事，即使存在逻辑上诸多硬伤，也不影响其神话叙述体系的构建及故事本身的流传。以此言之，神话流传本身即人愿望的延伸，人有需求才有神话存续的土壤。

---

① 马泽修，袁桷纂《（延祐）四明志》卷七《山川考》，《宋元方志丛刊》第六册，中华书局，1990，第 6255 页。

② 张钦康口述，张和声采访整理《宁波故乡旧俗》，《史林》2009 年增刊，第 141 页。

③ 缪复元等编著《鄞县水利志》，河海大学出版社，1992，第 510 页。

小　结

　　梅梁典故以"梅梁"为核心，从大殿之梁到禹庙之梁，本是殿中"神木"，但在禹庙中逐渐具有了化龙神性，而宁绍它山堰、梅澳湖"梅木"也在虚实之间建构了化龙传说。这一神话的生成与演化本身具有丰富的文化史意义。但更为重要的是，宁绍地区梅梁故事以当地最重要的水利工程为载体，显示了水利在当地之重要，故而具有水利史考察之意义与价值。水利是民生所依，宁绍地区围绕水利建构了本地重要的神话资源，其背后折射的是当地民众对水利工程之态度。鉴湖、它山堰、梅澳湖其实代表了宁绍平原三种类型的水利系统，即以鉴湖为代表的平原内部湖泊蓄水灌溉水利系统，以它山堰为代表的闸堰水利系统及属于海塘水利系统一部分的滨海湖泊水利系统。以梅梁化龙故事叙说当地水利工程，本身是文化建构与文化重塑的过程，而通过神话故事的演绎与流传赋予当地水利工程神性，目的在维持水利系统的正常运转。

　　鉴湖作为绍兴山会平原最重要的水利工程，其生命史从东汉永和五年（140）到南宋中期，南宋后期鉴湖被大量围垦，水域被湖田取代，鉴湖调节当地水旱平衡的作用消失，平原水利系统在此后直到明嘉靖间三江闸修建完成以前，一直处于河网水利系统逐步构建阶段，水利的基本功能由内河水网和北部海塘承担。此背景下，禹庙中的"梅梁"化龙与鉴湖中的龙斗而降雨的水域环境就不具备了，这一传说在当地也就不具有了土壤环境，所以南宋以后禹庙中的梅梁传说就逐渐淡化了。但它山堰作为宁绍鄞西平原最重要之水利工程，自唐代修筑后，一直在本地农业灌溉、城市供水上占有重要地位，因此它山堰下之横木卧于江中，并为龙之所化的说法此后一直流传。梅澳湖是浙东宁绍平原北部滨海湖泊群中的典型代表，在宋代大古塘构建后，平原内的农业灌溉用水几乎全赖塘内山麓地带的湖泊水源，湖泊的存续在当地农业发展乃至地方社会正常运转中都有绝对重要的影响。

结　语

　　第一章是对于水利史研究的方法论的思考，在此基础上，书稿用五章篇幅，试图回答今天宁绍平原地理景观与文化特质是如何形成的，基本勾勒出了一条线索。在景观形成方面，以四章内容分别讨论了河网水乡、河口三角洲、河谷平原及滨海高地的景观形塑过程及内在驱动因素。在对宁绍平原文化与水利关系问题的探索上，以最后一章两个问题作为代表，尝试回答宁绍平原水利纠纷处理中的文化力量（文献建构）及地方神话生成过程中的水利影响。

一　水利、环境与景观

　　整个宁绍平原地貌景观变化以水利工程的演化为主线，在水利工程自身演化过程中完成平原景观的塑造。水利系统有时段性特点，景观也呈现出很明显的时段性特点。早期人类开发水利以相对容易的筑堤为湖、蓄水灌溉为主，湖泊水利在宁绍平原先形成。东汉时马臻筑起了鉴湖，此水利系统形成后持续近千年；到唐代人类开始有抵御海潮能力，海塘被断断续续地构建起来。于是，当地从湖泊型水利景观向湖泊水利、海塘水利景观并存阶段发展。诚然，唐代的海塘无论在规模、质量，还是效果上都无法与明清时期相比，但海塘构建改变了平原内部的水流格局。海塘虽不能完全阻隔潮水，却因筑堤蓄水改变了平原水流走向，此举犹如多米诺骨牌效应，水流格局的变化迫使水利设施变革，于是唐代海塘修筑后，山会平原开始出现系统的泄水闸，而伴随平原东部、北部海塘在宋代的继续修筑，原本蓄水灌溉的鉴湖功能也被海塘构建后形成的分散蓄水区分担。于是鉴湖在两宋时期不断遭到围垦，以至于南宋后期基本垦废，剩下一些更为分散的积水面。海塘也影响着内部河流走向，山会境内最重要之河流西小江（浦阳江下游河道）即在南宋以后逐渐危害平原。治理西小江此后成为平原内部治水关键，元代开始分流西北入钱塘江，明初开始建白马山闸于江流上，希望通过水闸来调整内河水流与外部潮水关系。置闸后由于潮水占优势，泥沙不断淤积闸外，白马山闸不久又废弃了，西小江逐渐淤塞。平原内部积水排泄不畅，外部潮水又倒灌农田。最终于明代中叶，彻底将浦阳江下游改道经萧山县西北入钱塘江。且于三江口处（曹娥江、原浦阳江下游西小江、钱塘江）置三江闸，才同时解决了平原对内调蓄、对外御潮问题。这在当地水利工程史上具有重要意义，对景观史研究而言，也具有重要价值，由水闸控制水网而形成的内河水网景观也逐步成熟。

水利史研究不应该只是关注水利工程本身的实用价值，应该关注其潜在的细微影响。设置在河口的水闸系统，既担负着调节内水的功用，也在影响闸外的水流环境，当然，这种影响是相互的。水流环境改变影响着三角洲泥沙淤涨，而闸外潮水走向变化又直接影响闸内外水流环境。而这些都直接关系到河口地区陆地景观是否能形成，以及如何形成，乃至人是如何干预的问题。三江闸建成后，其对内调蓄积水，保障内河水位；对外则阻滞潮水倒灌。不可否认，至此山会平原（乃至整个萧绍平原）进入一个人为调控水环境的新时期。斯波义信在《宋代江南经济史研究》中认为："三江闸建于明朝嘉靖年间，绍兴平原的基本水利组织至此已得到了历史性的完成，以后只不过是维护而已。"① 此话虽言水利组织，却也暗指水利发展格局。而此说虽有一定道理，却将技术与环境视为恒定。实际上，环境（或生态系统）始终处于一种动态的演替过程中，变化是绝对的，而平衡和稳定是一种例外。三江闸建成以后，无论是闸内还是闸外的水流、泥沙环境都在缓慢变化。闸内维持水位需要进行频繁维修，填补潮水冲刷而形成的罅隙；闸外则泥沙淤涨速度持续加快。这种变化在清代初期即已发端，到清代中期以后，水利维持出现前所未有之挑战，泥沙淤积问题接踵而至，如何治沙不仅与排泄闸内积水关系密切，也与闸外的江塘安危及淤涨、被开发的沙地坍涨直接相关。在旧的治水体系之外，又延伸出治沙体系。这种治水实践的转变，背后即杭州湾河口水流环境变化之结果。

我们将视野转向区域内部的河谷地带。宁绍河谷地区人地关系，及水利开发与景观演变问题的研究以浦阳江流域最为典型。浦阳江下游在历史时期长期横贯山会平原，而在明代发生改道，其下游的人为改道，引起了西部萧山以及中游诸暨河谷地区严重水患，这种局面一直持续至传统社会

① 〔日〕斯波义信著《宋代江南经济史研究》，方健、何忠礼译，江苏人民出版社，2012，第 543 页。

结束。从明代中叶以后，萧、绍加大对西江塘修筑力度；在中游河谷地区，则在明万历年间由官员刘光复进行系统治理，其治水以治田为要，采取筑堤、导流及留低洼荡地蓄水相结合之法，且制定、推行了严格的圩长制，将沿江两岸之湖堤、河埂皆进行编号，禁止私筑堤埝。以后治水基本沿袭刘之旧规。进入清代以后，一则棚民垦殖山区，致使水土流失严重，河道泥沙淤积；二则原本由刘光复制定之筑堤格局被打破，沿江遍筑私埝，河道被压缩，泥沙淤积，河床抬升，治水变为以挖沙为主。水患加重，人类向湖泊、沼泽推进的步伐却仍在继续，从湿地沼泽中开发新的农田。通过修筑堤坝、河埂，以及排水渠、设置水闸等措施，人类不断向湖水区推进。与此同时，也面临严重水患，且各种水生疾病也接踵而至。人类在改造水流、农田环境的同时，又受制于新环境影响。而伴随对河道的治理及湖田的开发进程，当地原本大片的湖泊水域景观逐渐被成片的湖田景观取代。

滨海区因水土环境原因，开发时间较晚，基本是在内地平原开发完成后，才有足够的动力向滨海涂田区推进。在宁绍平原的滨海开发中又以余姚、慈溪、上虞北部（包括镇海北部滨海平原区）区域最为典型，该区域海塘推进有着完整而系统的时间系列。追溯源头，奠定区域发展格局之动力也与区域内移民进入有关。最早开发此区域滨海区以两宋，特别是北宋末、南宋初的北方移民迁入为主。移民进入后促使海塘的修筑，经历两宋的多次筑塘，至元代至元年间彻底修筑成系统的大古塘，改变了塘内水土环境，也确立了以大古塘为界限的水环境分异。明代中后期杭州湾南部泥沙淤涨加快，特别是进入清代康乾年间，钱塘江主泓逐渐北移，南部泥沙快速淤涨，海塘顺势向北推进。相比于御潮型海塘，余姚、慈溪北部海塘在抵御海水中的作用随着滩地快速向北推进而逐渐减弱，其蓄水养淡的价值更明显。海塘修筑过程中伴随河道构建过程，在横河构建之外，形成纵向的浦系河道泄水网络。平原在淤涨过程中，逐步形成当地有规律的塘、河、浦水利景观格局。

景观演变中一直都有人类作用于环境手段的因素，不可简单归纳为技术。从全书对宁绍水利演变背后的环境与社会的通盘考量中，我们可以发现，人类以新的技术改变环境，并希望环境惠及人类，但只能维持一段时间的平衡。随着时间车轮的向前推进，生态系统内部又将衍生出新的问题，平衡也必将被打破。以水利而言，人类不过在极力追求与水流之间的动态平衡，水利设施是人类为达到这种平衡而做出的不断努力。德国环境史学者约阿西姆·拉德卡在对水的认识上指出："人们一旦对水的问题进行长时间的权衡和思考，而不是简单地对洪涝或干旱采取害怕或厌恶的态度，就能够认识到，问题取决于找到一种聪明的能够照顾到方方面面的平衡艺术。"① 动态中寻找平衡，才是人类演进过程中的常态，伊懋可所谓的"技术锁定"在短时段或可成立，但就长时段而言，水利技术只是人与环境寻求平衡的合理选择，技术的改革背后必然掩藏着生态系统的根本变革。伴随技术的变化，景观也在发生质的变革。

在对当地水利与景观的互动研究中，运河一直是其中重要考量对象，一方面运河是沟通区域社会网络的重要交通线，另一方面运河也改变或者重塑了所经区域的景观格局。由于精力与能力不足，笔者在本书中未能就此深入展开，但对浙东运河与宁绍水文环境也有一些思考。就宁绍平原而言，境内分布着西起萧山西兴、东至宁波城区的浙东运河。根据水文环境与水情状况，浙东可以大致划分为三段，即萧山县境内的西兴运河，山阴、会稽县境内的山会平原段运河，以及曹娥江以东至宁波段运河。就水文环境变化而言，以中段即山会平原段最为典型。该段运河在东汉至南宋中后期鉴湖存续期间，运河与鉴湖一体，运河水道即在鉴湖中。南宋至明嘉靖年间三江闸修筑以前，由于鉴湖水利系统崩溃，运河河道体系从原湖泊水体中分离出来，并整合了鉴湖残余水体，维持运河在山会平原的运行，但因西小江受杭州湾潮水倒灌，运河水位维持成本高，效果也受影响。明嘉靖年间，知府汤绍恩在西小江与曹娥江、钱塘江河口交界处修筑三江大闸，从此实现了对萧绍平原海塘内水系河网的整体控制，运河水位平坦，航运通畅。至此，近代绍兴水乡景观格局也基本奠定。

西兴段（即萧山县境内）前期主要受钱塘江潮水影响，泥沙淤积河道内部，形成运河淤塞；宋代以后，特别是明清时期随着北部海塘体系的构建完成，西兴段运河泥沙淤积问题减少，但与内部农业灌溉用水的矛盾一直存在，其中湘湖水系的水流分配与运河通畅等问题也一直是宋代以后当地最重要的核心问题。此外，在萧山段与山阴、会稽段之间，在宋代运河存在水位差，所以在两段中间设有钱清南北两堰，但随着后期萧山段泥沙

① 〔德〕约阿西姆·拉德卡著《自然与权力：世界环境史》，王国豫、付海天译，河北大学出版社，2004，第103页。

淤积问题解决，到明代前期，钱清南北两堰就废弃了，内河与运河水位整合完成。

曹娥江以东至宁波段运河最主要问题来自运河水量不足影响运河通畅，该段运河沿岸分布有诸多自然湖泊或人工湖泊，而这些湖泊在维持本地农业灌溉用水中的作用也同样关键。我们看到，在明清时期曹娥江以东至宁波段运河经常因水量不足而与湖区民众争水，形成复杂而长时期的官府与地方在分水上的矛盾与冲突，也直接影响着运河沿岸基层社会关系处理过程与结果，形成了当地独特的农田与运河分布格局。本书对于浙东运河与沿岸农田景观、水利工程互动过程的讨论未及深入展开，只在讨论运河水情与周边湖泊关系时，选取了皂李湖与运河关系进行讨论，其他相关问题也只能留待以后做进一步思考与探索。

二　水利与人文：宁绍地方社会及地域文化

对地处浙东运河沿岸的湖泊水利纠纷进行分析，也需要有生态环境因子的考量。虽然目前的文献以分水纠纷为主，确实也能为"水利社会史"研究提供丰富素材，却不可只简单关注纠纷本身。皂李湖湖水纠纷集中爆发于明代，这与当地农业推进、用水需求增加有关，更与区域内的河湖水环境转变有关。就运河与周边湖泊关系而言，宋代文献中记载运河水源时仍以湖泊为主；但元代以后，水源变为沿河之山水，这本身即反映出运河沿岸湖泊的逐步消失过程。原本补给运河的湖水逐渐被民户私占，并构建起湖泊私有的文献史实，自然埋下此后运河与湖泊争水伏笔。对于不得利范围内希望分水之民众，即水利文献中称为图一己私利之"豪民"，也需要解析此人群背后的民生环境。考察水利背后的环境与民生，才是理解本区域水利纠纷之关键。

从宁绍地区地方社会运转实态看，以水利为核心所构建起来的区域社会网络，在当地人际社会关系结构中占有重要位置。或者说，某种程度上水利决定了这个区域处理社会关系的方式、方法与效果。从水利发展视角审视宁绍地区的区域进程，发现自宋代以降当地社会关系有三次大的突变。其一，两宋时期，特别是南宋的垦湖占田，形成区域内围绕垦湖与复湖的矛盾对立。其二，明代众多湖泊分水纠纷集中爆发，从慈溪地区的杜湖、白洋湖的湖水纠纷，到上虞皂李湖运河争水、农田分水等矛盾。而将明代皂李湖等湖泊的湖水纠纷问题放入长时段考虑，则可以发现明代浙东地区的农田开发力度在此前基础上又有极大推进，而宁绍低地的农业开发到明代已完全饱和。其三，清代中期以后杭州湾南岸滩地的快速淤涨，为区域开发提供了新的机遇，形成新的垦殖格局，而围绕垦殖沙地与河口治理，又形成新的区域协作与对抗并存的社会关系。这三次大的突变既有环境变化的外部影响，也有人为技术调整的"水利适应"。环境与水利技术互为表里，从水利演进出发，可以为理解区域社会发展进程提供一个极佳的观察视角。

此外，本书绪论部分提出，在区域水利史研究中，需要去探索或解析影响当地特有文化形成的水利因子，即思考水利在宁绍平原文化形成与构建过程中的作用与角色。笔者选取宁绍地区十分繁荣的民间传说故事作为考察出发点，以回应此问题。

中华民族与水打交道的历史悠久，很早即围绕水开展各种趋利避害行为，即水利工程的修筑与维持。我国南北跨度大，且受季风气候影响，水资源分布明显不均匀，在水的利用上各地区也各有特点。此外，春秋战国以后，华夏文化就特别彰显其文化构成中精耕细作的农业底色，而水利又是精耕农业发展命脉。因此，历代各区域都围绕水利而形成各区域的地方文化。当然，因水资源、地形环境、农业结构等多方面因素差异，水利在不同区域发展中的角色与定位也有所差异。对于水利在当地社会发展中有极大意义与价值的地区，水利甚至重新塑造或者影响了本地文化的形成、发展与演化。林则徐曾言："夫水之行于地也，涣然而成文，故水利之废兴，农田系焉，人文亦系焉。"[1] 宁绍地区围绕水利形成当地丰富的水利文化，近些年，以绍兴为代表，宁绍地区提出要发掘和弘扬当地水利文化，开始编辑出版《绍兴水利文化丛书》，包括《绍兴治水人物》《绍兴水利诗选》《鉴湖史》等著作，系统介绍绍兴水利文化资源及水利工程演变史。从"纯文化"看，绍兴地区在历史上出现两次文化高潮，第一次发生在晋朝兰亭，诞生了我国书法艺术上的顶峰之作《兰亭序》；第二次是形成于唐代的浙东唐诗之路，大批唐代著名诗人以越中鉴湖区为核心旅游地，畅游浙东地区（包括越州、明州、台州、温州、处州、睦州、衢州、婺州）。[2] 两次文化高

[1]　林则徐：《娄水文征·序》，林则徐全集编辑委员会编《林则徐全集》第5册，海峡文艺出版社，2002，第2691页。
[2]　葛美芳：《绍兴水利文化丛书·总论》，载傅振照著《绍兴治水人物》，中华书局，2011，第39~40页。

潮都与越州镜湖水利系统关系密切。

文化是一种社会现象，是人类长期创造形成的产物，同时又是一种历史现象，其凝结在物质之中，又游离于物质之外。文化不仅表现为文学作品这种外在形式，还体现在人们的思维方式、价值观、生活方式、行为规范等诸多方面。神话传说、地方信仰都是文化组成中的重要内容，这种地方文化其实可以折射人在认知自我与外在自然间的关系。宁绍地区有十分悠久而丰富的水利神话与水利传说，最著名者莫过于很早就在绍地流传的大禹治水、禹会诸侯故事，今天绍兴境内仍保留有大禹陵、禹庙及诸多与大禹相关之地名，本书中讨论的"梅梁"神话其实也与大禹间接相关。此外，围绕治水，宁绍地区形成诸多祭祀治水人物的民间信仰，诸如在马臻修鉴湖而遭迫害后，当地为其修筑庙宇进行供奉，马臻庙一直矗立在鉴湖边，庙与水利工程结为一体，一损俱损；此外，绍兴境内在三江闸修筑后，当地人也给主持修筑的绍兴知府汤绍恩修筑生祠，这种水利人物祭祀传统至明清时期已成常态。

水利传说与水利信仰其实背后都折射着人类希望战胜灾害（主要是水旱灾害）、祈求风调雨顺的良好愿望，宁绍地区多水利传说与水利信仰也反映了当地人在与本地"恶劣"水环境战斗的历史记忆。海潮一直对宁绍平原有威胁，在海塘系统构建以前，潮水经常倒灌内地，百姓农田、家园受损，而且在海塘修筑以后，部分年份仍有海潮冲决海塘泛滥内地之情况，故而在绍兴地区一直有潮神庙祭祀潮神。鉴湖水利工程主要解决百姓农田灌溉用水问题，鉴湖垦废后经过几百年的探索，人类才在绍兴北部三江口修筑三江大闸，彻底完成绍兴平原内部水利系统的构建。三江闸不仅解决了平原内部的灌溉问题，而且与海塘一体，还解决了北部潮水内侵问题。当地人对这些重要水利工程的修筑者从不吝情感的回馈，从马臻庙到汤公祠，当地几乎重要水利工程都有自己的祭祀对象。当然，除了众多的人物祭祀外，宁绍地区也围绕水利工程形成诸多其他神话传说，本书选取的"梅梁"故事即其中之代表。"梅梁"传说在当地最重要的水利工程中都有流传，反映的是当地人对护卫自我、泽及自身的水利工程的重视。宁绍地区诸多民间信仰与神话传说构成了当地文化要素中的重要内容，也影响着本地人看待人与自然关系的态度。

总之，人类通过修筑各种水利工程去适应环境、改造环境，这种水利活动不仅形塑了区域的外在景观（包括地貌变化、水系调整、水利工程建筑等），而且也内化影响着当地人的思维方式、行为准则，即水利工程在某种程度上造就了地区内外气质：外化为景观呈现，内化则表现在日常生活方式、民俗信仰、地方人群性格等诸多方面，影响着一个地区的文化走向。当然，这种说法或许并不适用于全国所有地区，但在宁绍地区，我们确实看到了水利活动伴随当地人群发展演变史的整个过程，并发挥着贯穿主线的作用，从水利看该区域的发展与演变过程，对区域的认知也将会更深入与全面。

最后，需要指出的是，本研究属于"区域史"研究，但"区域史"并不完全等同于"地方史"。地方史研究工作更多在于挖掘乡土知识，区域史则希望在区域研究基础上跳出区域本身，与横向其他区域进行对比，从整体上把握区域社会、环境演变规律。杭州湾南岸地区在一些学者视野中经常纳入大江南范围，但宁绍平原在水系结构、水文条件以及水利模式上与以太湖为核心的"江南"地区有明显差别。在水文环境上，江南核心区域以太湖为中心形成由低地向高地溢流水环境，这种水流环境也孕育了江南最为繁荣和发达的稻作文明，而这种低地溢流水文环境在全世界都具有其独特性。宁绍平原因其地形环境决定了区域的水文环境，南部背靠山脉，溪水在很长一段时间是平原地区最重要的灌溉水源，因此需要将内部的水流进行人为的截留，最早的鉴湖水利工程即其代表。如果不兴修截留淡水的水利工程，南部的淡水就快速流入北部或东部海域，因此，在很长一段时期平原内主要问题是阻止内部淡水的流失。而在此过程中，随着北部海塘体系的构建完成，逐步阻挡了北部海水倒灌带来的土地咸化问题。而海塘不仅起到阻挡外部潮水作用，还逐步发育成截留内部水流的作用。因此，宋代以后平原内部在人口持续增加背景下，兴起垦废内部用于截留淡水灌溉农田的湖泊运动，平原内部水环境在宋代以后进入一个新阶段。因水流环境、水文特点的差异，导致宁绍平原地区在区域开发与经济发展模式上与江南核心区（苏州、松江、常州、镇江、杭州、嘉兴、湖州七府）有一定差异，这也从另一方面回应宁绍地区虽有江南核心区的部分特点，但终不能进入"江南"核心区之原因。

附录
《余姚海堤集》版本流传及成书考

《余姚海堤集》（以下称《海堤集》）乃元代主持修筑大古塘的叶恒之孙叶翼于明初编辑而成，共四卷。一直以来，清代对该书的编辑者、卷数乃至名称的介绍皆较为混乱。或将编者定为元代主持修筑海塘的叶恒，或称卷帙一卷（如《四库全书总目提要》），或称之为《海堤录》。今人在介绍该书时也存在许多谬误之处。目前可见清代著名藏书家汪宪所藏之手抄本《海堤集》，乃明初叶翼所编之四卷本，可修正《四库》及学人之误。其中保留大量海塘修筑史料，对解读元代余姚、慈溪北部海塘修筑亦有重要参考价值。本文对《海堤集》成书过程、版本流传以及内容做一系统梳理，以还原该文献之本来面目。

一　叶恒生平考

由于《海堤集》所颂扬之主人公，即为元代主持修筑余姚大古塘的叶恒，因此，在考述《海堤集》前有必要对叶恒进行一番考订。目前有关叶恒之文献，主要集中在其主持修海塘之事，对其个人生平却少有详细记载。笔者所见嘉靖《宁波府志》中有其传记，乃介绍叶恒生平最为完整之史料：

> 叶恒，字敬常，鄞人。治春秋，善文辞。泰定初，游京师，朝着重其才，荐见储君，被旨入胄监研精讲学，昼夜弗倦。擢春官，第授从仕郎、余姚州判官，锄奸抑强，百废兴举。州东北际海，岁被风涛害稼。尝以竹石作土堤以捍，费甚而不能久，州人病之。恒乃设方略甃以石，长亘二十里，民不知劳。堤南旧有汝仇、余支二湖，废斥几四十年，堤成而湖复潴水。时其启闭，田获灌溉，海潮之患以绝。居民为树碣纪绩焉。后迁翰林国史编修官。时安南遣使入贡，诏为馆伴使，送使者出境，馈以金缯珍玩，一无所受。迁国子助教，调文林郎淮安路盐城尹。民多不律，恒辄法其尤横者。台察交荐之，将大用而卒。民立祠祀之，

至正间请于朝，诏封仁功侯，赐额永泽。①

万历《绍兴府志》也为其立传，但相比《宁波府志》更为简略，且重点在海塘之事：

> 叶恒。字敬常，鄞人。判姚有干，局筹划久远。姚有捍海堤，潮汐决啮，海益内侵，民最苦之。恒更筑石堤二千四百余丈，自是遂无海患。至正间，录恒海堤功，追封仁功侯，立庙祀之。②

其早年游学于元大都，对此事笔者在清人所编之《宋元学案补遗》中找到佐证："叶恒，鄞县人，国子生。父逊，字谦父，世隐不仕。尝欲以事功见于世，而无遇于用，乃退而自修于家。家有婚丧之事，必求诸礼法。遣先生宦学于京师。"③此后出任浙江余姚州判官，时间大致从天历年间（1328-1330）至至正元年（1341），此后入翰林院，后转任盐城县尹，并卒于任上，时间大致在至正九年（1349）。时人黄琚所写之纪念文章中对此有所提及："后八年（作者按：修海塘后八年）至正己丑（1349）孟夏之日，公由国子监助教出为盐城尹。"④从《宁波府志》传记及黄文所载，叶恒应在上任盐城县尹后即去世了。

叶恒任余姚判官期间，主持修筑了北部沿海大古塘。海塘修筑始于至元四年（1338），完成于至正元年（1341）。叶恒卒后，当地百姓感念其筑塘之功，为其立庙祭祀，并请求朝廷册封。至正二十七年（1367）元朝下旨追封叶恒为"仁功侯"，赐"永泽"庙以祭祀。至正二十七年余姚人王至撰写《永泽庙记》，专记其事，《记》文部分如下：

> 至正廿有期年，诏封余姚州判官叶恒为仁功侯，赐庙额为永泽。侯字敬常，四明人，以国子高第释褐，官余姚。余姚北际大海，当潮水之冲啮者六十里。有司役其民楗笓竹木而筑土石以为堤。风涛不可

---

① 嘉靖《宁波府志》卷二十七传三，明嘉靖三十九年刊本。
② 万历《绍兴府志》卷三十七《人物志三·名宦》；李能成点校本，宁波出版社，2012。
③ 王梓材、冯云濠编撰《宋元学案补遗》卷九十二"草庐学案补遗·道园门人·叶先生恒"，沈芝盈、梁运华点校，中华书局，2012，第5579页。
④ 叶翼编《海堤集》卷一"骚"，"会稽黄潜宗鲁"条，清汪鱼亭藏本。

测，或始成而即坏，坏则内移以为堤，岁或三四焉，民之力日益罢
（编者按：通"疲"），财日益耗，而并海之地日益削矣。侯至治是
堤，乃曰："欲去此患，非石堤不可。然为费固钜，但并其数为土堤
之费，则石堤可成矣。"于是，请计田出粟，则人以司之，而侯则往
来相度，苦心劳力而督治之。越三年，为至元改元之岁，而堤始成。
当具其事请国子监丞陈公旅为之记，以刻诸石矣。是后，侯入官翰
林，转职太学，卒于盐城县令，则去州已十年。州民皆欲建庙祀侯，
而未有卒其事者。又越十有五年，而浙江分枢密院经历郑公珩以分省
命来督州事，政无不举，而民皆悦服，乃以庙事告公。遂白诸分省，
而率其民即州学之傍地建屋四楹，其间门牖既借，垩塈既施，则中塑
侯像，而前置祀具，约以每岁春秋二时奉牲醴祀侯。而又合民之词以
请于朝，故有追封庙额之命。①

叶恒筑海塘后即入翰林转太学，并卒于盐城县尹任上，其所筑之海
塘，为余姚、慈溪北部农业提供了抵御潮水的屏障，其功绩自不待言，但
为表其功绩而编之《海堤集》非其自己所为。

二 《海堤集》卷数与名称

《海堤集》何人所编，本是极为简单的问题，但因该文献流传不广，
且传抄版本不同，后人在论述时出现各种迥然不同的观点。如 1992 年慈溪
市地方志编纂委员会编《慈溪县志》载"《余姚海堤集》4 卷，元鄞县叶
恒撰"②，直言著者为叶恒；诸伯均主编《余姚境域县政概略》："叶恒在
修筑海堤期间，采集遗书，编成《余姚海堤集》四卷。"③ 意指叶恒汇编而
成《海堤集》四卷，皆大谬。这种观点也确有部分史料依据，如光绪《余
姚县志》等记载："元叶恒《余姚海堤集》四卷。采集遗书录此书。元余
姚州州判叶恒修筑海堤而作，裔孙翼汇各家歌颂诗文，次之有元人陈旅、
王沂二记，金华黄溍、王祎二跋及戴良诗。"④ 详载是书卷数、作者以及内

---

① 王至：《敕封仁功侯赐额永泽庙碑记》，叶翼编《余姚海堤集》卷一，清汪鱼亭藏本。
  注：此文还被收入李修文主编《全元文》第 59 册，凤凰出版社，2005，第 198~199 页。
② 慈溪市地方志编纂委员会编《慈溪县志》，浙江人民出版社，1992，第 1053 页。
③ 诸伯均主编《余姚境域县政概略》，中国文化出版社，2006，第 172 页。
④ 光绪《余姚县志》卷十七《艺文下》，光绪二十五年刻本。

容，称书最终由叶恒裔孙汇编而成，给人一种书最早由叶恒搜集汇编之错觉。一些学人在"引用"《海堤集》时虽言编辑者为叶翼，却将叶翼当作元人。① 洪焕椿先生的《浙江方志考》中对此文献也有考订，其言："《余姚海堤集》4 卷。明宁波叶翼辑。此书见《浙江采集遗书总录》著录，系浙江第五次范懋柱家呈送书。今未见传本。《四库全书》存目改为一卷。"② 洪先生认为原书四卷，《四库全书》存目改为一卷，是否真如其所言"未见传本"呢？

对于该书编者及成书经过，下文有详细阐释。首先需解决文献卷帙问题，目前所见古人对此文献之介绍即有一卷与四卷分歧，兹列部分文献如下。

清乾隆十二年（1747），嵇璜主持、官修的《续文献通考》中载：

> 叶翼《余姚海堤集》一卷。翼，宁波人，始末未详。

随后对叶翼先祖叶恒修筑海塘及该书成书背景略作交代：

> 臣等谨案：翼祖恒，字敬常，元天历间为余姚判官，筑堤捍海，民赖其利。

> 至正末，诏封仁功侯，立庙祠之，当时名人多有序记诗文，翼共编为一集。③

在嵇璜编之《钦定续通志·艺文略·总集》也如是载：

> 《余姚海堤集》一卷，明叶翼编。④

在《四库全书总目》中也只标注为一卷，且称天一阁有藏本：

> 《余姚海堤集》一卷。浙江范懋柱家天一阁藏本。
> 明叶翼编。翼，宁波人。其祖恒，字敬常，元天历间为余姚判

---

① 如张亚红、徐炯明主编《宁波明清海防研究》，宁波出版社，2013，第 278 页。
② 洪焕椿：《浙江方志考》，浙江人民出版社，1984，第 580 页。
③ 嵇璜：《续文献通考》卷一百九十七《经籍考》，清文渊阁四库全书本。
④ 嵇璜：《钦定续通志》卷一百六十三《艺文略·总集》，文渊阁四库全书本。

官，筑堤捍海，民赖其利。至正末，诏封仁功侯，立庙祀之。其子晋
为南台掾，尝辑当时名人序记诗文为一集，未及刊而毁于火。宣德中
翼复裒缀散佚以成是编。①

民国年间《重修浙江通志稿·著述考》中称：

> 《余姚海堤集》一卷，明叶翼撰。

并云：

> 翼，宁波人。其祖恒，字敬常，元天历（1328-1330）间为余姚
> 判官，筑堤捍海，民赖其利。至正末，诏封仁功侯，立庙祀之。其子
> 晋，为南台掾，尝辑当时名人序记、诗文为一集，未及刊而毁于火。
> 宣德（1426-1435）中，翼复裒缀散佚成是编。②

对于《海堤集》编者，基本无异议，皆称由明叶翼所编。即使同为
"一卷本"，还存在书名之别，许多文献将其称为《海堤录》。目前所见首
次将《海堤集》称《海堤录》者乃嵇曾筠主持编修的雍正《浙江通志》
卷二百五十四《经籍》："《海堤录》一卷。至正己卯，余姚州判叶恒敬常
筑石堤，子晋辑名贤述作以褒扬之，从孙翼刊行。"③ 此后，诸如钱大昕在
《元史·艺文志》中也照抄此条文献："《海堤录》一卷。至正己卯，余姚州
判叶恒敬常筑石堤，子晋辑名贤述作以褒扬之。"④ 只是将"从孙翼刊行"
几字删去。此外，魏源《元史新编》⑤、曾廉《元书》⑥ 皆作《海堤录》一
卷。乾隆《绍兴府志》转引《浙江通志》时载"《海堤录》一卷"，但又见
《浙江采集遗书录》中"作余姚《海堤集》四卷，有元人陈旅、王沂二
《记》、黄潜王祎二跋"⑦。于是将此二说一并列出。其实《海堤录》一卷本

---

① 《四库全书总目》卷一百九十一集部四十四，清乾隆武英殿刻本。
② 民国《重修浙江通志稿·著述考》（标点本）第六册，方志出版社，2010，第3556页。
③ 雍正《浙江通志》卷二百五十四《经籍·两浙志乘（下）》，清文渊阁四库全书本。
④ 钱大昕：《元史艺文志》卷二，清潜研堂全书本。
⑤ 魏源：《元史新编》卷九十二志十之二，清光绪三十一年邵阳魏氏慎微堂刻本。
⑥ 曾廉：《元书》卷二十三，清宣统三年刻本。
⑦ 乾隆《绍兴府志》卷七十七《经籍志一》，清乾隆五十七年刊本。

应该是《四库全书》存目中所提及之"《余姚海堤集》一卷",天一阁有藏。

从目前所见之《海堤集》四卷本看,该书确为叶恒裔孙叶翼所编,成书四卷。因各种原因,刊本并未广泛流行,更多以钞本流传,有些钞本可能只抄了其中一卷,或者全书只以一卷概之,名称也有改动,曰《海堤录》。笔者目前所能见者即四卷本,且在清代众多藏书家所收藏之版本中,也以四卷本为主,如阮元收藏有《海堤集》四卷,在其《文选楼藏书记》中载:"《余姚海堤集》四卷,明叶翼辑,鄞县人。刊本。是书因元余姚州判叶恒修筑海堤,裔孙翼汇辑各家歌颂诗文成集。"① 其所藏为刊本。晚清民国著名藏书家丁仁也藏此书,为振绮堂钞本,其在《八千卷楼书目》集部中载:"《余姚海堤集》四卷,明叶翼编,振绮堂钞本。"② 清末丁丙也藏有四卷本《海堤集》,却为清乾隆年间杭州府仁和县著名藏书家汪鱼亭所收藏之钞本,其对该书之版本及来历皆有详细介绍,兹录全文如下:

> 《余姚海堤集》四卷,旧钞本。汪鱼亭藏书。
>
> 嗣孙叶翼斯跂述刊。海堤在越之余姚,潮汐往来,堤堰倾圮。元天历间四月,叶侯敬常由太学为是州判官,尝捐资募工,先劳著绩。莆中陈旅记其事,文人学士莫不以诗文艳之。判州卒官,邦人闻于朝,封仁功侯,赐庙永泽祀。太常有子曰晋,字孔昭,授宣政院照磨,补官江南行御史台掾。痛念其父有功海堤,诸君述作褒扬,恐久而泯殁,乃摭为海堤集,将刊行,会兵火,绎骚不果。从弟之子翼哀痛之,遍求乡邦耆彦及各文集中采录,得之,编为此集。钤有汪鱼亭藏阅书一印。③

而笔者见之四卷本即汪鱼亭所藏四卷本,是书扉页题有"汪鱼亭藏"字样④,应为丁丙所收藏之四卷本《海堤集》。

---

① 阮元:《文选楼藏书记》卷三,清越缦堂钞本。
② 丁仁:《八千卷楼书目》卷十九"集部",民国本。
③ 丁丙:《善本书室藏书志》卷三十九,清光绪刻本。
④ 汪鱼亭,即清乾隆年间著名藏书家汪宪。字千坡,号鱼亭。浙江杭州府仁和县人。乾隆十年(1745)进士,官刑部主事,迁陕西司员外郎,以双亲老乞归。性好藏书,家藏典籍多善本。以孝友及藏书丰富而为后人称道。《清稗类钞》将其列入"孝友类",其文称:"乾隆朝,杭人汪宪,字鱼亭,尝官刑部员外郎,在京数年,以亲老归,不复出。居父忧,食苴服粝,期不变制,遂以毁卒。钱文端公陈群尝比之荀颜、谢贞。"(徐珂编撰《清稗类钞》第五册,中华书局,1996,第2450页)而同书第九册"鉴赏 (转下页注)

三　内容与成书过程

汪鱼亭藏钞本四卷，卷一包括三篇记文，乃地方官员、文人为海塘修筑所写之记文，分别是元人陈旅、王沂所作《海堤记》两篇，王至作《敕封仁功侯赐额永泽庙记》一篇；以及元末明初名士赵俶所作"赋"文一篇，会稽黄琚所作"骚"文一篇。卷二古诗十一首；卷三古体诗十五首；卷四为"杂言"，包括杂记四篇、五言律诗二首、七言律诗十九首、绝句五首；黄潛、王祎跋文各一篇，并"海堤集后序"一篇。

此书之成书过程，上文已有提及。元叶恒之子叶晋搜集，未刊行，且毁于火。明宣德年间叶翼搜集散佚文献，重新汇集而成。其详细之成书经过载于汪鱼亭藏四卷本卷末"海堤集后序"一文中，对叶晋、叶翼搜集名贤之作皆有详细交代：

> 孔昭亦由太学出身，首授宣政院照磨，以职官补江南行御史台掾，声名动于当时。痛念其父有功于海堤，诸名贤有述作以襃扬之，恐久而泯没弗彰，乃摭拾其记、序、诗文若干，题之曰《海堤集》。其将刊行以广传，值天下兵起，四海绎骚，时更运革，遂弗果。其稿存于从弟之子翼，不幸遭回禄灾，偕归煨烬之末。翼哀之痛之，遍求乡邦耆彦，及于各文集中采录得之。虽遗落不全，自以为庶几乎者也。宣德改元之春正月，翼乃南游璚海，以余为同浙乡友，乃示其集，且言其出处，深悼伯父孔昭先生不克厥志，遂奋力而继述之。欲绪诸梓以成其美，乃求余言以彰继述之志。①

（接上页注④）类"再叙汪鱼亭藏书之所振绮堂："钱塘汪氏有振绮堂，为藏书之所，自鱼亭员外宪至小米中翰远孙，四世矣，与同郡诸藏书家若小山堂赵氏、飞鸿堂汪氏、知不足斋鲍氏、瓶花斋吴氏、寿松堂孙氏、欣托山房汪氏，皆相往来，彼此互易，借钞借校，因得见宋椠、元钞不下数十百种。鱼亭喜蓄书，有求售者，不惜以丰价购之，点勘丹黄，终日不倦。乾隆壬辰，诏求遗书，其长子汝瑮以秘籍经进，御题《曲洧旧闻》《书苑菁华》二种，并赐《佩文韵府》一部，文绮二端。陈用光尝以小米家藏甚富，借观其目，小米以《临安志》赠之，遂为之作目录序。小米之藏书，分经、史、子、集四部，部各有子目，而凡所考证其书之佳否真伪，及得书之缘起，自注于上方甚详，且秩然有条理也。"（徐珂编撰《清稗类钞》第九册，中华书局，1996，第4248页）
① 叶翼编《余姚海堤集》卷四《海堤集后序》，清汪鱼亭藏本。

叶晋，字孔昭，叶恒之子，叶翼则为叶晋从弟之子。《海堤集》最早于元末时由叶晋汇编而成，然遭兵燹，毁于火中。宣德改元之春（1426），汇编成册，请人写后序，只待付梓。因此，该书最终成于宣德年间（1426~1435）。此后序未标出作者姓名，从行文上看，应是叶翼好友。其言："而孔昭先生且余姊丈邵彦文同仕于宪台。孔昭以不附权势，一循忠节；彦文以抗忤而卒。与大夫普公同出处也。今余见其集、睹其文、识其名，不能不使余发六十四五年前之感慨也。"① 可见叶翼之伯父与后序作者姊丈早年即相识。从此文中可大致推测出叶晋当年汇编文集之时间，即宣德元年（1426）前六十四或六十五年，即 1362 年至 1363 年间。

在叶晋汇编《海堤集》时，还请浦江戴良作过序。叶晋与戴良关系极密切，叶晋得紫金山一黑石，断为砚台，还请戴良写一铭文。② 听闻叶晋为其父搜集纪念文章，戴良喜而作诗，名曰《叶孔昭为尊公刊海堤集喜而有赋》，诗文言："翁昔为州建土功，石堤万丈海争雄。歌谣德美南阳似，纪载文成吏部同。要见流传千载远，肯教零落百年中。谁家有子贤如是，手把新编喜未穷。"③ 对叶晋之孝行大加颂扬。并作有《海堤行》一文，详载叶恒筑堤功绩。④ 不过今所见汪鱼亭藏四卷本中未见此序，在戴良《九灵山房集》中发现有"余姚海堤集序"一文，兹录如下，以补缺失：

> 余姚俯瞰大海，而西北当其冲，每岁海潮奔突，飓风挟怒涛，相辅为害，率常破庐舍坏田土，且将鱼其人而沼其地。当宋为县时，知县事谢景初尝为堤二万八千尺，施宿又为堤四万二千尺，而其中为石堤者五千七百尺，其所以与海为抗者，可谓至矣。然土堤善崩，而旧涯日垫为斥卤，凡西北田之受灌陂湖者，亦且溢入咸流，岁用不稔。国朝（元）易县为州四十年，而国子叶先生来为其州判官，行视败堤，亟与乡之父老图所以弭之。廼规货，食募匠佣，揆日之吉，凿石为堤，以尺计者，二万四千二百三十五，其视前人之功，可谓益至乎。于是州之民，相与颂美之不已。既致尺走京师，请国子监丞陈公众仲、翰林学士王公师鲁为文记其事。而复率州之工乎诗者，以及寓

---

① 叶翼编《余姚海堤集》卷四《海堤集后序》，清汪鱼亭藏本。
② 戴良：《九灵山房集》卷十八《鄞游稿·紫金石砚铭（并序）》，四库丛刊本。
③ 戴良：《九灵山房集》卷二十五《叶孔昭为尊公刊海堤集喜而有赋》，四库丛刊本。
④ 戴良：《九灵山房集》卷十四《海堤行》，四库丛刊本。

公过客，作为乐府、歌行、五七言近体诗若干首，以咏歌先生之功于无极。先生之子南台掾晋，裒集为若干卷，锓梓以传，而嘱余序之。昔汉召信臣为南阳太守，尝造钳庐陂于穰县，累石为堤，以节水势，田获美灌，民甚利之。及后汉杜诗为太守，复修其业，时人为之歌曰：前有召父，后有杜母。先生继谢、施二令为海堤，视杜之继召作陂堤则同，州人士歌思之又同。所不同者，彼盖汉史传其事，此则出于民俗之颂美，而非太史氏之纪录也。虽然，杜之功仅齐于召，而先生之功则非谢、施所可及。庸讵知是堤之筑，不有待于先生而后大显于世乎？则夫他人之秉史笔者，故当以先生之纪录，追见乎前事，而召、杜不得专美两汉矣。诗曰：惟其有之，是以似之。庸敢窃取斯义。序所以作者之意如此。先生入官之履历，作堤之岁月，与夫为政之大凡，载之记文，得以互见者，不赘焉。①

可见，叶翼编《海堤集》没有完全收全前文，其中应有一些文章在战火中亡佚了。

另外，上文所提《四库全书存目》中提及《海堤集》一卷，天一阁有藏。笔者所见汪鱼亭藏本后有一页"浙江范懋柱家天一阁藏"一卷本介绍，对《海堤集》成书经过也有详细交代："明叶翼编。叶翼，宁波人，其祖恒，自字敬常，元天历间为余姚判官，筑堤捍海，民赖其利。至正末，诏封仁功侯，立庙祀之。其子晋为南台掾，尝试辑当时名人序、记、诗文为一集，未及刊而毁于火。宣德中，翼复裒缀散佚，以成是编。"② 从目前所见之首页看，天一阁藏本为刻本，一卷。

---

① 戴良：《九灵山房集》卷二十九《余姚海堤集序》，四库丛刊本。
② 叶翼编《余姚海堤集》卷四《海堤集后序》，清汪鱼亭藏本。

参考文献

史料文献与图集

（北魏）郦道元著，（清）杨守敬、熊会贞疏，段熙仲点校，陈桥驿复校《水经注疏》，江苏古籍出版社，1999。

（北魏）贾思勰著《齐民要术今释》，石声汉校释，中华书局，2009。

（唐）李吉甫撰《元和郡县图志》，贺次君校，中华书局，2005。

（唐）徐坚等著《初学记》，中华书局，2004。

（宋）李心传编撰《建炎以来系年要录》，胡坤点校，中华书局，2013。

刘琳、刁忠民、舒大刚、尹波等校点《宋会要辑稿》，上海古籍出版社，2014。

（宋）乐史撰《太平寰宇记》，王文楚等点校，中华书局，2007。

（宋）欧阳忞撰《舆地广记》，李勇先、王小红校注，中华书局，1985。

（宋）祝穆撰《方舆胜览》，祝洙增订，施和金点校，中华书局，2003。

（宋）王象之编著《舆地纪胜》，赵一生点校，浙江古籍出版社，2012。

（宋）施宿等撰《（嘉泰）会稽志》，李能成点校《会稽二志点校》，安徽文艺出版社，2012。

（宋）张淏撰《（宝庆）会稽续志》，李能成点校《会稽二志点校》，安徽文艺出版社，2012。

（宋）苏轼著《苏轼文集》，孔凡礼点校，中华书局，2011。

（宋）曾巩著《曾巩集》，陈杏珍、晁继周点校，中华书局，1998。

（宋）孔延之编《会稽掇英总集》，邹志方点校，人民出版社，2006。

（宋）陆游著《剑南诗稿校注》，钱仲联校注，上海古籍出版社，2011。

（宋）王十朋等撰《会稽三赋》，中华书局，1991。

（宋）王十朋著《王十朋全集》，梅溪集重刊委员会编，王十朋纪念馆修订，上海古籍出版社，2012。

（宋）朱熹著《晦庵先生文公文集》，《朱子全书》第12、13册，刘永翔、朱幼文校点，上海古籍出版社、安徽教育出版社，2010。

（宋）楼钥撰《攻媿集》，中华书局，1985。

（宋）陈思：《两宋名贤小集》，清文渊阁四库全书本。

（宋）周必大：《文忠集》，清文渊阁四库全书本。

（元）脱脱等：《宋史》，中华书局，1977。

（元）王冕：《王冕集》，浙江古籍出版社，2012。

（元）吴师道著《吴师道集》，邱居里、邢新欣点校，浙江古籍出版社，2012。

（元）大司农司编《农桑辑要》，马宗申译注，上海古籍出版社，2008。

（明）宋濂等：《元史》，中华书局，1976。

（明）萧良幹修，（明）张元忭、孙鑛纂《（万历）绍兴府志》，李能成点校，宁波出版社，2012。

（明）嘉靖《山阴县志》，明嘉靖三十年刻本，殷梦霞选编《日本藏中国罕见地方志丛刊续编》第三、四册，北京图书馆出版社影印，2003。

（明）嘉靖《萧山县志》，明嘉靖刻本。

（明）徐待聘修万历《新修上虞县志》（点注本），胡耀灿、黄颂翔主编，中国文史出版社，2013。

（明）崇祯《山阴县志》，明抄本。

万历《会稽县志》，万历三年刊本，《中国方志丛书·华中地方》第550号，成文出版社影印，1983。

万历《新修余姚县志》，万历年间刊本。

天启《慈溪县志》，明天启四年刊本。

（明）王士性撰《广志绎》《五岳游草》，周振鹤点校，中华书局，2006。

（明）刘光复：《经野规略》，冯建荣主编《绍兴水利文献丛集》下册，广陵书社，2014。

（明）富玹撰《萧山水利》，（清）张文瑞撰《萧山水利续刻、三刻》，《四库全书存目丛书》史部第225册，齐鲁书社，1996。

（明）胡奎：《胡奎诗集》，浙江古籍出版社，2012。

（明）商辂：《商辂集》，浙江古籍出版社，2012。

（明）王思任：《王季重集》，浙江古籍出版社，2012。

（明）徐光启撰《农政全书》，石声汉点校，上海古籍出版社，2011。

（明）陆容：《菽园杂记》，中华书局，1985。

（清）张廷玉等：《明史》，中华书局，1974。

（清）顾炎武撰《天下郡国利病书》，黄坤等校点，上海古籍出版社，2012。

（清）顾祖禹撰《读史方舆纪要》，贺次君、施和金点校，中华书局，2005。

（清）阮元：《浙江图考》，谭其骧主编《清人文集·地理类汇编》第4册，浙江人民出版社，1987。

（清）康熙《绍兴府志》，康熙五十八年刊本，《中国方志丛书·华中地方》第537号，成文出版社影印，1983。

康熙《会稽县志》，康熙十年刊本，《中国方志丛书·华中地方》第553号，成文出版社影印，1983。

（清）康熙《萧山县志》，清康熙十一年刊本。

（清）郑侨等纂《（康熙）上虞县志》，康熙十年刊本，《中国方志丛书·华中地方》第545号，成文出版社影印，1983。

雍正《慈溪县志》，雍正八年刊本。

（清）乾隆《绍兴府志》，乾隆五十七年刊本，《中国方志丛书·华中地方》第221号，成文出版社影印，1983。

乾隆《诸暨县志》，乾隆三十八年刊本，《中国方志丛书·华中地方》第598号，成文出版社影印，1983。

（清）嘉庆《山阴县志》，民国二十五年绍兴县志委员会校刊铅印本，《中国方志丛书·华中地方》第581号，成文出版社影印，1983。

（清）道光《会稽县志》，绍兴王氏钞本，《中国方志丛书·华中地方》第551号，成文出版社影印，1983年。

（清）王振纲纂《（咸丰）上虞志备稿》（不分卷），《浙江图书馆藏稀见方志丛刊》第34册，国家图书馆，2011。

（清）李慈铭撰《山阴县志校记》，1930年铅印本。

（清）李慈铭撰《乾隆绍兴府志校记》，清手钞本，《中国方志丛书·华中地方》第539号，成文出版社影印，1983。

光绪《上虞县志》，光绪十七年刊本，《中国方志丛书·华中地方》第63号，成文出版社影印，1983。

光绪《慈溪县志》，清光绪二十五年刻本。

（清）张履祥辑补，陈恒力校释，王达参校增订《补农书校释》，农业出版社，1983。

（清）黄宗羲著，沈善洪主编《黄宗羲全集》，浙江古籍出版社，1986。

（清）毛奇龄著，王云五编《西河文集》十四册，商务印书馆，1934。

（清）全祖望撰《全祖望全集汇校注》，朱铸禹汇校注，上海古籍出版社，2000。

（清）李慈铭：《越缦堂读史札记全编》，北京图书馆出版社影印，2003。

（清）陶元藻编《全浙诗话》，俞志惠点校，中华书局，2013。

（清）徐兆昺著《四明谈助》，桂心仪等点注，宁波出版社，2003。

（清）范寅著《越谚》，光绪八年刻本，张智主编《中国风土志丛刊》49，广陵书社影印，2003。

（清）毛奇龄：《湘湖水利志》，《四库全书存目丛书》史部第 224 册，齐鲁书社，1996。

（清）查祥：《两浙海塘通志》，清乾隆刻本。

（清）方观承：《两浙海塘通志》，浙江古籍出版社，2012。

（民国）周易藻编《萧山湘湖志》，《中华山水志丛刊》第 34 册，线装书局，2004。

（明）叶永盛：《浙鹾纪事》，于浩辑《稀见明清经济史料丛刊》（第一辑）第 16 册，国家图书馆，2012。

（清）延丰编《两浙盐法志》，浙江古籍出版社，2013。

（清）杨昌浚等修，（清）季纶全等纂《两浙盐法续纂备考》，于浩辑《稀见明清经济史料丛刊》（第一辑）第 18 册，国家图书馆，2012。

（清）王相能辑《杜白二湖全书》，清嘉庆十年王崇德堂刻本。《中华山水志丛刊·水志卷》（34），线装书局，2004。

（民国）来裕恂撰《萧山县志》，天津古籍出版社，1991。

南开大学地方文献研究室、杭州市萧山区人民政府地方志办公室：民国《萧山县志稿》，南开大学出版社，2010。

（民国）绍兴县修志委员会辑《绍兴县志资料》第一辑，《中国方志丛书·华中地方》第 538 号，成文出版社据民国二十六年铅印本影印，1983。

（民国）颐渊著《诸暨民报五周纪念册》，诸暨民报社，1924。

南京图书馆编《二十世纪三十年代国情调查报告》191-196，凤凰出版社影印本，2012。

南京图书馆编《二十世纪三十年代国情调查报告》204，凤凰出版社影印本，2012。

（清）沈春华纂修《慈溪师桥沈氏宗谱》（十五卷），民国二年铅印本，上海图书馆藏。

（清）宋清标修《重修古虞宋氏宗谱》，民国十三年木活字本，上海图书馆藏。

（清）曹濬等修《虞西板桥曹氏全宗谱》，清光绪二十一年木活字本，上海图书馆藏。

《山阴前梅周氏族谱》，清代康熙十七年刊本，上海图书馆藏。

《山阴朱咸马氏宗谱》，民国六年书诚堂木活字本，上海图书馆藏。

成岳冲主编《明清两朝实录所见宁波史料集》，商务印书馆，2015。

章国庆编著《宁波历代碑碣墓志汇编》，上海古籍出版社，2012。

张忱石等点校《永乐大典方志辑佚（全五册）》，中华书局，2004。

冯建荣主编《绍兴水利文献丛集》上、下册，广陵书社，2014。

浙江省地方志编纂委员会编《宋元浙江方志集成》，杭州出版社，2009。

宁波市地方志编纂委员会整理《明代宁波府志》影印本，宁波出版社，2014。

宁波市地方志编纂委员会整理《清代宁波府志》影印本，宁波出版社，2014。

杭州市萧山区人民政府地方志办公室编《明清萧山县志》，上海远东出版社，2012。

浙江省萧山县地名办公室：《萧山县地名志》，内部资料，1980。

浙江省绍兴县革命委员会：《浙江省绍兴县地名志》，内部资料，1980。

诸暨县地名委员会：《浙江省诸暨县地名志》，内部资料，1982。

浙江省上虞县地名委员会：《上虞县地名志》，内部资料，1984。

浙江省慈溪县地名委员会：《慈溪县地名志》，内部资料，1985。

萧山县志编纂委员会编《萧山县志》，浙江人民出版社，1987。

余姚市地名委员会办公室：《余姚市地名志》，内部资料，1987。

镇海区地名委员会：《宁波市镇海区地名志》，内部资料，1991。

绍兴市土地管理局编《绍兴市土地志》，绍兴市土地管理局，1993。

宁波市地名委员会：《宁波市地名志》第一册，内部资料，1993。

浙江省测绘志编纂委员会：《浙江省测绘志》，中国书籍出版社，1996。

浙江省水利志编纂委员会编《浙江省水利志》，中华书局，1998。

陈炳荣编著《枫桥史志》，方志出版社，1998。

绍兴县地方志编纂委员会：《绍兴县志》，中华书局，1999。

宁波市土地志编纂委员会：《宁波市土地志》，上海辞书出版社，1999。

萧山市农机水利局编《萧山市水利志》，萧山市水利局，1999。

《甬江志》编纂委员会编《甬江志》，中华书局，2000。

浙江省土地志委员会编《浙江省土地志》，方志出版社，2001。

绍兴县文物保护管理所著《绍兴县文物志》，浙江古籍出版社，2002。

诸暨市水利志编纂委员会：《诸暨市水利志》，方志出版社，2007。

《绍兴县水利志》编纂委员会编《绍兴县水利志》，中华书局，2009。

宁波市鄞州区水利志编纂委员会：《鄞州水利志》，中华书局，2009。

（清）宗源瀚等纂修《浙江全省舆图并水陆道里记》，成文出版社，1970。

杭州市档案馆编《民国浙江地形图》，浙江古籍出版社，2013。

王自强主编《中国古地图辑·浙江省辑》，星球出版社，2005。

《浙江全省舆图》，西安地图出版社影印本，2005。

中文专著与论文

〔英〕阿兰·R.H. 贝克著《地理学与历史学——跨越楚河汉界》，阙维民译，商务印书馆，2013。

安介生：《历史时期江南地区水域景观体系的构成与变迁——基于嘉兴地区史志资料的探讨》，《中国历史地理论丛》2006年第4辑。

〔苏联〕B.B. 叶戈罗夫著《土壤盐渍化及其垦殖》，水利部专家工作组译，科学出版社，1958。

包伟民主编《浙江区域史研究》，杭州出版社，2003。

〔日〕滨岛敦俊著《明清江南农村社会与民间信仰》，朱海滨译，厦门大学出版社，2008。

钞晓鸿主编《海外中国水利史研究：日本学者论集》，人民出版社，2014。

钞晓鸿：《灌溉、环境与水利共同体——基于清代关中中部的分析》，《中国社会科学》2006年第4期。

陈安仁：《中国农业经济史》，商务印书馆，1948。

陈桥驿：《陈桥驿方志论集》，杭州大学出版社，1997。

陈桥驿：《吴越文化丛》，中华书局，1999。

陈桥驿：《古代鉴湖兴废与山会平原农田水利》，《地理学报》1962年第 3 期。

　　陈桥驿：《论历史时期浦阳江下游的河道变迁》，《历史地理》创刊号，上海：上海人民出版社，1981。

　　陈桥驿、吕以春、乐祖谋：《论历史时期宁绍平原的湖泊演变》，《地理研究》1984 年第 3 期。

　　陈桥驿：《浙江的历史时期与历史纪年》，《杭州师范学院学报》1992 年第 2 期。

　　陈桥驿：《长江三角洲的城市化与水环境》，《杭州师范学院学报》1999 年第 5 期。

　　陈桥驿：《古代绍兴地区天然森林的破坏及其对农业的影响》，《地理学报》1965 年第 2 期。

　　陈桥驿：《历史时期绍兴地区聚落的形成与发展》，《地理学报》1980 年第 1 期。

　　陈丽霞：《温州人地关系研究 960—1840》，浙江大学出版社，2011。

　　陈吉余等：《长江三角洲的地貌发育》，《地理学报》1959 年第 3 期。

　　陈志富：《萧山水利史》，方志出版社，2006。

　　陈志勤：《从有关水乡绍兴的传说看民间对水的认识》，《上海大学学报》（哲学社会科学版）2006 年第 4 期。

　　丁颖：《中国水稻栽培学》，农业出版社，1961。

　　董刚：《元末明初浙东士大夫群体研究》，浙江大学中国古代史博士论文，2004。

　　房明惠编著《环境水文学》，中国科学技术大学出版社，2009。

　　冯贤亮：《明清江南地区的环境变动与社会控制》，上海人民出版社，2002。

　　冯贤亮：《太湖平原的环境刻画与城乡变迁：1368-1912》，上海人民出版社，2008。

　　冯贤亮：《近世浙西的环境、水利与社会》，中国社会科学出版社，2010。

　　冯贤亮：《清代江南沿海的潮灾与乡村社会》，《史林》2005 年第 1 期。

　　傅伯杰等编著《景观生态学原理及其应用》，科学出版社，2001。

　　葛全胜等：《过去 2000 年中国东部冬半年温度变化》，《第四纪研究》2002 年第 2 期。

龚子同、张甘霖、陈志诚等著《土壤发生与系统分类》，科学出版社，2007。

顾绍柏：《谢灵运集校注》，中州古籍出版社，1987。

顾世宝：《元代江南文学家族研究》，中国社会科学院 2011 年博士学位论文。

郭涛：《中国古代水利科学技术史》，中国建筑工业出版社，2013。

韩曾萃、戴泽蘅、李光炳等著《钱塘江河口治理开发》，中国水利水电出版社，2003。

韩曾萃：《钱塘江河口治理与两岸平原的排涝条件》，《泥沙研究》2010年第 4 期。

杭州大学地理系浙江自然地理编写小组编著《浙江自然地理》，浙江人民出版社，1959。

何炳棣：《中国历史上的早熟稻》，《农业考古》1990 年第.1 期。

侯慧粦：《钱塘江在历史上的变迁》，《杭州大学学报》1995 年第 2 期。

胡仲恺：《清代钱塘江海塘的修筑与低地开发——以海宁、萧山二县为考察中心》，暨南大学 2013 年硕士学位论文。

冀朝鼎著《中国历史上的基本经济区与水利事业的发展》，朱诗鳌译，中国社会科学出版社，1998。

李步嘉：《越绝书校释》，中华书局，2013。

李伯重：《江南农业的发展》，农业出版社，1990。

李伯重：《江南早期的工业化（1550－1850）》，社会科学文献出版社，2000。

李伯重：《江南农业的发展》，上海古籍出版社，2007。

李晓方：《县志编纂与地方社会——明清〈瑞金县志〉研究》，中国社会科学出版社，2015。

李庆逵主编《中国水稻土》，科学出版社，1992。

李云鹏、谭徐明、刘建刚：《三江闸及其在浙东运河工程体系中的地位》，《中国水利水电科学研究院学报》2011 年第 2 期。

李玉尚：《三江闸与 1537 年以来萧绍平原的姜片虫病》，《中国农史》2011 年第 4 期。

李永鑫主编《绍兴通史》，浙江人民出版社，2012。

廖艳彬：《20 年来国内明清水利社会史研究回顾》，《华北水利水电学院学报》2009 年第 1 期。

刘翠溶、〔英〕伊懋可主编《积渐所至：中国环境史论文集》，中研院经济研究所，1995。

刘丹：《杭州湾南岸宁绍海塘研究——以清代为考察中心》，宁波大学 2011 年硕士学位论文。

刘淼：《明清沿海荡地开发研究》，汕头大学出版社，1996。

陆敏珍：《唐宋时期明州区域社会经济研究》，上海古籍出版社，2007。

鲁迅辑《会稽郡故书杂集》，《鲁迅全集》第八卷，中国人民解放军战士出版社，1973。

〔法〕吕西安·费弗尔著《大地与人类演进：地理学视野下的史学引论》，高福进等译，生活·读书·新知三联书店，2012。

缪启愉：《太湖塘浦圩田史研究》，农业出版社，1985。

宁波市鄞州区政协文史资料委员会编《地雄东南：三江文存·〈鄞州文史〉精选》，宁波出版社，2012。

钱杭：《库域型水利社会研究——萧山湘湖水利集团的兴与衰》，上海人民出版社，2009。

钱杭：《共同体理论视野下的湘湖水利集团——兼论"库域型"水利社会》，《中国社会科学》2008 年第 2 期。

钱杭：《"均包湖米"：湘湖水利共同体的制度基础》，《浙江社会科学》2004 年第 6 期。

邱志荣、陈鹏儿：《浙东运河史》，中国文史出版社，2014。

芮孝芳：《水文学原理》，中国水利水电出版社，2004。

芮孝芳、陈界仁：《河流水文学》，河海大学出版社，2003。

〔日〕森田明：《中国水利史研究的近况及新动向》，孙登洲、张俊峰译，《山西大学学报》（哲学社会科学版）2011 年第 3 期。

沈萌：《水利治理与宋元明清绍兴社会》，北京师范大学 2009 年博士学位论文。

盛鸿郎：《绍兴水文化》，中华书局，2004。

盛鸿郎主编《鉴湖与绍兴水利》，中国书店，1991。

〔日〕斯波义信著《宋代江南经济史研究》，方健、何忠礼译，江苏人民出版社，2012。

〔日〕斯波义信：《长江下游地区的水利系统》，《历史地理》第三辑，上海人民出版社，1983。

〔日〕寺地遵：《南宋时期浙东的盗湖问题》，《浙江学刊》1990 年第 5 期。

孙景超：《潮汐灌溉与江南的水利生态（10-15 世纪）》，《中国历史地理论丛》2009 年第 2 期。

孙景超：《技术、环境与社会——宋以降太湖流域水利史的新探索》，复旦大学 2009 年博士学位论文。

谭其骧著，葛剑雄主编《长水萃编》，复旦大学出版社，2015。

谭徐明、张伟兵：《我国水利史研究工作回顾》，《中国水利》2008 年第 21 期。

陶存焕：《钱塘江河口潮灾史料辨误》，浙江古籍出版社，2012。

田戈：《明清时期今慈溪市域的海塘、聚落和移民》，复旦大学 2012 年硕士学位论文。

王大学：《明清江南海塘的建设与环境》，复旦大学 2007 年博士学位论文。

王建革：《传统社会末期华北的生态与社会》，生活·读书·新知三联书店，2009。

王建革：《水乡生态与江南社会（9—20 世纪）》，北京大学出版社，2013。

王建革：《江南环境史研究》，科学出版社，2016。

王建革：《技术与圩田土壤环境史——以嘉湖平原为中心》，《中国农史》2006 年第 1 期。

王建革：《望头田：传统时代江南农民对苗情的观察与地域性知识》，王利华主编《中国历史上的环境与社会》，生活·读书·新知三联书店，2007。

王建革：《水环境与吴淞江流域的田制》，《中国农史》2008 年第 3 期。

王建革：《泾、浜发展与吴淞江流域的圩田水利（9-15 世纪）》，《中国历史地理论丛》2009 年第 2 期。

王建革：《宋元时期吴淞江圩田区的耕作制与农田景观》，《古今农业》2008 年第 4 期。

王建革：《唐末江南农田景观的形成》，《史林》2010 年第 4 期。

王建革：《宋元时期吴淞江流域的稻作生态与水稻土形成》，《中国历史地理论丛》2011 年第 1 期。

王建革：《太湖东部的湖田生态（15-20 世纪）》，《社会科学》2012 年第 1 期。

王建革：《清代东太湖地区的湖田与水文生态》，《清史研究》2012 年第 1 期。

王建革：《元明时期嘉湖地区的河网、圩田与市镇》，《史林》2012 年第 4 期。

王建革：《明代太湖口的出水环境与溇港圩田》，《社会科学》2013 年第 2 期。

王建革：《小农、士绅与小生境——9—17 世纪嘉湖地区的桑基景观与社会分野》，《中国人民大学学报》2013 年第 3 期。

王建革：《宋元时期嘉湖地区的水土环境与桑基农业》，《社会科学研究》2013 年第 4 期。

王建华主编《越文化与水环境研究》，人民出版社，2008。

王卫：《历史时期夏盖湖之因革演变研究》，上海师范大学 2013 年硕士学位论文。

王一胜：《金衢地区经济史研究 960—1949 年》，社会科学文献出版社，2007。

王社教：《明代苏浙皖赣地区的水稻生产和分布》，《中国历史地理论丛》1995 年第 4 期。

王社教：《明代双季稻种植类型与分布范围》，《中国农史》1995 年第 3 期。

魏嵩山、王文楚：《江南运河的形成及其演变》，《中华文史论丛》1979 年第 2 期。

吴俊范：《水乡聚落：太湖以东家园生态史研究》，上海古籍出版社，2016。

〔美〕萧邦奇著《湘湖——九个世纪的中国世事》，叶光庭等译，杭州出版社，2005。

许超：《宁波鄞江发现宋元古河道、石砌堤岸与道路遗迹》，《中国文物报》2015 年 7 月 31 日。

许超：《从〈宁郡地舆图〉看宁波城墙、河道和寺庙考古》，《大众考古》2014 年第 6 期。

严火其、陈超：《历史时期气候变化对农业生产的影响研究——以稻麦两熟复种为例》，《中国农史》2012年第2期。

晏雪平：《二十世纪八十年代以来中国水利史研究综述》，《农业考古》2009年第1期。

杨章宏：《历史时期宁绍地区的土地开发及利用》，《历史地理》第三辑，上海人民出版社，1983。

姚汉源：《中国水利史纲要》，水利电力出版社，1987。

姚汉源：《黄河水利史研究》，黄河水利出版社，2003。

姚汉源：《中国水利发展史》，上海人民出版社，2005。

〔英〕伊懋可等著《大象的退却：一部中国环境史》，梅雪芹、毛利霞、王玉山译，江苏人民出版社，2014。

〔英〕伊懋可、苏宁浒：《遥相感应：西元一千年以后黄河对杭州湾的影响》，刘翠溶、〔英〕伊懋可主编《积渐所至：中国环境史论文集》，中研院经济研究所，1995。

虞云国：《略论宋代太湖流域的农业经济》，《中国农史》2002年第1期。

尹玲玲：《从明代河泊所的置废看湖泊分布及演变——以江汉平原为例》，《湖泊科学》2000年第12卷第1期。

尹玲玲、王卫：《浙江上虞夏盖湖演变研究的史料序列评介》，《古今农业》2016年第2期。

尹玲玲、王卫：《明清时期夏盖湖的垦废及其原因分析》，《中国农史》2016年第1期。

〔日〕樱井龙彦著《有关灌溉技术的水和女性的民间传承》，陈志勤译，《杭州师范学院学报》（社会科学版）2007年第6期。

游修龄：《中国稻作史》，中国农业出版社，1995。

游修龄：《农史研究文集》，中国农业出版社，1999。

曾雄生：《试论占城稻对中国古代稻作之影响》，《自然科学史研究》1991年第1期。

曾雄生：《宋代的早稻和晚稻》，《中国农史》2002年第1期。

曾雄生：《宋代"稻麦二熟"辨析》，《历史研究》2005年第1期。

张爱华：《进村找庙之外：水利社会史的勃兴》，《史林》2008年第5期。

张建南：《绍兴平原河网的水文资源特点及其管理对策》，《浙江水利科技》1996 年第 3 期。

张俊峰：《明清中国水利社会史研究的理论视野》，《史学理论研究》2012 年第 2 期。

张校军：《鉴湖》，西泠印社，2010。

张修桂：《中国历史地貌与古地图研究》，社会科学文献出版社，2005。

张学继：《千秋鉴湖》，浙江古籍出版社，2013。

浙江师范大学江南文化研究中心编《江南文化研究》第六辑，学苑出版社，2012。

浙江省淡水水产所著《绍兴县内陆水域渔业资源调查和渔业区划成果鉴定证书与附件》，内部资料，1984。

浙江省绍兴县东湖农场、平湖县委员会编著《绍兴、平湖县绿肥栽培经验》，农业出版社，1959。

郑建明：《环太湖地区与宁绍平原史前文化演变轨迹的比较研究》，复旦大学 2007 年博士学位论文。

郑景云等：《中国过去 2000 年气候变化的评估》，《地理学报》2005 年第 1 期。

郑学檬：《宋代两浙围湖垦田之弊》，《中国社会经济史研究》1983 年第 3 期。

郑学檬：《从〈状江南〉组诗看唐代江南的生态环境》，《唐研究》第一卷，北京大学出版社，1995。

郑肇经：《中国水利史》，商务印书馆，1993。

郑肇经：《水文学》，商务印书馆，1951。

郑肇经：《河工学》上下册，商务印书馆，1953。

郑肇经：《农田水利史》，中国科学图书仪器公司，1952。

郑肇经主编《太湖水利技术史》，农业出版社，1987。

周魁一、蒋超：《鉴湖的兴废及其历史教训》，《中国历史地理论丛》1991 年第 3 期。

周晴：《河网、湿地与蚕桑——杭嘉湖平原生态史研究（9—17 世纪）》，复旦大学 2011 年博士学位论文。

周时奋：《小江湖考》，《宁波师范学院学报》（社会科学版）1991 年第 3 期。

邹逸麟：《广德湖考》，《中国历史地理论丛》1988年第3辑。

周祝伟：《7—10世纪杭州的崛起与钱塘江地区结构变迁》，社会科学文献出版社，2006。

中国水利学会水利史研究会编《水利史研究论文集（第一辑）》，河海大学出版社，1994。

中国水利学会水利史研究会、浙江省鄞县人民政府编《它山堰暨浙东水利史学术讨论会论文集》，中国科学技术出版社，1997。

朱庭祐、盛莘夫、何立贤：《钱塘江下游地质研究》，《建设》1948年第2卷第2期。

朱海滨：《祭祀政策与民间信仰变迁：近世浙江民间信仰研究》，复旦大学出版社，2008。

朱海滨：《近世浙江文化地理研究》，复旦大学出版社，2011。

朱海滨：《浦阳江下游河道改道新考》，《历史地理》第二十七辑，上海人民出版社，2013。

竺可桢：《中国近五千年来气候变迁的初步研究》，《中国科学（A辑）》1973年第2期。

卓贵德、赵水阳、周永亮：《绍兴农业史》，中华书局，2004。

外文专著与论文

本田治：『明代寧波沿海部における開発と移住』，立命館大学人文学会，2008年第12期。

本田治：『宋・元时代浙东の海塘について』，『中国水利史研究』1979年第9号。

本田治：『宋元时代の夏盖湖について』，『佐藤博士還暦紀念中国水利史論集』，國書刊行會，1981年3月。

長瀬守：『宋元水利史研究』，國書刊行會，1983。

陈志勤：『自然災害への心意的対応—中国漸江省紹興の水害をめぐる民俗伝承から—』，『比较民俗研究』2007年第3期。

〔日〕池田静夫：《支那水利地理史研究》，生活社，1940。

川勝守：『明清江南農業経済史研究』，東京大學出版會，1992。

好井隆司：『浙江慈溪縣杜白二湖の盗湖問題』，森田明编『中国水利史の研究』，國書刊行會，1995。

野間三郎、岡田真編『生態地理學』，朝倉書店，1981。

山崎覚士：『宋代明州城の都市空間と楼店務地（上）』，『佛教大学歴史学部論文集』2013 年第 3 期。

山崎覚士：『宋代明州城の都市空間と楼店務地（下）』，『佛教大学歴史学部論文集』2014 年第 4 期。

宋代史研究会編『宋代の長江流域：社会経済史の視点から』，汲古書院，2006。

〔日〕Thorp，James：『支那土壌地理學：分類・分布文化的意義』，東京：岩波書店，1940。

天野元之助：『中国農業史研究』，御茶の水書房，1962。

西岡弘晃：『宋代浙東における農田水利の一考察—とくに鄞県広徳湖を中心として—』，『中村學園研究紀要』1972 年第 5 期。

西岡弘晃：『唐宋期における浙東鄞県の都市化と它山堰』，『中村學園研究紀要』1998 年第 30 期。

小野寺郁夫『宋代における陂湖の利：越州・明州・杭州』，『金沢大學法文學部論集・哲學史學篇』，1964。

佐藤武敏『明清時代浙東におげる水利事業——三江閘を中心に一』，『集刊东洋学』1968 年 10 月。

Karel Davids，"River Control and the Evolution of Knowledge：A Comparison between Regions in China and Europe，C. 1400–1850," *Journal of Global History*，2006（1）：59–79.

Elvin Mark，and Su Ninghu，"Man Against the Sea：Natural and Anthropogenic Factors in the Changing Morphology of Harngzhou Bay，circa 1000–1800," *Environment and History*，1995（1）：3–54.

Steven Solomon，"Rivers，Irrigation and the Earliest Empires," In *Water：The Epic Struggle for Wealth，Power，and Civilization*，24–58，Reprint edition. New York：Harper Perennial，2011.

Donald Worster，*Rivers of Empire：Water，Aridity，and the Growth of the American West*，New York：Pantheon Books，1985.

Donald Worster，"Watershed Democracy：Recovering the Lost Vision of John Wesley Powell," In *Water：Histories，Cultures，Ecologies*，edited by M. Leybourne and A. Gaynor，3–14，Crawley：UWA Press，2006.

后　记

　　本书是在我自己博士论文基础上修改而完成的，基本内容以博士论文为主，但对部分内容有补充和修改，主要是对博士期间来不及写作的一些问题进行了补充，如第六章关于宁绍地区梅梁传说与本地水利工程的问题。博士毕业后，我已经把研究的重心转移到了西南，并申请了国家社科基金青年项目"17~20世纪云南水田演变与生态景观变迁研究"，并参与一些老师的社科重大项目研究工作，难免晕头转向，也真正体会到了年轻学人在教学科研工作中的艰辛与不易。在科研之余还有诸多管理工作需要开展，一时眼花缭乱，几近迷失，但一直在思考浙东地区的问题，希望能把博士论文写作期间不能完成的想法逐一落实。然事总不能皆顺心如意，一个阶段需要有一个阶段的工作呈现，许多问题的思考希望以后还能有机会进行细致梳理。目前大量精力需要投入到西南地区的历史问题研究中，只能暂时将以前的工作做一小结，不求完美，只求给自己一个交代，也是给帮助过自己的诸多师友们一个回应。其实我还在一直努力，虽然进步缓慢。

　　书稿完成，首先感谢导师指导。王建革教授是目前国内环境史或生态史研究独树一帜的学者，风格独特，极具识别度。在其风格影响下，学生们也或多或少沾上了一些他的"习性"。许多人在看我的文章后会说很有王老师的风格，虽然知道自己在学术深度上与王老师仍不能相提并论，也知道与老师的研究相比自己的研究仍是比较粗浅的。传统时期十分注重师徒传承，大多是手把手教，所以徒弟基本都是在模仿老师的基础上逐步成熟起来的，当能完全模仿成功时，也就是徒弟出师的时候了。限于当下博士求学学制的限制，自己在老师身边的时间不长，也自认为未达到真正出师的程度，但传承老师的学术，一直是做学生需要努力的。

　　毕业后进入了我的母校工作，以老师身份回到了原来读书求学的地方，诸多熟悉的师长们以关爱的眼光接纳自己，并指引着我成长，这情感又比读书时更增一份厚重。西南环境史研究所是我目前工作学习的主要阵地，周琼教授是我走上学术之路的引路人。刚刚工作，由于年轻缺乏经验，没有自己的课，周老师就将她上了多年的课程分一大部分给我，不干涉我上课的内容和形式，让我放手大胆去落实自己的想法。她在生活上、科研上对我也多有帮助，督促我申报项目并给予指点。所有这些对一名刚刚踏上工作岗位的青年人而言，弥足珍贵。

书稿得到了云南大学周平教授主持的边疆地缘政治学科项目经费的支持，在此表示感谢。此外，特别感谢出版社编辑王玉敏老师的认真工作与付出，避免了书中的诸多错误。

另外，书稿中的一些章节已发表在《史学理论研究》《民俗研究》《史学月刊》《思想战线》《中国历史地理论丛》《中国农史》《云南社会科学》等刊物上，感谢期刊编辑老师及审稿专家们对文章的细致打磨与修改建议，使我的学术道路在蹒跚前行中多了无穷助力。

最后，在我攻读博士学位期间以及工作后，家人给予我极大的支持。特别是妻子温蓉，她从不抱怨，一直鼓励、支持我。父母与岳父母帮助照顾犬子，使我能有更多时间投入科研工作中，也将此书献给他们。

图书在版编目（CIP）数据

形塑地景与人文：9~20 世纪浙江宁绍平原水利研究 /
耿金著. -- 北京：社会科学文献出版社，2022.6
ISBN 978-7-5228-0233-6

Ⅰ. ①形… Ⅱ. ①耿… Ⅲ. ①水利史-研究-浙江-
9-20 世纪 Ⅳ. ①TV-092

中国版本图书馆 CIP 数据核字（2022）第 099298 号

形塑地景与人文：9~20 世纪浙江宁绍平原水利研究

著　　者 / 耿　金

出 版 人 / 王利民
责任编辑 / 王玉敏
责任印制 / 王京美

出　　版 / 社会科学文献出版社·联合出版中心（010）59367153
　　　　　地址：北京市北三环中路甲 29 号院华龙大厦　邮编：100029
　　　　　网址：www.ssap.com.cn
发　　行 / 社会科学文献出版社（010）59367028
印　　装 / 三河市龙林印务有限公司

规　　格 / 开　本：787mm×1092mm　1/16
　　　　　印　张：19.75　字　数：332 千字
版　　次 / 2022 年 6 月第 1 版　2022 年 6 月第 1 次印刷
书　　号 / ISBN 978-7-5228-0233-6
定　　价 / 99.00 元

读者服务电话：4008918866